建筑工程项目部高级管理人员岗位丛书

项目安全总监岗位实务知识

建筑工程项目部高级管理人员岗位丛书编委会　组织编写

张晓艳　主编

中国建筑工业出版社

图书在版编目(CIP)数据

项目安全总监岗位实务知识/张晓艳主编. —北京：
中国建筑工业出版社，2008
（建筑工程项目部高级管理人员岗位丛书）
ISBN 978-7-112-10298-3

Ⅰ.项… Ⅱ.张… Ⅲ.建筑工程-安全管理-基本知识
Ⅳ.TU714

中国版本图书馆 CIP 数据核字(2008)第 131064 号

本书是建筑工程项目部高级管理人员岗位丛书的一本，是项目部安全总监的岗位指南，阐述了项目安全总监应该掌握的各种知识和能力，主要从安全生产管理、安全检查、安全教育与培训等方面介绍了安全总监应该具备的专业方面的素质。内容包括：安全生产管理基础，建筑工程安全生产法律法规，建筑施工伤亡事故管理，危险源辨识、风险评价和风险控制，建筑施工安全检查和验收制度，安全教育与培训，安全资料管理，施工现场安全管理，施工安全强制性规定，建设工程典型安全事故案例以及安全总监职业标准等附件。本书可供项目安全总监岗位培训和平时学习参考使用，也可作为施工企业安全主管人员以及安全员等安全管理人员的参考用书。

* * *

责任编辑：刘　江　岳建光
责任设计：赵明霞
责任校对：孟　楠　陈晶晶

建筑工程项目部高级管理人员岗位丛书
项目安全总监岗位实务知识
建筑工程项目部高级管理人员岗位丛书编委会　组织编写
张晓艳　主编

*

中国建筑工业出版社出版、发行(北京西郊百万庄)
各地新华书店、建筑书店经销
北京天成排版公司制版
北京市密东印刷有限公司印刷

*

开本：787×1092 毫米　1/16　印张：21¾　字数：537 千字
2008 年 10 月第一版　2008 年 10 月第一次印刷
印数：1—3000 册　定价：**46.00** 元
ISBN 978-7-112-10298-3
(17101)

版权所有　翻印必究
如有印装质量问题，可寄本社退换
(邮政编码　100037)

《建筑工程项目部高级管理人员岗位丛书》
编写委员会名单

主任：鹿　山　艾伟杰

编委：鹿　山　张国昌　彭前立　赵保东

　　　艾伟杰　阚咏梅　张　巍　张荣新

　　　张晓艳　刘善安　张庆丰　李春江

　　　赵王涛　邹德勇　于　锋　尹　鑫

　　　曹安民　李杰魁　程传亮　危　实

　　　吴　博　徐海龙　张萍梅　郭　嵩

出 版 说 明

建筑工程施工项目经理部是一个施工项目的组织管理机构，这个管理机构的组织体系一般包括三个层次，第一层是项目经理，第三层是各个担负具体实施和管理任务的职能部门，如生产部、技术部、安全部、质量部等等，而第二层次则是一般所称的项目副职，或者叫项目班子成员，包括项目现场经理（生产经理）、项目商务经理、项目总工程师（主任工程师）、项目质量总监、项目安全总监，他们的岗位十分重要，各自分管项目中一整块的工作，是项目经理的左膀右臂，是各个职能部门的直接领导，也是项目很多制度的直接制定者、贯彻者和监督者。除了需要有扎实的专业知识外，他们还需要有很强的管理能力、协调能力和领导能力。目前，针对第一层次（项目经理）和第三层次（五大员、十大员等）的图书很多，而专门针对第二层次管理人员的图书基本没有，因此，我们组织中建一局（集团）有限公司精心策划了这套专门写给项目副职的图书《建筑工程项目部高级管理人员岗位丛书》，共5本，包括：

◇ 《项目现场经理岗位实务知识》
◇ 《项目商务经理岗位实务知识》
◇ 《项目总工程师岗位实务知识》
◇ 《项目质量总监岗位实务知识》
◇ 《项目安全总监岗位实务知识》

本套丛书以现行国家规范、标准为依据，以项目高级管理人员的实际工作内容为依托，内容强调实用性、科学性和先进性，可作为项目高级管理人员的岗位指南，也可作为其平时的学习参考用书。希望本套丛书能够帮助广大项目副职人员顺利完成岗位培训，提高岗位业务能力，从容应对各自岗位的管理工作。也真诚地希望各位读者对书中不足之处提出批评指正，以便我们进一步完善和改进。

中国建筑工业出版社
2008年10月

前 言

建筑业在我国国民经济中占有举足轻重的地位，它的成长壮大与健康发展，直接或间接地推动着相关50多个行业的发展。作为劳动密集型产业，它拥有庞大的从业人员队伍，是高风险行业，其安全问题长期困扰着建筑企业的稳定与发展，成为全社会关注的焦点。"安全第一，预防为主，综合治理"是指导我国安全生产的一项长期国策，提高从业人员的素质更是一项艰巨的任务。

建筑企业项目安全总监是现场施工专业管理人员中最为重要的岗位之一，对施工现场的安全生产、文明施工起着举足轻重的作用。很多企业已经将其列入项目部领导班子成员之一。因此，要求安全总监必须具备较强的专业安全管理知识和安全技术知识，并在施工实践中善于梳理、总结、积累、丰富自己的专业知识，做到理论与实践相结合，不断强化安全生产意识，提高自身管理水平，更加有效地开展安全生产管理工作。

随着社会进步和国家安全生产法制环境的不断完善，企业的安全生产活动必须满足法律法规和安全生产技术规范的要求。因此本书主要参照现行的安全生产法律法规、标准规范并结合建设工程中遇到的实际问题编写而成。主要内容包括安全生产管理基础，建筑工程安全生产法律法规，建筑施工伤亡事故管理，危险源辨识、风险评价和风险控制，建筑施工安全检查和验收制度，安全教育与培训，安全资料管理，施工现场安全管理，施工安全强制性规定和建设工程典型安全事故案例等。并附有常用的国家有关安全生产的法律法规，国家相关部委及地方有关安全生产的文件规定，国家标准、行业规范以及部分有关安全生产的地方标准名录，国内外有关安全与健康信息网站，以及安全总监职业标准以供参考，具有很强的实用性和针对性。

本书由张晓艳主编，刘善安参编。可供广大项目安全总监作为工作指导用书，同时也可作为基层施工管理人员学习参考用书，希望本书能成为各级管理人员做好安全生产工作的得力帮手。由于时间和水平所限，差错难免，敬请批评指正。

目　录

第一章　安全生产管理基础 ………………………………………………………… 1
　第一节　安全生产管理概述 ……………………………………………………… 1
　　一、安全生产方针 ………………………………………………………………… 1
　　二、安全生产形势 ………………………………………………………………… 4
　　三、安全生产管理体制 …………………………………………………………… 7
　　四、安全生产管理制度 …………………………………………………………… 8
　　五、安全生产管理目标 …………………………………………………………… 9
　　六、正确处理"五种"关系 ……………………………………………………… 10
　　七、安全生产管理原则 …………………………………………………………… 11
　　八、安全生产管理十大理念 ……………………………………………………… 13
　　九、建筑施工安全强制性标准条文 ……………………………………………… 13
　　十、安全常识 ……………………………………………………………………… 14
　第二节　安全生产管理主要内容 ………………………………………………… 19
　　一、安全生产管理的主要任务 …………………………………………………… 19
　　二、安全生产管理机构的设置 …………………………………………………… 19
　　三、安全生产管理要点 …………………………………………………………… 20
　　四、安全技术管理 ………………………………………………………………… 22
　　五、协力队伍安全生产管理 ……………………………………………………… 24
　第三节　安全生产责任制 ………………………………………………………… 25
　　一、安全生产责任制的含义 ……………………………………………………… 25
　　二、建立和实施安全生产责任制的目的 ………………………………………… 25
　　三、企业领导安全生产责任 ……………………………………………………… 26
　　四、项目管理人员安全生产责任 ………………………………………………… 27
　　五、各职能部门安全责任 ………………………………………………………… 29
　　六、总包与分包单位安全生产责任 ……………………………………………… 32
　第四节　施工安全技术措施 ……………………………………………………… 33
　　一、施工安全技术措施的定义 …………………………………………………… 33
　　二、施工安全技术措施编制的要求 ……………………………………………… 33
　　三、施工安全措施编制的原则 …………………………………………………… 34
　　四、施工安全技术措施编制的主要内容 ………………………………………… 34
　　五、施工安全技术措施的实施要求 ……………………………………………… 35
　第五节　安全技术交底 …………………………………………………………… 36
　　一、安全技术措施交底的基本要求 ……………………………………………… 36
　　二、安全技术措施交底的内容 …………………………………………………… 37
　第六节　应用实例 ………………………………………………………………… 42
　　一、某项目安全总监的岗位职责 ………………………………………………… 42

二、某项目安全技术交底内容 …………………………………………………………… 42
　　三、某项目制定的安全技术措施 ………………………………………………………… 45

第二章　建筑安全生产法律法规 ……………………………………………………………… 51
第一节　建筑工程安全生产法律法规概述 ………………………………………………… 51
　　一、安全生产法规的概念 ………………………………………………………………… 51
　　二、安全技术规范与企业规章制度 ……………………………………………………… 51
　　三、安全法规的作用和主要内容 ………………………………………………………… 51
　　四、我国建设工程安全生产法律法规体系 ……………………………………………… 52
第二节　常用安全生产法律、法规简介 …………………………………………………… 53
　　一、《中华人民共和国建筑法》简介 …………………………………………………… 53
　　二、《中华人民共和国安全生产法》概述 ……………………………………………… 55
　　三、《建设工程安全生产管理条例》概述 ……………………………………………… 59
　　四、《安全生产许可证条例》概述 ……………………………………………………… 65
第三节　常用安全生产法律、法规、文件要点 …………………………………………… 67
　　一、《中华人民共和国宪法》的有关规定 ……………………………………………… 67
　　二、《中华人民共和国刑法》的有关规定 ……………………………………………… 67
　　三、《中华人民共和国劳动法》的有关规定 …………………………………………… 68
　　四、《中华人民共和国建筑法》的有关规定 …………………………………………… 69
　　五、《中华人民共和国消防法》关于建筑火灾预防的有关规定 ……………………… 69
　　六、《中华人民共和国职业病防治法》的有关规定 …………………………………… 70
　　七、《中华人民共和国环境保护法》的有关规定 ……………………………………… 73
　　八、《中华人民共和国工会法》的有关规定 …………………………………………… 76
　　九、《工伤保险条例》的主要内容（国务院令第375号　2003年4月27日发布） …… 76
　　十、《生产安全事故报告和调查处理条例》的主要内容（国务院令第493号
　　　　2007年4月9日发布） ………………………………………………………………… 76
　　十一、"三大规程" ………………………………………………………………………… 76
　　十二、"五项规定" ………………………………………………………………………… 77
　　十三、《关于加强安全生产工作的通知》的主要内容（国发〔1993〕50号文） …… 77
　　十四、《国务院关于进一步加强安全生产工作的决定》的主要内容
　　　　（国发〔2004〕2号　2004年1月9日） ……………………………………………… 77
第四节　常用建筑工程安全生产规范性文件及标准要点 ………………………………… 78
　　一、规范性文件简介 ……………………………………………………………………… 78
　　二、安全生产技术规程及标准简介 ……………………………………………………… 83

第三章　建筑施工伤亡事故管理 ……………………………………………………………… 87
第一节　伤亡事故调查与处理 ……………………………………………………………… 87
　　一、事故定义 ……………………………………………………………………………… 87
　　二、伤亡事故分类 ………………………………………………………………………… 87
　　三、伤亡事故的范围 ……………………………………………………………………… 89
　　四、伤亡等级 ……………………………………………………………………………… 89
　　五、伤亡事故的上报 ……………………………………………………………………… 89
　　六、事故的调查处理 ……………………………………………………………………… 90
　　七、伤亡事故统计报告 …………………………………………………………………… 96

第二节 工伤认定及赔偿 ································ 97
　　一、工伤认定 ··· 97
　　二、工伤保险待遇 ····································· 98
第三节 事故的预防 ······································ 101
　　一、施工现场不安全因素 ······························ 101
　　二、建筑施工现场伤亡事故的预防 ······················ 108
第四节 施工现场安全急救、应急处理和应急设施 ············ 110
　　一、现场急救概念和急救步骤 ·························· 110
　　二、紧急救护常识 ····································· 110
　　三、施工现场应急处理措施 ···························· 116
第五节 应急预案案例 ···································· 121

第四章 危险源辨识、风险评价和风险控制 ···················· 129
第一节 《职业健康安全管理体系 规范》概述 ················ 129
　　一、职业健康安全管理体系标准产生的背景 ·············· 129
　　二、GB/T 28001—2001《职业健康安全管理体系 规范》的结构 ·· 130
　　三、GB/T 28001—2001《职业健康安全管理体系 规范》的特点 ·· 132
　　四、质量、环境、职业健康安全三个管理体系的异同 ······ 133
　　五、术语和定义 ······································· 134
第二节 危险源辨识 ······································ 139
　　一、危险源的定义 ····································· 140
　　二、危险源的分类 ····································· 140
　　三、危险源辨识方法 ·································· 144
　　四、危险源辨识的程序 ································ 153
　　五、危险源辨识的主要内容 ···························· 154
　　六、重大危险因素 ····································· 155
第三节 风险评价 ·· 155
　　一、风险评价的内容 ·································· 155
　　二、风险评价的方法 ·································· 156
第四节 风险控制与事故预防 ······························ 159
　　一、事故的特征 ······································· 159
　　二、事故预防的基本原理 ······························ 160
　　三、选择事故预防对策的原则 ·························· 163
　　四、职业安全预防对策 ································ 163
　　五、职业健康预防对策 ································ 164
　　六、职业健康安全管理对策 ···························· 165
第五节 危险源辨识应用实例 ······························ 166
　　一、危险源调查 ······································· 166
　　二、重大危险因素清单 ································ 166
　　三、危险评价结果 ····································· 166

第五章 建筑施工安全检查和验收制度 ························ 176
第一节 建筑施工安全检查 ································ 176
　　一、安全生产检查的内容与方式、方法 ·················· 176

二、安全检查的要求 ……………………………………………………… 177
　　三、安全检查的注意事项 …………………………………………………… 178
第二节　建筑施工安全验收 ……………………………………………………… 178
　　一、验收原则 ……………………………………………………………… 178
　　二、验收的范围 …………………………………………………………… 178
　　三、验收程序 ……………………………………………………………… 179
　　四、隐患控制与处理 ……………………………………………………… 179
第三节　安全检查评分标准 ……………………………………………………… 179
　　一、检查分类 ……………………………………………………………… 180
　　二、评分方法及分值比例 ………………………………………………… 180
　　三、等级划分 ……………………………………………………………… 180
　　四、分值的计算方法 ……………………………………………………… 181
　　五、检查评分表计分内容简介 …………………………………………… 182
　　六、检查评分表内容格式 ………………………………………………… 185
第四节　安全生产评价标准 ……………………………………………………… 185
　　一、评价内容 ……………………………………………………………… 185
　　二、评分方法 ……………………………………………………………… 192
　　三、评价等级 ……………………………………………………………… 192

第六章　安全教育与培训 …………………………………………………… 194
第一节　安全教育的意义 ………………………………………………………… 194
第二节　安全教育的特点 ………………………………………………………… 195
第三节　教育对象的培训时间要求 ……………………………………………… 196
第四节　安全教育的类别 ………………………………………………………… 196
　　一、按教育的内容分类 …………………………………………………… 196
　　二、按教育的对象分类 …………………………………………………… 198
　　三、按教育的时间分类 …………………………………………………… 202
第五节　安全教育的形式 ………………………………………………………… 204
第六节　安全教育计划 …………………………………………………………… 204
　　一、培训内容 ……………………………………………………………… 205
　　二、培训的对象和时间 …………………………………………………… 205
　　三、经费测算 ……………………………………………………………… 205
　　四、培训师资 ……………………………………………………………… 205
　　五、培训形式 ……………………………………………………………… 205
　　六、培训考核方式 ………………………………………………………… 205
　　七、培训效果的评估方式 ………………………………………………… 206
第七节　安全教育档案管理 ……………………………………………………… 206

第七章　安全资料管理 ……………………………………………………… 208
第一节　基本内容 ………………………………………………………………… 208
第二节　常用表格 ………………………………………………………………… 210

第八章　施工现场安全管理 ………………………………………………… 220
第一节　施工现场临时用电安全管理 …………………………………………… 220

一、触电事故 ……………………………………………………………… 220
　　二、施工现场临时用电 …………………………………………………… 221
　　三、施工临时用电设施检查验收要点 …………………………………… 245
第二节　施工机械安全使用常识 ………………………………………………… 246
　　一、施工机械设备管理 …………………………………………………… 246
　　二、施工机械安全技术要求一般规定 …………………………………… 248
　　三、施工机械设备安全防护要求 ………………………………………… 248
第三节　施工现场平面布置 ……………………………………………………… 253
　　一、塔式起重机的布置 …………………………………………………… 253
　　二、运输道路的布置 ……………………………………………………… 253
　　三、施工供电设施的布置 ………………………………………………… 254
　　四、临时设施的布置 ……………………………………………………… 254
　　五、消防设施的布置 ……………………………………………………… 255
　　六、现场料具存放安全要求 ……………………………………………… 255
第四节　施工现场安全色标管理 ………………………………………………… 256
　　一、安全色 ………………………………………………………………… 256
　　二、安全标志 ……………………………………………………………… 258
第五节　施工现场消防安全管理 ………………………………………………… 263
　　一、施工现场防火基本安全措施 ………………………………………… 263
　　二、动火审批制度 ………………………………………………………… 264
　　三、施工现场消防设施布置要求 ………………………………………… 265
　　四、高层建筑施工的防火措施 …………………………………………… 266
　　五、防火检查 ……………………………………………………………… 267
第六节　施工现场文明施工与环境保护 ………………………………………… 268
　　一、文明施工 ……………………………………………………………… 268
　　二、环境保护 ……………………………………………………………… 271
　　三、环境卫生和防疫基本要求 …………………………………………… 273

第九章　施工安全强制性规定 …………………………………………………………… 277
　第一节　临时用电 ……………………………………………………………… 277
　第二节　高处作业 ……………………………………………………………… 279
　第三节　机械使用 ……………………………………………………………… 282
　第四节　脚手架 ………………………………………………………………… 286
　第五节　提升机 ………………………………………………………………… 289
　第六节　地基基础 ……………………………………………………………… 290

第十章　建设工程典型安全事故案例 …………………………………………………… 291
　第一节　土方坍塌事故 ………………………………………………………… 291
　　一、上海某地铁车站工程土方坍塌事故 ………………………………… 291
　　二、某办公楼工程土方坍塌事故 ………………………………………… 295
　第二节　高处坠落事故 ………………………………………………………… 296
　　一、北京市某工地高处坠落事故的调查报告书 ………………………… 296
　　二、某工地高处坠落事故 ………………………………………………… 299

第三节 物体打击事故 ... 300
一、北京市某工地物体打击事故调查报告 ... 300
二、关于程××重伤事故的调查报告 ... 302

第四节 触电事故 ... 305
一、上海某厂房改造项目触电事故 ... 305
二、某触电死亡事故 ... 307

第五节 机械伤害事故 ... 308
一、北京市某工地机械伤害事故调查报告 ... 308
二、"2·27"起重伤害事故 ... 311

第六节 塔吊倾覆事故 ... 312
一、某体育馆工程塔式起重机整机倾覆事故 ... 312
二、某宿舍楼工程塔式起重机拆除平衡臂倾翻事故 ... 314

第七节 模板支撑架坍塌事故 ... 315
一、上海某工地模板支撑架坍塌事故 ... 315
二、某工地模板支撑架坍塌事故 ... 317

第八节 其他事故 ... 318
一、北京市某中毒事故 ... 318
二、某工地拆除事故 ... 319

附录一 常用建设工程安全生产法律、法规、文件一览 ... 320
附录二 常用建设工程安全生产标准及规范一览 ... 324
附录三 国内外有关安全与健康信息网站 ... 326
附录四 安全总监职业标准 ... 328
参考文献 ... 333

第一章 安全生产管理基础

第一节 安全生产管理概述

安全,指没有危险,不出事故,未造成人身伤亡、资产损失。因此,安全不但包括人身安全,还包括资产安全。

安全生产管理,是指经营管理者对安全生产工作进行的策划、组织、指挥、协调、控制和改进的一系列活动,目的是保证在生产经营活动中的人身安全、财产安全,促进生产的发展,保持社会的稳定。

施工项目安全管理,就是施工项目在施工过程中,组织安全生产的全部管理活动。通过对生产要素过程控制,使生产要素的不安全行为和状态减少或消除,达到减少一般事故,杜绝伤亡事故,从而保证安全管理目标的实现。

安全生产长期以来一直是我国的一项基本国策,是保护劳动者安全健康和发展生产力的重要工作,必须贯彻执行;同时也是维护社会安定团结,促进国民经济稳定、持续、健康发展的基本条件,是社会文明程度的重要标志。

安全与生产的关系是辩证统一的关系,而不是对立的、矛盾的关系。安全与生产的统一性表现在:一方面指生产必须安全。安全是生产的前提条件,不安全就无法生产;另一方面,安全可以促进生产,抓好安全,为员工创造一个安全、卫生、舒适的工作环境,可以更好地调动员工的积极性,提高劳动生产率和减少因事故带来的不必要损失。

通过宣传教育和采取技术组织措施,保证施工项目生产顺利进行,防止事故的发生,即为安全生产。安全管理法规,安全防护技术和职业安全卫生管理体系则是保障安全生产的有力措施。

一、安全生产方针

我国现行的安全生产方针是"安全第一、预防为主、综合治理"。加强安全生产管理,必须要坚持"安全第一、预防为主、综合治理"的安全生产方针。"安全第一"是安全生产方针的基础;"预防为主"是安全生产方针的核心和具体体现,是实现安全生产的根本途径;生产必须安全,安全促进生产。"综合治理"是落实安全生产政策、法律法规的最有效手段。

(一)安全生产方针的提出

《中华人民共和国安全生产法》第三条明确规定:"安全生产管理,坚持'安全第一,预防为主'的方针";《建筑法》第三十六条明确规定:"建设工程安全生产管理必须坚持'安全第一,预防为主'的方针"。以法律形式确立的这个方针,是整个安全生产活动的指导原则。

在建国初期，国家建立了新型劳动力制度，明确提出了劳动保护政策。但由于受各种因素影响，重生产轻安全的观念在私营和国营企业都较普遍，工伤事故较为严重，在这种情况下，1952年毛泽东主席在劳动部的工作报告中批示"在实施生产节约的同时，必须注意职工的安全、健康和必不可少的福利事业，如果只注意到前一方面，忘记或稍加忽视后一方面，那是错误的"。1952年8月在北京召开了第二次全国劳动保护工作会议，经过认真讨论，提出了劳动保护工作必须贯彻"安全生产"的方针，明确提出了"安全为了生产，生产必须安全"和"管生产必须管安全"的安全生产的管理条例。这是安全生产方针最初的产生背景。

（二）安全生产方针的发展

1958年至1976年间，安全生产工作经历了滑坡、恢复和调整，以及"文革"期间遭受到严重破坏几个发展阶段，"文革"以后，随着思想上、政治上的拨乱反正，中共中央十一届三中全会确定把工作方针重点转移到建设四个现代化上来，安全生产管理工作也进入了全面整顿和恢复发展时期，安全生产各项工作开始逐步走向正轨。在1978年12月党的十一届三中全会以后，提出了"生产必须安全，安全促进生产"的方针。

随着我国经济建设的发展，特别是进入改革开放时期，劳动保护工作进入了一个新阶段。1987年，在全国劳动安全监察工作会议上，经过认真讨论，决定把"安全第一，预防为主"作为我国劳动保护的基本方针。

安全生产方针正确地反映了安全与生产的辩证关系，也关系到安全与效益的辩证关系。安全生产是企业提高经济效益，增加产值的必要条件和重要保证，增加对安全的投入，实际也是对生产的直接投入，因为安全与生产是相辅相成、互相促进的。"预防为主"，是实现"安全第一"的基础；要做到安全第一，首先要搞好预防措施。预防工作做好了，就可以保证安全生产，实现安全第一，否则安全第一就是一句空话，这也是在实践中所证明了的一条重要经验。"生产必须安全，安全促进生产"这是对安全与生产辩证关系准确的概括，各级管理人员只有正确处理好安全与生产的关系，才能真正贯彻好安全生产方针。

党的十六届五中全会通过的"十一五"规划《建议》，明确要求坚持安全发展，并提出了坚持"安全第一、预防为主、综合治理"的安全生产方针。这一方针反映了我们党对安全生产规律的新认识，对于指导新时期安全生产工作具有重大而深远的意义。

（三）安全生产方针的内容

我国的安全生产方针经历了一个从"安全生产"到"安全第一，预防为主"，再到"安全第一、预防为主、综合治理"的产生和发展过程，且强调在生产中要做好预防工作，尽可能将事故消灭在萌芽状态之中。因此，对于我国安全生产方针的含义，应从这一方针的产生和发展去理解，归纳起来主要有以下几方面的内容：

1. 安全生产的重要性

生产过程中的安全是生产发展的客观需要，特别是现代化生产，更不允许有所忽视，必须强化安全生产，在生产活动中把安全工作放在第一位，尤其当生产与安全发生矛盾时，生产服从安全，这是安全第一的含义。

在社会主义国家里，安全生产又有其重要意义。社会主义制度性质决定了它是国家的一项重要政策，是社会主义企业管理的一项重要原则；体现了国家对人民的生命和财产的

第一节　安全生产管理概述

高度关注。"人民的利益高于一切"是党的宗旨，是"三个代表"精神的重要体现，坚决贯彻安全生产方针，就是关心人民群众的安全与健康，把国家对人民群众利益的关怀体现到具体工作中。

2. 安全与生产的辩证关系

在生产建设中，必须用辩证统一的观点去处理好安全与生产的关系。这就是说，项目领导者必须善于安排好安全工作与生产工作，特别是在生产任务繁忙的情况下，安全工作与生产工作发生矛盾时，更应处理好两者的关系，不要把安全工作挤掉。越是生产任务忙，越要重视安全，把安全工作搞好，否则，就会招致工伤事故，既妨碍生产，又影响企业信誉，这是多年来生产实践证明了的一条重要经验。

长期以来，在生产管理中往往生产任务重，事故就多；生产均衡，安全情况就好，人们称之为安全生产规律。前一种情况其实质是反映了项目领导在经营管理思想上的片面性。只看到生产数量的一面，看不见质量和安全的重要性；只看到一段时间内生产数量增加的一面，没有认识到如果不消除事故隐患，这种数量的增加只是一种暂时的现象，一旦条件具备了就会发生事故。这是多年来安全生产工作中的一条深刻的教训。总之，安全与生产是互相联系，互相依存，互为条件的。要正确贯彻安全生产方针，就必须按照辩证法办事，克服思想的片面性。

3. 预防为主是安全生产的前提

安全生产工作的预防为主是现代生产发展的需要。现代科学技术日新月异，而且往往又是多学科综合运用，安全问题十分复杂，稍有疏忽就会酿成事故。事故一旦发生，其后果就无法挽回，预防为主，"防患于未然"，就是要在事前做好安全工作，把预防措施落实到实处。依靠科技进步，加强安全科学管理，搞好科学预测与分析工作，把工伤事故和职业危害消灭在萌芽状态中。从思想上给予重视，从物质上给予有力保障，在组织机构、安全责任、安全教育、提高防范、监督管理以及劳动保护、施工现场、环境卫生各方面都对事故预防措施予以充分重视，是贯彻安全生产方针的重要内容，各级管理人员应当充分认识到做好安全生产工作，也是建立企业精神文明与物质文明的重要步骤，是企业素质和形象外在体现，与企业的命运息息相关，是企业能够长期稳定健康发展的重要保证。

4. 解读"安全第一、预防为主、综合治理"

安全第一，就是在生产过程中把安全放在第一重要的位置上，切实保护劳动者的生命安全和身体健康。这是我们党长期以来一直坚持的安全生产工作方针，充分表明了我们党对安全生产工作的高度重视、对人民群众根本利益的高度重视。在新的历史条件下坚持安全第一，是贯彻落实以人为本的科学发展观、构建社会主义和谐社会的必然要求。以人为本，就必须珍爱人的生命；科学发展，就必须安全发展；构建和谐社会，就必须构建安全社会。坚持安全第一的方针，对于捍卫人的生命尊严、构建安全社会、促进社会和谐、实现安全发展具有十分重要的意义。因此，在安全生产工作中贯彻落实科学发展观，就必须始终坚持安全第一。

预防为主，就是把安全生产工作的关口前移，超前防范，建立预教、预测、预想、预报、预警、预防的递进式、立体化事故隐患预防体系，改善安全状况，预防安全事故。在新时期，预防为主的方针又有了新的内涵，即通过建设安全文化、健全安全法制、提高安全科技水平、落实安全责任、加大安全投入，构筑坚固的安全防线。具体地说，就是促进安全文化建设与社会文化建设的互动，为预防安全事故打造良好的"习惯的力量"；建立健全有关的法律法规和规章制度，如《安全生产法》，安全生产许可制度，"三同时"制度，隐患排查、治理和报告制度等等，依靠法制的力量促进安全事故防范；大力实施"科技兴安"战略，把安全生产状况的根本好转建立在依靠科技进步和提高劳动者素质的基础上；强化安全生产责任制和问责制，创新安全生产监管体制，严厉打击安全生产领域的腐败行为；健全和完善中央、地方、企业共同投入机制，提升安全生产投入水平，增强基础设施的安全保障能力。

综合治理，是指适应我国安全生产形势的要求，自觉遵循安全生产规律，正视安全生产工作的长期性、艰巨性和复杂性，抓住安全生产工作中的主要矛盾和关键环节，综合运用经济、法律、行政等手段，人管、法治、技防多管齐下，并充分发挥社会、职工、舆论的监督作用，有效解决安全生产领域的问题。实施综合治理，是由我国安全生产中出现的新情况和面临的新形势决定的。在社会主义市场经济条件下，利益主体多元化，不同利益主体对待安全生产的态度和行为差异很大，需要因情制宜、综合防范；安全生产涉及的领域广泛，每个领域的安全生产又各具特点，需要防治手段的多样化；实现安全生产，必须从文化、法制、科技、责任、投入入手，多管齐下，综合施治；安全生产法律政策的落实，需要各级党委和政府的领导、有关部门的合作以及全社会的参与；目前我国的安全生产既存在历史积淀的沉重包袱，又面临经济结构调整、增长方式转变带来的挑战，要从根本上解决安全生产问题，就必须实施综合治理。从近年来安全监管的实践特别是今年联合执法的实践来看，综合治理是落实安全生产方针政策、法律法规的最有效手段。因此，综合治理具有鲜明的时代特征和很强的针对性，是我们党在安全生产新形势下作出的重大决策，体现了安全生产方针的新发展。

"安全第一、预防为主、综合治理"的安全生产方针是一个有机统一的整体。安全第一是预防为主、综合治理的统帅和灵魂，没有安全第一的思想，预防为主就失去了思想支撑，综合治理就失去了整治依据。预防为主是实现安全第一的根本途径。只有把安全生产的重点放在建立事故隐患预防体系上，超前防范，才能有效减少事故损失，实现安全第一。综合治理是落实安全第一、预防为主的手段和方法。只有不断健全和完善综合治理工作机制，才能有效贯彻安全生产方针，真正把安全第一、预防为主落到实处，不断开创安全生产工作的新局面。

二、安全生产形势

安全生产是人类为其生存和发展向大自然索取和创造物质财富的生产经营活动中一个最重要的基本前提。在生产经营活动中安全生产问题无所不在、无时不有。纵观建国以来我国安全生产状况，经历过3个较好历史时期，有许多好的经验值得总结和继承；也出现了3次事故高峰时期，同样有很多教训值得我们去反思。

要做好安全生产工作必须做到：坚持"安全第一、预防为主、综合治理"方针，树立"以人为本"思想，不断提高安全生产素质；加强安全生产法制建设，有法可依，有法必依，执法必严，违法必究，严格落实安全生产责任制；加大安全生产投入，依靠科技进步，标本兼治，全面改善安全生产基础设施和提高管理水平，提高本质安全度；建立完善安全生产管理体制，强化执法监察力度；突出重点，专项整治，遏制重特大事故。

当前，从总体上看，我国安全生产状况有所改善。主要表现在：特大事故明显减少；一些重点行业和领域安全状况好转；事故起数和死亡人数增幅下降；部分省（市、自治区）安全生产出现稳定好转的局面，这与党和政府历来高度重视安全生产工作分不开的。

著名的关于消防工作的重要论述"隐患险于明火"、"防范胜于救灾"、"责任重于泰山"就是江泽民同志早在1986年10月13日上海市消防工作会议上的讲话中提出的。至今仍是指引我们做好消防工作的"航标灯"。

胡锦涛总书记在党的十六届三中全会上强调："各级党委和政府要牢牢树立'责任重于泰山'的观念，坚持把人民群众的生命安全放在第一位，进一步完善和落实安全生产的各项政策措施，努力提高安全生产水平"。

温家宝总理对建设部门的要求是："严格执行经过论证的技术方案，严格执行各种规范和标准，加强工程监督管理，是保证工程安全和质量的重要环节"。

近年来，我国工程建设法律、法规体系不断健全，规范企业行为、维护劳动者权益、保障安全与健康的法规陆续颁布，国家安全监察机构也越来越发挥出重要的监察作用。2003年11月，国务院颁布了《建设工程安全生产管理条例》，明确了参与建设活动主体的安全生产责任，确立了建设企业安全生产和政府监督管理的基本制度，是第一部全面规范建设工程安全生产的专门法规，对建筑安全生产提出了原则要求。

2004年1月3日，《安全生产许可证条例》正式实施，进一步提高了像建筑施工企业等高危企业市场准入条件，加强了对施工企业安全生产的监管力度。

2004年1月9日，国务院作出《关于进一步加强安全生产工作的决定》（国发［2004］2号），进一步明确了安全生产工作的指导思想、目标任务、工作重点和政策措施，对做好新时期的安全工作具有十分重要的指导意义。

随着《建筑法》、《安全生产法》、《建设工程安全生产管理条例》、《安全生产许可证条例》、国务院关于《特大安全责任事故行政责任追究的规定》以及《建筑工程安全生产监督管理工作导则》、《建筑施工企业安全生产管理机构设置及专职安全生产管理人员配备办法》的陆续实施，安全生产的法制建设得到不断加强。据统计，我国自建国以来颁布并实施的有关安全生产、劳动保护方面的主要法律法规约280余项，为建设工程安全生产管理提供了良好的法制环境，使依法行政、依法管理落到了实处。

但是，建筑安全生产现状依然严峻。虽然遏止重特大事故成绩显著，但事故伤亡情况仍较严重，事故起数和死亡人数居高不下。我国正处在大规模经济建设时期，建筑业的规模逐年增加，但伤害事故和死亡人数一直居高不下。2002年全国建筑施工每百亿元产值死亡率为6.97，2003年为6.92，2004年为4.76，2005年为3.43，基本呈逐年下降趋势。从绝对数字来看，事故起数和死亡人数一直未有显著下降，2002年至2007年全国分别发生建筑施工事故1208起、1293起、1144起、1015起、888起、859起，分别死亡1292人、1524人、1324人、1193人、1048人、1012人。

当前全国建筑安全生产形势可以说是总体状况保持稳定，但形势仍然不容乐观。说形势总体稳定，主要体现在三个方面：一是事故总量下降，2007年全国共发生房屋建筑与市政工程事故859起，比去年下降3.27%。二是事故造成的死亡人数下降，2007年全国房屋建筑与市政工程事故共造成1012人死亡，比去年下降3.44%。三是较大及较大以上事故下降，2007年全国共发生较大及以上事故35起、死亡144人，分别比去年下降10.26%和1.37%。

说形势仍然不容乐观，主要体现在以下几个方面。一是事故总量仍然较大，2007年房屋建筑和市政工程事故死亡人数仍在千人以上。二是下降幅度趋减，2007年事故下降幅度为3.44%，与前几年的平均下降幅度10%左右相比明显变小。三是部分地区建筑安全生产形势依然十分严峻。2007年，全国有天津、内蒙古、吉林、黑龙江、江苏、安徽、浙江、山东、河南、广西、云南、贵州、宁夏、新疆生产建设兵团等14个地区建筑施工事故起数和死亡人数都比上年同期上升，其中天津市事故起数上升66.67%，死亡人数上升70%；宁夏自治区事故起数上升60%，死亡人数上升45.45%；广西自治区事故起数上升10.53%，死亡人数上升45%；河南省事故起数上升10.53%，死亡人数上升37.04%；江苏省事故起数上升28.13%，死亡人数上升22.62%；安徽省事故起数上升10.81%，死亡人数上升21.62%；内蒙古自治区事故起数上升52.94%，死亡人数上升17.39%；等等。四是较大及较大以上事故仍然时有发生，2007年，全国有20个地区发生一次死亡3人及以上的事故，其中，黑龙江、山东各发生4起，江苏、河南、广东各发生3起，辽宁、湖北、贵州各发生2起，北京、天津、河北、山西、安徽、浙江、广西、四川、云南、甘肃、青海、重庆各发生1起。尤其是辽宁省和江苏省各发生了一起死亡10人以上的重大事故，共造成21人死亡。五是2007年发生的建筑施工事故仍然以高处坠落和施工坍塌事故为主，这两类事故的死亡人数分别占事故总死亡人数的45.45%和20.36%，这反映了我们针对事故高发类型的专项整治工作仍需要进一步深化。

当前的建筑安全生产形势，令我们清醒地看到还有很多影响安全生产的问题，必须高度重视，研究解决。首先，各方主体安全生产主体责任不落实。一是部分施工企业安全生产主体责任意识不强，重效益、轻安全，安全生产基础工作薄弱，安全生产投入严重不足，安全培训教育流于形式，施工现场管理混乱，安全防护不符合标准要求，三违现象时有发生，未能建立起真正有效运转的安全生产保证体系。二是一些建设单位，包括有些政府投资工程的甲方，未能真正重视和履行法规规定的安全责任，拖欠工程款项，要求施工单位垫资施工，任意压缩合理工期，忽视安全生产管理。三是部分监理单位定位不准确，对应负的安全责任认识不清，贯彻落实《安全生产法》、《建设工程安全生产管理条例》等法律法规不力，不熟悉安全生产技术标准，不对安全生产隐患及时作出应有处理，安全生产监理责任未能真正落实到位。

其次，政府主管部门的安全监管能力和水平有待进一步提高。一是部分地区建设行政主管部门未能深入分析本地区安全生产形势，针对薄弱环节，有针对性的采取事故防范措施，安全生产工作主动性和预见性差，政府主管部门安全监管存在盲点；二是未能合理组织利用建设系统各种管理资源和充分发挥各个管理层次、环节的整体效能，未能形成安全生产监管的合力；三是部分地区政府主管部门对安全生产违法违规行为和重大事故执法不严、处罚不力，缺乏强硬的手段措施，对有关方面起不到震慑作用；四是部分建筑安全生产监督执法人员依法行政水平和业务素质不高，不能熟练掌握相关法规政策和技术标准，不能胜任日益复杂的建筑安全生产监督管理工作。

第三，安全生产的保障环境要素还不完善。一是法制环境方面，《安全生产法》、《建设工程安全生产管理条例》等有关法规规章精神还没有完全贯彻落实到每个企业、项目、班组和一线施工人员，有关法规授权制定的相关配套文件还需尽快出台；二是市场环境方面，一些建设项目不履行法定建设程序，游离于建设行政主管部门的监管范围，建筑市场形成买方局面，企业之间恶性竞争，低价中标，违法分包、非法转包、无资质单位挂靠、以包代管现象突出；三是科技支撑环境，建筑行业生产力水平偏低，技术装备水平落后，科技进步在推动建筑安全生产形势好转方面的动力作用还没有充分体现出来；四是中介机构培育环境，建筑施工安全生产领域，在政府和企业之间，缺少中介机构这个中间环节，没有相应的机构和人员提供安全评价、咨询、技术等方面服务，中介机构在从事政府不该管和企业不能做的事项方面的作用没有发挥的基础。

另外，安全生产教育亟待加强。目前施工一线90%以上是农民工，普通文化水平不高，缺乏自我防护意识，安全培训又跟不上，同时施工现场的工作条件和环境又大多比较复杂和危险，使农民工成为典型的弱势群体，安全事故中死亡人数的90%都是农民工，尽快加强对农民工的安全培训，提高素质，保障弱势群体的生命安全是各级管理人员的工作重点。

以上这些都需要我们采取有力措施，认真加以研究解决，不断提高我国建筑施工安全生产管理水平。我国今后安全生产工作的思路和目标是：努力实现"四个转变"，即安全生产工作由事后查处向事前预防转变；安全生产监察重点从国有企业向多种所有制经济成分转变；安全生产管理方式逐步从计划经济下的传统方式向依法、依靠科技进步和运用市场经济手段的方式转变；生产经营单位的负责人和广大职工从"要我安全"向"我要安全、我会安全"转变。按照"十六大"提出的全面建设小康社会的目标，力争通过15~20年的扎实工作，建立起适应社会主义市场经济的安全生产工作体制和安全生产的长效机制，使安全生产水平整体提高，实现安全生产状况明显好转，以满足新世纪全面建成小康社会的需要。

三、安全生产管理体制

完善安全生产管理体制，建立健全安全管理制度、安全管理机构和安全生产责任制是安全管理的重要内容，也是实现安全生产目标管理的组织保证。

为适应社会主义市场经济的需要，1993年国务院将原来的"国家监察、行政管理、群众监督"的安全生产管理体制，发展和完善成为"企业负责、行业管理、国家监察、群众监督、劳动者遵章守纪"。实践证明，这样的安全生产管理体制更符合社会主义市场经济条件下，安全生产工作的要求。

1. 企业负责

企业负责这条原则，最先是由国务院副总理邹家华同志提出，并通过国务院(1993)50号文正式发布的。这条原则的确立，进一步完善了自1985年以来，我国实行的"国家监察、行政管理、群众监督"的管理体制，明确了企业作为市场经济的主体，必须承担的安全生产责任，即必须认真贯彻执行国家安全生产、劳动保护方面的政策、法律法规及规章制度，要对本企业的安全生产、劳动保护工作负责。在这个文件中还特别强调了"企业法定代表人是安全生产的第一责任者，要对本企业的安全生产全面负责"。从根本上改变了以往安全生产工作由国家包办代替，企业责任不明确的情况，健全了社会主义市场经济条件下的安全生产管理体制。

2. 行业管理

各行业的管理部门（包括政府主管部门、受政府委托的管理机构、以及行业协会等），根据"管生产必须管安全"的原则，在各自的工作职责范围内，行使行业管理的职能，贯彻执行国家安全生产方针政策、法律法规及规范规章等，制定行业的规章制度和规范标准，负责对本行业安全生产管理工作进行策划、组织实施和监督检查及考核等。从行政管理到行业管理，体现出从计划经济向市场经济过渡的特点，说明了在安全生产工作中行业管理力度的增强。

3. 国家监察

安全生产行政主管部门按照国务院要求实施国家劳动安全监察。国家监察是一种执法监察，主要是监察国家法律法规的执行情况，预防和纠正违反法规、政策的偏差。它不干预企事业遵循法律法规、制定的措施和步骤等具体事务，也不能替代行业管理部门日常管理和安全检查。

4. 群众监督

群众监督有两层含义，一是由工会对安全生产实施监督，工会组织作为代表广大职工根本利益的群众团体，对危害职工安全健康的现象有抵制、纠正以至控告的权力，这是一种自下而上的群众监督。中华全国总工会于1985年4月8日颁发了《工会劳动保护监督检查员暂行条例》、《基层（车间）工会劳动保护监督检查委员会工作条例》、《工会小组劳动保护检查员工作条例》，这三个条例对工会劳动保护工作作了具体规定，是工会进行群众监督工作的主要依据。二是《中华人民共和国劳动法》赋予劳动者这种监督权，在第五十六条中规定"劳动者对用人单位管理人员违章指挥、强令冒险作业，有权拒绝执行；对危害生命安全和身体健康的行为，有权提出批评、检举和控告。"这是劳动者的一种直接监督形式。

5. 劳动者遵章守纪

国务院于1996年12月26日召开了全国安全生产工作电话会议，吴邦国副总理作了重要讲话，他说"当前，安全生产意识淡薄，仍然是一个带有普遍性的问题。据统计，现在有60％以上的事故是由于缺乏安全意识、违章指挥、违章操作、违反劳动纪律造成的。这充分说明认真做好安全生产宣传教育和岗位培训工作的重要性和紧迫性。""1993年以来，为适应社会主义市场经济的要求，我们将'国家监察、行政管理、群众监督'的体制，发展为'企业负责、行业管理、国家监察、群众监督'。之后，又考虑到许多事故是由于劳动者违章造成的，又加上了'劳动者遵章守纪'。实践证明，它更加符合当前加强安全生产工作的客观要求。"

因此，劳动者的遵章守纪与安全生产有着直接的关系，遵章守纪是实现安全生产的前提和重要保证。劳动者应当在生产过程中自觉遵守安全生产规章制度和劳动纪律，严格执行安全技术操作规程，做到不违章操作并制止他人的违章操作，从而实现全员的安全生产。

四、安全生产管理制度

安全生产管理制度是根据坚持国家法律、行政法规制定的，项目全体员工在生产经营活动中必须贯彻执行，同时，也是企业规章制度的重要组成部分。通过建立安全生产管理制度，可以把企业员工组织起来，围绕安全目标进行生产建设。同时，我国的安全生产方针和法律法规也是通过安全生产管理制度去实现的。安全生产管理制度既有国家制定的，也有企业制定的。

1963年3月30日在总结了我国安全生产管理经验的基础上，由国务院发布了《关于加强企业生产中安全工作的几项规定》。规定中重新确立了安全生产责任制，解决了安全技术措施计划，完善了安全生产教育，明确了安全生产的定期检查制度，严肃了伤亡事故的调查和处理，成为企业必须建立的五项基本制度，也是我们常说的安全生产"五项规定"。尽管我们在安全生产管理方面已取得了长足进步，但这五项制度仍是今天企业必须建立的安全生产管理基本制度。此外，随着社会和生产的发展，安全生产管理制度也在不断发展，国家和企业在五项基本制度的基础上又建立和完善了许多新制度，如意外伤害保险制度，拆除工程安全保证制度，易燃、易爆、有毒物品管理制度，防护用品使用与管理制度，特种设备及特种作业人员管理制度，机械设备安全检修制度，以及文明生产管理制度等。

五、安全生产管理目标

安全生产管理目标是指项目根据企业的整体目标，在分析外部环境和内部条件的基础上，确定安全生产所要达到的目标，并采取一系列措施去努力实现这些目标的活动过程。

安全生产目标通常以千人负伤率、万吨产品死亡率、尘毒作业点合格率、噪声作业点合格率及设备完好率等预期达到的目标值来表示。推行安全生产目标管理不仅能进一步优化企业安全生产责任制，强化安全生产管理，体现"安全生产人人有责"的原则，使安全生产工作实现全员管理，而且有利于提高企业全体员工的安全素质。

安全生产目标管理的任务是确定奋斗目标，明确责任，落实措施，实行严格的考核与奖惩，以激励企业员工积极参与全员、全方位、全过程的安全生产管理，严格按照安全生产的奋斗目标和安全生产责任制的要求，落实安全措施，消除人的不安全行为和物的不安全状态。

项目要制定安全生产目标管理计划，经项目分管领导审查同意，由主管部门与实行安全生产目标管理的单位签订责任书，将安全生产目标管理纳入各单位的生产经营或资产经营目标管理计划，主要领导人应对安全生产目标管理计划的制定与实施负第一责任。

安全生产目标管理的基本内容包括目标体系的确立、目标的实施及目标成果的检查与考核。主要包括以下几方面：

1. 确定切实可行的目标值。采用科学的目标预测法，根据需要和可能，采取系统分析的方法，确定合适的目标值，并研究围绕达到目标应采取的措施和手段。

2. 根据安全目标的要求，制定实施办法，做到有具体的保证措施，力求量化，以便于实施和考核，包括组织技术措施，明确完成程序和时间、承担具体责任的负责人，并签订承诺书。

3. 规定具体的考核标准和奖惩办法，要认真贯彻执行《安全生产目标管理考核标准》。考核标准不仅应规定目标值，而且要把目标值分解为若干具体要求来考核。

4. 安全生产目标管理必须与安全生产责任制挂钩。层层分解，逐级负责，充分调动各级组织和全体员工的积极性，保证安全生产管理目标的实现。

5. 安全生产目标管理必须与企业生产经营资产经营承包责任制挂钩,作为整个企业目标管理的一个重要组成部分,实行经营管理者任期目标责任制、租赁制和各种经营承包责任制的单位负责人,应把安全生产目标管理实现与他们的经济收入和荣誉挂起钩来,严格考核兑现奖罚。

安全生产管理目标一般有以下几方面。

1. "六杜绝"
（1）杜绝重伤及死亡事故；
（2）杜绝坍塌伤害事故；
（3）杜绝物体打击事故；
（4）杜绝高处坠落事故；
（5）杜绝机械伤害事故；
（6）杜绝触电事故。

2. "三消灭"
（1）消灭违章指挥；
（2）消灭违章作业；
（3）消灭"惯性事故"。

3. "二控制"
（1）控制年负伤率；
（2）控制年安全事故率。

4. "一创建"
创建安全文明示范工地。

六、正确处理"五种"关系

1. 安全与危险并存

安全与危险在同一事物的运动中是相互对立的,也是相互依赖而存在的,因为有危险,所以才进行安全生产过程控制,以防止或减少危险。安全与危险并非是等量并存、平静相处,随着事物的运动变化,安全与危险每时每刻都在起变化,彼此进行斗争。事物的发展将向斗争的胜方倾斜。可见,在事物的运动中,都不会存在绝对的安全或危险。保持生产的安全状态,必须采取多种措施,以预防为主,危险因素是可以控制的。因危险因素是客观的存在于事物运动之中的,是可知的,也是可控的。

2. 安全与生产的统一

生产是人类社会存在和发展的基础,如：生产中的人、物、环境都处于危险状态,则生产无法顺利进行,因此,安全是生产的客观要求,当生产完全停止,安全也就失去意义,就生产目标来说,组织好安全生产就是对国家、人民和社会的最大的负责。有了安全保障,生产才能持续、稳定健康发展。若生产活动中事故不断发生,生产势必陷于混乱、甚至瘫痪,当生产与安全发生矛盾,危及员工生命或资产时,停止生产经营活动进行整治、消除危险因素以后,生产经营形势会变得更好。

3. 安全与质量同步

质量和安全工作,交互作用,互为因果。安全第一,质量第一,两个第一并不矛盾。

安全第一是从保护生产经营因素的角度提出的，而质量第一则是从关心产品成果的角度而强调的。安全为质量服务，质量需要安全保证。生产过程哪一头都不能丢掉，否则，将陷于失控状态。

4. 安全与速度互促

生产中违背客观规律，盲目蛮干、乱干，在侥幸中求得的进度，缺乏真实与可靠的安全支撑，往往容易酿成不幸，不但无速度可言，反而会延误时间，影响生产。速度应以安全做保障，安全就是速度，我们应追求安全加速度，避免安全减速度。安全与速度成正比关系。一味强调速度，置安全于不顾的做法是极其有害的。当速度与安全发生矛盾时，暂时减缓速度，保证安全才是正确的选择。

5. 安全与效益同在

安全技术措施的实施，会不断改善劳动条件，调动职工的积极性，提高工作效率，带来经济效益，从这个意义上说，安全与效益完全是一致的，安全促进了效益的增长。在实施安全措施中，投入要精打细算、统筹安排。既要保证安全生产，又要经济合理，还要考虑力所能及。为了省钱而忽视安全生产，或追求资金的盲目高投入，也是不可取的。

七、安全生产管理原则

1. 坚持"管生产必须管安全"的原则

"管生产必须管安全"原则是指项目各级领导和全体员工在生产过程中必须坚持在抓生产的同时抓好安全工作。

"管生产必须管安全"原则是施工项目必须坚持的基本原则。国家和企业就是要保护劳动者的安全与健康，保证国家财产和人民生命财产的安全，尽一切努力在生产和其他活动中避免一切可以避免的事故。其次，项目的最优化目标是高产、低耗、优质、安全。忽视安全，片面追求产量、产值，是无法达到最优化目标的。伤亡事故的发生，不仅会给企业，还可能给环境、社会，乃至在国际上造成恶劣影响，造成无法弥补的损失。

"管生产必须管安全"原则体现了安全和生产的统一，生产和安全是一个有机的整体，两者不能分割更不能对立起来，应将安全寓于生产之中，生产组织者在生产技术实施过程中，应当承担安全生产的责任，把"管生产必须管安全"原则落实到每个员工的岗位责任制上去，从组织上、制度上固定下来，以保证这一原则的实施。

2. 坚持"五同时"原则

"五同时"是指企业的领导和主管部门在策划、布置、检查、总结、评价生产经营的时候，应同时策划、布置、检查、总结、评价安全工作。把安全工作落实到每一个生产组织管理环节中去，促使企业在生产工作中把对生产的管理与对安全的管理结合起来，并坚持"管生产必须管安全"的原则。使得企业在管理生产的同时必须贯彻执行我国的安全生产方针及法律法规，建立健全企业的各种安全生产规章制度，包括根据企业自身特点和工作需要设置安全管理专门机构，配备专职人员。

3. 坚持"三同时"原则

"三同时"，指凡是我国境内新建、改建、扩建的基本建设工程项目、技术改造项目和引进的建设项目，其劳动安全卫生设施必须符合国家规定的标准，必须与主体工程同时设计、同时施工、同时投入生产和使用。以确保项目投产后符合劳动安全卫生要求,保障劳动者在生产过程中的安全与健康。

4. 坚持"三个同步"原则

"三个同步"是指安全生产与经济建设、企业深化改革、技术改造同步策划、同步发展、同步实施的原则。"三个同步"要求把安全生产内容融化在生产经营活动的各个方面中,以保证安全与生产的一体化,克服安全与生产"两张皮"的弊病。

5. 坚持"四不放过"原则

"四不放过"是指在调查处理工伤事故时,必须坚持事故原因分析不清不放过,事故责任者和群众没受到教育不放过,事故隐患不整改不放过,事故的责任者没有受到处理不放过的原则。

"四不放过"原则的第一层含义是要求在调查处理工伤事故时,首先要把事故原因分析清楚,找出导致事故发生的真正原因,不能敷衍了事,不能在尚未找到事故主要原因时就轻易下结论,也不能把次要原因当成主要原因,未找到真正原因决不轻易放过,直至找到事故发生的真正原因,搞清楚各因素的因果关系才算达到事故分析的目的。

"四不放过"原则的第二层含义是要求在调查处理工伤事故时,不能认为原因分析清楚了,有关责任人员也处理了就算完成任务了,还必须使事故责任者和企业员工了解事故发生的原因及所造成的危害,并深刻认识到搞好安全生产的重要性,大家从事故中吸取教训、受到教育,在今后工作中更加重视安全工作。

"四不放过"原则的第三层含义是要求在对工伤事故进行调查处理时,必须针对事故发生的原因,制定防止类似事故重复发生的预防(整改)措施,并督促事故发生单位组织实施,只有这样,才算达到了事故调查和处理的最终目的。

6. 坚持"五定"原则

对查出的安全隐患要做到"五定",即定整改责任人、定整改措施、定整改完成时间、定整改完成人、定整改验收人。

7. 坚持"六个坚持"

(1) 坚持管生产同时管安全　安全寓于生产之中,并对生产发挥促进与保证作用,因此,安全与生产虽有时会出现矛盾,但从安全、生产管理的目标,表现出高度的一致和安全的统一。安全管理是生产管理的重要组成部分,安全与生产在实施过程中,两者存在着密切的联系,存在着进行共同管理的基础。国务院在《关于加强企业生产中安全工作的几项规定》中明确指出:"各级领导人员在管理生产的同时,必须负责管理安全工作。""企业中各有关专职机构,都应该在各自业务范围内,对实现安全生产的要求负责"。管生产同时管安全,不仅是对各级领导人员明确安全管理责任,同时,也向一切与生产有关的机构、人员,明确了业务范围内的安全管理责任。由此可见,一切与生产有关的机构、人员,都必须参与安全管理,并在管理中承担责任。认为安全管理只是安全部门的事,是一种片面的、错误的认识。各级人员安全生产责任制度的建立,管理责任的落实,体现了管生产同时管安全的原则。

(2) 坚持目标管理　安全管理的内容是对生产中的人、物、环境因素状态的管理,在有效的控制人的不安全行为和物的不安全状态,消除或避免事故,达到保护劳动者的安全与健康的目标。没有明确目标的安全管理是一种盲目行为,盲目的安全管理,往往劳民伤财，危险因素依然存在。在一定意义上，盲目的安全管理，只能纵容威胁人的安全与健康的状态，向更为严重的方向发展或转化。

（3）坚持预防为主　安全生产的方针是"安全第一、预防为主"。"安全第一"是从保护生产力的角度和高度，表明在生产范围内，安全与生产的关系，肯定安全在生产活动中的位置和重要性。进行安全管理不是处理事故，而是在生产经营活动中，针对生产的特点，对生产要素采取管理措施，有效地控制不安全因素的发生与扩大，把可能发生的事故，消灭在萌芽状态，以保证生产经营活动中，人的安全与健康。"预防为主"，首先是端正对生产中不安全因素的认识和消除不安全因素的态度，选准消除不安全因素的时机。在安排与布置生产经营任务的时候，针对施工生产中可能出现的危险因素，采取措施予以消除是最佳选择，在生产活动过程中，经常检查，及时发现不安全因素，采取措施，明确责任，尽快地、坚决地予以消除，是安全管理应有的鲜明态度。

（4）坚持全员管理　安全管理不是少数人和安全机构的事，而是一切与生产有关的机构、人员共同的事，缺乏全员的参与，安全管理不会有生气、不会出现好的管理效果。当然，这并非否定安全管理第一责任人和安全监督机构的作用。他们在安全管理中的作用固然重要，但全员参与安全管理更为重要。安全管理涉及生产经营活动的方方面面，涉及从开工到竣工交付使用的全部过程，生产时间，生产要素。因此，生产经营活动中必须坚持全员、全方位的安全管理。

（5）坚持过程控制　通过识别和控制特殊关键过程，达到预防和消除事故，防止或消除事故伤害。在安全管理的主要内容中，虽然都是为了达到安全管理的目标，但是对生产过程的控制，与安全管理目标关系更直接，显得更为突出，因此，对生产中人的不安全行为和物的不安全状态的控制，必须列入过程安全制定管理的节点。事故发生往往由于人的不安全行为运动轨迹与物的不安全状态运动轨迹的交叉所造成的，从事故发生的原因看，也说明了对生产过程的控制，应该作为安全管理重点。

（6）坚持持续改进　安全管理是在变化着的生产经营活动中的管理，是一种动态管理。其管理就意味着是不断改进发展的、不断变化的，以适应变化的生产活动，消除新的危险因素。需要的是不间断地摸索新的规律，总结控制的办法与经验，指导新的变化后的管理，从而不断提高安全管理水平。

八、安全生产管理十大理念

党和国家历来非常重视安全生产管理工作，中央领导同志对安全生产工作曾经做过一系列指示，可归纳为"十大理念"，即树立"安全第一"、"预防为主"、"安全责任"、"安全管理"、"安全重点"、"安全质量"、"安全检查"、"安全政治"、"安全人本"、"安全法制"的观念。

九、建筑施工安全强制性标准条文

2002年8月30日，建设部以建标〔2002〕219号发布的"建设部关于发布2002年版《工程建设标准强制性条文》（房屋建筑部分）的通知"中明确了自2003年1月1日起施行2002年版《强制性条文》，2000版同时废止。新版中关于施工安全列入了《施工现场临时用电安全技术规范》（JGJ 46—88）（已废止，现为 JGJ 46—2005）、《建筑施工高处作业安全技术规范》(JGJ 80—91)、《建筑机械使用安全技术规程》(JGJ 33—2001)、《建筑施工扣件式钢管脚手架安全技术规范》(JGJ 130—2001)、《建筑施工门式钢管脚手架安全技术规范》(JGJ 128—2000)、《龙门架及井架物料提升机安全技术规范》(JGJ 88—92)、《建筑桩基技术规范》(JGJ 94—2008)、《建筑地基处理技术规范》(JGJ 79—2002)几个标准中的强制性条文。另外《建筑施工安全检查标准》(JGJ 59—99)全文为强制性条文。

《强制性条文》的内容是工程建设现行国家和行业标准中直接涉及人民生命财产安全、人身健康、环境保护和公共利益的条文，同时考虑了提高经济和社会效益等方面的要求。列入《强制性条文》的所有条文都必须严格执行。

十、安全常识

（一）反对"三违"

员工遵章守纪，是实现安全生产的基础。员工在生产过程中，不仅要有熟练的技术，而且必须自觉遵守各项操作规程和劳动纪律，远离"三违"。即违章指挥、违章操作、违反劳动纪律。

（二）"三宝"、"四口"、"十临边"

"三宝"指安全帽、安全带、安全网的正确使用；

"四口"指楼梯口、电梯井口、预留洞口、通道口。

"十临边"通常指尚未安装栏杆或栏板的阳台周边、无外脚手架防护的楼面与屋面周边、分层施工的楼梯与楼梯段边、井架、施工电梯或外脚手架等通向建筑物的通道的两侧边、框架结构建筑的楼层周边、斜道两侧边、卸料平台外侧边、雨篷与挑檐边、水箱与水塔周边等处。

（三）三级安全教育

三级安全教育是每个刚进企业的新员工(包括新招收的合同工、临时工、学徒工、农民工、大中专毕业实习生和代培人员)必须接受的首次安全生产方面的基本教育。即公司(企业)、项目(或工程处、施工队、工区)、班组这三级。

（四）三不伤害

施工现场每一个操作人员和管理人员都要增强自我保护意识，切实做到"不伤害自己，不伤害他人，不被他人伤害"。同时也要对安全生产自觉负起监督的责任，做到"我保护他人不受伤害"，才能达到开展全员安全教育活动的目的。

（五）"三落实"活动

即施工班组的每周安全活动要做到时间、人员、内容"三落实"。

（六）"三懂三会"能力

即懂得本岗位和部门有什么火灾危险性，懂得灭火知识，懂得预防措施；会报火警，会使用灭火器材，会处理初起火灾。

（七）建筑施工"五大伤害"

建筑施工属事故多发行业。建筑施工的特点：是生产周期长，工人流动性大，露天高处作业多，手工操作多，劳动繁重，产品变化大，规则性差，施工机械品种繁多等，且是动态变化，具有一定的危险性。而建筑施工的不安全隐患也多存在于高处作业、交叉作业、垂直运输以及使用各种电气设备工具上，综合分析伤亡事故主要发生在高处坠落、施工坍塌、物体打击、机具伤害和触电等五个方面。

建设部发布的《全国建筑施工安全生产形势分析报告(2007年度)》显示,2007施工事故类型仍主要是高处坠落、坍塌、物体打击、触电、起重伤害等。这些事故的死亡人数共915人,分别占全部事故死亡人数的45.45%、20.36%、11.56%、6.62%、6.42%,总计占全部事故死亡人数的90.42%。

从事故发生的部位看,2007年,在洞口和临边作业发生事故的死亡人数占总数的15.51%;在各类脚手架上作业发生事故的死亡人数占总数的11.86%;安装、拆卸塔吊事故死亡人数占总数的11.86%;模板事故死亡人数占总数的6.82%。

如能采取措施消除这"五大伤害",建筑施工伤亡事故将大幅度下降。所以,这"五大伤害"也就是建筑施工安全技术要解决的主要问题。

(八)十项安全技术措施

1. 按规定使用安全"三宝"。
2. 机械设备防护装置一定要齐全有效。
3. 塔吊等起重设备必须有限位保险装置,不准"带病"运转,不准超负荷作业,不准在运转中维修保养。
4. 架设电线线路必须符合当地电业局的规定,电气设备必须全部接零接地。
5. 电动机械和手持电动工具要设置漏电保护器。
6. 脚手架材料及脚手架的搭设必须符合规程要求。
7. 各种缆风绳及其设置必须符合规程要求。
8. 在建工程的楼梯口、电梯口、预留洞口、通道口,必须有防护设施。
9. 严禁赤脚或穿高跟鞋、拖鞋进入施工现场,高空作业不准穿硬底和带钉易滑的鞋靴。
10. 施工现场的悬崖、陡坎等危险地区应设警戒标志,夜间要设红灯示警。

(九)施工现场行走或上下的"十不准"

1. 不准从正在起吊、运吊中的物件下通过。
2. 不准从高处往下跳或奔跑作业。
3. 不准在没有防护的外墙和外壁板等建筑物上行走。
4. 不准站在小推车等不稳定的物体上操作。
5. 不得攀登起重臂、绳索、脚手架、井字架、龙门架和随同运料的吊盘及吊装物上下。
6. 不准进入挂有"禁止出入"或设有危险警示标志的区域、场所。
7. 不准在重要的运输通道或上下行走通道上逗留。
8. 未经允许不准私自进入非本单位作业区域或管理区域,尤其是存有易燃易爆物品的场所。
9. 严禁在无照明设施,无足够采光条件的区域、场所内行走、逗留。
10. 不准无关人员进入施工现场。

(十)防止违章和事故的十项操作要求

即做到"十不盲目操作":

1. 新工人未经三级安全教育,复工换岗人员未经安全岗位教育,不盲目操作。

2. 特殊工种人员、机械操作工未经专门安全培训，无有效安全上岗操作证，不盲目操作。

3. 施工环境和作业对象情况不清，施工前无安全措施或作业安全交底不清，不盲目操作。

4. 新技术、新工艺、新设备、新材料、新岗位无安全措施，未进行安全培训教育、交底，不盲目操作。

5. 安全帽和作业所必须的个人防护用品不落实，不盲目操作。

6. 脚手、吊篮、塔吊、井字架、龙门架、外用电梯、起重机械、电焊机、钢筋机械、木工平刨、圆盘锯、搅拌机、打桩机等设施设备和现浇混凝土模板支撑、搭设安装后，未经验收合格，不盲目操作。

7. 作业场所安全防护措施不落实，安全隐患不排除，威胁人身和国家财产安全时，不盲目操作。

8. 凡上级或管理干部违章指挥，有冒险作业情况时，不盲目操作。

9. 高处作业、带电作业、禁火区作业、易燃易爆作业、爆破性作业、有中毒或窒息危险的作业和科研实验等其他危险作业的，均应由上级指派，并经安全交底；未经指派批准、未经安全交底和无安全防护措施，不盲目操作。

10. 隐患未排除，有自己伤害自己、自己伤害他人、自己被他人伤害的不安全因素存在时，不盲目操作。

（十一）防止高处坠落、物体打击的十项基本安全要求

1. 高处作业人员必须着装整齐，严禁穿硬塑料底等易滑鞋、高跟鞋，工具应随手放入工具袋中。

2. 高处作业人员严禁相互打闹，以免失足发生坠落危险。

3. 在进行攀登作业时，攀登用具结构必须牢固可靠，使用必须正确。

4. 各类手持机具使用前应检查，确保安全牢靠。洞口临边作业应防止物件坠落。

5. 施工人员应从规定的通道上下，不得攀爬脚手架、跨越阳台，在非规定通道进行攀登、行走。

6. 进行悬空作业时，应有牢靠的立足点并正确系挂安全带；现场应视具体情况配置防护栏网、栏杆或其他安全设施。

7. 高处作业时，所有物料应该堆放平稳，不可放置在临边或洞口附近，并不可妨碍通行。

8. 高处拆除作业时，对拆卸下的物料、建筑垃圾都要加以清理和及时运走，不得在走道上任意乱置或向下丢弃，保持作业走道畅通。

9. 高处作业时，不准往下或向上乱抛材料和工具等物件。

10. 各施工作业场所内，凡有坠落可能的任何物料，都应先行撤除或加以固定，拆卸作业要在设有禁区、有人监护的条件下进行。

（十二）防止机械伤害的"一禁、二必须、三定、四不准"。

1. 一禁

不懂电器和机械的人员严禁使用和摆弄机电设备。

2. 二必须

(1) 机电设备应完好，必须有可靠有效的安全防护装置。
(2) 机电设备停电、停工休息时必须拉闸关机，按要求上锁。

3. 三定
(1) 机电设备应做到定人操作、定人保养、检查。
(2) 机电设备应做到定机管理、定期保养。
(3) 机电设备应做到定岗位和岗位职责。

4. 四不准
(1) 机电设备不准带病运转。
(2) 机电设备不准超负荷运转。
(3) 机电设备不准在运转时维修保养。
(4) 机电设备运行时，操作人员不准将头、手、身伸入运转的机械行程范围内。

(十三) 防止车辆伤害的十项基本安全要求

1. 未经劳动、公安交通部门培训合格持证人员，不熟悉车辆性能者不得驾驶车辆。
2. 应坚持做好例保工作，车辆制动器、喇叭、转向系统、灯光等影响安全的部件如作用不良不准出车。
3. 严禁翻斗车、自卸车车厢乘人，严禁人货混装，车辆载货应不超载、超高、超宽，捆扎碰牢固可靠、应防止车内物体失稳跌落伤人。
4. 乘坐车辆应坐在安全处，头、手、身不得露出车厢外，要避免车辆启动制动时跌倒。
5. 车辆进出施工现场，在场内掉头、倒车，在狭窄场地行驶时应有专人指挥。
6. 现场行车进场要减速，并做到"四慢"，即：道路情况不明要慢，线路不良要慢，起步、会车、停车要慢，在狭路、桥梁弯路、坡路、叉道、行人拥挤地点及出入大门时要慢。
7. 在临近机动车道的作业区和脚手架等设施，以及在道路中的路障应加设安全色标、安全标志和防护措施，并要确保夜间有充足的照明。
8. 装卸车作业时，若车辆停在坡道上，应在车轮两侧用楔形木块加以固定。
9. 人员在场内机动车道应避免右侧行走，并做到不平排结队有碍交通；避让车辆时，应不避让于两车交会之中，不站于旁有堆物无法退让的死角。
10. 机动车辆不得牵引无制动装置的车辆，牵引物体时物体上不得有人，人不得进入正在牵引的物与车之间，坡道上牵引时，车和被牵引物下方不得有人作业和停留。

(十四) 防止触电伤害的十项基本安全操作要求

根据安全用电"装得安全、拆得彻底、用得正确、修得及时"的基本要求，为防止触电伤害的操作要求有：

1. 非电工严禁拆接电气线路、插头、插座、电气设备、电灯等。
2. 使用电气设备前必须要检查线路、插头、插座、漏电保护装置是否完好。
3. 电气线路或机具发生故障时，应找电工处理，非电工不得自行修理或排除故障。
4. 使用振捣器等手持电动机械和其他电动机械从事湿作业时，要由电工接好电源，安装上漏电保护器，操作者必须穿戴好绝缘鞋、绝缘手套后再进行作业。
5. 搬迁或移动电气设备必须先切断电源。

6. 搬运钢筋、钢管及其他金属物时，严禁触碰到电线。

7. 禁止在电线上挂晒物料。

8. 禁止使用照明器烘烤、取暖，禁止擅自使用电炉和其他电加热器。

9. 在架空输电线路附近工作时，应停止输电，不能停电时，应有隔离措施，要保持安全距离，防止触碰。

10. 电线必须架空，不得在地面、施工楼面随意乱拖，若必须通过地面、楼面时应有过路保护，物料、车、人不准压踏碾磨电线。

（十五）起重吊装的"十不吊"规定

1. 起重臂和吊起的重物下面有人停留或行走不准吊。

2. 起重指挥应由技术培训合格的专职人员担任，无指挥或信号不清不准吊。

3. 钢筋、型钢、管材等细长和多根物件必须捆扎牢靠，多点起吊。单头"千斤"或捆扎不牢靠不准吊。

4. 多孔板、积灰斗、手推翻斗车不用四点吊或大模板外挂板不用卸甲不准吊。预制钢筋混凝土楼板不准双拼吊。

5. 吊砌块必须使用安全可靠的砌块夹具，吊砖必须使用砖笼，并堆放整齐。木砖、预埋件等零星物件要用盛器堆放稳妥，叠放不齐不准吊。

6. 楼板、大梁等吊物上站人不准吊。

7. 埋入地下的板桩、井点管等以及粘连、附着的物件不准吊。

8. 多机作业，应保证所吊重物距离不小于3m，在同一轨道上多机作业，无安全措施不准吊。

9. 六级以上强风不准吊。

10. 斜拉重物或超过机械允许荷载不准吊。

（十六）气割、电焊的"十不烧"规定

1. 焊工必须持证上岗，无特种作业人员安全操作证的人员，不准进行焊、割作业。

2. 凡属一、二、三级动火范围的焊、割作业，未经办理动火审批手续，不准进行焊、割。

3. 焊工不了解焊、割现场周围情况，不得进行焊、割。

4. 焊工不了解焊件内部是否安全时，不得进行焊、割。

5. 各种装过可燃气体，易燃液体和有毒物质的容器，未经彻底清洗，排除危险性之前，不准进行焊、割。

6. 用可燃材料作保温层、冷却层、隔热设备的部位，或火星能飞溅到的地方，在未采取切实可靠的安全措施之前，不准焊、割。

7. 有压力或密闭的管道、容器，不准焊、割。

8. 焊、割部位附近有易燃易爆物品，在未作清理或未采取有效的安全措施之前，不准焊、割。

9. 附近有与明火作业相抵触的工种在作业时，不准焊、割。

10. 与外单位相连的部位，在没有弄清有无险情，或明知存在危险而未采取有效的措施之前，不准焊、割。

第二节 安全生产管理主要内容

一、安全生产管理的主要任务

1. 贯彻落实国家安全生产法规，落实"安全第一、预防为主"的安全生产、劳动保护方针。
2. 制定安全生产的各种规程、规定和制度，并认真贯彻实施。
3. 制定并落实各级安全生产责任制。
4. 积极采取各项安全生产技术措施，保障职工有一个安全可靠的作业条件，减少和杜绝各类事故。
5. 采取各种劳动卫生措施，不断改善劳动条件和环境，防止和消除职业病及职业危害，做好女工和未成年工的特殊保护，保障劳动者的身心健康。
6. 定期对企业各级领导、特种作业人员和所有职工进行安全教育，强化安全意识。
7. 及时完成各类事故进行调查、处理和上报。
8. 推动安全生产目标管理，推广和应用现代化安全管理技术与方法，深化企业安全管理。

二、安全生产管理机构的设置

安全生产管理机构是指建筑施工企业及其在建设工程项目中设置的负责安全生产管理工作的独立职能部门。

安全生产管理机构的职责主要包括：落实国家有关安全生产法律法规和标准，编制并适时更新安全生产管理制度，组织开展全员安全教育培训及安全检查等活动，及时整改各种事故隐患，监督安全生产责任制落实等等。它是建筑业企业安全生产的重要组织保证。

每一个建筑业企业，都应当建立健全以企业法人为第一责任人的安全生产保证系统，都必须建立完善的安全生产管理机构。

（一）公司一级安全生产管理机构

公司应设立以法人为第一责任者分工负责的安全管理机构，根据本单位的施工规模及职工人数设置专职安全生产管理机构部门并配备专职安全员。根据规定特级企业安全员配备不应少于 25 人，一级企业不应少于 15 人，二级企业不应少于 10 人，三级企业不应少于 5 人。建立安全生产领导小组，实行领导小组成员轮流进行安全生产值班制度。随时解决和处理生产中的安全问题。

（二）工程项目部安全生产管理机构

工程项目部是施工第一线的管理机构，必须依据工程特点，建立以项目经理为首的安全生产领导小组，小组成员由项目经理、项目技术负责人、专职安全员、施工员及各工种班组的领班组成。工程项目部应根据工程规模大小，配备专职安全员。建立安全生产领导小组成员轮流安全生产值日制度，解决和处理施工生产中的安全问题并进行巡回安全生产监督检查，并建立每周一次的安全生产例会制度和每日班前安全讲话制度。项目经理应亲自主持定期的安全生产例会，协调安全与生产之间的矛盾，督促检查班前安全讲话活动的活动记录。

项目施工现场必须建立安全生产值班制度。24 小时分班作业时，每班都必须要有领导值班和安全管理人员在现场。做到只要有人作业，就有领导值班。值班领导应认真做好安全生产值班记录。

施工现场安全管理机构示意图见图 1-1。

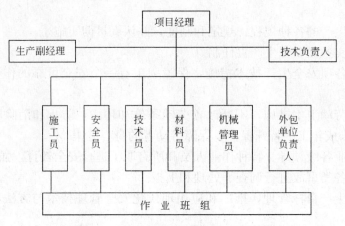

图 1-1　施工现场安全管理机构示意图

（三）生产班组安全生产管理

加强班组安全建设是安全生产管理的基础。每个生产班组都要设置不脱产的兼职安全员，协助班组长搞好班组的安全生产管理。班组要坚持班前班后岗位安全检查、安全值日和安全日活动制度，同时要做好班组的安全记录。

三、安全生产管理要点

（一）基本要求

1. 取得安全行政主管部门颁布的《安全生产许可证》后，方可施工。
2. 总包单位及分包单位都应持有《施工企业安全资格审查认可证》，方可组织施工。
3. 必须建立健全安全管理保障制度。
4. 各类人员必须具备相应的安全生产资格方可上岗。
5. 所有施工人员必须经过三级安全教育。
6. 特殊工种作业人员，必须持有《特种作业操作证》。
7. 对查出的事故隐患要做到"定整改责任人、定整改措施、定整改完成时间、定整改完成人、定整改验收人"。
8. 必须把好安全生产措施关、交底关、教育关、防护关、检查关，改进关。
9. 必须建立安全生产值班制度，必须有领导带班。

（二）安全管理网络

1. 施工现场安全防护管理网络见图 1-2。
2. 施工现场临时用电管理网络见图 1-3。
3. 施工现场机械安全管理网络见图 1-4。

第二节 安全生产管理主要内容

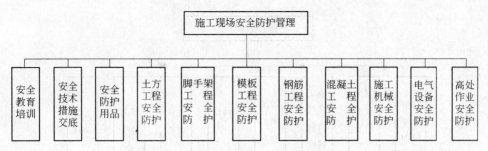

图 1-2 施工现场安全防护管理网络

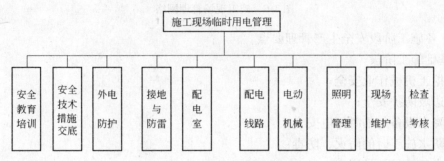

图 1-3 施工现场临时用电管理网络

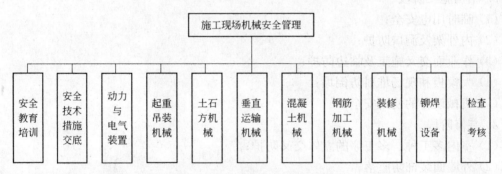

图 1-4 施工现场机械安全管理网络

4．施工现场消防保卫管理网络见图 1-5。

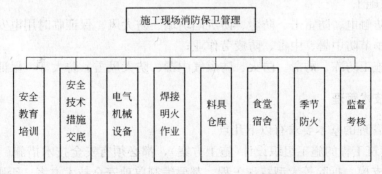

图 1-5 施工现场消防保卫管理网络

5．施工现场管理网络见图 1-6。

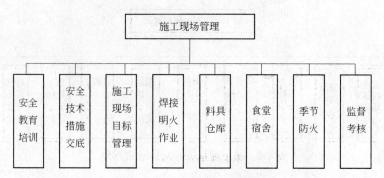

图 1-6 施工现场管理网络

（三）各施工阶段安全生产管理要点

1. 基础施工阶段

（1）挖土机械作业安全；

（2）边坡防护安全；

（3）降水设备与临时用电安全；

（4）防水施工时的防火、防毒；

（5）人工挖扩孔桩安全。

2. 结构施工阶段

（1）临时用电安全；

（2）内外架及洞口防护；

（3）作业面交叉施工及临边防护；

（4）大模板和现场堆料防倒塌；

（5）机械设备的使用安全。

3. 装修阶段

（1）室内多工种、多工序的立体交叉防护；

（2）外墙面装饰防坠落；

（3）做防水和油漆的防火、防毒；

（4）临电、照明及电动工具的使用安全。

4. 季节性施工

（1）雨期防触电、防雷击、防尘、防沉陷坍塌、防大风，保证临时用电安全；

（2）高温季节防中暑、中毒、防疲劳作业；

（3）冬期施工防冻、防滑、防火、防煤气中毒、防大风雪、防大雾，保证用电安全。

四、安全技术管理

安全技术管理的基本要求有以下几点。

1. 所有建筑工程的施工组织设计（施工方案），都必须有安全技术措施。爆破、吊装、水下、深坑、支模、拆除等大型特殊工程，都要编制单项安全技术方案，否则不得开工。

2. 施工现场道路、上下水及采暖管道、电气线路、材料堆放、临时和附属设施等的平面布置，都要符合安全、卫生、防水要求，并要加强管理，做到安全生产和文明生产。

3. 各种机电设备的安全装置和起重设备的限位装置，都要齐全有效，没有的不能使用。要建立定期维修保养制度，检修机械设备要同时检修防护装置。

4. 脚手架、井字架（龙门架）和安全网，搭设完必须经工长验收合格，方能使用。使用期间要指定专人维护保养，发现有变形、倾斜、摇晃等情况，要及时加固。

5. 施工现场、坑井、沟和各种孔洞，易燃易爆场所，变压器周围，都要指定专人设置围栏或盖板和安全标志，夜间要设红灯示警。各种防护设施、警告标志，未经施工负责人批准，不得移动和拆除。

6. 实行逐级安全技术交底制度。开工前，技术负责人要将工程概况、施工方法、安全技术措施等情况向全体职工进行详细交底，两个以上施工队或工种配合施工时，施工队长、工长要按工程进度定期或不定期的向有关班组长进行交叉作业的安全交底。班组每天对工人进行施工要求、作业环境的安全交底。

7. 混凝土搅拌站、木工车间、沥青加工点及喷漆作业场所等，都要采取措施，限期使尘毒浓度达到国家标准。

8. 采用各种安全技术和工业卫生的革新和科研成果，要经过试验、鉴定和制定相应安全技术措施，才能使用。

9. 加强季节性劳动保护工作。夏季要防暑降温，冬季要防寒防冻，防止煤气中毒，雨季和台风到来之前，应对临时设施和电气设备进行检修，沿河流域的工地要做好防洪抢险准备。雨雪过后要采取防滑措施。

10. 施工现场和木工加工厂（车间）和贮存易燃易爆器材的仓库，要建立防火管理制度，备足防火设施和灭火器材，要经常检查，保持良好。

11. 凡新建、改建和扩建的工厂和车间，都应采用有利于劳动者的安全和健康的先进工艺和技术。劳动安全卫生设施与主体工程同时设计、同时施工、同时投产。

实行施工总承包的建设项目，总包单位应对分包单位的进场安全进行总交底，以保障施工生产的顺利进行。各施工单位必须认真执行以下要求：

1. 贯彻执行国家、行业的安全生产、劳动保护和消防工作的各类法规、条例、规定；遵守企业的各项安全生产制度、规定及要求。

2. 分包单位要服从总包单位的安全生产管理。分包单位的负责人必须对本单位职工进行安全生产教育，以增强法制观念和提高职工的安全意识及自我保护能力，自觉遵守安全生产六大纪律、安全生产制度。

3. 分包单位应认真贯彻执行工地的分部分项、分工种及施工安全技术交底要求。分包单位的负责人必须检查具体施工人员落实情况，并进行经常性的督促、指导，确保施工安全。

4. 分包单位的负责人应对所属施工及生活区域的施工安全、文明施工等各方面工作全面负责。分包单位负责人离开现场，应指定专人负责，办理书面委托管理手续。分包单位负责人和被委托负责管理的人员，应经常检查督促本单位职工自觉做好各方面工作。

5. 分包单位应按规定，认真开展班组安全活动。施工单位负责人应定期参加工地、班组的安全活动，以及安全、防火、生活卫生等检查，并做好检查活动的有关记录。

6. 分包单位在施工期间必须接受总包方的检查、督促和指导。同时总包方应协助各施工单位搞好安全生产、防火管理。对于查出的隐患及问题，各施工单位必须限期整改。

7. 分包单位对各自所处的施工区域、作业环境、安全防护设施、操作设施设备、工具用具等必须认真检查，发现问题和隐患，立即停止施工，落实整改。如本单位无能力落实整改的，应及时向总包汇报，由总包协调落实有关人员进行整改，分包单位确认安全后，方可施工。

8. 由总包提供的机械设备、脚手架等设施，在搭设、安装完毕交付使用前，总包须会同有关分包单位共同按规定验收，并做好移交使用的书面手续，严禁在未经验收或验收不合格的情况下投入使用。

9. 分包单位与总包单位如需相互借用或租赁各种设备以及工具的，应由双方有关人员办理借用或租赁手续，制定有关安全使用及管理制度。借出单位应保证借出的设备和工具完好并符合要求，借入单位必须进行检查，并做好书面移交记录。

10. 分包单位对于施工现场的脚手架、设施、设备的各种安全防护设施、保险装置、安全标志和警告牌等不得擅自拆除、变动，如确需拆除变动的，必须经总包施工负责人和安全管理人员的同意，并采取必要、可靠的安全措施后方能拆除。

11. 特种作业及中、小型机械的操作人员，必须按规定经有关部门培训、考核合格后，持有效证件上岗作业。起重吊装人员必须遵守"十不吊"规定，严禁违章、无证操作，严禁不懂电气、机械设备的人员擅自操作使用电气、机械设备。

12. 各施工单位必须严格执行防火防爆制度，易燃易爆场所严禁吸烟及动用明火，消防器材不准挪作他用。电焊、气割作业应按规定办理动火审批手续，严格遵守"十不烧"规定，严禁使用电炉。冬期施工如必须采用明火加热的防冻措施时，应取得总包防火主管人员同意，落实防火、防中毒措施，并指派专人值班看护。

13. 分包单位需用总包提供的电气设备时，在使用前应先进行检测，如不符合安全使用规定的，应及时向总包提出，总包应积极落实整改，整改合格后方准使用，严禁擅自乱拖乱拉私接电气线路及电气设备。

14. 在施工过程中，分包单位应注意地下管线及高、低压架空线和通信设施、设备的保护。总包应将地下管线及障碍物情况向分包单位详细交底，分包单位应贯彻交底要求，如遇有问题或情况不明时要采取停止施工的保护措施，并及时向总包汇报。

15. 贯彻"谁施工谁负责安全、防火"的原则。分包单位在施工期间发生各类事故，应及时组织抢救伤员、保护现场，并立即向总包方和自己的上级单位和有关部门报告。

16. 按工程特点进行针对性交底。

五、协力队伍安全生产管理

1. 不得使用未经劳动部门审核的协力队伍。
2. 对协力队伍人员要严格进行安全生产管理，保障协力队伍人员在生产过程中的安全和健康。
3. 协力队伍队长必须申请办理《施工企业安全资格认可证》。各用工单位应监督、协助协力队伍办理"认可证"，否则视同无安全资质处理。
4. 依照"管生产必须管安全"的原则，协力队伍必须明确一名领导做为本队安全生产负责人，主管本队日常的安全生产管理工作。50人以下的协力队伍，应设一名兼职安全员，50人以上的协力队伍应设一名专职安全员。用工单位要负责对协力队伍专（兼）职安全员进行安全生产业务培训考核,对合格者签发《安全生产检查员》证。协力队伍专(兼)职安全员应持证上岗,纠正本队违章行为。

5. 协力队伍要保证人员相对稳定,确需增加或调换人员时,协力队伍领导必须事先提出计划,报请有关领导和部门审核。增加或调换的人员按新入场人员进行三级安全教育。凡未经同意擅自增加或调换人员,未经安全教育考试上岗作业者,一经发现,追究有关部门和协力队伍领导责任。

6. 协力队伍领导必须对本队人员进行经常性的安全生产和法制教育,必须服从用工单位各级安全管理人员的监督指导。用工单位各级安全管理人员有权按照规章制度,对违章冒险作业人员进行经济处罚,停工整顿,直到建议清退出场。用工单位应认真研究安全管理人员的建议,对决定清退出场的协力队伍,用工单位必须及时上报集团总公司相关职能部门,劳务部门当年不得再与该队签订用工协议,也不得转移到其他单位,若发现因协力队伍严重违章应清退出场而未清退或转移到集团其他单位的,则追究有关人员责任。

7. 协力队伍自身必须加强安全生产教育,提高技术素质和安全生产的自我保护意识,认真执行班前安全讲话制度,建立每周一次安全生产活动日制度。讲评一周安全生产情况,学习有关安全生产规章制度,研究解决存在不安全隐患,表彰好人好事,批评违章行为,组织观看安全生产录像等,并做好活动记录。

8. 协力队伍领导和专(兼)职安全员必须每日上班前对本队的作业环境,设施设备的安全状态进行认真的检查,对检查发现的隐患,应本着凡是自己能解决的,不推给上级领导,立即解决。凡是检查发现的重大隐患,必须立即报告项目经理部的安全管理员。

9. 协力队伍领导和专(兼)职安全员应在本队人员作业过程中巡视检查,随时纠正违章行为,解决作业中人为形成的隐患。下班前对作业中使用的设施设备进行检查,确认机电是否拉闸断电,用火是否熄灭,活完料净场地清,确认无误,方准离开现场。

10. 凡违反有关规定,使用未办理《施工企业安全资格认可证》、未经注册登记、无用工手续的协力队伍或对协力队伍没有进行三级安全教育,安全部门有权对用工单位和直接责任者进行经济处罚。造成严重后果,触犯刑法的,提交司法部门处理。

第三节　安全生产责任制

一、安全生产责任制的含义

安全生产责任制是各项安全管理制度的核心,是企业岗位责任制的一个重要组成部分,是企业安全管理中最基本的制度,是保障安全生产的重要组织措施。

安全生产责任制是根据"管生产必须管安全"、"安全生产,人人有责"的原则,明确规定各级领导、各职能部门、岗位、各工种人员在生产活动中应负的安全职责的管理制度。

二、建立和实施安全生产责任制的目的

1. 建立和健全以安全生产责任制为中心的各项安全管理制度,是保障施工项目安全生产的重要组织手段。没有规章制度,就没有准绳,无章可循就容易出问题。安全生产关

系到施工企业全员、全方位、全过程的一件大事，因此，必须制定具有制约性的安全生产责任制。

2. 建立和实施安全生产责任制，就能把安全与生产从组织领导上统一起来，把管生产必须管安全的原则从制度上固定下来，从而增强了各级管理人员的安全责任心，使安全管理纵向到底、横向到边。专管成线，群管成网，责任明确，协调配合，共同努力，真正把安全生产工作落到实处。

三、企业领导安全生产责任

（一）企业法人代表

1. 认真贯彻执行国家有关安全生产的方针政策和法规、规范，掌握本企业安全生产动态，定期研究安全工作，对本企业安全生产负全面领导责任。
2. 领导编制和实施本企业中、长期整体规划及年度、特殊时期安全工作实施计划。建立健全和完善本企业的各项安全生产管理制度及奖惩办法。
3. 建立健全安全生产的保证体系，保证安全技术措施经费的落实。
4. 领导并支持安全管理人员或部门的监督检查工作。
5. 在事故调查组的指导下，领导、组织本企业有关部门或人员，做好特大、重大伤亡事故调查处理的具体工作，监督防范措施的制定和落实，预防事故重复发生。

（二）企业技术负责人（总工程师）

1. 贯彻执行国家和上级的安全生产方针、政策，协助法定代表人做好安全方面的技术领导工作，在本企业施工安全生产中负技术领导责任。
2. 领导制定年度和季节性施工计划时，要确定指导性的安全技术方案。
3. 组织编制和审批施工组织设计、特殊复杂工程项目或专业性工程项目施工方案时，应严格审查是否具备的安全技术措施及其可行性，并提出决定性意见。
4. 领导安全技术攻关活动，确定劳动保护研究项目，并组织鉴定验收。
5. 对本企业使用的新材料、新技术、新工艺从技术上负责，组织审查其使用和实施过程中的安全性，组织编制或审定相应的操作规程，重大项目应组织安全技术交底工作。
6. 参加特大、重大伤亡事故的调查，从技术上分析事故原因，制定防范措施。

（三）企业主管生产负责人

1. 协助法定代表人认真贯彻执行安全生产方针、政策、法规，落实本企业各项安全生产管理制度，对本企业安全生产工作负直接领导责任。
2. 组织实施本企业中长期、年度、特殊时期安全工作规划、目标及实施计划，组织落实安全生产责任制。
3. 参与编制和审核施工组织设计、特殊复杂工程项目或专业性工程项目施工方案。审批本企业工程生产建设项目中的安全技术管理措施，制定施工生产中安全技术措施经费的使用计划。
4. 领导组织本企业的安全生产宣传教育工作，确定安全生产考核指标。领导、组织外包工队长的培训、考核与审查工作。
5. 领导组织本企业定期和不定期的安全生产检查，及时解决施工中的不安全生产问题。

6. 认真听取、采纳安全生产的合理化建议，保证本企业安全生产保障体系的正常运转。

7. 在事故调查组的指导下，组织特大、重大伤亡事故的调查、分析及处理中的具体工作。

四、项目管理人员安全生产责任

(一) 项目安全总监

项目经理是项目安全生产工作的第一责任人，项目安全总监在项目经理的直接领导下，具体负责项目安全生产的管理工作。

1. 对合同工程项目生产经营过程中的安全生产负领导责任。

2. 贯彻落实安全生产方针、政策、法规和各项规章制度，结合项目特点及施工全过程的情况，制定本工程项目各项安全生产管理办法，或有针对性的安全管理要求，并监督其实施。

3. 在组织工程项目业务承包，聘用业务人员时，必须本着安全工作只能加强的原则，根据工程特点确定安全工作的管理体制和人员，并明确各业务承包人的安全责任和考核指标，严格履行安全考核指标和安全生产奖惩办法，支持、指导安全管理人员的工作。

4. 健全和完善用工管理手续，录用外包队必须及时向有关部门申报，严格用工制度与管理，适时组织上岗安全教育，要对外包工队的健康与安全负责，加强劳动保护工作。

5. 组织落实施工组织设计中的安全技术措施，组织并监督工程项目施工中安全技术措施审批制度、安全技术交底制度和设备、设施交接验收使用制度的实施。

6. 领导、组织施工现场定期的安全生产检查，发现施工生产中不安全问题，组织制定措施，及时解决。对上级提出的安全生产与管理方面的问题，要定时、定人、定措施予以解决。

7. 发生事故，及时上报，现场做好保护，做好抢救工作，积极组织配合事故的调查，认真落实纠正和预防措施，吸取事故教训。

(二) 项目工程技术负责人(项目总工程师)

1. 对工程项目生产经营中的安全生产负技术领导责任。

2. 贯彻、落实安全生产方针、政策，严格执行安全技术规程、规范、标准。结合本工程项目特点，主持项目的安全技术交底。

3. 参加或组织编制施工组织设计，编制、审查施工方案时，要制定、审查安全技术措施，保证其可行性与针对性，并随时检查、监督落实工作。

4. 主持制定技术措施计划和季节性施工方案的同时，制定相应的安全技术措施并监督执行。及时解决执行中出现的问题。

5. 工程项目应用新材料、新技术、新工艺，要及时上报，经批准后方可实施。同时要组织上岗人员的安全技术培训、教育。认真执行相应的安全技术措施与安全操作规程，预防施工中因化学物品引起的火灾、中毒或其新工艺实施中可能造成的事故。

6. 主持安全防护设施和设备的验收。发现设备、设施的不正常情况应及时采取措施。严格控制不合标准要求的防护设备、设施投入使用。

7. 参加安全生产检查，对施工中存在的不安全因素，从技术方面提出整改意见和办法予以消除。

8. 参加、配合因工伤亡及重大未遂事故的调查，从技术上分析事故原因，提出防范措施、意见。

（三）安全员

1. 认真执行安全生产规章制度，不违章指导。
2. 落实施工组织设计中的各项安全技术措施。
3. 经常进行安全检查，消除事故隐患，制止违章作业。
4. 对员工进行安全技术和安全纪律教育。
5. 发生工伤事故及时报告，并认真分析原因，提出和落实改进措施。

（四）工长、施工员

1. 认真执行上级有关安全生产规定，对所管辖班组（特别是外包工队）的安全生产负直接领导责任。
2. 认真执行安全技术措施及安全操作规程，针对生产任务特点，向班组（包括外包队）进行书面安全技术交底，履行签认手续，并对规程、措施、交底要求执行情况经常检查，随时纠正作业违章。
3. 经常检查所辖班组（包括外包队）作业环境及各种设备、设施的安全状况，发现问题及时纠正解决。对重点、特殊部位施工，必须检查作业人员及各种设备设施技术状况是否符合安全要求，严格执行安全技术交底，落实安全技术措施，并监督其执行，做到不违章指挥。
4. 定期和不定期组织所辖班组（包括外包队）学习安全操作规程，开展安全教育活动，教育工人不违章作业。接受安全部门或人员的安全监督检查，及时解决提出的不安全问题。
5. 对分管工程项目应用的新材料、新工艺、新技术严格执行申报、审批制度，发现问题，及时停止使用，并上报有关部门或领导。
6. 发生因工伤亡及未遂事故要保护现场，立即上报。

（五）班组长

1. 严格执行安全生产规章制度及安全操作规程，合理安排班组人员工作，对本班组人员在生产中的安全和健康负责。
2. 经常组织班组人员学习安全操作规程，监督班组人员正确使用个人劳保用品，不断提高自保能力。
3. 安排生产任务时要认真进行安全技术交底，有权拒绝违章指挥，也不违章指挥、冒险蛮干。
4. 岗前要对所使用的机具、设备、防护用具及作业环境进行安全检查，发现问题立即采取改进措施，及时消除事故隐患，并上报有关领导。
5. 组织班组开展安全活动，开好班前安全生产会，做好收工前的安全检查，坚持周安全讲评工作。
6. 认真做好新工人的岗位教育。
7. 发生因工伤亡及未遂事故要立即组织抢救，保护好现场，立即上报有关领导。

（六）分包单位（队）负责人

1. 认真执行安全生产的各项法规、规定、规章制度及安全操作规程,合理安排班组人员工作,对该项目本单位(队)人员在施工生产中的安全和健康负责。

2. 按制度严格履行各项劳务用工手续,做好本单位(队)人员的岗位安全培训,经常组织学习安全操作规程,监督员工遵守劳动、安全纪律,做到不违章指挥,制止违章作业。

3. 必须保持本单位(队)人员的相对稳定,人员需要变更时,须事先向有关部门申报,批准后新来人员应按规定办理各种手续,并经入场和上岗安全教育后方准上岗。

4. 根据上级的交底向本单位(队)各工种进行详细的书面安全交底,针对当天任务、作业环境等情况,做好班前安全讲话,监督其执行情况,发现问题,及时纠正、解决。

5. 定期和不定期组织检查本单位(队)人员作业现场安全生产状况,发现问题,及时纠正,重大隐患应立即上报有关领导。

6. 发生因工伤亡及未遂事故,保护好现场,做好伤者抢救工作,并立即上报有关领导。

(七) 工人

1. 认真学习并严格执行安全技术操作规程,自觉遵守安全生产规章制度。

2. 积极参加安全活动,认真执行安全交底,不违章作业,服从安全人员的指导。

3. 发扬团结友爱精神,在安全生产方面做到互相帮助、互相监督。对新工人要积极传授安全生产知识。维护一切安全设施和防护用具,做到正确使用,不准擅自拆改。

4. 对不安全作业要敢于提出意见,并有权拒绝违章指令。

5. 发生因工伤亡及未遂事故,要保护好现场,并立即上报有关领导。

五、各职能部门安全责任

(一) 生产计划部门

1. 在编制年、季、月生产计划时,必须树立"安全第一"的思想,组织均衡生产,保障安全工作与生产任务协调一致。对改善劳动条件、预防伤亡事故的项目必须视同生产任务,纳入生产计划优先安排,在检查生产计划完成情况时,一并检查。对施工中重要的安全防护设施、设备的实施工作(如支拆脚手架、安全网等)也要纳入计划,列为正式工序,给予时间保证。

2. 在检查生产计划实施情况同时,要检查安全措施项目的执行情况。

3. 坚持按合理施工顺序组织生产,要充分考虑职工的劳逸结合,认真按施工组织设计组织施工。

4. 在生产任务与安全保障发生矛盾时,必须优先安排解决安全工作的实施。

(二) 技术部门

1. 认真学习、贯彻执行国家和上级有关安全技术及安全操作规程规定,保障施工生产中的安全技术措施的制定与实施。

2. 在编制和审查施工组织设计和方案的过程中,要在每个环节中贯穿安全技术措施,对确定后的方案,若有变更,应及时组织修定。

3. 检查施工组织设计和施工方案中安全措施的实施情况,对施工中涉及安全方面的技术性问题,提出解决办法。

4. 对新技术、新材料、新工艺，必须制定相应的安全技术措施和安全操作规程。

5. 对改善劳动条件，减轻笨重体力劳动，消除噪声、治理尘毒危害等方面的治理情况进行研究，负责制定技术措施。

6. 参加伤亡事故和重大已、未遂事故中技术性问题的调查，分析事故原因，从技术上提出防范措施。

7. 会同劳动、教育部门编制安全技术教育计划，随职工进行安全技术教育。

（三）安全管理部门

1. 贯彻执行国家安全生产和劳动保护方针、政策、法规、条例及企业的规章制度。

2. 做好安全生产的宣传教育和管理工作，总结交流推广先进经验。

3. 经常深入基层，指导下级安全技术人员的工作，掌握安全生产情况，调查研究生产中的不安全问题，提出改进意见和措施。

4. 组织安全活动和定期安全检查，及时向上级领导汇报安全情况。

5. 参加审查施工组织设计（施工方案）和编制安全技术措施计划，并对贯彻执行情况进行督促检查。

6. 与有关部门共同做好新员工、转岗工人、特种作业人员的安全技术训练、考核、发证工作。

7. 进行工伤事故统计、分析和报告，参加工伤事故的调查和处理。

8. 制止违章指挥和违章作业，遇有严重险情，有权暂停生产，并报告领导处理。

9. 对违反安全生产和劳动保护法规的行为，经说服劝阻无效时，有权越级上告。

（四）机械动力部门

1. 对机、电、起重设备、锅炉、受压容器及自制机械设施的安全运行负责，按照安全技术规范经常进行检查，并监督各种设备的维修、保养的进行。

2. 对设备的租赁要建立安全管理制度，确保租赁设备完好、安全可靠。

3. 对新购进的机械、锅炉、受压容器及大修、维修、外租回厂后的设备必须严格检查和把关，新购进的要有出厂合格证及完整的技术资料，使用前制定安全操作规程，组织专业技术培训，向有关人员交底，并进行鉴定验收。

4. 参加施工组织设计、施工方案的会审，提出涉及安全的具体意见，同时负责督促下级落实，保证实施。

5. 对严重危机职工安全的机械设备，应会同技术部门提出技术改进措施，并付诸实施。

6. 对特种作业人员定期培训、考核。制止无证上岗。

7. 参加因工伤亡及重大未遂事故的调查，从事故设备方面，认真分析事故原因，提出处理意见，制定防范措施。

（五）劳动、劳务部门

1. 对职工（含外包队工）进行定期的教育考核，将安全技术知识列为工人培训、考工、评级内容之一，对招收新工人（含外包队工）要组织入厂教育和资格审查，保证提供的人员具有一定的安全生产素质。

2. 严格执行国家特种作业人员上岗位作业的有关规定，适时组织特种作业人员的培训工作，并向安全部门或主管领导通报情况。

第三节 安全生产责任制

3. 认真落实国家和地方政府有关劳动保护的法规，严格执行有关人员的劳动保护待遇，并监督实施情况。

4. 负责对劳动保护用品发放标准的执行情况进行监督检查，并根据上级有关规定，修改和制定劳保用品发放标准实施细则。

5. 对违反劳动纪律，影响安全生产者应加强教育，经说服无效或屡教不改的应提出处理意见。

6. 参加因工伤亡事故的调查，从用工方面分析事故原因，提出防范措施，并认真执行对事故责任者（工人）的处理决定，并将处理材料归档。

（六）材料采购部门

1. 凡购置的各种机、电设备，脚手架，新型建筑装饰、防水等料具或直接用于安全防护的料具及设备，必须执行国家、市有关规定，必须有产品介绍或说明的资料，严格审查其产品合格证明材料，必要时做抽样试验，回收后必须检修。

2. 采购的劳动保护用品，必须符合国家标准及相关规定，并向主管部门提供情况，接受对劳动保护用品的质量监督检查。

3. 负责采购、保管、发放和回收劳动保护用品，并向本单位劳动部门提供使用情况。

4. 做好材料堆放和物品储存，对物品运输应加强管理，保证安全。

5. 对批准的安全设施所用的材料应纳入计划，及时供应。

6. 对所属员工经常进行安全意识和纪律教育。

（七）财务部门

1. 根据本企业实际情况及企业安全技术措施经费的需要，按计划及时提取安全技术措施经费、劳保保护经费、安全教育所需宣传费用及其他安全生产所需经费，保证专款专用。

2. 按照国家对劳动保护用品的有关标准和规定，负责审查购置劳动保护用品的合法性，保证其符合标准。

3. 协助安全主管部门办理安全奖、罚的手续。

（八）人事部门

1. 根据国家有关安全生产的方针、政策及企业实际，配备具有一定文化程度、技术和实践经验的安全干部，保证安全干部的素质。

2. 会同有关部门对施工、技术、管理人员进行遵章守纪教育。

3. 按照国家规定，负责审查安全管理人员资格，有权向主管领导建议调整和补充安全监督管理人员。

4. 参加因工伤亡事故的调查，认真执行对事故责任者的处理决定，并将处理材料归档。

（九）保卫消防部门

1. 贯彻执行国家有关消防保卫的法规、规定，协助领导做好消防保卫工作。

2. 制定年、季消防保卫工作计划和消防安全管理制度，并对执行情况进行监督检查，参加施工组织设计、方案的审批，提出具体建议并监督实施。

3. 经常对职工进行消防安全教育，会同有关部门对特种作业人员进行消防安全考核。

4. 组织消防安全检查，督促有关部门对火灾隐患进行解决。

5. 负责调查火灾事故的原因，提出处理意见。
6. 参加新建、改建、扩建工程项目的设计、审查和竣工验收。
7. 负责施工现场的保卫，对新招收人员需进行暂住证等资格审查，并将情况及时通知安全管理部门。
8. 对已发生的重大事故，会同有关部门组织抢救，查明性质；对性质不明的事故要参与调查；对破坏和破坏嫌疑事故负责追查处理。

(十) 教育部门
1. 组织与施工生产有关的学习班时，要安排安全生产教育课程。
2. 将安全教育纳入职工培训教育计划，负责组织职工的安全技术培训和教育。

(十一) 行政卫生部门
1. 配合有关部门，负责对职工进行体格普查，对特种作业人员要定期检查，提出处理意见。
2. 监测有毒有害作业场所的尘毒浓度，做好职业病预防工作。
3. 正确使用防暑降温费用，保证清凉饮料的供应及卫生。
4. 负责本企业食堂(含现场临时食堂)的管理工作，搞好饮食卫生，预防疾病和食物中毒的发生。对冬季取暖火炉的安装、使用负责监督检查，防止煤气中毒。
5. 经常对本部门人员开展安全教育，对机电设备和机具要指定专人负责并定期检查维修。
6. 对施工现场大型生活设施的建、拆，要严格执行有关安全规定，不违章指挥、违章作业。
7. 发生工伤事故要及时上报并积极组织抢救、治疗，并向事故调查组提供伤势情况，负责食物中毒事故的调查与处理，提出防范措施。

(十二) 基建部门
1. 在组织本企业的新建、改建、扩建工程项目的设计、施工、验收时，必须贯彻执行国家和地方有关建筑施工的安全法规和规程。
2. 自行组织施工的，施工前应按照施工程序编制安全技术措施，审查外包施工的承包单位资质等级必须符合施工的等级范围，提出施工安全要求，并督促检查落实。

(十三) 宣传部门
1. 大力宣传党和国家的安全生产方针、政策、法令，教育职工树立安全第一的思想。
2. 配合各种安全生产竞赛等活动，做好宣传鼓动工作。
3. 及时总结报道安全生产的先进事迹和好人好事。

六、总包与分包单位安全生产责任

(一) 总包单位安全生产责任
在几个施工单位联合施工实行总承包制度时，总包单位要统一领导和管理分包单位的安全生产，其责任有：
1. 审查分包单位的安全生产保证体系与条件，对不具备安全生产条件的，不得发包工程。
2. 对分包的工程，承包合同要明确安全责任。

3. 对外包单位工人承担的工程要做详细的安全交底，提出明确的安全要求，并认真监督检查。

4. 对违反安全规定冒险蛮干的分包单位，要勒令停产。

5. 凡总包单位产值中包括外包单位完成的产值的，总包单位要统计上报外包单位的伤亡事故，并按承包合同的规定，处理外包单位的伤亡事故。

(二) 分包单位安全生产责任

1. 分包单位行政领导对本单位的安全生产工作负责，认真履行承包合同规定的安全生产责任。

2. 认真贯彻执行国家和当地政府有关安全生产的方针、政策、法规、规定。

3. 服从总包单位关于安全生产的指挥，执行总包单位有关安全生产的规章制度。

4. 及时向总包单位报告伤亡事故，并按承包合同的规定调查处理伤亡事故。

第四节 施工安全技术措施

一、施工安全技术措施的定义

是指为防止工伤事故和职业病的危害，从技术上采取的措施。在工程项目施工中，针对工程特点、施工现场环境、施工方法、劳动力组织、作业方法使用的机械、动力设备、变配电设施、架设工具以及各项安全防护设施等制定的确保安全施工的预防措施，称为施工安全技术措施。施工安全技术措施包括安全防护设施和安全预防设施，是施工组织设计的重要组成部分。

二、施工安全技术措施编制的要求

1. 施工安全技术措施的编制要有超前性。施工安全技术措施在项目开工前必须编制好，在工程图纸会审时，就要开始考虑到施工安全问题。因为开工前经过编审后正式下达施工单位指导施工的安全技术措施，对于该工程各种安全设施的落实就有较充分的准备时间。设计和施工发生变更时，安全技术措施必须及时变更或相应补充完善。

2. 施工安全技术措施的编制要有针对性。施工安全技术措施是针对每项工程特点而制定的，编制安全技术措施的技术人员必须掌握工程概况、施工方法、施工环境条件等资料，并熟悉安全法规、标准等才能编写出有针对性的安全技术措施。编制时应主要考虑以下几个方面：

(1) 针对不同工程的特点可能造成的施工危害，从技术上采取措施，消除危险，保证施工安全。

(2) 针对不同的施工方法制定相应的安全技术措施。井巷作业、水下作业、立体交叉作业、滑模、网架整体提升吊装，大模板施工等，可能给施工带来不安全因素，从技术上采取措施，保证安全施工。

(3) 针对不同分部分项工程的施工工艺可能给施工带来的不安全因素，从技术上采取措施保证其安全实施。如土方工程、地基与基础工程、脚手架工程、支模、拆模等都必须编制单项工程的安全技术措施。

(4) 针对使用的各种机械设备、变配电设施给施工人员可能带来的危险因素，从安全保险装置等方面采取的技术措施。

(5) 针对施工中有毒、有害、易燃、易爆等作业可能给施工人员造成的危害，从技术上采取措施，防止伤害事故。

(6) 针对施工现场及周围环境，可能给施工人员及周围居民带来危害，以及材料、设备运输带来的困难和不安全因素，制定相应的安全技术措施予以保护。

(7) 针对季节性施工的特点，制定相应的安全技术措施。夏季要制定防暑降温措施；雨期施工要制定防触电、防雷、防坍塌措施；冬期施工要制定防风、防火、防滑、防煤气中毒、防亚硝酸钠中毒措施。

3. 施工安全技术措施的编制必须可靠。安全技术措施均应贯彻于每个施工工序之中，力求细致全面、具体可靠。如施工平面布置不当，临时工程多次迁移，建筑材料多次转运，不仅影响施工进度，造成很大浪费，有的还留下安全隐患。再如易爆易燃临时仓库及明火作业区、工地宿舍、厨房等定位及间距不当，可能酿成事故。只有把多种因素和各种不利条件，考虑周全，有对策措施，才能真正做到预防事故。但是，全面具体不等于罗列一般通常的操作工艺、施工方法以及日常安全工作制度、安全纪律等。这些制度性规定，安全技术措施中不需再作抄录，但必须严格执行。

4. 编制施工安全技术的措施要有可操作性。对大中型项目工程，结构复杂的重点工程除必须在施工组织总体设计中编制施工安全技术措施外，还应编制单位工程或分部分项工程安全技术措施，详细制定出有关安全方面的防护要求和措施，并易于操作、实现，确保单位工程或分部分项工程的安全施工。

5. 编制施工组织设计或施工方案在使用新技术、新工艺、新设备、新材料的同时，必须研究应用相应的安全技术措施。

6. 安全技术措施中必须有施工总平面图，在图中必须对危险的油库、易燃材料库、变电设备以及材料、构件的堆放位置、塔式起重机、井字架或龙门架、搅拌台的位置等按照施工需要和安全规程的要求明确定位，并提出具体要求。

7. 特殊和危险性大的工程，施工前必须编制单独的安全技术措施方案。

三、施工安全措施编制的原则

项目部在编制施工组织设计时，应当根据该工程的特点制定相应的安全技术措施，对专业性较强的工程项目应当编制专项安全施工组织设计，并采取安全技术措施。

项目部应当在施工现场采取维护安全、防范危险、预防火灾等措施，有条件的，应当对施工现场实行封闭管理。

施工现场对毗邻的建筑物、构筑物和特殊作业环境可能造成损害的，建筑施工企业应当采取安全防护措施。

四、施工安全技术措施编制的主要内容

工程大致分为两类：结构共性较多的称为一般工程；结构比较复杂、技术含量高的称为特殊工程。由于施工条件、环境等不同，同类结构工程既有共性，也有不同之处。不同之处在共性措施中就无法解决。因此应根据工程施工特点不同危险因素，按照有关规程的

规定，结合以往的施工经验与教训，编制安全技术措施。

安全技术措施包括安全防护设施和安全预防设施，主要有17方面的内容，如防火、防毒、防爆、防洪、防尘、防雷击、防触电、防坍塌、防物体打击、防机械伤害、防起重设备滑落、防高空坠落、防交通事故、防寒、防暑、防疫、防环境污染等方面措施。

（一）一般工程安全技术措施

（1）根据基坑、基槽、地下室等开挖深度、土质类别，选择开挖方法，确定边坡的坡度或采取何种基坑支护方式，以防塌方。

（2）脚手架选型及设计搭设方案和安全防护措施。

（3）高处作业的上下安全通道。

（4）安全网（平网、立网）的架设要求，范围（保护区域）、架设层次、段落。

（5）施工电梯、龙门架（井架）等垂直运输设备的搭设位置要求，稳定性、安全装置等的要求，防倾覆、防漏电措施。

（6）施工洞口的防护方法和主体交叉施工作业区的隔离措施。

（7）场内运输道路及人行通道的布置。

（8）编制临时用电的施工组织设计和绘制临时用电图纸。在建工程（包括脚手架具）的外侧边缘与外电架空线路的间距达到最小安全距离采取的防护措施。

（9）防火、防毒、防爆、防雷等安全措施。

（10）在建工程与周围人行通道及民房的防护隔离设置。

（二）特殊工程施工安全技术措施

对于结构复杂，危险性大的特殊工程，应编制单项的安全技术措施。如爆破、大型吊装、沉箱、沉井、烟囱、水塔、特殊架设作业，高层脚手架、井架和拆除工程必须编制单项的安全技术措施。并注明设计依据，做到有计算、有详图、有文字说明。

（三）季节性施工安全措施

季节性施工安全措施，就是考虑不同季节的气候，对施工生产带来的不安全因素，可能造成的各种突发性事故，从防护上、技术上、管理上采取的措施。一般建筑工程中在施工组织设计或施工方案的安全技术措施中，编制季节性施工安全措施。危险性大、高温期长的建筑工程，应单独编制季节性的施工安全措施。季节性主要指夏季、雨期和冬期。各季节性施工安全的主要内容是：

（1）夏季气候炎热，高温时间持续较长，主要是做好防暑降温工作。

（2）雨期进行作业，主要应做好防触电、防雷、防塌方、防洪和防台风的工作。

（3）冬期进行作业，主要应做好防风、防火、防冻、防滑、防煤气中毒、防亚硝酸钠中毒的工作。

五、施工安全技术措施的实施要求

经批准的安全技术措施具有技术法规的作用，必须认真贯彻执行。遇到因条件变化或考虑不周需变更安全技术措施内容时，应经原编制、审批人员办理变更手续，否则不能擅自变更。

1. 工程开工前，应将工程概况、施工方法和安全技术措施，向参加施工的工地负责人、工长、班组长进行安全技术措施交底。每个单项工程开工前，应重复进行单项工程的安全技术交底工作。使执行者了解其要求，为落实安全技术措施打下基础，安全交底应有书面材料，双方签字并保存记录。

2. 安全技术措施中的各种安全设施的实施应列入施工任务计划单，责任落实到班组或个人，并实行验收制度。

3. 加强安全技术措施实施情况的检查，技术负责人、安全技术人员、应经常深入工地检查安全技术措施的实施情况，及时纠正违反安全技术措施的行为，各级安全管理部门应以施工安全技术措施为依据，以安全法规和各项安全规章制度为准则，经常性地对工地实施情况进行检查，并监督各项安全措施的落实。

4. 对安全技术措施的执行情况，除认真监督检查外，还应建立起与经济挂钩的奖罚制度。

第五节　安全技术交底

一、安全技术措施交底的基本要求

1. 工程项目必须实行逐级安全技术交底制度。

2. 安全技术交底应具体、明确、针对性强。交底的内容必须针对分部分项工程中施工给作业人员带来的危险因素而编写。

3. 安全技术交底应优先采用新的安全技术措施。

4. 工程开工前，应将工程概况、施工方法、安全技术措施等情况，向工地负责人、工长进行详细交底。必要时直至向参加施工的全体员工进行交底。

5. 两个以上施工队或工种配合施工时，应按工程进度定期或不定期地向有关施工单位和班组进行交叉作业的安全书面交底。

6. 工长安排班组长工作前，必须进行书面的安全技术交底，班组长要每天对工人进行施工要求、作业环境等书面安全交底。

7. 各级书面安全技术交底应有交底时间、内容及交底人和接受交底人的签字，并保存交底记录。交底书要按单位工程归放在一起，以备查验。

8. 应针对工程项目施工作业的特点和危险点。

9. 针对危险点的具体防范措施和应注意的安全事项。

10. 有关的安全操作规程和标准。

11. 一旦发生事故后应及时采取的避难和急救措施。

12. 出现下列情况时，项目经理、项目总工程师或安全员应及时对班组进行安全技术交底：

(1) 因故改变安全操作规程；

(2) 实施重大和季节性安全技术措施；

(3) 推广使用新技术、新工艺、新材料、新设备；

(4) 发生因工伤亡事故、机械损坏事故及重大未遂事故；

(5) 出现其他不安全因素、安全生产环境发生较大变化。

二、安全技术措施交底的内容

（一）安全技术操作规程一般规定

1. 施工现场

（1）参加施工的员工（包括学徒工、实习生、代培人员和民工）要熟知本工种的安全技术操作规程。在操作中，应坚守工作岗位，严禁酒后操作。

（2）电工、焊工、司炉工、爆破工、起重机司机、打桩机司机和各种机动车司机，必须经过专门训练，考试合格取得特种作业操作证，方可独立操作。

（3）正确使用防护用品和采取安全防护措施，进入施工现场，应戴好安全帽，禁止穿拖鞋或光脚；在没有防护设施下高空悬崖和陡坡施工，应系好安全带；上下交叉作业有危险的出入口要有防护棚或其他隔离设施；距地面2m以上作业要有防护栏杆、挡板或安全网；安全帽、安全带、安全网要定期检查，不符合要求的，严禁使用。

（4）施工现场的脚手架、防护设施、安全标志和警告牌不得擅自拆动，需要拆动的，要经工地负责人同意。

（5）施工现场的洞、坑、沟、升降口、漏斗等危险处，应有防护设施或明显标识。

（6）施工现场要有交通指示标识。交通频繁的交叉路口，应设指挥；火车道口两侧，应设落杆；危险地区，要悬挂"危险"或"禁止通行"牌，夜间设红灯示警。

（7）工地行驶的斗车、小平车的轨道坡度不得大于3%，铁轨终点应有车挡，车辆的制动闸和挂钩要完好可靠。

（8）坑槽施工，应经常检查边壁土质稳固情况，发现有裂缝、疏松或支撑走动，要随时采取加固措施，根据土质、沟深、水位、机械设备重量等情况，确定堆放材料和机械距坑边距离。往坑槽运材料，先用信号联系。

（9）调配酸溶液，先将酸液缓慢地注入水中，搅拌均匀，严禁将水倒入酸液中。贮存酸液的容器应加盖并设有标识牌。

（10）做好女工在月经、怀孕、生育和哺乳期间的保护工作，女工在怀孕期间对原工作不能胜任时，根据医院的证明意见，应调换轻便工作。

2. 机电设备

（1）机械操作时要束紧袖口，女工发辫要挽入帽内。

（2）机械和动力机械的机座应稳固，转动的危险部位要安装防护装置。

（3）工作前应检查机械、仪表、工具等，确认完好方可使用。

（4）电气设备和线路必须绝缘良好，电线不得与金属物绑在一起，各种电动机具应按规定接地接零，并设置单一开关，临时停电或停工休息时，必须拉闸上锁。

（5）施工机械和电气设备不得带病运行和超负荷作业。发现不正常情况应停机检查，不得在运行中修理。

（6）电气、仪表和设备试运转，应严格按照单项安全技术措施进行，运转时不准清洗和修理，严禁将头手伸入机械行程范围内。

（7）在架空输电线路下面作业应停电；不能停电的，应有隔离防护措施。起重机不得在架空输电线下面作业。通过架空输电线路应将起重臂落下。在架空输电线路一侧作业时，不论在何种情况下，起重臂、钢丝绳或重物等与架空输电线路的最近距离不应小于有关规定。

(8) 行灯电压不得超过 36V；在潮湿场所或金属容器内工作时，行灯电压不得超过 12V。

(9) 受压容器应有安全阀、压力表，并避免曝晒、碰撞，氧气瓶严防沾染油脂；乙炔发生气、液化石油气，应有防止回火的安全装置。

(10) X 光或其他射线探伤作业区，非操作人员，不准进入。

(11) 从事腐蚀、粉尘、放射性和有毒作业，要有防护措施，并定期进行体检。

3. 高处作业

(1) 从事高处作业要定期体检，凡患有高血压、心脏病，贫血病、癫痫病以及其他不适应高处作业的，不得从事高处作业。

(2) 高处作业衣着要灵便，禁止穿硬底和带钉易滑的鞋。

(3) 高处作业所用材料要堆放平稳，工具应随手放入工具袋内，上下传递物件禁止抛掷。

(4) 遇有恶劣气候（如风力在 6 级以上）影响施工安全时，禁止进行露天高空、起重和打桩作业。

(5) 梯子不得缺档或垫高使用，梯子横档间距以 30cm 为宜，使用时上端要扎牢，下端应采取防滑措施。单面梯与地面夹角以 60°～70°为宜，禁止工人同时在梯上作业，如需接长使用，应绑扎牢固。人字梯底脚要固定牢。在通道处使用梯子，应有人监护或设置围栏。

(6) 没有安全防护措施，禁止在屋架的上弦、支撑、檩条、挑架的挑梁和半固定的构件上行走或作业。高处作业与地面联系，应设通讯装置，并专人负责。

(7) 乘人的外用电梯、吊笼，应有可靠的安全装置。除指派专业人员外，禁止攀登起重臂、绳索和随同运料的吊笼吊物上下。

4. 季节施工

(1) 暴雨台风前后，检查工地临时设施、脚手架、机电设备、临时线路，发现倾斜、变形、下沉、漏雨、漏电等现象，应及时修理加固，有严重危险的，立即排除。

(2) 高层建筑、烟囱、水塔的脚手架及易燃、易爆仓库和塔吊、打桩机等机械，应设临时避雷装置，对机电设备的电气开关，要有防雨、防潮设施。

(3) 现场道路应加强维护，斜道和脚手板应有防滑措施。

(4) 夏季作业应调整作息时间，从事高温工作的场所，应加强通风和降温措施。

(5) 冬期施工使用煤炭取暖，应符合防火要求和指定专人负责管理，并有防止一氧化碳中毒的措施。

(二) 施工现场安全防护标准

1. 高处作业防护

(1) 起重机吊砖：用上压式或网式砖笼。

(2) 起重机吊砌块：使用摩擦式砌块夹具。

(3) 安全平网

1) 从二层楼面起设安全网，往上每隔四层设置一道，同时再设一道随施工高度提升的随层安全网。

2) 网绳不破损，生根牢固、绷紧、圈牢、拼接严密，网杠支杆用钢管为宜。
3) 网宽不少于 3.0m，里口离墙不大于 15cm，外高内低，每隔 3m 设支撑，角度 45°。
(4) 安全立网
1) 随施工层提升，网高出施工层面 1m 以上。
2) 网之间拼接严密，空隙不大于 10cm。
(5) 圈梁施工
搭设操作平台或脚手架，扶梯间搭操作平台。
2. 洞口临边防护
(1) 预留孔洞
1) 边长或直径在 20~50cm 的洞口可用混凝土板内钢筋或固定盖板防护。
2) 边长或直径在 50~150cm 的洞口，可用混凝土板内钢筋贯穿洞径构成防护网，网格大于 20cm 要另外加密。
3) 边长或直径在 150cm 以上的洞口，四周设护栏，洞口下张安全网，护栏高 1m，设两道水平杆。
4) 预制构件的洞，包括缺件临时形成的洞口参照上述原则防护或架设脚手板满铺竹笆固定防护。
5) 垃圾井道、烟道，随楼层砌筑或安装消防洞口或参照预留洞口要求加以防护。
6) 管笼施工时，四周设防护栏，并设有明显标识。
(2) 电梯井门口，安装固定栅门或护栏。
(3) 楼梯口
1) 分层施工楼梯口安装临时护栏。
2) 梯段每边设临时防护栏杆（用钢管或毛竹）。
3) 顶层楼梯口，随施工安装正式栏杆或临时护栏。
4) 阳台临边，利用正式阳台栏板，随楼层安装或装设临时护栏，间距大于 2m 设立柱。
(4) 框架结构
1) 施工时，外设脚手架不低于操作面，内设操作平台。
2) 周边架设钢管护身栏。
3) 周边无柱时，板口顶埋短钢管，供安装钢管临时护栏立管用。
4) 高层框架采用非落地式外脚手架时，外设密目式安全立网，底部按规定设平网。
(5) 深坑防护，深坑顶周边设防护栏杆，行人坡道设扶手及防滑措施（深度 2m 以上）。
(6) 底层通道，固定出入口通道，搭设防护棚，棚宽大于道口，多层建筑防护棚棚顶满铺木板或竹笆，高层建筑防护棚棚顶须双层铺设。
(7) 杯型基础、钢管壁上口、未填土的钢管桩上口应及时加盖，杯型基础深度在 1.2m 以上拆模后也应加盖。
3. 垂直运输设备防护
(1) 井架
1) 井架下部三面搭防护棚，正面宽度不小于 2m，两侧不小于 1m，井架高度超过 30m，棚顶设双层。

2) 井架底层入口处设外压门，楼层通道口设安全门，通道两侧设护栏，下设踢脚笆。
3) 井架吊篮安装内落门、冲顶限位、弹闸等防护安全装置。
4) 井架底部设可靠的接地装置。
5) 井架本身腹杆及连接螺栓齐全，缆风绳及与建筑物的硬支撑按规定搭设齐全牢固。
6) 临街或人流密集区，在防坠棚以上三面挂安全网防护。

(2) 人货两用电梯

1) 电梯下部三面搭设双层防坠栅，搭设宽度正面不小于2.8m，两侧不小于1.8m，搭设高度为4m。
2) 必须设有楼层通讯装置或传话器。
3) 楼层通道口须设防护门及明显标识，电梯吊笼停层后与通道桥之间的间隙不大于10cm，通道桥两侧须设有防护栏杆和挡脚板。
4) 装有良好的接地装置，底部排水畅通。
5) 吊笼门上要挂设起重量、乘人限额标识牌。

(3) 塔吊

1) "三保险"、"五限位"齐全有效。
2) 夹轨器要齐全。
3) 路轨纵横向高低差不大于1‰，路轨两端设缓冲器离轨端不小于1m。
4) 轨道横拉杆两端各设一组，中间杆距不大于6m。
5) 路轨接地两端各设一组，中间间距不大于25m，电阻不大于4Ω。
6) 轨道内排水畅通，移动部位电缆严禁有接头。
7) 轨道中间严禁堆杂物，路轨两侧和两端外堆物应离塔吊回转台尾部50cm以上。

4. 现场安全用电

(1) 现场临时变配电所

1) 高压露天变压器面积不小于3m×3m，低压配电应邻靠高压受压器间，其面积也不小于3m×3m，围墙高度不低于3.5m，室内地坪满铺混凝土，室外四周做80cm宽混凝土散水坡。
2) 变压器四周及配电板背面凸出部位，须有不小于80cm的安全操作通道，配电板下沿距地面为1m。
3) 配电挂箱的下沿距地面不少于1.2m。

(2) 现场开关箱

1) 电箱应安装双扇开启门，并有门锁、插销，写上指令性标识和统一编号。
2) 电源线进箱有滴水弯，进线应先进入熔断器后再进开关，箱内要配齐接地线另排，金属电箱外壳应设接地保护。
3) 电箱内分路凡采用分路开关、漏电开关，其上方均要单独熔断保护。
4) 箱内要单独设置单相三眼插座，上方要装漏电保护自动开关，现场使用单相电源的设备应配用单相三眼插头。
5) 凡手提分路流动电箱，外壳要有可靠的保护接地，10A铁壳开关或按用量配上分路熔断器。
6) 要明显分开"动力"、"照明"、"电焊机"使用的插座。

(3) 用电线路

1) 现场电气线路，必须按规定架空敷设坚韧橡皮线或塑料护套软线。在通道或马路处可采用加保护管埋设，树立标识牌，接头应架空或设接头箱。

2) 手持移动电具的橡皮电缆，引线长度不应超过 5m，不得有接头。

3) 现场使用的移动电具和照明灯具一律用软质橡皮线，不准用塑料胶质线代替。

4) 现场大型临时设施的电线安装，凡使用橡皮或塑料绝缘线，应瓷柱明线架设，开关设置合理。

(4) 接地装置

1) 接地体可用角钢，钢管不少于二根，入土深度不小于 2m，两根接地体间距不小于 2.5m，接地电阻不大于 4Ω。

2) 接地线可用绝缘铜或铝芯绒，严禁在地下使用裸铝导线作接地线，接头处应采用焊接压接等可靠连接。

3) 橡皮电缆芯绒中"黑色"或"绿/黄双色"线作为接地线。

(5) 高压线防护

1) 在架空输电线路附近施工，须搭设毛竹防护架。

2) 在高压线附近搭设的井架、脚手架外侧在高压线水平上方的，全部设安全网。

(6) 手持或移动电动机具(包括下列机具：振动机、磨石机、打夯机、潜水泵、手电刨、手电钻、砂轮机、切割机、纹丝机、移动照明灯具等)。

电源线须有漏电保护装置。

5. 中小型机具

(1) 拌合机械

1) 应有防雨顶棚。

2) 排水应畅通，设有排水沟和沉淀池。

3) 拌合机操纵杆，应有保险装置。

4) 应有良好的接地装置，采用 36V 低压电。

5) 砂石笼挡墙应坚固。

6) 四十式砂浆机拌筒防护栅齐全。

(2) 卷扬机

1) 露天操作应搭设操作棚。

2) 应配备绳筒保护。

3) 开关箱的位置应正确设置，禁用倒顺开关，操作视线必须良好，凡用按钮开关，在操作人员处设断电开关。

(3) 电焊机

1) 一机一闸并装有随机开关。

2) 一、二次电源接头处有防护装置，二次线使用线鼻子。

(4) 乙炔器、氧气瓶

1) 安全阀应装设有效，压力表应保持灵敏准确，回火防止器应保持一定的水位。

2) 乙炔器与氧气瓶间距应大于 5m，与明火操作距离应大于 10m，不准放在高压线下。

3) 乙炔器皮管为"黑色"、氧气瓶皮管为"红色"，皮管头用轧箍轧牢。
(5) 木工机械
1) 应有可靠灵活的安全防护装置，圆锯设松口刀，轧刨设回弹安全装置，外露传动部位均有防护罩。
2) 木工棚内应备有消防器材。
(三) 各分部分项工程安全技术交底
略，详见各标准规范，交底时可根据现场实际情况有针对性地进行。

第六节 应 用 实 例

一、某项目安全总监的岗位职责

(一) 任职条件

1. 学历或职称：大专以上学历，助理以上职称。
2. 工作经历：从事施工现场安全管理工作 5 年以上，有一定的理论基础知识和实践管理经验，担任过安全员、安全总监等岗位。
3. 专业知识及技能要求：熟悉国家和地方有关安全方面的法律法规标准和安全操作规程、规定，熟悉企业和项目安全管理制度，有一定的理论和实践经验，具有一定的专业管理水平和组织协调能力。
4. 业务了解范围：熟悉国家有关安全生产方面的法律、法规和标准、规程等。
5. 培训及持证：安全管理专业的知识培训，持有上岗证。

(二) 权限

1. 财务权限：总包向分包支付工程款签字确认，违章罚款与奖励，其他费用。
2. 工作权限：制定项目安全管理办法，对现场安全进行检查，安全教育培训，各级各部门安全生产责任制，体系，内业资料，方案审核，文明施工等。

(三) 岗位职责

1. 现场管理：建立检查验收等各项制度(安全防护、临时用电、机械安全、消防保卫等进行检查)。
2. 内业资料：指定专人收集总包和分包有关安全方面的资料，建立台账。
3. 安全教育：策划制定安全教育计划并组织实施。
4. 体系：参与体系手册的编制，落实相关工作。
5. 文明施工：组织协调相关部门和人员进行检查和内业资料整理工作。
6. 其他：领导交办的其他事项。

二、某项目安全技术交底内容

××项目地下结构墙柱、板架子、防护架及挑架安全技术交底

(一) 一般要求

1. 施工人员进入现场必须经过三级教育考试合格后，持有效证件上岗，并按项目要

第六节 应用实例

求进行定期培训。遵守施工现场的一切规章制度。进入现场一切施工人员必须服从指挥，做到自己不违章施工。

2. 施工人员进入现场戴好安全帽，高处作业要系好安全带。穿劳保防滑鞋。严禁酒后作业，尤其是夜间酒后的作业，施工现场严禁吸烟、严禁嬉戏打闹，严禁高空抛物。作业时要穿紧口的衣物，防止作业或行走时挂扯。夜间施工要求有足够的照明并不得安排临边作业，如遇特殊情况，需有专职安全员旁站监督巡查。进入施工区前必须正确佩带安全帽、安全带，扣好帽带，穿胶底鞋。否则不准进入施工区。检查脚手架是否牢固可用，如有问题及时修复经检查后再使用。遇大的风、雨天气停止施工，六级及以上大风天气禁止使用塔吊吊运材料。操作架上要铺好跳板，要有防护栏杆。上下班时要走安全通道，严禁翻越护栏。

3. 进入作业区后由班组长组织所有班组成员召开班前会，讲解安全隐患、安全通道、操作程序、安全防护用品和设施的正确使用及注意事项。并在工人作业过程中负责检查，起到兼职安全员的作用。班前会必须有所有人员的签字和会议记录。

（二）防范措施

1. 对工人经常进行安全教育和交底，检查班前会记录，参加班前活动，加强安全宣传和培训。

2. 对安全防护用品及设施进行专项检查，加强对重点部位巡查力度。

3. 加强对特种作业人员的监督管理，定期组织现场培训和考核。

4. 增设安全通道和标识，加强现场目视管理。

5. 制定制度，加强对无视安全行为的处罚力度。

（三）应急措施

1. 发生火灾事故应立即组织人员灭火，同时通知总包安全部刘××，电话：··········，李××，电话：··············。

2. 发生触电事故，应立即切断电源或使触电者立即脱离电（施救人员应注意被触电、不能直接与触电者接触）并立即展开人工救护（人工呼吸法、胸外挤压法等）并立即通知安全部刘××，电话：··············，张××，电话：·············，或拨打120。

3. 发生高空坠落事故，应看情况进行施救或立即送往就近医院，并立即通知安全部刘××，电话：··············，王××·············，电话：·············，或拨打120、999。

（四）针对性交底

1. 使用电气焊必须先开具动火证，并配备专职看火人，带齐消防设备（灭火器、装满水的水桶、接火布等），及时清理现场易燃物，基坑周边有防水部位应特别注意。否则易发生火灾事故。

2. 高空处施工时工人系好安全带，带好工具袋，不用的工具及时放入工具袋防止掉落伤人。

3. 未按操作规程操作或非特种作业人员操作电、气焊等，易发生质量及各种安全事故。

4. 钢管架料吊运时，信号工必须到场集中精力观察指挥，发现异常必须先停止下吊钩及塔吊摆臂，确认安全后方可进行；钢丝绳要拴好，吊钩拧紧，严禁长短料混吊，短料要用吊斗吊运，扣件和钢管等严禁从高处掷下，高大架子施工时，上下应有人接应，并在下面标出发生高处坠落事故工作区,用绳子和红白旗加以围栏,暂停人员过往。否则会发生物体打击。

5. 架子工必须戴好安全帽,系好安全带,防止高处坠落或物体打击。

6. 拆除楼层架子,由于地下室大部分已封闭,光线不足,要求在施工前加装监护照明,以满足施工要求。

7. 电源箱最远不超过 30m,电缆线禁止在钢筋上拖拉,电缆线必须架空、系牢,或用"S"型带塑料套的金属钩挂住电缆线,以防破皮漏电或零线脱落。严禁拖地或浸入水中;应设专人看闸,密切配合作业。否则会出现触电事故。

8. 钢结构工人在钢柱上搭设架子时下面土建工人不得进入施工。动火前应首先清除作业处周围易燃物品,还要检查漏电、漏气情况;氧气、乙炔瓶以及焊枪相互间的安全距离均不得小于 10m,氧气、乙炔瓶不得倒置或平放。

9. 高处或临边动火时必须系好安全带并应使用接火布接火,看火人巡视检查火星可能飞溅的地方并随时清理。

10. 低温天气不得进行露天电焊作业;在大风天气进行气焊切割时应采取挡风措施或停止作业;不准使用电焊切割钢筋。移动电焊机和气瓶时必须先切断电源和关闭气阀。当突然停电时应立即切断电源。

11. 动火作业完成后动火人和看火人一起按规定处理残余火星直到完全熄灭。

12. 挑架必须用 φ10 的钢丝绳与结构钢柱或者预埋地锚拉接,且钢丝绳连接处不能少于三个卡扣。

13. 自行搭设的挑架必须要用密目网和大眼网做立面防护,且在工人操作的跳板下铺挂大眼网做水平防护,挑架必须做好三面安全防护,在无法铺设跳板的地方,必须铺挂大眼网。

14. 爬架拆除时,拆除前必须在地面设置安全警戒,并且安排安全员担当警戒和指挥,严禁无关人员进入。拆除时,必须设专人指挥,并且注意避免与钢结构及幕墙的上下交叉施工,注意避免与塔吊钢丝绳发生刮碰。架子工必须系好安全带,系好帽带,较长钢管和挂靴等爬架构件必须用绳子系好轻放,严禁直接抛下,拆除爬架后立即做好该楼层的安全防护。

(五)危险因素

1. 新工人不熟悉现场环境,安全意识差;老工人思想麻痹;没有进行班前交底。

2. 安全带、安全网等防护用品质量不过关或老化没有被发现;不能正确使用安全防护用品。

3. 安全防护不到位或随意拆解没有及时恢复;挪用消防器具、材。

4. 不走安全通道,攀爬操作架或钢筋,在操作架上任意摆放物件或工具。

5. 吊装时长短不一的木方和铝梁混吊,物件超出容器边框高度,图省事少用钢丝绳,信号工远处遥控指挥等。

6. 动火证允许部位之外动火,不查看动火部位周围情况,看火人兼职或不坚守岗位,对余火或火星不按规定处理。

(以上交底内容现场施工中通常应按照规定表格填写)

三、某项目制定的安全技术措施

××项目幕墙钢结构安装专项安全防护措施

（一）安全防护基本指导思想

本工程幕墙钢结构面广，构件数量多，安装方式繁琐，构件单位重量大。安装时主要分塔楼、裙楼、悬臂等三个部分进行，因此安全防护布设将围绕以上三个主体进行。本工程安全防护的基本指导思想见图1-7。

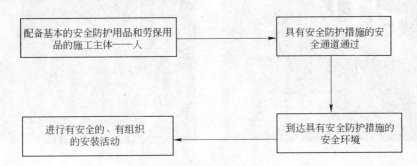

图1-7 安全防护的基本指导思想

（二）安全防护措施

针对以上论述的安全防护思想，根据本工程施工程序，将安全防护按措施分为：塔楼防护措施、裙楼防护措施、悬臂防护措施。

（三）塔楼安全防护

1. 临边钢柱间防护

（1）钢构件安装为临边作业，需在作业地点的两钢柱间拉设 $\phi 8.0$ mm 安全钢丝绳供作业人员在此施工时安全带挂设，见图1-8。

图1-8 临边安全绳挂设示意图

（2）钢柱间安全钢丝绳拉设方式是：先将钢丝绳的一端用两个 $\phi 8.0$ 绳卡固定在钢柱事先焊接好的钢筋环上（高度基本在钢梁表面上起1.2m处），另一端与法兰螺丝连接，法兰螺丝再连接在相邻一根钢柱事先焊接好钢筋环上。相邻两钢柱间钢丝绳不能左右交错，不便于行走和钢丝绳的连接。

(3) 安全钢丝绳与安全钢筋环连接要求：两颗绳夹须一顺，即方向一致，（注意绳夹压板不得压在绳头短头处）用8寸小扳手旋紧，不能用大扳手强行拧，以免螺丝产生滑丝现象。

2. 操作平台

幕墙斜格构安装时，考虑到操作点位较高，施工作业面狭窄，操作不方便等因素，因而采用钢管搭设操作平台给作业人员进行安装、调校、焊接等作业，平台底铺设木方和多层板（木方用14号铁丝绑扎固定，多层板用铁钉与木方固定），见图1-9。

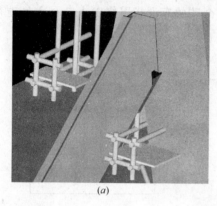 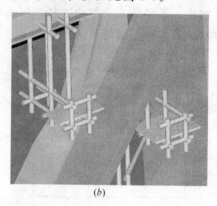

图1-9 安装斜格构操作平台

3. 悬臂部分安全措施

(1) 悬臂下方幕墙钢构件使用平台安装，平台底部满铺钢板，四周设置有1.2m高的安全防护网，防止人员和物品在安装作业中坠落，见图1-10。

图1-10 悬臂下方幕墙钢构件操作平台

(2) 使用操作脚手架进行零星构件的安装，见图1-11。

4. 安全标示

(1) 在施工地点做好安全标示及警告标语，在垂直作业面拉设警示绳，禁止交叉施工。

(2) 特别是在悬臂作业施工过程中，悬臂下对应地面，也应拉设警示绳，禁止人员车辆的进入。

第六节 应 用 实 例

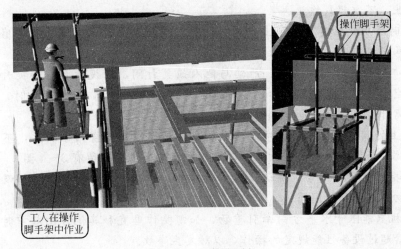

图 1-11 操作脚手架

（四）卷扬机的安全操作

施工过程中，选用自制卷扬机小车进行部分构件的安装，见图 1-12。

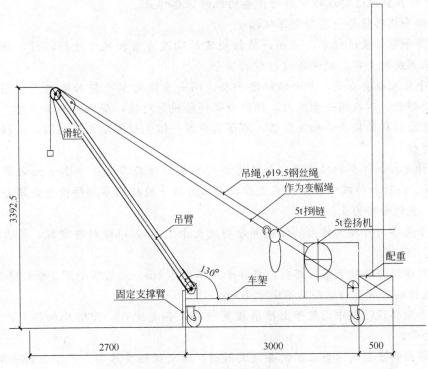

图 1-12 自制卷扬机小车

1. 设备必须专人负责，并持证上岗。
2. 将卷扬机小车推至指定位置，打开自锁，并进行支腿加固，避免卷扬机小车在使用过程中移位，再利用顶托将小车配重端，支撑在楼层顶板钢梁上，确保其稳固。
3. 使用卷扬机前，要检查机械传动部分、工作机构、电气系统以及润滑部位是否良好，经空车试运转并进行相应调整后确认合格，方可进行负载试运转，确认无误后，方准进入正常作业,不准超载作业。

4. 作业时所用钢丝绳不准穿土或拖地运行,以防表面粘满泥土而加剧磨损,严禁人员从作业的卷扬机前通过,更不准横跨正在运行受力的钢丝绳。

5. 操作工作业时要思想集中,严禁与他人嬉笑打闹,注视被牵引和提升的物件,禁止将重物在空中悬置,物件提升后,操作工严禁擅自离开岗位,必须离开时,应将物件放回地面后再离开,要拉闸断电,锁好闸箱。

6. 卷筒上的钢丝绳应排列有序,不准发生乱层现象,不得用手引导,不准超过卷筒侧边,防止跳绳而损坏联轴节。放绳时,钢丝绳在卷筒上必须留有3～4圈。

7. 听从指挥,明确信号,确认安全方可作业,作业完毕或休息时吊笼及重物,要降至地面,应切断电源锁好闸箱。

8. 卷扬机只能限于水平方向牵引重物,如需要作垂直和其他方向起重时,可利用滑轮导向。严禁超过设备性能规定的操作,以防发生事故。

9. 电气设备要安装在卷扬机和操作工附近,接零或接地保护装置要良好,电缆不得有破裂、漏电。

10. 严格执行"十项基本安全作业方针",确保机械处于良好工况。

11. 严禁在机械运转过程中进行设备的维修保养作业。

(五)脚手架搭设与使用安全保证措施

1. 在脚手架搭设过程中,必须严格按规定的构造方案和尺寸进行搭设,并及时与结构拉结或采用临时支顶,确保搭设过程的安全。

2. 脚手架立柱要垂直,大小横杆要平整,同一步纵向水平杆必须四周交圈。相邻两柱的接头要错开,不在同一步距内,柱驳口必须按规范对接,确保外架垂直度。里外上下相邻的两根大横杆的接头要相互交错,不得集中在一组主柱间距之间接驳,大横杆驳口必须按规范对接。

3. 各种连接扣件要扣接牢固,扣件螺栓拧紧扭力矩应在 $40～60N·m$ 之间,不能大于 $65N·m$,以防扣件破坏,搭设完成后应用扭力扳手随机均布抽样检查,不合格的必须重新拧紧,直到合格为止。

4. 脚手架各杆件相交伸出的端头部分均应大于10cm,以防杆件滑脱,吊索钢丝绳留尾应不小于20cm。

5. 剪刀撑斜杆的接长采用搭接,搭接长度不小于1m,采用不小于2个旋转扣件固定,端部扣件盖板的边缘至杆端距离不小于10cm。

6. 脚手架搭设过程中,架子上严禁放置短料及各类配件,严防坠物伤人,悬空作业要系好安全带。

7. 必须在脚手架的适当位置配备灭火器材,防火措施要落实,严禁在脚手架上吸烟,动火必须办理审批手续,并由专人跟焊接焊。

8. 在施工期间遇有雷雨,脚手架上的操作人员应注意及时离开。

9. 必须对脚手架作全面检查,如发现变形、下沉、钢构件锈蚀严重、扣件松脱等情况,要及时加固维修后方可使用。

10. 使用时,必须教育工人不得堆放过重的建材或杂物于平桥上。卸料平台应悬挂限载标牌,严禁超载,以策安全。

脚手架搭设前应对施工班组进行交底,搭设人员应持证上岗。

(六) 安全生产注意事项

1. 现场安全要求

(1) 每天清理高空废铁等碎小物,用吊箱吊到地面,再归堆,定期搬出现场。

(2) 高空使用的小型工具如线坠、钢卷尺、榔头(锤)、扳手等,要放到工具袋中。使用此类工具时,严格遵循项目和班组的安全交底,如榔头、扳手柄上要系细绳套,操作时,细绳套系在手腕上,以免不慎从高空落下伤人。

(3) 高空焊接时,不得在高空存放焊条;废弃的焊丝或空焊丝盘,下班时要从高空带到地面废料堆。严禁乱抛乱扔。

(4) 高空搭设脚手架操作平台,在正下方用警示绳划出危险区,并派1人监护,以免扣件、钢管或扳手不慎掉落。

(5) 在钢构件起吊时,在正下方用警示绳划出危险区,并派1人监护,构件底下严禁站人。

(6) 进入施工现场必须戴好安全帽,高空作业人员必须系好安全带,穿防滑鞋。

(7) 高空作业人员须体检合格,严禁带病或疲劳作业,禁止酒后作业。

(8) 施工现场设置有专门的吸烟室,其他地方严禁吸烟。

(9) 现场工具房、材料房、气体房等部位必须按要求配备一定数量的灭火器。

(10) 各种施工材料必须堆码整齐并分类挂牌堆放。

(11) 压型钢板铺设时,需边拆除安全网,边铺设压型钢板,并及时做好临边与洞口的防护工作。

(12) 电焊作业平台搭设力求平稳、安全,周围设防护栏杆。

(13) 所有安全设施由专业班组按要求统一设置,并经有关部门检查验收后方可使用。任何人不得擅自拆除,如因工作需要拆除时,必须经过项目安全生产管理委员会同意,并且要及时恢复。

2. 吊车安全技术措施

(1) M440、M600 及 M1280 安装和拆除由总包负责,如有参与安装或拆除,对操作人员进行安全教育和安全技术交底。

(2) 规范塔司的操作行为,并设立专人指挥;按规定进行吊车的维修保养工作。

(3) 严格执行"十不吊"原则,吊装前要仔细检查吊索具是否符合规定要求,严禁带病作业。所有起重指挥及操作人员必须持证上岗。

(4) 合理安排作业区域和时间,避免垂直交叉作业。

(5) 统一高空、地面通讯,联络一律用对讲机,禁止高空和地面之间通过喊话联络。

3. 临时用电安全

(1) 现场用电应有定期检查制度,对重点用电设备每天巡回检查,每天下班后一定要关闸。所有电缆、用电设备的拆除、现场照明均由专业电工担任,值班电工要经常检查、维护,用电线路及机具,严格按 JGJ 46—2005 标准来执行,保证用电安全万无一失。

(2) 电焊机上应设防雨盖,下设防潮垫,一、二次电源接头处要有防护装置,二次线使用接线柱,且长度不超过 80m,一次电源采用橡胶套电缆或穿塑料软管,长度不大于 3m,焊把线必须采用铜芯橡皮绝缘导线。

（3）配电柜和用电设备应有防雨雪的措施。配电箱、电焊机等固定设备外壳应按规范接地防止触电。配电箱、开关箱应装设在干燥、通风及常温场所，不得装设在易受外来固体物撞击、强烈振动、液体浸溅及热源烘烤的场所。

（4）禁止多台用电设备共用一个电源开关，开关箱必须实行"一机一闸一漏"制，熔丝不得用其他金属代替，且开关箱上锁编号，有专人负责。所有电动设备应装漏电保护开关。

（5）现场用电要按计划进行，不得随意计划外乱拉乱接，超负荷用电，三相要均衡搭接。配电作业人员需持证上岗，非专业人员不得从事电力作业。幕墙钢结构安装现场都是导电的构件，主电缆要埋入地下，一次线要架空不得放置在地上。

4. 氧气、乙炔使用安全

氧切割操作人员应持证上岗，气瓶、压力表及焊枪使用前应经过检查。氧、乙炔瓶上应有防回火装置、减振胶圈和防护罩。两种气瓶摆放应在5m以上，离明火距离在10m以上。气瓶稳固直立，避免阳光暴晒。两种胶管不能互换使用，胶管应无磨损、轧伤、刺孔、老化、裂纹。焊枪、割枪使用专用点火器，禁止使用火柴点火，防止人员烧伤。操作人员应在通风环境中作业，现场不得有多层板、木方、锯屑、编织袋等易燃易爆物。火焰方向不能对准周围人员，作业时必须办理好动火证，并设有专人监护，作业现场应有事后检查措施。

5. 冬期施工安全

（1）冬期施工时在吊装构件时先清除构件索具表面的积雪（冰），在索具与构件之间加薄橡皮垫或麻布垫，防止吊点滑移。

（2）构件运输和堆放时，构件下必须垫木板并清除积雪，堆放场地要平整无水坑。

（3）高空作业必须清除构件表面积雪，穿防滑鞋，系安全带，跳板等一定要绑扎牢固。

（4）施工前应检查整个作业面，做好预防措施。

第二章 建筑安全生产法律法规

第一节 建筑工程安全生产法律法规概述

一、安全生产法规的概念

法律规范是国家制定或认可,并以国家强制力保证其实施的一种行为规范。

安全生产法规,是指国家关于改善劳动条件,实现安全生产,为保护劳动者在生产过程中的安全和健康而制定的各种法律、法规、规章和规范性文件的总和,是必须执行的法律规定。法律规范一般可分为技术规范和社会规范两大类。

技术规范,是指人们关于合理利用自然力、生产工具、交通工具和劳动对象的行为准则。比如操作规程、标准、规程等。

社会规范,是指调整人与人之间社会关系的行为准则。体现统治阶级的利益与意志,具有鲜明的阶级性。

二、安全技术规范与企业规章制度

安全技术规范是强制性的标准。因为,违反规范、规程造成事故,往往会给个人和社会带来严重危害。为了有利于维护社会秩序、企业生产秩序和工作秩序,把遵守安全技术规范确定为法律义务,有时把它直接规定在法律文件中,使之具有法律规范性质。例如国家标准《建筑施工场界噪声限值》(GB 12523—1996),《高处作业分级》(GB 3608—1993),《建设工程施工现场供用电安全规范》(GB 50194—93)等。

企业的规章制度是为了保证国家的法律实施和加强企业内部管理、进行正常而有秩序地生产和经营活动而制定的措施和办法。企业的规章制度有两个特点:一是制定时必须服从国家的法律;二是本企业职工必须遵守。

三、安全法规的作用和主要内容

安全生产法规是国家法律规范中的一个组成部分,是生产实践中的经验总结和对自然规律的认识和运用,其主要任务是调整社会主义建设过程中人与人之间和人与自然之间的关系,保障职工在生产过程中的安全和健康,提高企业经济效益,促进生产发展。

安全生产法规,它是通过法律形式规定了人们在生产过程中的行为规范,具有普遍的约束力和强制性。每个单位(机关、企业)和每个人都必须严格遵守,认真执行。企业单位领导必须按照安全法规,改善劳动条件,采取行之有效的措施,创造安全生产条件,履行对劳动者应尽的义务,保证劳动者的安全和健康。每个劳动者也必须遵守劳动纪律,自觉执行安全生产规章制度和操作规程,进行安全生产。只有这样才能维护正常的生产秩序,防止伤亡事故的发生,特别是在当今现代化的施工生产中,由于新技术、新工艺、新机械的普遍应用以及新的产业和新企业的产生,使树立安全法制观念,加强安全法规的实施,显得尤为重要。

安全法规的作用可以归纳为:
1. 安全法规是贯彻安全生产方针、政策的有效保障。
2. 安全法规是保护劳动者安全和健康的重要手段。
3. 安全法规是实现安全生产的技术保证。

根据我国安全生产劳动保护和安全管理监督工作的实践和经验教训,借鉴国外先进经验,现行安全法规的内容主要有以下几个方面:
1. 关于安全技术和劳动卫生的法规。
2. 关于工作时间的法规。
3. 关于女工等实行特别保护的法规。
4. 关于安全生产的体制和管理制度的法规。
5. 关于劳动安全和劳动卫生监督管理制度的法规。

四、我国建设工程安全生产法律法规体系

在建筑活动中,施工管理者必须遵循相关的法律、法规及标准,同时应当了解法律、法规及标准各自的地位及相互关系。

(一)建筑法律

建筑法律一般是全国人民代表大会及其常务委员会对建筑管理活动的宏观规定,侧重于对政府机关、社会团体、企事业单位的组织、职能、权利、义务等,以及建筑产品生产组织管理和生产基本程序进行规定,是建筑法律体系的最高层次,具有最高法律效力,以主席令形式公布。例如1997年11月1日中华人民共和国主席令第91号《中华人民共和国建筑法》。

(二)建筑行政法规

建筑行政法规是对法律条款进一步细化,是国务院根据有关法律中授权条款和管理全国建筑行政工作的需要制定的,是法律体系中第二层次,以国务院令形式公布。例如2003年11月12日国务院第393号《建设工程安全生产管理条例》。

(三)建筑部门规章

建筑部门规章是国务院各部委根据法律、行政法规颁布建筑行政规章,其中综合规章主要由建设部发布。部门规章对全国有关行政管理部门具有约束力,但它的效力低于行政法规,以部委第几号令发布。例如2004年7月5日起施行,建设部令第128号《建筑施工企业安全生产许可证管理规定》。

(四)地方性建筑法规

地方性建筑法规是省、自治区、直辖市人民代表大会及其常务委员会,根据本行政区的特点,在不与宪法、法律、行政法规相抵触下的情况制定的行政法规,仅在地方性法规所辖行政区域内有法律效力。

(五)地方性建筑规章

地方性建筑规章是地方人民政府根据法律、法规制定的地方性规章,仅在其行政区域内有效,其法律效力低于地方性法规。例如 2001 年 4 月 5 日北京市人民政府令第 72 号《北京市建设工程施工现场管理办法》。

(六) 国家标准

国家标准是需要在全国范围内统一的技术要求,由国务院标准化行政主管部门,制定发布。国家标准分为强制性标准和推荐性标准,强制性标准代号为"GB",推荐性标准代号为"GB/T"。国家标准的编号由国家标准代号、国家标准发布顺序号及国家标准发布的年号组成,国家工程建设标准代号为 GB 5××××或 GB/T 5××××。例如《建筑工程施工质量验收统一标准》(GB 50300—2001)。

(七) 行业标准

行业标准是需要在某个行业范围内统一的,而又没有国家标准的技术要求,由国务院有关行政主管部门制定,并报国务院标准化行政主管部门备案。行业标准是对国家标准的补充,行业标准在相应国家标准实施后,应该自行废止。其标准分为强制性标准和推荐性标准。行业标准如:城市建设行业标准(CJ)、建材行业标准(JC)、建筑工业行业标准(JG)。现行工程建设行业标准代号在部分行业标准代号后加上第三个字母 J,行业标准的编号由标准代号、标准顺序号及年号组成,行业标准顺序号在 3000 以前为工程类标准,在 3001 以后为产品类标准。例如《普通混凝土配合比设计规程》(JGJ 55—2000)和《冷轧扭钢筋》(JG 190—2006)等。

(八) 地方标准

地方标准是对没有国家标准和行业标准,但又需要在省、自治区、直辖市范围内统一的产品的安全和卫生要求,由省、自治区、直辖市标准化行政主管部门制定,并报国务院标准化行政主管部门备案。地方标准不得违反有关法律法规和国家行业强制性标准,在相应的国家标准行业标准实施后,地方标准应自行废止。在地方标准中凡法律法规规定强制性执行的标准,才可能有强制性地方标准。

安全生产法律、法规体系示意图见图 2-1。

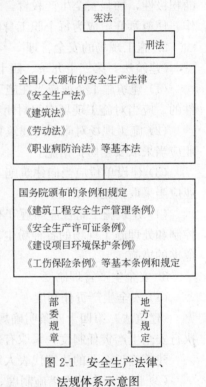

图 2-1 安全生产法律、法规体系示意图

第二节 常用安全生产法律、法规简介

一、《中华人民共和国建筑法》简介

(一) 立法目的

《中华人民共和国建筑法》(以下简称《建筑法》)从 1998 年 3 月 1 日起施行,是我国第一部关于工程建设的大法,建筑市场管理、安全、质量三大内容构成整个法律的主框架,在第一条中就明确立法的目的是:"为了加强对建筑活动的监督管理,维护建筑市场秩序,

保证建筑工程的质量和安全,促进建筑业健康发展。"

(二)建筑安全生产管理基本规定

《建筑法》用了第六章整章篇幅明确了建筑安全生产方针、管理体制、安全责任制度,安全教育培训制度等规定,对强化建筑安全生产管理,规范安全生产行为,保障人民群众生命和财产的安全,具有非常重要的意义。

1. 坚持安全生产方针,建立健全安全生产责任制度和群防群治制度。

《建筑法》在第三十六条中规定:建筑工程安全生产管理必须坚持安全第一、预防为主的方针,建立健全安全生产的责任制度和群防群治制度。

安全第一、预防为主的方针充分体现了国家对劳动者生命和财产安全的关心和保障;肯定了安全在建筑生产中的首要位置,安全生产责任制是建筑生产中最基本的安全管理制度。群防群治制度体现在建筑安全生产中,就是充分调动广大职工的安全生产和劳动保护的积极性,加强安全生产教育,强化安全生产意识,广泛开展群众性安全生产检查监督工作,使遵章守纪成为每个职工身体力行的准则,把事故隐患消灭在萌芽状态。

2. 施工现场的安全管理

《建筑法》第三十九条、四十条、四十一条明确规定:

(1) 建筑施工企业应当在施工现场采取维护安全、防范危险、预防火灾等措施;有条件的,应当对施工现场实行封闭管理。

(2) 施工现场对毗邻的建筑物、构筑物和特殊作业环境可能造成损害的,建筑施工企业应当采取安全防护措施。

(3) 建设单位应当向建筑施工企业提供与施工现场相关的地下管线资料,建筑施工企业应当采取措施加以保护。

(4) 建筑施工企业应当遵守有关环境保护和安全生产方面的法律、法规的规定,采取控制和处理施工现场的各种粉尘、废气、废水、固体废物以及噪声、振动对环境的污染和危害的措施。

3. 安全生产管理制度

(1) 安全生产责任制度

《建筑法》第四十四条明确规定,建筑施工企业必须依法加强对建筑安全生产的管理,执行安全生产责任制度,采取有效措施,防止伤亡和其他安全生产事故的发生。

建筑施工企业的法定代表人对本企业的安全生产负责。

(2) 制定安全技术措施制度

《建筑法》第三十八条明确规定,建筑施工企业在编制施工组织设计时,应当根据建筑工程的特点制定相应的安全技术措施;对专业性较强的工程项目,应当编制专项安全施工组织设计,并采取安全技术措施。

(3) 安全生产教育制度

《建筑法》第四十六条明确规定,建筑施工企业应当建立健全劳动安全生产教育培训制度,加强对职工安全生产的教育培训;未经安全生产教育培训的人员,不得上岗作业。

(4) 施工现场安全负责制度

《建筑法》第四十五条明确规定,施工现场安全由建筑施工企业负责。实行施工总承包的,由总承包单位负责。分包单位向总承包单位负责,服从总承包单位对施工现场的安全生产管理。

(5) 意外伤害保险制度

《建筑法》第四十八条明确规定,建筑施工企业必须为从事危险作业的职工办理意外伤害保险,支付保险费。

(6) 拆除工程安全保证制度

《建筑法》第五十条明确规定,房屋拆除应当由具备保证安全条件的建筑施工单位承担,由建筑施工单位负责人对安全负责。

(7) 事故救援及报告制度

《建筑法》第五十一条明确规定,施工中发生事故时,建筑施工企业应当采取紧急措施减少人员伤亡和事故损失,并按照国家有关规定及时向有关部门报告。

4. 施工企业和作业人员的义务

《建筑法》第四十七条明确规定,建筑施工企业和作业人员在施工过程中,应当遵守有关安全生产的法律、法规和建筑行业安全规章、规程,不得违章指挥或者违章作业。

5. 作业人员的权利

《建筑法》第四十七条明确,作业人员有权对影响人身健康的作业程序和作业条件提出改进意见,有权获得安全生产所需的防护用品。作业人员对危及生命安全和人身健康的行为有权提出批评、检举和控告。

二、《中华人民共和国安全生产法》概述

(一) 立法背景及目的

1. 立法背景

目前我国正处于经济转型时期,经济活动日趋活跃和复杂,多种所有制形式并存,但由于过去制定的法律、法规基本是针对国有企业的,对其他所有制企业缺乏法律规范,导致相当多的非公有制企业老板在经济利益驱使下漠视安全生产,很少进行安全投入,甚至违法经营,导致事故不断,据统计1998~2000年我国共发生企业职工伤亡事故39400起,死亡38928人;2001年工矿企业共发生事故11402起,死亡12554人。1998~2000年全国共发生一次性死亡10人以上的事故489起,死亡9183人,平均每年163起,死亡3601人,平均每两天发生1起;2001年发生一次性死亡10人以上的特大事故140起,死亡2556人,其中一次性死亡30人以上的事故就达16起,死亡707人。另外,各级政府安全监管不到位,各级领导安全责任的不明确、不落实以及现有安全法规难以适应形势发展。基于上述背景,国家于2002年11月1日起正式实施《安全生产法》,完善了安全生产立法。

2. 立法的目的

《安全生产法》立法的根本目的就是为了加强安全生产监督管理,防止和减少安全事故,保障人民群众生命和财产安全,促进经济发展。

我国实行社会主义市场经济以来,生产经营单位多种所有制形式并存,市场竞争日趋激烈。各经营主体在追求自身利润最大化的过程中,往往忽视甚至故意规避安全生产管理规定,以牺牲从业人员的健康甚至生命为代价牟取私利,从而造成事故频发,不仅对事故人员及其家属造成痛苦,对经营者本身造成损失,对社会稳定也带来不利影响。国家作为社会公共利益的维护者，必须运用法律手段建立强制性的保障安全生产维护劳动者安全的法律制度，对安全生产实施有利的监督管理。在日常生产经营活动中，特别是矿山企业、建筑施工企业等高危行业的生产活动中存在着诸多不安全因素和隐患，如果缺乏对安全充分的意识，没有采取有效的预防和控制措施，各种潜在的危险就会显现，造成重大事故。由于生产经营活动的多样性和复杂性，人类要想安全避免安全事故，还不现实。但只要对安全生产给予足够的重视，采取强有力的措施，事故是可以预防和减少的。以国家法律的形式强制规范生产经营单位的安全生产能力，保障安全生产的法定措施，正是为了保障人民群众的生命和财产安全，保障经营活动健康正常运行，从而促进经济发展。

（二）《安全生产法》确立的基本法律制度

1. 生产安全责任事故追究制度

《安全生产法》在第十三条明确规定：国家实行生产安全事故追究制度，依照本法和有关法律、法规的规定，追究生产安全事故责任人员的法律责任。

《安全生产法》在以下条款中，对生产经营单位应承担的法律责任给予明确规定：

（1）第八十条明确规定了生产经营单位的决策机构、主要负责人、个人经营的投资人不依照本法规定保证安全生产所必需的资金投入，致使生产经营单位不具备安全生产条件的法律责任。

（2）第八十一条明确规定了生产经营单位的主要负责人不履行本法规定的安全生产管理职责的法律责任。

（3）第八十二条明确规定了生产经营单位未按照规定设立安全生产管理机构、配备安全生产管理人员及对有关人员未按照规定进行教育、培训和考核的法律责任。

（4）第八十三条明确规定了违反本法规定的九项违法行为的法律责任。

（5）第八十四条明确规定了未经依法批准擅自生产、经营、储存危险物品的法律责任。

（6）第八十五条明确规定了生产经营单位违反有关危险物品管理的规定及进行危险作业未安排专门管理人员进行现场安全管理的法律责任。

（7）第八十六条明确规定了生产经营单位将生产经营项目、场所、设备发包或者出租给不具备安全生产条件的单位或者个人以及未与承包单位、承租单位签订安全生产管理协议等违反有关规定的行为的法律责任。

（8）第八十七条明确规定了两个以上生产经营单位在同一作业区域内进行作业未签订安全生产管理协议或者未指定专职安全生产管理人员的法律责任。

（9）第八十八条明确规定了生产经营单位生产、经营、储存、使用危险物品的车间、商店、仓库及员工宿舍不符合有关安全要求的法律责任。

（10）第八十九条明确规定了生产经营单位与从业人员订立的协议或者减轻其对从业人员因生产安全事故伤亡应负的责任，生产经营单位的主要负责人、个人经营的投资人进行的处罚。

（11）第九十条明确规定了生产经营单位的从业人员不服从管理，违章操作应承担的法律责任。

（12）第九十一条明确规定了生产经营单位主要负责人在发生重大生产安全事故时不立即组织抢救或者在事故调查处理期间擅离职守或者逃匿以及对生产安全事故隐瞒不报、

谎报或者拖延不报应承担的法律责任。

（13）第九十三条明确规定了生产经营单位不具备本法和其他有关法律、行政法规和国家标准或者行业标准规定的安全生产条件，经停产停业整顿仍不具备安全生产条件的处罚。

（14）第九十五条明确规定了生产经营单位发生生产安全事故造成人员伤亡、他人财产损失应承担赔偿责任以及生产安全事故责任人不依法承担赔偿责任的处理。

2. 生产经营单位安全保障制度

《安全生产法》在第二章对生产经营单位的安全生产条件和加强安全生产管理以及管理人员安全生产职责都作了明确规定。

（1）生产经营单位的安全生产条件：

第十六条明确规定，生产经营单位应当具备本法和有关法律、行政法规和国家标准或者行业标准规定的安全生产条件；不具备安全生产条件的，不得从事生产经营活动。

（2）第十七条明确规定了生产经营单位的主要负责人的安全生产职责。

（3）安全生产资金：

第十八条明确规定，生产经营单位应当具备的安全生产条件所必需的资金投入。

第三十九条明确规定，生产经营单位应当安排用于配备劳动防护用品、进行安全生产培训的经费。

（4）安全生产管理人员的配备和考核：

第十九条明确规定，矿山、建筑施工单位和危险物品的生产、经营、储存单位，应当设置安全生产管理机构或者配备专职安全生产管理人员。

第二十条明确规定，生产经营单位的主要负责人和安全生产管理人员必须具备与本单位所从事的生产经营活动相应的安全生产知识和管理能力。考核合格后方可任职。

（5）安全生产教育和培训：

第二十一条、二十二条、二十三条及三十六条明确规定了生产经营单位应当对从业人员进行必需的安全生产教育和培训。

（6）安全设施的"三同时"：

第二十四条明确规定，生产经营单位新建、改建、扩建工程项目（以下统称建设项目）的安全设施，必须与主体工程同时设计、同时施工、同时投入生产和使用。安全设施投资应当纳入建设项目概算。

（7）安全条件论证和安全评价：

第二十五条明确规定，矿山建设项目和用于生产、储存危险物品的建设项目，应当分别按照国家有关规定进行安全条件论证和安全评价。

（8）安全设计和施工：

第二十六条明确规定，建设项目安全设施的设计人、设计单位应当对安全设施设计负责。

第二十七条明确规定，矿山建设项目和用于生产、储存危险物品的建设项目的施工单位必须按照批准的安全设施设计施工，并对安全设施的工程质量负责。

（9）安全警示标志：

第二十八条明确规定，生产经营单位应当在有较大危险因素的生产经营场所和有关设施、设备上，设置明显的安全警示标志。

（10）安全设备：

第二十九条明确规定，安全设备的设计、制造、安装、使用、检测、维修、改造和报废，应当符合国家标准或者行业标准。

（11）第三十条明确规定了特种设备以及危险物品的容器、运输工具管理。

（12）第三十一条明确规定了对严重危及生产安全的工艺、设备的淘汰制度。

（13）第三十二条明确规定了危险物品的管理。

（14）第三十三条明确规定了重大危险源的管理。

（15）第三十四条明确规定了生产经营场所和员工宿舍管理。

（16）爆破、吊装作业管理：

第三十五条明确规定，生产经营单位进行爆破、吊装等危险作业，应当安排专门人员进行现场安全管理，确保操作规程的遵守和安全措施的落实。

（17）劳动防护用品：

第三十七条明确规定，生产经营单位必须为从业人员提供符合国家标准或者行业标准的劳动防护用品，并监督、教育从业人员按照使用规则佩戴、使用。

（18）安全检查：

第三十八条明确规定，生产经营单位的安全生产管理人员应当根据本单位的生产经营特点，对安全生产状况进行经常性检查；对检查中发现的安全问题，应当立即处理；不能处理的，应当及时报告本单位有关负责人。检查及处理情况应当记录在案。

（19）安全协作：

第四十条明确规定，两个以上生产经营单位在同一作业区域内进行生产经营活动，可能危及对方生产安全的，应当签订安全生产管理协议，明确各自的安全生产管理职责和应当采取的安全措施，并指定专职安全生产管理人员进行安全检查与协调。

（20）第四十一条明确规定了生产经营单位发包或者出租情况下的安全生产责任。

（21）第四十二条明确规定了发生重大生产安全事故后，单位主要负责人的职责。

（22）工伤社会保险：

第四十三条明确规定了生产经营单位必须依法参加工伤社会保险，为从业人员缴纳保险费。

3. 从业人员的权利和义务制度

从业人员是实现安全生产最基本的要素，保证从业人员的安全保障权利，防止和减少事故的发生，是安全生产的前提。

内容包括：

（1）从业人员与用人单位订立的劳动合同应包含劳动安全和防止职业危害的权力。（见本法第四十四条之规定）

（2）了解其作业场所和工作岗位存在的危险因素、防范措施及事故应急措施的权利，对本单位的安全生产工作提出建议的权利。（见本法第四十五条之规定）

（3）对本单位安全生产工作中存在的问题提出批评、检举、控告的权利；拒绝违章指挥和强令冒险作业的权利。（见本法第四十六条之规定）

（4）发现直接危及人身安全的紧急情况时，停止作业或者在采取可能的应急措施后撤

离作业场所的权利。(见本法第四十七条之规定)

(5) 因生产安全事故受到损害时要求赔偿的权利；享受工伤社会保险的权利。(见本法第四十八条之规定)

(6) 在作业过程中，严格遵守本单位的安全生产规章制度和操作规程，服从管理，正确佩戴和使用劳动防护用品的义务。(见本法第四十九条之规定)

(7) 接受安全生产教育培训的权利。(见本法第五十条之规定)

(8) 对事故隐患进行报告的义务。(见本法第五十一条之规定)

4. 安全生产监督管理制度

完善的监督管理制度是《安全生产法》得以实施的重要保证，《安全生产法》在第四章明确规定了各级政府监督管理部门，以及其他相关部门，安全监督检查人员的职责、义务和权力。

(1) 第五十三条明确规定了县级以上地方各级人民政府在安全生产监督管理方面应履行的职责。

(2) 第五十四条、五十五条明确规定了安全生产监督管理部门的职责。

(3) 第五十六条明确规定了负有安全生产监督管理职责的部门的行政职权。

(4) 第六十二条明确规定了承担安全评价、认证、检测、检验的机构应具备的资格条件及责任。

(5) 第六十七条明确规定了新闻、出版、广播、电影、电视等部门有进行安全生产宣传教育的义务和有权对违反安全生产法律、法规的行为进行舆论监督。

5. 事故应急救援和调查处理制度

《安全生产法》主要涉及事故应急救援和调查处理，主要内容包括：

(1) 第六十八条、六十九条明确规定了地方政府及高危行业应建立事故应急救援体系。

(2) 第七十条明确规定了生产经营单位生产安全事故的报告和处理。

(3) 第七十条、七十一条、七十二条明确规定了事故上报调查处理的基本原则、主要任务。

三、《建设工程安全生产管理条例》概述

(一) 立法背景、依据及目的

1. 立法背景及依据

2004年2月1日《建设工程安全生产管理条例》(以下简称《管理条例》)正式实施，这是新中国成立以来我国制定的第一部有关建设工程安全生产的行政法规，对于强化整个建设行业安全生产意识，依法加强安全生产监督管理具有重要意义。

我国正处在大规模经济建设时期，建筑业的规模逐年增加，但伤害事故和死亡人数一直居高不下。1998年全国建筑施工每百亿元产值死亡率为11.73，1999年为9.84，2000年为7.89，2001年为6.80，2002年为6.97，2003年为6.92，基本呈逐年下降趋势。从绝对数字来看，事故起数和死亡人数一直未有显著下降，1998年至2002年全国分别发生建筑施工事故1013起、923起、846起、1004、1208起，分别死亡1180人、1097人、987人、1045人、1292人；2003年1至10月全国建筑施工共发生施工事故1001起，死

亡1174人。部分地区建设工程安全生产形势仍然十分严峻，建设工程安全生产管理也存在以下几方面问题：

（1）工程建设各方主体的安全责任不够明确。工程建设涉及建设单位、勘察单位、设计单位、施工单位、工程监理单位等诸多单位，对这些单位的安全生产责任缺乏明确规定。

（2）建设工程安全生产的投入不足。一些建设单位和施工单位挤占安全生产费用，致使在工程投入中用于安全生产的资金过少，不能保证正常安全生产措施的需要，导致生产安全事故不断发生。

（3）建设工程安全生产监督管理制度不够健全，具体的监督管理制度和措施不够完善和规范。

（4）生产安全事故的应急救援制度不健全。一些施工单位没有制定应急救援预案，发生生产安全事故后得不到及时救助和处理。

针对以上问题，结合建设行业特点，《管理条例》根据《中华人民共和国建筑法》和《中华人民共和国安全生产法》，确立了有关建设工程安全生产监督管理的基本制度，明确参与建设活动各方责任主体的安全责任，确保各方责任主体安全生产利益及建筑工人安全与健康的合法权益。

2. 立法目的

（1）加强建设工程安全生产监督管理

由于建设工程具有施工环境及作业条件相对较差，施工人员素质相对较低，不安全因素及各种事故隐患相对较多的客观事实，因此强化安全生产监督管理，是保证工程质量和效益的前提，缺乏严肃和认真的监督机制，频发的安全事故，不仅会影响到企业的效益，也直接关系到整个建筑业是否能持续健康的发展，甚至会影响到社会稳定的大局。《管理条例》对政府部门，有关企业及相关人员的安全生产和管理行为进行了全面规范在第五章专门规定了建设工程安全管理的执法主体和相应职责。

（2）保证人民群众生命和财产安全

安全生产关系人民群众生命和财产安全，关系改革发展和社会稳定大局。胡锦涛总书记在党的十六届三中全会上强调："各级党委和政府要牢牢树立'责任重于泰山'的观念，坚持把人民群众的生命安全放在第一位，进一步完善和落实安全生产的各项政策措施，努力提高安全生产水平。"《管理条例》强调"安全第一，预防为主"的方针，规定了各种措施和方法，来保护人民群众生命和财产安全，这也是《管理条例》最根本的目的。

（二）《管理条例》确定的基本管理制度

1. 安全施工措施和拆除工程备案制度

《管理条例》第十条、第十一条明确规定建设单位应当自开工报告批准之日起15日内，将保证安全施工措施报送建设工程所在地的县级以上地方人民政府建设行政主管部门或者其他有关部门备案。建设单位应当在拆除工程施工15日前，将施工单位资质等级证明、拟拆除建筑物、构筑物及可能危及毗邻建筑的说明、拆除施工组织方案；堆放、清除废弃物的措施报送建设工程所在地的县级以上地方人民政府建设行政主管部门或其他有关部门备案。

2. 健全安全生产制度

第二节 常用安全生产法律、法规简介

《管理条例》第二十一条明确规定，施工单位主要负责人依法对本单位的安全生产工作全面负责。施工单位应当建立健全安全生产责任制度和安全生产教育培训制度，制定安全生产规章制度和操作规程，保证本单位安全生产条件所需资金的投入，对所承担的建设工程进行定期和专项安全检查，并做好安全检查记录。

施工单位的项目负责人应当由取得相应执业资格的人员担任，对建设工程项目的安全施工负责，落实安全生产责任制度、安全生产规章制度和操作规程，确保安全生产费用的有效使用，并根据工程的特点组织制定安全施工措施，消除安全事故隐患，及时、如实报告生产安全事故。

3. 特种作业人员持证上岗制度

《管理条例》第二十五条明确规定，垂直运输机械作业人员、起重机械安装拆卸工、爆破作业人员、起重信号工、登高架设作业人员等特种作业人员，必须按照国家有关规定经过专门的安全作业培训，并取得特种作业操作资格证书后，方可上岗作业。

4. 专项工程专家论证制度

《管理条例》第二十六条规定，施工单位应当在施工组织设计中编制安全技术措施和施工现场临时用电方案，对达到一定规模的危险性较大的分部分项工程编制专项施工方案，并附具安全验算结果，经施工单位技术负责人、总监理工程师签字后实施，由专职安全生产管理人员进行现场监督。

对涉及深基坑、地下暗挖工程、高大模板工程的专项施工方案，施工单位还应当组织专家进行论证、审查。

5. 消防安全责任制度

《管理条例》第三十一条规定，施工单位应当在施工现场建立消防安全责任制度，确定消防安全责任人，制定用火、用电、使用易燃易爆材料等各项消防安全管理制度和操作规程，设置消防通道、消防水源，配备消防设施和灭火器材，并在施工现场入口处设置明显标志。

6. 施工单位管理人员考核任职制度

《管理条例》第三十六条规定，施工单位的主要负责人、项目负责人专职安全生产管理人员应当经建设行政主管部门或者其他有关部门考核合格后方可任职。

7. 施工自升式架设设施使用登记制度

《管理条例》第三十五条规定，施工单位应当自施工起重机械和整体提升脚手架、模板等自升式架设设施验收合格之日起30日内，向建设行政主管部门或者其他有关部门登记。登记标志应当置于或者附着于该设备的显著位置。

8. 意外伤害保险制度

《管理条例》第三十八条规定，施工单位应当为施工现场从事危险作业的人员办理意外伤害保险。保险期限自建设工程开工之日起至竣工验收合格止。保险费由施工单位支付。实行施工总承包的，由总承包单位支付保险费。

9. 政府安全监督检查制度

《管理条例》第四十条明确规定，国务院建设行政主管部门对全国的建设工程安全生产实施监督管理。县级以上地方人民政府建设行政主管部门对本行政区域内的建设工程安全生产实施监督管理。

《管理条例》第四十一条明确规定，建设行政主管部门和其他有关部门应当将本条例第十条、第十一条规定的有关资料的主要内容抄送同级负责安全生产监督管理的部门。

《管理条例》第四十二条明确规定，建设行政主管部门在审核发放施工许可证时，应当对建设工程是否有安全施工措施进行审查，对没有安全施工措施的，不得颁发施工许可证。

建设行政主管部门或者其他有关部门对建设工程是否有安全施工措施进行审查时，不得收取费用。

《管理条例》第四十三条明确规定，县级以上人民政府负有建设工程安全生产监督管理职责的部门在各自的职责范围内履行安全监督检查职责时，有权采取下列措施：

（1）要求被检查单位提供有关建设工程安全生产的文件和资料；

（2）进入被检查单位施工现场进行检查；

（3）纠正施工中违反安全生产要求的行为；

（4）对检查中发现的安全事故隐患，责令立即排除；重大安全事故隐患排除前或者排除过程中无法保证安全的，责令从危险区域内撤出作业人员或者暂时停止施工。

《管理条例》第四十四条明确规定，建设行政主管部门或者其他有关部门可以将施工现场的监督检查委托给建设工程安全监督机构具体实施。

《管理条例》第四十六条明确规定，县级以上人民政府建设行政主管部门和其他有关部门应当及时受理对建设工程生产安全事故及安全事故隐患的检举、控告和投诉。

10. 危及施工安全工艺、设备、材料淘汰制度

《管理条例》第四十五条明确规定，国家对严重危及施工安全的工艺、设备、材料实行淘汰制度。

11. 生产安全事故应急救援制度

《管理条例》第四十八条明确规定，施工单位应当制定本单位生产安全事故应急救援预案，建立应急救援组织或者配备应急救援人员，配备必要的应急救援器材、设备，并定期组织演练。

《管理条例》第四十九条明确规定，施工单位应当根据建设工程施工的特点、范围，对施工现场易发生重大事故的部位、环节进行监控，制定施工现场生产安全事故应急救援预案。实行施工总承包的，由总承包单位统一组织编制建设工程生产安全事故应急救援预案，工程总承包单位和分包单位按照应急救援预案，各自建立应急救援组织或者配备应急救援人员，配备救援器材、设备，并定期组织演练。

12. 生产安全事故报告制度

《管理条例》第五十条规定，施工单位发生生产安全事故，要及时、如实向当地安全生产监督部门和建设行政管理部门报告。实行总承包的由总包单位负责上报。

（三）《管理条例》明确了建设活动各方主体的安全责任

1. 建设单位的安全责任

《管理条例》在第七条、第八条、第九条中特别规定：建设单位应当在工程概算中确定并提供安全作业环境和安全施工措施费用；不得要求勘察、设计、监理、施工企业违反国家法律法规和强制性标准规定，不得任意压缩合同约定的工期；有义务向施工单位提供工程所需的有关资料，有责任将安全施工措施报送有关部门备案。

2. 施工单位的安全责任

施工单位在建设工程安全生产中处于核心地位，《管理条例》在第四章中对施工单位的安全责任做了全面、具体的规定。

(1) 对施工单位资质的规定

《管理条例》第二十条明确规定，施工单位从事建设工程的新建、扩建、改建和拆除等活动，应当具备国家规定的注册资本、专业技术人员、技术装备和安全生产等条件，依法取得相应等级的资质证书，并在其资质等级许可的范围内承揽工程。

(2) 施工单位主要负责人和项目负责人的安全责任

《管理条例》第二十一条明确规定，施工单位主要负责人依法对本单位的安全生产工作全面负责。施工单位应当建立健全安全生产责任制度和安全生产教育培训制度，制定安全生产规章制度和操作规程，保证本单位安全生产条件所需资金的投入，对所承担的建设工程进行定期和专项安全检查，并做好安全检查记录。

施工单位的项目负责人应当由取得相应执业资格的人员担任，对建设工程项目的安全施工负责，落实安全生产责任制度、安全生产规章制度和操作规程，确保安全生产费用的有效使用，并根据工程的特点组织制定安全施工措施，消除安全事故隐患，及时、如实报告生产安全事故。

(3) 施工总承包和分包单位的安全生产责任

《管理条例》第二十四条明确规定，建设工程实行施工总承包的，由总承包单位对施工现场的安全生产负总责。

总承包单位应当自行完成建设工程主体结构的施工。

总承包单位依法将建设工程分包给其他单位的，分包合同中应当明确各自的安全生产方面的权利、义务。总承包单位和分包单位对分包工程的安全生产承担连带责任。

分包单位应当服从总承包单位的安全生产管理，分包单位不服从管理导致生产安全事故的，由分包单位承担主要责任。

(4) 施工现场安全管理及作业和生活环境标准

《管理条例》第二十九条明确规定，施工单位应当将施工现场的办公、生活区与作业区分开设置，并保持安全距离；办公、生活区的选址应当符合安全性要求。职工的膳食、饮水、休息场所等应当符合卫生标准。施工单位不得在尚未竣工的建筑物内设置员工集体宿舍。

施工现场临时搭建的建筑物应当符合安全作用要求。施工现场使用的装配式活动房屋应当具有产品合格证。

《管理条例》第三十条明确规定，施工单位对因建设工程施工可能造成损害的毗邻建筑物、构筑物和地下管线等，应当采取专项防护措施。

施工单位应当遵守有关环境保护法律、法规的规定，在施工现场采取措施，防止或者减少粉尘、废气、废水、固体废物、噪声、振动和施工照明对人和环境的危害和污染。

在城市市内的建设工程，施工单位应当对施工现场实行封闭围挡。

(5) 提供防护用品及书面告知危险岗位操作规程

《管理条例》第三十二条明确规定，施工单位应当向作业人员提供安全防护用具和安全防护服装，并书面告知危险岗位的操作规程和违章操作的危害。

(四)《管理条例》明确了对安全生产违法行为的处罚

1. 规定对注册执业人员资格的处罚

注册执业人员未执行法律、法规和工程建设强制性标准的,责令停止执业3个月以上1年以下;情节严重的,吊销执业资格证书,5年内不予注册;造成重大安全事故的,终身不予注册;构成犯罪的,依照刑法有关规定追究刑事责任。

2. 规定了对施工单位的处罚

《管理条例》在第六十二条至第六十六条中,对施工单位的各种安全生产违法行为规定了应当承担的行政、民事或法律责任及相应的经济赔偿。

《管理条例》第六十二条明确规定,违反本条例的规定,施工单位有下列行为之一的,责令限期改正;逾期未改正的,责令停业整顿,依照《中华人民共和国安全生产法》的有关规定处以罚款;造成重大安全事故,构成犯罪的,对直接责任人员,依照刑法有关规定追究刑事责任:

(1) 未设立安全生产管理机构、配备专职安全生产管理人员或者分部分项工程施工时无专职安全生产管理人员现场监督的;

(2) 施工单位的主要负责人、项目负责人、专职安全生产管理人员、作业人员或者特种作业人员,未经安全教育培训或者经考核不合格即从事相关工作的;

(3) 未在施工现场的危险部位设置明显的安全警示标志,或者未按照国家有关规定在施工现场设置消防通道、消防水源、配备消防设施和灭火器材的;

(4) 未向作业人员提供安全防护用具和安全防护服装的;

(5) 未按照规定在施工起重机械和整体提升脚手架、模板等自升式架设设施验收合格后登记的;

(6) 使用国家明令淘汰、禁止使用的危及施工安全的工艺、设备、材料的。

《管理条例》第六十三条明确规定,违反本条例的规定,施工单位挪用列入建设工程概算的安全生产作业环境及安全施工措施所需费用的,责令限期改正,处挪用费用20%以上50%以下的罚款;造成损失的,依法承担赔偿责任。

《管理条例》第六十四条明确规定,违反本条例的规定,施工单位有下列行为之一的,责令限期改正;逾期未改正的,责令停业整顿,并处5万元以上10万元以下的罚款;造成重大安全事故,构成犯罪的,对直接责任人员,依照刑法有关规定追究刑事责任:

(1) 施工前未对有关安全施工的技术要求作出详细说明的;

(2) 未根据不同施工阶段和周围环境及季节、气候的变化,在施工现场采取相应的安全施工措施,或者在城市市区内的建设工程的施工现场未实行封闭围挡的;

(3) 在尚未竣工的建筑物内设置员工集体宿舍的;

(4) 施工现场临时搭建的建筑物不符合安全使用要求的;

(5) 未对因建设工程施工可能造成损害的毗邻建筑物、构筑物和地下管线等采取专项防护措施的。

施工单位有前款规定第(4)项、第(5)项行为,造成损失的,依法承担赔偿责任。

《管理条例》第六十五条明确规定,违反本条例的规定,施工单位有下列行为之一的,责令限期改正;逾期未改正的,责令停业整顿,并处10万元以上30万元以下的罚款;情节严重的,降低资质等级,直至吊销资质证书;造成重大安全事故,构成犯罪的,对直接责任人员，依照刑法有关规定追究刑事责任；造成损失的，依法承担赔偿责任：

（1）安全防护用具、机械设备、施工机具及配件在进入施工现场前未经查验或者查验不合格即投入使用的；

（2）使用未经验收或者验收不合格的施工起重机械和整体提升脚手架、模板等自升式架设设施的；

（3）委托不具有相应资质的单位承担施工现场安装、拆卸施工起重机械和整体提升脚手架、模板等自升式架设设施的；

（4）在施工组织设计中未编制安全技术措施、施工现场临时用电方案或者专项施工方案的。

《管理条例》第六十六条明确规定，违反本条例的规定，施工单位的主要负责人、项目负责人未履行安全生产管理职责的，责令限期改正；逾期未改正的，责令施工单位停业整顿；造成重大安全事故、重大伤亡事故或者其他严重后果，构成犯罪的，依照刑法有关规定追究刑事责任。

作业人员不服管理、违反规章制度和操作规程冒险作业造成重大伤亡事故或者其他严重后果，构成犯罪的，依照刑法有关规定追究刑事责任。

施工单位的主要负责人、项目负责人有前款违法行为，尚不够刑事处罚的，处 2 万元以上 20 万元以下的罚款或者管理权限给予撤职处分；自刑罚执行完毕或者受处分之日起，5 年内不得担任任何施工单位的主要负责人、项目负责人。

四、《安全生产许可证条例》概述

（一）立法背景及目的

1. 立法背景

2004 年 1 月 13 日《安全生产许可证条例》（以下简称《许可证条例》）正式实施，这是我国安全生产领域又一部重要的行政法规，《许可证条例》所确立的安全生产许可证制度，将对进一步规范企业的安全生产条件加强安全生产监督管理发挥重要作用。近年来，随着我国安全生产法律、法规逐步完善，整个社会的安全生产意识有所提高，但安全生产形势依然严峻，仅矿山企业、建筑施工企业危险化学品生产企业，烟花爆竹生产企业和民用爆破生产企业，从 2002~2003 年 11 月就因为各类安全生产事故死亡 22657 人，死亡人数占全国工伤死亡总数的约 80%，造成了很大的社会负面影响，强化安全生产监管制度，提高高危行业的准入门槛，从源头上防止和减少产生安全事故的因素，是条例出台的基本背景。

2. 立法目的

《许可证条例》的根本目的就是为了严格规范安全生产条件，进一步加强安全生产监督管理，防止和减少生产安全事故，对危险性较大易发生事故的企业实行严格的安全生产许可证制度，提高高危行业的准入门槛，严格规范安全生产条例，将不具备安全生产条件的企业拒之门外，通过安全生产许可证制度，从源头上防止生产安全事故，赋予安全生产监管部门一个有效的监控手段，加强安全生产的监督管理力度，从而防止和减少安全生产事故，确保人民群众生命和财产，保障国民经济持续健康发展。

（二）《许可证条例》适用范围

《许可证条例》的第二条明确规定：

国家对矿山企业、建筑施工企业和危险化学品、烟花爆竹、民用爆破器材生产企业（以下统称企业）实行安全生产许可制度。

企业未取得安全生产许可证的，不得从事生产活动。

据统计，矿山企业、建筑施工企业和危险化学品、烟花爆竹、民用爆破器材生产企业是发生事故和死亡人数最多的几个行业。矿山（含煤矿企业）每年死亡9000人左右，居首位；建筑施工企业每年死亡2000～2500人，居第二位；化学危险品生产企业每年死亡近400人，居第三位；烟花爆竹生产企业每年死亡近200人，列第四位。

上述几类企业每年因生产安全事故死亡的人数约占全国工矿企业因生产安全事故死亡总数的80%，因此，将安全许可证的发放范围限定在上述几类企业，就加强了对这些企业的安全生产监管力度，提高高危行业的准入门槛，从一定程度上能抑制事故的发生，减少因生产安全事故造成的死亡人数。

（三）取得安全生产许可证的条件

《许可证条例》第六条规定："企业取得安全生产许可证，应当具备下列安全生产条件：(1)建立、健全安全生产责任制，制定完备的安全生产规章制度和操作规程；(2)安全投入符合安全生产要求；(3)设置安全生产管理机构，配备专职安全生产管理人员；(4)主要负责人和安全生产管理人员经考核合格；(5)特种作业人员经有关业务主管部门考核合格，取得特种作业操作资格证书；(6)从业人员经安全生产教育和培训合格；(7)依法参加工伤保险，为从业人员缴纳保险费；(8)厂房、作业场所和安全设施、设备、工艺符合有关安全生产法律、法规、标准和规程的要求；(9)有职业危害防治措施，并为从业人员配备符合国家标准或者行业标准的劳动防护用品；(10)依法进行安全评价；(11)有重大危险源检测、评估、监控措施和应急预案；(12)有生产安全事故应急救援预案、应急救援组织或者应急救援人员，配备必要的应急救援器材、设备；(13)法律、法规规定的其他条件。"

（四）建筑施工企业的发证机关

《许可证条例》第四条明确规定了建筑施工企业安全生产许可证两级管理原则："国务院建设主管部门负责中央管理的建筑施工企业安全生产许可证的颁发和管理。""省、自治区、直辖市人民政府建设主管部门负责前款规定以外的建筑施工企业安全生产许可证的颁发和管理，并接受国务院建设主管部门的指导和监督。"

（五）安全生产许可证的申领

《许可证条例》第七条规定："企业进行生产前，应当依照本条例的规定向安全生产许可证颁发管理机关申请领取安全生产许可证，并提供本条例第六条规定的相关文件、资料。安全生产许可证颁发管理机关应当自收到申请之日起45日内审查完毕，经审查符合本条例规定的安全生产条件的，颁发安全生产许可证；不符合本条例规定的安全生产条件的，不予颁发安全生产许可证，书面通知企业并说明理由。"

认真贯彻实施条例，必须做好现有企业安全生产许可证的办理工作。根据条例第22条的规定：条例施行前已经进行生产的企业，应当自本条例施行之日起1年内，依照条例的规定向安全生产许可证颁发管理机关申请办理安全生产许可证，逾期不办理安全生产许可证，或者经审查不符合条例规定的安全生产条件，未取得安全生产许可证，继续进行生产的，依照条例将给予责令停止生产，没收非法所得，并处10万元以上50万元以下的罚款：造成重大事故或其他严重后果，构成犯罪的，依法追究刑事责任。

（六）法律责任

《许可证条例》对未取得安全生产许可证擅自进行生产；生产许可证有效期满未办理延期手续；转让、冒用或使用伪造的安全生产许可证的，都给予明确的法律规定。

第十九条　违反本条例规定，未取得安全生产许可证擅自进行生产的，责令停止生产，没收违法所得，并处10万元以上50万元以下的罚款；造成重大事故或者其他严重后果，构成犯罪的，依法追究刑事责任。

第二十条　违反本条例规定，安全生产许可证有效期满未办理延期手续，继续进行生产的，责令停止生产，限期补办延期手续，没收违法所得，并处5万元以上10万元以下的罚款；逾期仍不办理延期手续，继续进行生产的，依照本条例第十九条的规定处罚。

第二十一条　违反本条例规定，转让安全生产许可证的，没收违法所得，处10万元以上50万元以下的罚款，并吊销其安全生产许可证；构成犯罪的，依法追究刑事责任；接受转让的，依照本条例第十九条的规定处罚。

冒用安全生产许可证或者使用伪造的安全生产许可证的，依照本条例第十九条的规定处罚。

第三节　常用安全生产法律、法规、文件要点

一、《中华人民共和国宪法》的有关规定

第四十二条　中华人民共和国公民有劳动的权利和义务。

国家通过各种途径，创造劳动就业条件，加强劳动保护，改善劳动条件，并在发展生产的基础上，提高劳动报酬和福利待遇。

劳动是一切有劳动能力的公民的光荣职责。国有企业和城乡集体经济组织的劳动者都应当以国家主人翁的态度对待自己的劳动。国家提倡社会主义劳动竞赛，奖励劳动模范和先进工作者。国家提倡公民从事义务劳动。

国家对就业前的公民进行必要的就业训练。

第四十三条　中华人民共和国劳动者有休息的权利。

国家发展劳动者休息和休养设施，规定职工的工作时间和休假制度。

二、《中华人民共和国刑法》的有关规定

第一百三十三条　违反交通运输法规，因而发生重大事故，致人重伤、死亡或者使公私财产遭受重大损失的，处三年以下有期徒刑或者拘役；交通运输肇事后逃逸或者有其他特别恶劣情节的，处三年以上七年以下有期徒刑；因逃逸致人死亡的，处七年以上有期徒刑。

第一百三十四条　工厂、矿山、林场、建筑企业或者其他企业、事业单位的职工，由于不服管理，违反规章制度、或者强令工人违章冒险作业，因而发生重大事故或者造成其他严重后果的，处三年以下有期徒刑或者拘役；情节特恶劣的，处七年以下有期徒刑。

第一百三十五条　工厂、矿山、林场、建筑企业或者其他企业、事业单位的劳动安全设施不符合国家规定，经有关部门或者单位职工提出后，对事故隐患仍不采取措施，因而发生重大伤亡事故或者造成其他严重后果的，对直接责任人员，处三年以下有期徒刑或者拘役；情节特别恶劣的，处三年以上七年以下有期徒刑。

第一百三十六条　违反爆炸性、易燃性、放射性、毒害性、腐蚀性物品管理规定，在生产、储存、运输、使用中发生重大事故，造成严重后果的，处三年以下有期徒刑或者拘役；后果特别严重的，处三年以上七年以下有期徒刑。

第一百三十七条　建设单位、设计单位、施工单位，工程监理违反国家规定，降低工程质量标准，造成重大安全事故的，对直接责任人员，处五年以下有期徒刑或者拘役，并处罚金；后果特别严重的，处五年以上十年以下有期徒刑，并处罚金。

第一百三十九条　违反消防管理法规，经消防监督机构通知采取改正措施而拒绝执行，造成严重后果的，对直接责任人员，处三年以下有期徒刑或者拘役；后果特别严重的，处三年以上七年以下有期徒刑。

第一百四十六条　生产不符合保障人身、财产安全的国家标准、行业标准的电器、压力容器、易燃易爆产品或者其他不符合保障人身、财产安全的国家标准、行业标准的产品、或者销售明知是以上不符合保障人身、财产安全的国家标准、行业标准的产品，造成严重后果的，处五年以下有期徒刑，并处销售金额百分之五十以上二倍以下罚金；后果特别严重的，处五年以上有期徒刑，并处销售金额百分之五十以上二倍以下的罚金。

三、《中华人民共和国劳动法》的有关规定

（一）对劳动安全卫生的基本要求

第五十二条　用人单位必须建立、健全劳动安全卫生制度，严格执行劳动安全卫生规程和标准，对劳动者进行劳动安全卫生教育，防止劳动中的事故，减少职业危害。

第五十三条　劳动安全卫生设施必须符合国家规定的标准。

新建、改建、扩建工程的劳动安全卫生设施必须与主体工程同时设计、同时施工、同时投入生产和使用。

第五十四条　用人单位必须为劳动者提供符合国家规定的劳动安全卫生条件和必要的劳动防护用品，对从事有职业危害作业的劳动者应当定期进行健康检查。

第五十五条　从事特种作业的劳动者必须进行专门培训并取得特种作业资格。

第五十六条　劳动者在劳动过程中必须严格遵守安全操作规程。

劳动者对用人单位违章指挥、强令冒险作业，有权拒绝执行；对危害生命安全和身体健康的行为，有权提出批评、检举和控告。

第五十七条　国家建立伤亡事故和职业病统计报告和处理制度。县级以上各级人民政府劳动行政部门、有关部门和用人单位应当依法对劳动者在劳动过程中发生的伤亡事故和劳动者的职业病状况，进行统计、报告和处理。

（二）女职工和未成年工特殊保护

第五十八条　国家对女职工和未成年工实行特殊保护。

未成年工是指年满16周岁而未满18周岁的劳动者。

第五十九条　禁止安排女职工从事矿山井下，国家规定的第四级体力劳动强度的劳动和其他禁忌从事的劳动。

第六十条　不得安排女职工在经期从事高处、低温、冷水作业和国家规定的第三级体力劳动强度的劳动。

第六十一条　不得安排女职工在怀孕期间从事国家规定的第三级体力劳动强度的劳动和孕期禁忌从事的劳动。对怀孕七个月以上的女职工，不得安排其延长工作时间和夜班劳动。

第六十二条　女职工生育享受不少于90天的产假。

第六十三条　不得安排女职工在哺乳未满一周岁的婴儿期间从事国家规定的第三级体力劳动强度的劳动和哺乳期禁忌从事的其他劳动，不得安排其延长工作时间和夜班劳动。

第六十五条　用人单位应当对未成年工定期进行健康检查。

四、《中华人民共和国建筑法》的有关规定

在第六章建筑安全生产管理中，用了十六条内容（第三十六条～第五十一条）对建筑安全作了法律上的规定。

第三十七条　建筑工程设计应当符合按照国家规定制定的建筑安全规程和技术规范，保证工程的安全性能。

第四十二条　有下列情形之一的，建设单位应当按照国家有关规定办理申请批准手续：

（一）需要临时占用规划批准范围以外场地的；

（二）可能损坏道路、管线、电力、邮电通讯等公共设施的；

（三）需要临时停水、停电、中断道路交通的；

（四）需要进行爆破作业的；

（五）法律、法规规定需要办理报批手续的其他情况。

第四十三条　建设行政主管部门负责建筑安全生产的管理，并依法接受劳动行政主管部门对建筑安全生产的指导和监督。

第四十九条　涉及建筑主体和称重结构变动的装饰工程，建设单位应当在施工前委托原设计单位或者具有相应资质的设计单位提出设计方案；没有设计方案的，不得施工。

其余十二条见前一节《建筑法》概述。

五、《中华人民共和国消防法》关于建筑火灾预防的有关规定

第十一条　建筑构件和建筑材料的防火性能必须符合国家标准或者行业标准。

公共场所室内装修、装饰根据国家工程建筑消防技术标准的规定，应当使用不燃、难燃材料的，必须选用依照产品质量法的规定确定的检验机构检验合格的材料。

第十四条　机关、团体、企业、事业单位应当履行下列消防安全职责：

（一）制定消防安全制度、消防安全操作规程；

（二）实行防火安全责任制，确定本单位和所属各部门、岗位的消防安全责任人；

（三）针对本单位的特点对职工进行消防宣传教育；

（四）组织防火检查，及时消除火灾隐患；

（五）按照国家有关规定配置消防设施和器材、设置消防安全标志，并定期组织检验、维修，确保消防设施和器材完好、有效；

（六）保障疏散通道、安全出口畅通，并设置符合国家规定的消防安全疏散标志。

居民住宅区的管理单位，应当依照前款有关规定，履行消防安全职责，做好住宅区的消防安全工作。

第十五条　在设有车间或者仓库的建筑物内，不得设置员工集体宿舍。

在设有车间或者仓库的建筑物内，已经设置员工集体宿舍的应当限期加以解决。对于暂时确有困难的，应当采取必要的消防安全措施，经公安消防机构批准后，可以继续使用。

第十七条　生产、储存、运输、销售或者使用、销毁易燃易爆危险物品的单位、个人、必须执行国家有关消防安全的规定。

进入生产、储存易燃易爆危险物品的场所，必须执行国家有关消防安全的规定。禁止携带火种进入生产、储存易燃易爆危险物品的场所。禁止非法携带易燃易爆危险物品进入公共场所或者乘坐公共交通工具。

储存可燃物资仓库的管理，必须执行国家有关消防安全的规定。

第十八条　禁止在具有火灾、爆炸危险的场所使用明火；因特殊情况需要使用明火作业的，应当按照规定事先办理审批手续。作业人员应当遵守消防安全规定，并采取相应的消防安全措施。

进行电焊、气焊等具有火灾危险的作业的人员和自动消防系统的操作人员，必须持证上岗，并严格遵守消防安全操作规程。

第二十条　电器产品、燃气用具的质量必须符合国家标准或者行业标准。电器产品、燃气用具的安装、使用和线路、管路的设计、敷设，必须符合国家有关消防安全技术规定。

第二十一条　任何单位、个人不得损坏或者擅自挪用、拆除、停用消防设施、器材，不得埋压、圈占消火栓，不得占用防火间距，不得堵塞消防通道。

公用和城建等单位在修建道路以及停电、停水、截断通信线路时有可能影响消防队灭火救援的，必须事先通知当地公安消防机构。

六、《中华人民共和国职业病防治法》的有关规定

（一）前期预防

第十三条　产生职业病危害的用人单位的设立除应当符合法律、行政法规规定的设立条件外，其工作场所还应当符合下列职业卫生要求：

（一）职业病危害因素的强度或者浓度符合国家职业卫生标准；

（二）有与职业病危害防护相适应的设施；

（三）生产布局合理，符合有害与无害作业分开的原则；

（四）有配套的更衣间、洗浴间、孕妇休息间等卫生设施；

（五）设备、工具、用具等设施符合保护劳动者生理、心理健康的要求；

（六）法律、行政法规和国务院卫生行政部门关于保护劳动者健康的其他要求。

第十六条　建设项目的职业病防护设施所需费用应当纳入建设项目工程预算，并与主体工程同时设计，同时施工，同时投入生产和使用。

职业病危害严重的建设项目的防护设施设计，应当经卫生行政部门进行卫生审查，符合国家职业卫生标准和卫生要求的，方可施工。

建设项目在竣工验收前，建设单位应当进行职业病危害控制效果评价。建设项目竣工验收时，其职业病防护设施经卫生行政部门验收合格后，方可投入正式生产和使用。

（二）劳动过程中的防护与管理

第十九条 用人单位应当采取下列职业病防治管理措施：

（一）设置或者指定职业卫生管理机构或者组织，配备专职或者兼职的职业卫生专业人员，负责本单位的职业病防治工作；

（二）制定职业病防治计划和实施方案；

（三）建立、健全职业卫生管理制度和操作规程；

（四）建立、健全职业卫生档案和劳动者健康监护档案；

（五）建立、健全工作场所职业病危害因素监测及评价制度；

（六）建立、健全职业病危害事故应急救援预案。

第二十条 用人单位必须采用有效的职业病防护设施，并为劳动者提供个人使用的职业病防护用品。

用人单位为劳动者个人提供的职业病防护用品必须符合防治职业病的要求；不符合要求的，不得使用。

第二十一条 用人单位应当优先采用有利于防治职业病和保护劳动者健康的新技术、新工艺、新材料，逐步替代职业病危害严重的技术、工艺、材料。

第二十二条 产生职业病危害的用人单位，应当在醒目位置设置公告栏，公布有关职业病防治的规章制度、操作规程、职业病危害事故应急救援措施和工作场所职业病危害因素检测结果。

对产生严重职业病危害的作业岗位，应当在其醒目位置，设置警示标识和中文警示说明。警示说明应当载明产生职业病危害的种类、后果、预防以及应急救治措施等内容。

第二十三条 对可能发生急性职业损伤的有毒、有害工作场所，用人单位应当设置报警装置，配置现场急救用品、冲洗设备、应急撤离通道和必要的泄险区。

对放射工作场所和放射性同位素的运输、贮存，用人单位必须配置防护设备和报警装置，保证接触放射线的工作人员佩戴个人剂量计。

对职业病防护设备、应急救援设施和个人使用的职业病防护用品，用人单位应当进行经常性的维护、检修，定期检测其性能和效果，确保其处于正常状态，不得擅自拆除或者停止使用。

第二十四条 用人单位应当实施由专人负责的职业病危害因素日常监测，并确保监测系统处于正常运行状态。

用人单位应当按照国务院卫生行政部门的规定，定期对工作场所进行职业病危害因素检测、评价。检测、评价结果存入用人单位职业卫生档案，定期向所在地卫生行政部门报告并向劳动者公布。

发现工作场所职业病危害因素不符合国家职业卫生标准和卫生要求时，用人单位应当立即采取相应治理措施，仍然达不到国家职业卫生标准和卫生要求的，必须停止存在职业病危害因素的作业；职业病危害因素经治理后，符合国家职业卫生标准和卫生要求的，方可重新作业。

第二十七条　任何单位和个人不得生产、经营、进口和使用国家明令禁止使用的可能产生职业病危害的设备或者材料。

第二十八条　任何单位和个人不得将产业职业病危害的作业转移给不具备职业病防护条件的单位和个人。不具备职业病防护条件的单位和个人不得接受产生职业病危害的作业。

第二十九条　用人单位对采用的技术、工艺、材料，应当知悉其产生的职业病危害，对有职业病危害的技术、工艺、材料隐瞒其危害而采用的，对所造成的职业病危害后果承担责任。

第三十条　用人单位与劳动者订立劳动合同（含聘用合同，下同）时，应当将工作过程中可能产生的职业病危害及其后果、职业病防护措施和待遇等如实告知劳动者，并在劳动合同中写明，不得隐瞒或者欺骗。

劳动者在已订立劳动合同期间因工作岗位或者工作内容变更，从事与所订立劳动合同中未告知的存在职业病危害的作业时，用人单位应当依照前款规定，向劳动者履行如实告知的义务，并协商变更原劳动合同相关条款。

用人单位违反前两款规定的，劳动者有权拒绝从事存在职业病危害的作业，用人单位不得因此解除或者终止与劳动者所订立的劳动合同。

第三十一条　用人单位的负责人应当接受职业卫生培训，遵守职业病防治法律、法规，依法组织本单位的职业病防治工作。

用人单位应当对劳动者进行上岗前的职业卫生培训和在岗期间的定期职业卫生培训，普及职业卫生知识，督促劳动者遵守职业病防治法律、法规、规章和操作规程，指导劳动者正确使用职业病防护设备和个人使用的职业病防护用品。

劳动者应当学习和掌握相关的职业卫生知识，遵守职业病防治法律、法规、规章和操作规程，正确使用、维护职业病防护设备和个人使用的职业病防护用品，发现职业病危害事故隐患应当及时报告。

劳动者不履行前款规定义务的，用人单位应当对其进行教育。

第三十二条　对从事接触职业病危害的作业的劳动者，用人单位应当按照国务院卫生行政部门的规定组织上岗前、在岗期间和离岗时的职业健康检查，并将检查结果如实告知劳动者。职业健康检查费用由用人单位承担。

用人单位不得安排未经上岗前职业健康检查的劳动者从事接触职业病危害的作业；不得安排有职业禁忌的劳动者从事其所禁忌的作业；对在职业健康检查中发现有与所从事的职业相关的健康损害的劳动者，应当调离原工作岗位，并妥善安置；对未进行离岗前职业健康检查的劳动者不得解除或者终止与其订立的劳动合同。

职业健康检查应当由省级以上人民政府卫生行政部门批准的医疗卫生机构承担。

第三十三条　用人单位应当为劳动者建立职业健康监护档案，并按照规定的期限妥善保存。

职业健康监护档案应当包括劳动者的职业史、职业病危害接触史、职业健康检查结果和职业病诊疗等有关个人健康资料。

劳动者离开用人单位时，有权索取本人职业健康监护档案复印件，用人单位应当如实、无偿提供，并在所提供的复印件上签章。

第三十四条　发生或者可能发生急性职业病危害事故时，用人单位应当立即采取应急救援和控制措施，并及时报告所在地卫生行政部门和有关部门。卫生行政部门接到报告后，应当及时会同有关部门组织调查处理；必要时，可以采取临时控制措施。

对遭受或者可能遭受急性职业病危害的劳动者，用人单位应当及时组织救治、进行健康检查和医学观察，所需费用由用人单位承担。

第三十五条　用人单位不得安排未成年工从事接触职业病危害的作业；不得安排孕期、哺乳期的女职工从事对本人和胎儿、婴儿有危害的作业。

第三十六条　劳动者享有下列职业卫生保护权利：

（一）获得职业卫生教育、培训；

（二）获得职业健康检查、职业病诊疗、康复等职业病防治服务；

（三）了解工作场所产生或者可能产生的职业病危害因素、危害后果和应当采取的职业病防护措施；

（四）要求用人单位提供符合防治职业病要求的职业病防护设施和个人使用的职业病防护用品，改善工作条件；

（五）对违反职业病防治法律、法规以及危及生命健康的行为提出批评、检举和控告；

（六）拒绝违章指挥和强令进行没有职业病防护措施的作业；

（七）参与用人单位职业卫生工作的民主管理，对职业病防治工作提出意见和建议。

用人单位应当保障劳动者行使前款所列权利。因劳动者依法行使正当权利而降低其工资、福利等待遇或者解除、终止与其订立的劳动合同的，其行为无效。

第三十八条　用人单位按照职业病防治要求，用于预防和治理职业病危害、工作场所卫生检测、健康监护和职业卫生培训等费用，按照国家有关规定，在生产成本中据实列支。

七、《中华人民共和国环境保护法》的有关规定

第二条　本法所称环境，是指影响人类生存和发展的各种天然的和经过人工改造的自然因素的总体，包括大气、水、海洋、土地、矿藏、森林、草原、野生生物、自然遗迹、人文遗迹、自然保护区、风景名胜区、城市和乡村等。

第三条　本法适用于中华人民共和国领域和中华人民共和国管辖的其他海域。

第六条　一切单位和个人都有保护环境的义务，并有权对污染和破坏环境的单位和个人进行检举和控告。

第十条　国务院环境保护行政主管部门根据国家环境质量标准和国家经济、技术条件，制定国家污染物排放标准。

省、自治区、直辖市人民政府对国家污染物排放标准中未作规定的项目，可以制定地方污染物排放标准；对国家污染物排放标准中已作规定的项目，可以制定严于国家污染物排放标准的地方污染物排放标准。地方污染物排放标准须报国务院环境保护行政主管部门备案。

凡是向已有地方污染物排放标准的区域排放污染物的，应当执行地方污染物排放标准。

第十三条 建设污染环境的项目，必须遵守国家有关建设项目环境保护管理的规定。

建设项目的环境影响报告书，必须对建设项目产生的污染和对环境的影响作出评价，规定防治措施，经项目主管部门预审并依照规定的程序报环境保护行政主管部门批准。环境影响报告书经批准后，计划部门方可批准建设项目设计任务书。

第十八条 在国务院、国务院有关主管部门和省、自治区、直辖市人民政府划定的风景名胜区、自然保护区和其他需要特别保护的区域内，不得建设污染环境的工业生产设施；建设其他设施，其污染物排放不得超过规定的排放标准。已经建成的设施，其污染物排放超过规定的排放标准的，限期治理。

第二十三条 城乡建设应当结合当地自然环境的特点，保护植被、水域和自然景观，加强城市园林、绿地和风景名胜区的建设。

第二十四条 产生环境污染和其他公害的单位，必须把环境保护工作纳入计划，建立环境保护责任制度；采取有效措施，防治在生产建设或者其他活动中产生的废气、废水、废渣、粉尘、恶臭气体、放射性物质以及噪声、振动、电磁波辐射等对环境的污染和危害。

第二十六条 建设项目中防治污染的设施，必须与主体工程同时设计、同时施工、同时投产使用。防治污染的设施必须经原审批环境影响报告书的环境保护行政主管部门验收合格后，该建设项目方可投入生产或者使用。

防治污染的设施不得擅自拆除或者闲置，确有必要拆除或者闲置的，必须征得所在地的环境保护行政主管部门同意。

第二十七条 排放污染物的企业事业单位，必须依照国务院环境保护行政主管部门的规定申报登记。

第二十八条 排放污染物超过国家或者地方规定的污染物排放标准的企业事业单位，依照国家规定缴纳超标准排污费，并负责治理。水污染防治法另有规定的，依照水污染防治法的规定执行。

征收的超标准排污费必须用于污染的防治，不得挪作他用，具体使用办法由国务院规定。

第二十九条 对造成环境严重污染的企业事业单位，限期治理。

中央或者省、自治区、直辖市人民政府直接管辖的企业事业单位的限期治理，由省、自治区、直辖市人民政府决定。市、县或者市、县以下人民政府管辖的企业事业单位的限期治理，由市、县人民政府决定。被限期治理的企业事业单位必须如期完成治理任务。

第三十条 禁止引进不符合我国环境保护规定要求的技术和设备。

第三十一条 因发生事故或者其他突然性事件，造成或者可能造成污染事故的单位，必须立即采取措施处理，及时通报可能受到污染危害的单位和居民，并向当地环境保护行政主管部门和有关部门报告，接受调查处理。

可能发生重大污染事故的企业事业单位，应当采取措施，加强防范。

第三十三条 生产、储存、运输、销售、使用有毒化学物品和含有放射性物质的物品，必须遵守国家有关规定，防止污染环境。

第三节 常用安全生产法律、法规、文件要点

第三十四条 任何单位不得将产生严重污染的生产设备转移给没有污染防治能力的单位使用。

第三十五条 违反本法规定，有下列行为之一的，环境保护行政主管部门或者其他依照法律规定行使环境监督管理权的部门可以根据不同情节，给予警告或者处以罚款：

（一）拒绝环境保护行政主管部门或者其他依照法律规定行使环境监督管理权的部门现场检查或者在被检查时弄虚作假的；

（二）拒报或者谎报国务院环境保护行政主管部门规定的有关污染物排放申报事项的；

（三）不按国家规定缴纳超标准排污费的；

（四）引进不符合我国环境保护规定要求的技术和设备的；

（五）将产生严重污染的生产设备转移给没有污染防治能力的单位使用的。

第三十六条 建设项目的防治污染设施没有建成或者没有达到国家规定的要求，投入生产或者使用的，由批准该建设项目的环境影响报告书的环境保护行政主管部门责令停止生产或者使用，可以并处罚款。

第三十七条 未经环境保护行政主管部门同意，擅自拆除或者闲置防治污染的设施，污染物排放超过规定的排放标准的，由环境保护行政主管部门责令重新安装使用，并处罚款。

第三十八条 对违反本法规定，造成环境污染事故的企业事业单位，由环境保护行政主管部门或者其他依照法律规定行使环境监督管理权的部门根据所造成的危害后果处以罚款；情节较重的，对有关责任人员由其所在单位或者政府主管机关给予行政处分。

第三十九条 对经限期治理逾期未完成治理任务的企业事业单位，除依照国家规定加收超标准排污费外，可以根据所造成的危害后果处以罚款，或者责令停业、关闭。

前款规定的罚款由环境保护行政主管部门决定。责令停业、关闭，由作出限期治理决定的人民政府决定；责令中央直接管辖的企业事业单位停业、关闭，须报国务院批准。

第四十条 当事人对行政处罚决定不服的，可以在接到处罚通知之日起十五日内，向作出处罚决定的机关的上一级机关申请复议；对复议决定不服的，可以在接到复议决定之日起十五日内，向人民法院起诉。当事人也可以在接到处罚通知之日起十五日内，直接向人民法院起诉。当事人逾期不申请复议、也不向人民法院起诉、又不履行处罚决定的，由作出处罚决定的机关申请人民法院强制执行。

第四十一条 造成环境污染危害的，有责任排除危害，并对直接受到损害的单位或者个人赔偿损失。

赔偿责任和赔偿金额的纠纷，可以根据当事人的请求，由环境保护行政主管部门或者其他依照法律规定行使环境监督管理权的部门处理；当事人对处理决定不服的，可以向人民法院起诉。当事人也可以直接向人民法院起诉。

安全由于不可抗拒的自然灾害，并经及时采取合理措施，仍然不能避免造成环境污染损害的，免予承担责任。

第四十二条 因环境污染损害赔偿提起诉讼的时效期间为三年，从当事人知道或者应当知道受到污染损害时起计算。

第四十三条 违反本法规定，造成重大环境污染事故，导致公私财产重大损失或者人身伤亡的严重后果的，对直接责任人员依法追究刑事责任。

八、《中华人民共和国工会法》的有关规定

第二十三条 工会依照国家规定对新建、扩建企业和技术改造工程中的劳动条件和安全卫生设施有权提出意见，企业或者主管部门应当认真处理。

第二十四条 工会发现企业行政方面违章指挥、强令工人冒险作业，或者生产过程中发现明显重大事故隐患和职业危害，有权提出解决的建议；当发现危及职工生命安全的情况时，有权向企业行政方面建议组织职工撤离危险现场，企业行政方面必须及时作出处理决定。

九、《工伤保险条例》的主要内容（国务院令第375号 2003年4月27日发布）

主要内容包括：

第一章 总则包括立法宗旨、适用范围、保险费征缴依据以及主管部门和用人单位责任和职能划分等；

第二章 工伤保险基金包括基金构成、费率确定、统筹层次、基金管理、风险储备金等；

第三章 工伤认定包括，认定条件、申报程序、认定机关及工作要求等；

第四章 劳动能力鉴定包括总体要求，鉴定范围标准、鉴定程序、组织机构及工作要求、争议处理、复查鉴定等；

第五章 工伤保险待遇包括医疗康复待遇、工资福利待遇、生活护理费、一次性伤残补助金和伤残津贴、丧葬费、一次性工亡补助金、遗属抚恤金、保险待遇调整，以及其他特定情况的待遇处理办法等；

第六章 监督管理包括经办机构的职责范围，经办机构与医疗机构、辅助器具配置机构之间的工作方式和要求、劳动保障行政部门以及财政部门和审计机关在监督检查方面职权划分、争议处理、社会监督等；

第七章 法律责任包括劳动保障行政部门和经办机构、医疗机构、劳动鉴定机构等单位和个人的法律责任规定等。

十、《生产安全事故报告和调查处理条例》的主要内容（国务院令第493号 2007年4月9日发布）

为了规范生产安全事故的报告和调查处理，落实生产安全事故责任追究制度，防止和减少生产安全事故，制定本条例。

本条例对生产安全事故分级、事故的上报、调查、处理以及法律责任都作了详细的规定。

十一、"三大规程"

"三大规程"也叫"三大法规"。它包括《工厂安全卫生规程》、《建筑安装工程安全技术规程》、《工人职员伤亡事故报告规程》。这三个规程都是1956年由周恩来同志主持的国务院全体会议讨论通过，并由国务院颁布实施的。

(1)《工厂安全卫生规程》主要对工厂企业从厂院、通道、设备布置、安全装置、材料和成品堆放直到生活设施等有关工厂的安全卫生，作出了一系列规定。

(2)《建筑安装工程安全技术规程》共分九章一百一十二条。分为总则、施工的一般安全要求、施工现场、脚手架、土石方工程、机电设备和安装、拆除工程、防护用品、附则。对建筑安装工程施工安全管理、主要安全技术措施、施工现场安全要求等作了一系列规定。由于科学技术的发展，新的施工方法不断出现，对于这些新的施工方法的安全要求，规程中还存在缺欠，要有待于进一步总结和补充。

(3)《工人职员伤亡事故报告规程》是关于伤亡事故的统计、上报、调查、处理的详细规定，沿用至1991年5月1日。后由国务院第75号令《企业职工伤亡事故报告和处理规定》替代，至2007年6月1日废止。现行规定为国务院第493号令《生产安全事故报告和调查处理条例》。

十二、"五项规定"

即《关于加强企业生产中安全工作的几项规定》，是国务院1963年3月30日发布的。简称"五项规定"。它的五项规定主要内容有：安全生产责任制、安全技术措施计划、安全生产教育、安全生产检查、伤亡事故调查处理。《规定》明确提出了"管生产必须管安全"的原则和做到"五同时"，即在计划、布置、检查、总结、评比生产的同时要计划、布置、检查、总结、评比安全工作。

十三、《关于加强安全生产工作的通知》的主要内容（国发〔1993〕50号文）

"通知"针对重大、特大恶性事故以及相当严重的职业危害的问题指出：各地区、各有关部门和单位的领导同志，应当充分认识加强安全生产工作的重要意义，进一步增强搞好安全生产的责任感和紧迫感；要加强领导，扎扎实实地贯彻"安全第一，预防为主"的方针，努力抓好安全生产管理责任制和各项法规、制度及措施的落实；在发展社会主义市场经济过程中，各有关部门和单位要强化搞好安全生产的职责，实行企业负责、行业管理、国家监察和群众监督的安全生产管理制度；要进一步做好事故的调查处理工作，事故发生后立即严肃认真地查处，对因忽视安全工作，违章违纪造成事故的必须坚决追究领导人员和当事人的责任；强调了对伤亡事故和职业病处理必须坚持"四不放过"原则，即事故原因不清不放过，事故责任者和群众没有受到教育不放过，没有防范措施不放过，事故的责任者没有受到处理不放过。

"通知"还对安全生产宣传教育和培训工作提出了要求。

十四、《国务院关于进一步加强安全生产工作的决定》的主要内容（国发〔2004〕2号　2004年1月9日）

主要内容包括：

1. 安全生产工作的重要性：全国建设小康社会、统筹经济社会全面发展的重要内容，是实施可持续发展战略的组成部分，是政府履行社会管理和市场监管职能的基本任务，是企业生存发展的基本要求。

2. 指导思想：大力推进安全生产监管体制、安全生产法制和执法队伍"三项建设"，建立安全生产长效机制，实施科技兴安战略，积极采用先进的安全管理方法和安全生产技术，努力实现全国安全生产状况的根本好转。

3. 奋斗目标：到 2007 年，建立起较为完善的安全生产监管体系，全国安全生产状况稳定好转，矿山、危险化学品、建筑等重点行业和领域事故多发状况得到扭转。到 2010 年，初步形成规范完善的安全生产法治秩序，全国安全生产状况明显好转，重特大事故得到有效遏制。力争到 2020 年，我国安全生产状况实现根本性好转，亿元国内生产总值死亡率、十万人死亡率等指标达到或者接近世界中等发达国家水平。

4. 完善政策，大力推进安全生产各项工作加强产业政策的引导；加大政府对安全生产的投入；深化安全生产专项整治；健全完善安全生产法制。对《安全生产法》确立的各项法律制度，要抓紧制定配套法规规章；建立生产安全应急救援体系；加强安全生产科研和技术开发。

5. 强化管理，落实生产经营单位安全生产主体责任

依法加强和改进生产经营单位安全管理；开展安全质量标准化活动；搞好安全生产技术培训；建立企业提取安全费用制度；依法加大生产经营单位对伤亡事故的经济赔偿。

6. 完善制度，加强安全生产监督管理

加强地方各级安全生产监管机构和执法队伍建设；建立安全生产控制指标体系；建立安全生产行政许可制度；建立企业安全生产风险抵押金制度；强化安全生产监管监察行政执法；加强对小企业的安全生产监管。

7. 加强领导，形成齐抓共管的合力，认真落实各级领导安全生产责任；构建全社会齐抓共管的安全生产工作格局；做好宣传教育和舆论引导工作。

第四节 常用建筑工程安全生产规范性文件及标准要点

一、规范性文件简介

（一）《关于加强劳动保护工作的决定》（原国家建工总局于 1981 年 4 月 9 日发布）

"决定"中提出了施工安全《十项措施》：

(1) 按规定使用"三宝"。

(2) 机械设备的防护装置一定要齐全。

(3) 塔吊等起重设备必须有限位保险装置，不准"带病"运转，不准超负荷作业，不准在运转中维修保养。

(4) 架设电线线路必须符合当地电业局的规定，电气设备必须全部接地或接零。

(5) 电动机械或电动手持工具，要设置漏电掉闸装置。

(6) 脚手架材料或脚手架搭设必须符合规程要求。

(7) 各种缆风绳及其设置必须符合规程要求。

(8) 在建工程的楼梯口、电梯井口、预留洞口、通道口，必须有防护措施。

(9) 严禁赤脚或穿高跟鞋、拖鞋进入施工现场，高处作业不准穿硬底和带钉易滑的鞋靴。

(10) 施工现场的悬崖、陡坎等危险地区应有警戒标志，夜间要设红灯示警。

第四节 常用建筑工程安全生产规范性文件及标准要点

(二)《关于防止建筑施工模板倒塌事故的通知》(建监安(93)第41号 1993年9月3日印发)

该"通知"通报了有关事故情况，提出了加强模板工程施工安全的十项措施：

(1) 各地区要对本地区模板支撑系统安全状况作一次调查，针对存在的问题，认真研究、采取有效措施，防止模板支撑失稳造成倒塌事故。各施工企业要加强模板工程施工的管理，建立健全相应的安全技术管理制度及责任制，并将模板工程施工纳入安全工作的范围加强检查，确保模板工程施工安全。

(2) 在模板工程施工前，要进行模板设计，并编制施工技术方案，模板设计及施工技术方案的编制应由专业技术人员承担，并经上一级技术部门批准。

(3) 模板设计主要应包括支撑系统自身及支承模板的楼、地面承受能力的强度计算、构造措施、材料类别及规格的选择等，使模板支撑系统具有足够的强度、刚度和稳定性，能可靠地承受新浇筑混凝土的重量和施工过程中所产生的荷载。模板设计不仅要有计算书，而且还要对细部构造绘制大样图，如对支撑材料的选用及规格尺寸、接头方法、纵横水平拉杆的间距、剪刀撑设置的要求等均应在模板设计中详细注明。

(4) 模板施工技术方案，应包括模板的制作、安装、拆除等的施工程序、方法及安全措施。

(5) 要特别加强竹支撑的管理和安全技术措施。模板支撑的空间高度大于4m的不宜采用竹立柱。采用竹立柱时不得有接头。

(6) 模板制作、安装、拆除前，工地技术负责人应按模板设计及施工技术方案的要求对操作人员进行详细的安全技术交底。

(7) 模板支撑在安装过程中，操作人员应严格按模板设计及施工技术方案进行施工，不得随意更改模板设计的要求。如发现模板支撑设计中存有问题或实施有困难时，需向工地技术负责人提出，并经上一级技术负责人同意后方可更改。

(8) 模板工程安装完竣后，必须按照设计要求，由工地技术负责人与安全检查员共同检查验收，确认安全可靠后，才能浇筑混凝土。

(9) 在浇筑混凝土过程中，应指定专人对模板支撑的受力状况进行监视。

(10) 模板支撑的拆除，必须在确认混凝土强度达到设计要求后才能进行，且拆除的顺序也应严格遵照模板施工技术方案的要求，严禁野蛮拆模。

(三)《关于防止拆除工程中发生伤亡事故的通知》(建监安(94)第15号 1994年4月28日)

"通知"中对拆除工程的管理、施工要求作了明确规定。

1. 各地区建设行政主管部门对所辖区域内的拆除工程(指建筑物和构筑物)要建立健全制度，实行统一管理，明确职责，强化监督检查工作，确保拆除施工安全。

2. 拆除工程施工，实行许可证制度。拆除工程的单位，应在动工前向工程所在地县以上的地方建设行政主管部门办理手续，取得拆除许可证明。

申请拆除许可证明，应具有下列资料：

(1) 拟拆除建(构)筑物的结构、体积及现状说明书或竣工期图；

(2) 周围环境的调查情况及说明；

(3) 施工队伍状况；

(4) 施工组织设计或施工方案(包括对拆除垃圾的处理及对环境污染的减量处理措施)。

未取得拆除许可证明的任何单位,不得擅自组织拆除施工。

3. 拆除工程应由具备资质的队伍承担,不得转包。需要变更施工队伍时,应到原发证部门重新办理拆除许可证手续,并经同意后才能施工。

4. 拆除工程在施工前,应组织施工人员认真学习施工组织设计和有关的安全操作规程;应将被拆除工程的电线、煤气管道、上下水管道、供热管线等切断或迁移,施工中必须遵守有关的规章制度,不得违章冒险作业。

5. 拆除建(构)筑物,通常应该自上而下对称顺序进行,不得数层同时拆除,当拆除一部分时,先应采取加固或稳定措施,防止另一部分倒塌。

6. 拆除工程应设置信号,有专人监护,并在周围设置围栏,夜间应红灯示警。

7. 拆除建筑物一般不应采用推倒法。

(四)《关于开展施工多发性伤亡事故专项治理工作的通知》(建监〔1995〕525号,1995年9月5日印发)

本通知主要包括以下内容:

1. 要高度重视多发性事故的专项治理工作:

通知要求对高处坠落、坍塌、触电和中毒等多发性事故开展有针对性的专项治理工作。

2. 大力抓好安全生产第一责任人制度的落实:

明确了安全生产的"三个第一责任人"即各级建设行政主管部门的行政一把手是本地区施工安全生产的第一责任人,对所辖区域施工安全生产的行业管理负全面责任。企业法定代表人是本企业安全生产的第一责任人,对本企业的施工安全生产负全面责任。项目经理是本项目的安全生产第一责任人,对项目施工中贯彻落实安全生产的法规、标准负全面责任。

3. 深入开展遵章守纪的安全教育。

4. 切实加强监督检查。

5. 推广使用合格的安全防护用品。

附件中重申了四项规定:

(1) 重申防止高处坠落事故的若干规定;

(2) 重申防止坍塌事故的若干规定;

(3) 重申防止触电事故的若干规定;

(4) 重申防止中毒事故的若干规定。

(五)《全国建筑安全第一个五年达标活动的总结和开展第二个五年达标工作的若干意见》(建监〔1995〕688号)

在关于"九五"期间开展第二个五年安全达标工作的若干意见中提出,实行施工现场安全员资格认证制度。今后,所有新开工的项目都必须配备专职安全员。一般配备的人数比例是:3万m^2以下的,专职安全员1人;3~5万m^2的,专职安全员2人;5~10万m^2的,专职安全员4人。在开工前,建设行政主管部门或建筑安全监督站须对项目安全员的配备人数、技术素质进行审查,不经审查或审查达不到要求的,不得开工。在合理增加安全投入时提出,各地建设行政主管部门应根据工程建设的发展与特点,及时调整本地区定额和安全措施费的取费标准，确保安全防护措施的落实。各企业和项目班子都必须严格按照建设施工安全技术规范和标准的要求设置安全设施。实行新会计制度后，各企业必须保证安全技术措施费的提取额度不低于原从固定资产更新改造费提取10%～20%的标准。安全措施费必须专款专用，不得挪作他用。

（六）《关于防止施工中毒事故发生的紧急通知》（建监［1997］206号）

本通知主要包括以下内容：

一、各地区、各企业都要紧急行动起来，认真研究多发性事故的发生规律和原因，制定并采取有针对性的预防措施，搞好安全培训，实行专项治理，尽快控制中毒等多发性事故的发生率。

二、凡在下水道、煤气管线以及有可能发生有毒有害气体的场所施工时，作业人员必须配备气体检测仪。

三、在施工现场要配备必要的救护用具，对作业人员进行科学救护知识培训，制定可靠有效的救护措施，并有专人实施作业监护。

四、对于在有可能发生有毒有害气体环境下作业的工程，必须编制施工方案和安全技术措施，并向现场的作业人员、管理人员作口头或书面安全交底。

五、今后，凡同一个企业或同一个地区发生同类型中毒事故的，除按照有关规定给予处罚外，还应追究企业领导及主管部门领导的责任。

（七）《施工现场安全防护用具及机械设备使用监督管理规定》（建建［1998］164号）

为加强对施工现场上使用的安全防护用具及机械设备的监督管理，防止因不合格产品流入施工现场而造成伤亡事故，确保施工安全，制定本规定。本规定主要包括如下内容：

1. 安全防护用具

（1）安全防护用品，包括安全帽、安全带、安全网、安全绳及其他个人防护用品等；

（2）安全防护设施，包括各种"临边、洞口"的防护用具等；

（3）电气产品，包括手持电动工具、木工机具、钢筋机械、振动机具、漏电保护器、电闸箱、电缆、电器开关、插座及电工元器件等；

（4）架设机具，包括用竹、木、钢等材料组成的各类脚手架及其零部件、登高设施、简易起重吊装机具等。

2. 施工机械设备

包括大中型起重机械、施工电梯、挖掘机、打桩机、混凝土搅拌机等施工机械设备。

（八）《关于进一步加强建筑安全生产管理工作，遏制重大伤亡事故发生的紧急通知》（建建［1998］176号）

本通知主要包括以下四点内容：

1. 进一步提高认识，切实加强对建筑安全工作的领导。
2. 加强管理，严格落实建筑安全生产责任制。
3. 加大建筑安全工作的监督和执法力度，消除不安全隐患。
4. 继续抓好安全生产宣传教育和岗位安全教育培训工作。
5. 加强安全防护用具和机械设备使用的监督管理工作。

（九）《关于防止发生施工火灾事故的紧急通知》（建监安［1998］12号）

本通知主要包括以下四点内容：

1. 各地区、各部门、各企业都要深入学习和领会党中央、国务院的指示精神,并传达到基层和每一个职工,切实增强全员的消防安全意识。

2. 各地区、各部门、各企业要立即组织一次施工现场消防安全大检查,切实消除火灾隐患,警惕火灾的发生。检查的重点是施工现场(包括装饰装修工程)、生产加工车间、临时办公室、临时宿舍以及有明火作业和各类易燃易爆物品的存放场所等。

3. 建筑施工企业要严格执行国家和地方有关消防安全的法规、标准相规范,坚持"预防为主"的原则,建立和落实施工现场消防设备的维护、保养制度以及化工材料、各类油料等易燃品仓库管理制度,确保各类消防设施的可靠、有效及易燃品存放、使用安全。

4. 要严肃施工火灾事故的查处工作,对发生重大火灾事故的,要严格按照"四不放过"的原则,查明原因、查清责任,对肇事者和有关负责人要严肃进行查处,施工现场发生重大火灾事故的,在向公安消防部门报告的同时,必须及时报告当地建设行政主管部门,对有重大经济损失的和产生重大社会影响的火灾事故,要及时报告建设部建设监理司。

(十)《关于防止施工坍塌事故的紧急通知》(建建[1999]173号)

本通知主要包括以下内容:

1. 提高认识,加强领导,认真落实安全生产责任制。

2. 加强对坍塌等恶性事故的预防工作。各地建设行政主管部门要结合本地区的实际,认真研究事故原因和规律,制定控制坍塌事故发生的预防措施,并予以落实。

3. 在地基与基础、地下管道工程开工前,建筑业企业必须依照建筑施工安全技术标准、规范编制施工方案,并根据工程特点制定有针对性的安全技术措施,由施工单位技术部门会同生产、安全设备等部门共同会审,经总工程师(或技术负责人)审核并签字后,方可施工。

4. 在地基与基础,地下管道工程开工前,施工现场技术负责人必须对作业人员进行书面安全技术交底,必须明确现场施工安全负责人,并由施工安全负责人指定专人负责监控。在施工中应加强安全检查工作,发现隐患必须及时进行处理和整改,严禁违章指挥。

5. 建设单位必须按照《中华人民共和国建筑法》的规定,向施工单位提供与施工现场相关的地质勘察资料和供水、供电、供气等地下管线以及毗邻建筑基础结构的详细资料。施工单位在施工前,应当制定保护地下管线等设施完好的施工方案和措施,严禁野蛮施工。

(十一)《建筑施工附着升降脚手架管理暂行规定》(建建[2000]230号)

为贯彻"安全第一,预防为主"的方针和《中华人民共和国建筑法》,加强建筑施工附着升降脚手架(以下简称"附着升降脚手架")的管理,保证施工安全,制定本规定。

规定中对附着升降脚手架的名词术语、标准名称和型号、设计计算、构造与装置、加工制作、安装、使用和拆卸以及使用管理等方面都作出了严格的规定。

在高层、超高层建筑工程结构上使用的由不同形式的架体、附着支承结构、升降设备和升降方式组成的各类附着升降脚手架的设计、制作、安装、使用和拆卸都必须执行本规定。

(十二)《关于进一步加强塔式起重机管理预防重大事故的通知》(建建[2000]237号)

本通知主要包括以下内容：
1. 加强塔吊的使用管理。
2. 加强对塔吊拆装的管理。
3. 加快塔吊的技术更新工作。
4. 提高塔吊的制造质量。
5. 加强塔吊重大事故统计报告工作。
6. 加强对设备检测检验工作的监督管理。
7. 加大行业监督管理力度。

(十三)《关于加强施工现场围墙，安全深入开展安全生产专项治理的紧急通知》(建建 [2001] 141 号)

本规定要求对本地区所有在建工程项目施工现场的围墙及其他临时建筑进行一次检查。检查内容包括施工现场的围墙及其他临时建筑选址是否经过规划部门审批；是否符合施工现场总平面图要求，设计和施工是否符合有关规范的要求；施工现场围墙内外有无依墙堆放建筑材料、建筑垃圾和中小型机械设备；施工现场围墙是否作为挡土墙、挡水墙，是否作为广告牌、机械设备的支撑墙等。同时，检查施工现场内的临时设施如现场办公用房，职工食堂和宿舍等是否与围墙保持足够的安全距离。对于上述问题，一旦发现隐患，必须进行整改。对于存在严惩隐患又不立即整改的单位，对企业的法定代表人和项目经理，认真进行查处。

(十四)《建筑企业资质管理规定》(建设部第 159 号令 2007 年 7 月 1 日实施)

该规定明确规定：企业应当按照有关规定，向资质许可机关提供真实、准确、完整的企业信用档案信息。企业的信用档案应当包括企业基本情况、业绩、工程质量和安全、合同履约等情况。被投诉举报和处理、行政处罚等情况应当作为不良行为记入其信用档案。企业的信用档案信息按照有关规定向社会公示。

取得建筑业企业资质的企业，申请资质升级、资质增项，在申请之日起前一年内有发生过较大生产安全事故或者发生过两起以上一般生产安全事故的；隐瞒或谎报、拖延报告工程质量安全事故或破坏事故现场、阻碍对事故调查的，资质许可机关不予批准企业的资质升级申请和增项申请。把安全工作纳入企业资质的动态管理工作中。

二、安全生产技术规程及标准简介

(一)《建筑安装工人安全技术操作规程》([80] 建工劳字第 24 号文 1980 年 6 月 1 日实施)

规程分土木建筑、设备安装、机械施工三大部分，共 40 章 832 条。主要内容包括四个方面，一是安全技术设施标准；二是安全技术操作标准；三是设备安全装置标准；四是施工组织管理及安全技术的一般要求。

(二)《塔式起重机安全规程》(GB 5144—2006 代替 GB 5144—1994)

本标准规定了建筑用塔式起重机在设计、制造、安装使用、维修、检验等方面的安全技术要求。内容包括：
(1)适用范围；(2)引用标准；(3)整机；(4)结构；(5)机构及零部件；(6)安全装置；(7)操纵系统；(8)电气系统；(9)液压系统；(10)安装与试验；(11)操作与使用。

(三)《起重机械安全规程》(GB 6067—1985)

为保证安全生产,本规程对起重机械的设计、制造、检验、报废、使用与管理等方面的安全要求,作了最基本的规定。内容包括。

(1)金属结构;(2)主要零部件;(3)电气设备;(4)安全防护装置;(5)使用与管理。

(四)《起重机械超载保护装置安全技术规范》(GB 12602—90)

起重机械超载保护装置的功能要求、技术要求、试验方法、检验规则和安全管理措施。内容包括:

(1)适用范围;(2)引用标准;(3)术语;(4)功能要求;(5)技术要求;(6)试验方法;(7)检验规则;(8)安全管理办法。

(五)《施工升降机安全规则》(GB 10055—2007 代替 GB 10055—1996)

本标准规定了施工升降机(以下简称升降机)的设计、制造与安装的安全规则。内容包括:

(1)适用范围;(2)引用标准;(3)金属结构的设计安全要求;(4)基础;(5)停层;(6)吊笼;(7)对重;(8)钢丝绳、滑轮;(9)传动系统;(10)导向与缓冲装置;(11)安全装置;(12)导轨架的附着;(13)电气。

(六)《建筑卷扬机安全规程》(GB 13329—1991)

本规程规定了建筑卷扬机设计、制造、使用及维修方面的安全要求。内容包括:

(1)适用范围;(2)引用标准;(3)结构和构造;(4)安全保护装置;(5)电气系统;(6)使用;(7)检验和维修。

(七)《手持式电动工具的管理、使用、检查和维修安全技术规程》(GB/T 3787—2006)

本标准规定了手持式电动工具(以下简称工具)的管理、使用、检查和维修的安全技术要求。内容包括:

(1)生产、销售、选购和贮运;(2)管理;(3)使用;(4)检查、维修。

(八)《建筑机械使用安全技术规程》(JGJ 33—2001)

为保障建筑机械的正确、安全使用,发挥机械效能,确保安全生产,制定本规程。内容包括:

(1)一般规定;(2)动力与电气装置;(3)起重吊装机械;(4)土石方机械;(5)水平和垂直运输机械;(6)桩工及水工机械;(7)混凝土机械;(8)钢筋加工机械;(9)装修机械;(10)钣金和管工机械;(11)铆焊设备。

(九)《施工现场临时用电安全技术规范》(JGJ 46—2005 代替 JGJ 46—88)

为了贯彻国家安全生产的方针政策和法规,保障施工现场用电安全,防止触电事故发生,促进建设事业发展,特制定本规范。

规范明确规定了施工现场临时用电、施工组织设计的编制、专业人员、技术档案管理要求;接地与防雷、实行 TN-S 三相五线制接零保护系统的要求;外电路防护和配电线路、配电箱及开关箱、电动建筑机械及手持电动工具、照明等方面的安全管理及安全技术措施的要求。

(十)《液压滑动模板施工安全技术规程》(JGJ 65—1989)

为了在液压滑动模板(以下简称滑模)施工中做好安全与技术管理工作,防止事故发生，保证施工人员的安全，特制定本规程。内容包括：

(1)一般规定；(2)施工现场；(3)滑模操作平台；(4)垂直运输设备；(5)动力及照明用电；(6)通讯与信号；(7)防雷、防火、防毒；(8)施工操作；(9)滑模的拆除。

(十一)《建筑施工高处作业安全技术规范》(JGJ 80—1991)

为了在建筑施工高处作业中，贯彻安全生产的方针，做到防护要求明确，技术合理和经济适用，制定本规范。

该规范对高处作业的安全技术措施及其所需料具；施工前的安全技术教育及交底；人身防护用品的落实；上岗人员的专业培训考试持证上岗和体格检查；作业环境和气象条件；临边、洞口、攀登、悬空作业、操作平台与交叉作业的安全防护设施的搭拆(包括临时移动)；以及主要受力杆件的计算、安全防护设施的验收都作出了规定。

(十二)《龙门架及井架物料提升机安全技术规程》(JGJ 88—1992)

为使龙门架及井架物料提升机(简称提升机)的设计、制作符合安全要求和在施工中得到正确使用，保证施工及人身安全，制定本规程。

该规范规定：安装提升机架体人员，应按高处作业人员的要求、经过培训持证上岗；使用单位应根据提升机的类型制订操作规程，建立管理制度及检修制度；应配备经正式考试合格持有操作证的专职司机；提升机应具有相应的安全防护装置并满足其要求。

该规范还对电气设备及电器元件的选用、绝缘及接地电阻、控制装置及电动机等作出具体规定；此外还规定：安装与拆除作业前，应根据现场工作条件及设备情况编制作业方案。使用与管理方面的要求也有比较详细的规定。

内容包括：(1)一般规定；(2)结构设计与制造；(3)结构制造；(4)提升结构；(5)安全防护装置及要求；(6)电气；(7)基础、附墙架、缆风绳及地锚；(8)安装与拆除；(9)检验规则与试验方法；(10)使用与管理。

(十三)《高处作业吊篮安全规则》(JGJ 5027—1992)

本标准规定了高处作业吊篮(以下简称吊篮)的设计、制造、安装、使用、维修保养等方面的安全要求。内容包括：

(1)适用范围；(2)引用标准；(3)术语；(4)一般要求；(5)结构安全系统；(6)材料与加工质量要求；(7)吊篮平台的要求；(8)提升机构的要求；(9)安全保护装置的要求；(10)钢丝绳的要求；(11)悬挂机构的要求；(12)配重的要求；(13)电气系统的要求；(14)建筑物或构筑物的承载要求；(15)其他要求。

(十四)《建筑基坑支护技术规程》(JGJ 120—1999)

为了在建筑基坑支护设计与施工中做到技术先进、经济合理、确保基坑边坡稳定、基坑周围建筑物、道路及地下设施安全，制定本规程，内容包括：

(1)基本规定；(2)排桩、地下连续墙；(3)水泥土墙；(4)土钉墙；(5)逆作拱墙；(6)地下水控制。

(十五)《建筑施工门式钢管脚手架安全技术规范》(JGJ 128—2000)

为了在门式钢管脚手架的设计与施工中，贯彻执行国家有关安全生产的法规、做到技术先进、经济合理、安全适用，制定本规范。内容包括：

(1)术语、符号；(2)构配件材质性能；(3)荷载；(4)设计计算；(5)构造要求；(6)搭设与拆除；(7)安全管理与维护；(8)模板支撑与满堂脚手架。

(十六)《建筑施工扣件式钢管脚手架安全技术规范》(JGJ 130—2001)(2002年版)

为在扣件式钢管脚手架设计与施工中贯彻执行国家的技术经济政策，做到技术先进、经济合理、安全适用、确保质量，制定本规范。内容包括：

(1)术语、符号；(2)构配件；(3)荷载；(4)设计计算；(5)构造要求；(6)施工；(7)检查与验收；(8)安全管理。

(十七)《建筑施工安全检查标准》(JGJ 59—1999)

为了科学地评价建筑施工安全生产情况，提高安全生产工作和文明施工的管理水平，预防伤亡事故的发生，确保职工的安全和健康，实现检查评价工作的标准化、规范化，制定本标准。

本标准采用安全系统工程原理，结合建筑施工伤亡事故规律，依据国家有关法律法规、标准和规程以及按照167号国际劳工公约《施工安全和卫生公约》的要求，检查评分标准共设十大类一百五十八项。适用于建筑施工企业及其主管部门对建筑施工安全工作的检查和评价。

内容包括：

(1)检查分类及评分方法；(2)检查评分表。

(十八)《施工企业安全生产评价标准》(JGJ/T 77—2003)

为加强施工企业安全生产的监督管理，科学地评价施工企业安全生产条件、安全生产业绩及相应的安全生产能力，实现施工企业安全生产评价工作的规范化和制度化，促进施工企业安全生产管理水平的提高，制定本标准。内容包括：

(1)总则；(2)术语；(3)评价内容；(4)评分方法；(5)评价等级。

第三章 建筑施工伤亡事故管理

第一节 伤亡事故调查与处理

一、事故定义

所谓事故，是指人们在进行有目的的活动过程中，发生了违背人们意愿的不幸事件，使其有目的的行动暂时或永久地停止。

二、伤亡事故分类

企业员工伤亡，大体可分两类：一是因工伤亡，即在生产工作而发生的；二是非因工伤亡，即与生产工作无关造成的伤亡。我国《企业职工伤亡事故分类标准》所称伤亡事故，是指企业职工在生产劳动过程中，发生的人身伤害、急性中毒。具体来说，就是在企业生产活动中所涉及的区域内，在生产过程中，在生产时间内，在生产岗位上，与生产直接有关的伤亡事故、中毒事故；或虽不在本岗位劳动，但由于企业的设备和设施不安全、劳动条件和作业环境不良、管理不善，以及企业领导指派到企业外从事本企业活动，所发生的人身伤害（即轻伤、重伤、死亡）和急性中毒事故（指生产性毒物一次或短期内通过人的呼吸道、皮肤或消化道大量进入人体内，使人体在短时间内发生病变，导致职工立即中断工作，并需要进行急救的事故）。

国务院颁布的上述规定适用于中华人民共和国境内的一切企业，国家机关、事业单位、人民团体发生的伤亡事故参照执行。

1. 按伤害程度，伤亡事故分为：
（1）轻伤：指损失工作日低于 105 日的失能伤害。
（2）重伤：指相当于表定损失工作日等于和超过 105 日的失能伤害。
（3）死亡：损失工作日定为 6000 工日。

轻伤，指造成劳动者肢体伤残，或某些器官功能性或器质性轻度损伤，表现为劳动能力轻度或暂时丧失的伤害。

重伤，指造成劳动者肢体残缺或视觉、听觉等器官受到严重损伤，一般能引起人体长期存在功能障碍，或劳动能力有重大损失的伤害。

中华人民共和国原劳动部颁发《重伤事故范围》中规定凡有下列情况之一的，均作为重伤事故处理：
1）经医师诊断已成为残废或可能成为残废的；
2）伤势严重，需要进行较大的手术才能挽救的；
3）人体要害部位严重灼伤、烫伤，或虽非要害部位，但灼伤、烫伤，占全身面积 1/3

以上的；

4) 严重骨折(胸骨、肋骨、脊椎骨、锁骨、肩胛骨、腕骨、腿骨和脚骨等受伤引起骨折)、严重脑震荡等；

5) 眼部受伤较剧，有失明可能的；

6) 手部伤害：包括大拇指轧断一节的；食指、中指、无名指、小指任何一只轧断两节或任何两只各轧断一节的；局部肌腱受伤甚剧，引起机能障碍，有不能自由伸屈的残废可能的；

7) 脚部伤害：包括脚趾轧断三只以上的；局部肌腱受伤甚剧，引起机能障碍，有不能行走自如的残废可能的；

8) 内部伤害：如内脏损伤，内出血或伤及腹膜等；

9) 凡不在上述范围以内的伤害，经医师诊察后，认为受伤较重，可根据实际情况参考上述各点，由企业行政会同基层工会做个别研究，提出初步意见，由当地劳动部门审查确定。

"损失工作日"，指被伤害者失能的工作时间。这个概念的目的是估价事故在劳动力方面造成的直接损失，因此，某种伤害的损失工作日数一经确定，即为标准值，与伤害者的实际休息日无关。

2. 按事故严重程度，伤亡事故分为：

(1) 轻伤事故：指只有轻伤的事故。

(2) 重伤事故：指有重伤无死亡的事故。

(3) 死亡事故：分重大伤亡事故和特大伤亡事故；

1) 重大伤亡事故：指一次事故死亡1~2人的事故；

2) 特大伤亡事故：指一次事故死亡3人以上的事故(含3人)。

3. 按产生原因，伤亡事故的种类可分为如下20类：

(1) 物体打击，指落物、滚石、锤击、碎裂崩块、碰伤等伤害，包括因爆炸而引起的物体打击；

(2) 车辆伤害，包括挤、压、撞、倾覆等；

(3) 机具伤害，包括绞、碾、碰、割、戳等；

(4) 起重伤害，指起重设备或操作过程中所引起的伤害；

(5) 触电，包括雷击伤害；

(6) 淹溺；

(7) 灼烫；

(8) 火灾；

(9) 高处坠落，包括从架子、屋顶上坠落以及从平地坠入坑内等；

(10) 坍塌，包括建筑物、堆置物倒塌和土石方塌方等；

(11) 冒顶片帮；

(12) 透水；

(13) 放炮；

(14) 火药爆炸，指生产、运输、储藏过程中发生的爆炸；

(15) 瓦斯爆炸，包括煤粉爆炸；

(16) 锅炉爆炸；
(17) 容器爆炸；
(18) 其他爆炸，包括化学爆炸，炉膛、钢水包爆炸等；
(19) 中毒和窒息，指煤气、油气、沥青、化学、一氧化碳中毒等；
(20) 其他伤害，如扭伤、跌伤、冻伤、野兽咬伤等。

三、伤亡事故的范围

1. 企业发生火灾事故及在扑救火灾过程中造成本企业职工伤亡；
2. 企业内部食堂、医务室、俱乐部等部门职工或企业职工在企业的浴室、休息室、更衣室以及企业的倒班宿舍、临时休息室等场所发生的伤亡事故；
3. 职工乘坐本企业交通工具在企业外执行本企业的任务或乘坐本企业通勤机车、船只上下班途中，发生的交通事故，造成人员伤亡；
4. 职工乘坐本企业车辆参加企业安排的集体活动，如旅游、文娱体育活动等，因车辆失火、爆炸造成职工的伤亡；
5. 企业租赁及借用的各种运输车辆，包括司机或招聘司机，执行该企业的生产任务，发生的伤亡；
6. 职工利用业余时间，采取承包形式，完成本企业临时任务发生的伤亡事故（也括雇佣的外单位人员）；
7. 由于职工违反劳动纪律而发生的伤亡事故，其中属于在劳动过程中发生的，或者不在劳动过程中，但与企业设备有关的。

四、伤亡等级

按事故造成的人员伤亡或者直接经济损失，事故分为四个等级。2007年6月1日起施行的国务院第493号令《生产安全事故报告和调查处理条例》第三条规定：

1. 特别重大事故，是指造成30人以上死亡，或者100人以上重伤（包括急性工业中毒，下同），或者1亿元以上直接经济损失的事故；
2. 重大事故，是指造成10人以上30人以下死亡，或者50人以上100人以下重伤，或者5000万元以上1亿元以下直接经济损失的事故；
3. 较大事故，是指造成3人以上10人以下死亡，或者10人以上50人以下重伤，或者1000万元以上5000万元以下直接经济损失的事故；
4. 一般事故，是指造成3人以下死亡，或者10人以下重伤，或者1000万元以下直接经济损失的事故。

其中"以上"包括本数，所称的"以下"不包括本数。

五、伤亡事故的上报

事故发生后，事故现场有关人员应当立即向本单位负责人报告；单位负责人接到报告后，应当于1小时内向事故发生地县级以上人民政府安全生产监督管理部门和负有安全生产监督管理职责的有关部门报告。情况紧急时，事故现场有关人员可以直接向事故发生地县级以上人民政府安全生产监督管理部门和负有安全生产监督管理职责的有关部门报告。

安全生产监督管理部门和负有安全生产监督管理职责的有关部门接到事故报告后，应当立即按规定上报事故情况，通知公安机关、劳动保障行政部门、工会和人民检察院，并同时报告本级人民政府。特别重大事故、重大事故逐级上报至国务院安全生产监督管理部门和负有安全生产监督管理职责的有关部门；较大事故逐级上报至省、自治区、直辖市人民政府安全生产监督管理部门和负有安全生产监督管理职责的有关部门；一般事故上报至设区的市级人民政府安全生产监督管理部门和负有安全生产监督管理职责的有关部门。

国务院安全生产监督管理部门和负有安全生产监督管理职责的有关部门以及省级人民政府接到发生特别重大事故、重大事故的报告后，应当立即报告国务院。必要时，安全生产监督管理部门和负有安全生产监督管理职责的有关部门可以越级上报事故情况。

安全生产监督管理部门和负有安全生产监督管理职责的有关部门逐级上报事故情况，每级上报的时间不得超过 2 小时。自事故发生之日起 30 日内（道路交通事故、火灾事故自发生之日起 7 日内），事故造成的伤亡人数发生变化的，应当及时补报。报告事故应当包括下列内容：

（1）事故发生单位概况；
（2）事故发生的时间、地点以及事故现场情况；
（3）事故的简要经过；
（4）事故已经造成或者可能造成的伤亡人数（包括下落不明的人数）和初步估计的直接经济损失；
（5）已经采取的措施；
（6）其他应当报告的情况。

事故发生单位负责人接到事故报告后，应当立即启动事故相应应急预案，或者采取有效措施，组织抢救，防止事故扩大，减少人员伤亡和财产损失。有关单位和人员应当妥善保护事故现场以及相关证据，任何单位和个人不得破坏事故现场、毁灭相关证据。因抢救人员、防止事故扩大以及疏通交通等原因，需要移动事故现场物件的，应当做出标志，绘制现场简图并做出书面记录，妥善保存现场重要痕迹、物证。

事故发生地有关地方人民政府、安全生产监督管理部门和负有安全生产监督管理职责的有关部门接到事故报告后，其负责人应当立即赶赴事故现场，组织事故救援。

事故发生地公安机关根据事故的情况，对涉嫌犯罪的，应当依法立案侦查，采取强制措施和侦查措施。犯罪嫌疑人逃匿的，公安机关应当迅速追捕归案。

安全生产监督管理部门和负有安全生产监督管理职责的有关部门应当建立值班制度，并向社会公布值班电话，受理事故报告和举报。

六、事故的调查处理

对于事故的调查处理，必须坚持"事故原因分析不清不放过，事故责任者和群众没有受到教育不放过，没有防范措施不放过，事故的责任者没受到处罚不放过"的"四不放过"原则，按照下列步骤进行：

1. 迅速抢救伤员并保护好事故现场

事故发生后，事故发生单位应当立即采取有效措施，首先抢救伤员和排除险情，制止事故蔓延扩大，稳定施工人员情绪。现场人员也不要惊慌失措，要有组织、听指挥。同时，为了事故调查分析需要，要严格保护好事故现场，确因抢救伤员、疏导交通、排除险情等原因，而需要移动现场物件时，应当做出标志，绘制现场简图并做出书面记录，妥善保存现场重要痕迹、物证，有条件的可以拍照或录像。

一次死亡3人以上的事故，要按建设部有关规定，立即组织录像和召开现场会，教育全体职工。

事故现场是提供有关物证的主要场所，是调查事故原因不可缺少的客观条件。因此，要求现场各种物件的位置、颜色、形状及其物理化学性质等尽可能地保持事故结束时的原来状态，必须采取一切必要的和可能的措施严加保护，防止人为或自然因素的破坏。

清理事故现场，应在调查组确认无可取证，并充分记录后，经有关部门同意后，方能进行。任何人不得借口恢复生产，擅自清理现场，掩盖事故真相。

2. 组织事故调查组

接到事故报告后，事故发生单位领导应立即赶赴现场组织抢救。相关主管部门应迅速成立调查组组织调查。

重大事故、较大事故、一般事故分别由事故发生地省级人民政府、设区的市级人民政府、县级人民政府负责调查。这三级政府可以直接组织事故调查组进行调查，也可以授权或者委托有关部门组织事故调查组进行调查；未造成人员伤亡的一般事故，县级人民政府也可以委托事故发生单位组织调查，一般由企业负责人或由其指定人员组织生产、技术、安全等部门及工会组成事故调查组；特别重大事故由国务院或者国务院授权有关部门组织事故调查组进行调查。

根据事故的具体情况，事故调查组由有关人民政府、安全生产监督管理部门、负有安全生产监督管理职责的有关部门、监察机关、公安机关以及工会派人组成，并应当邀请人民检察院派人参加。也可聘请有关专家参与调查。特别重大事故以下等级事故，事故发生地与事故发生单位不在同一个县级以上行政区域的，由事故发生地人民政府负责调查，事故发生单位所在地人民政府应当派人参加。

事故调查组成员应符合下列条件：

（1）具有事故调查所需的知识和专长；

（2）与所发生的事故没有直接利害关系。

事故调查组履行下列职责：

（1）查明事故发生的经过、原因、人员伤亡情况及直接经济损失；

（2）认定事故的性质和事故责任；

（3）提出对事故责任者的处理建议；

（4）总结事故教训，提出防范和整改措施；

（5）提交事故调查报告。

事故调查组有权向有关单位和个人了解与事故有关的情况，并要求其提供相关文件、资料，有关单位和个人不得拒绝和隐瞒，而应当配合、协助事故调查。事故发生单位的负责人和有关人员在事故调查期间不得擅离职守，并应当随时接受事故调查组的询问，如实提供有关情况。任何单位和个人不得以任何方式阻碍、干扰调查组的正常工作。发现涉嫌犯罪的，事故调查组应当及时将有关材料或者其复印件移交司法机关处理。

事故调查中需要进行技术鉴定的，事故调查组应当委托具有国家规定资质的单位进行技术鉴定。必要时，事故调查组可以直接组织专家进行技术鉴定。技术鉴定所需时间不计入事故调查期限。

事故调查组成员在事故调查工作中应当诚信公正、恪尽职守，遵守事故调查组的纪律，保守事故调查的秘密。经事故调查组组长允许，事故调查组成员不得擅自发布有关事故的信息。

3. 现场勘查

事故发生后，调查组必须迅速到现场进行勘查。现场勘查是技术性很强的工作，涉及广泛的科技知识和实践经验，对事故现场的勘查必须做到及时、全面、细致、客观。现场勘察的主要内容有：

（1）现场笔录

1）发生事故的时间、地点、气象等；
2）现场勘查人员姓名、单位、职务、联系电话等；
3）现场勘查起止时间、勘察过程；
4）能量逸散所造成的破坏情况、状态、程度等；
5）设备、设施损坏或异常情况及事故前后的位置；
6）事故发生前的劳动组合、现场人员的位置和行动；
7）散落情况；
8）重要物证的特征、位置及检验情况等。

（2）现场拍照或录像

1）方位拍摄，要能反映事故现场在周围环境中的位置；
2）全面拍摄，要能反映事故现场各部分之间的联系；
3）中心拍摄，要能反映事故现场中心情况；
4）细目拍摄，揭示事故直接原因的痕迹物、致害物等。

（3）绘制事故图

根据事故类别和规模以及调查工作的需要应绘制出下列示意图：

1）建筑物平面图、剖面图；
2）事故时人员位置及疏散（活动）图；
3）破坏物立体图或展开图；
4）涉及范围图；
5）设备或工、器具构造图等。

（4）事故事实材料和证人材料搜集

1）受害人和肇事者姓名、年龄、文化程度、工龄等；
2）出事当天受害人和肇事者的工作情况，过去的事故记录；
3）个人防护措施、健康状况及与事故致因有关的细节或因素；
4）对证人的口述材料应经本人签字认可，并应认真考证其真实程度。

4. 分析事故原因，明确责任者

通过全面充分的调查，查明事故经过，弄清造成事故的各种因素，包括人、物、生产管理和技术管理等方面的问题，经过认真、客观、全面、细致、准确的分析，确定事故的性质和责任。

第一节 伤亡事故调查与处理

事故调查分析的目的，是通过认真分析事故原因，从中接受教训，采取相应措施，防止类似事故重复发生，这也是事故调查分析的宗旨。

事故分析步骤，首先整理和仔细阅读调查材料，然后按《企业职工伤亡事故分类标准》(GB 6441—1986)附录 A，受伤部位、受伤性质、起因物、致害物、伤害方法、不安全状态和不安全行为等七项内容进行分析，最后依次确定事故的直接原因、间接原因和事故责任者(见图 3-1)。

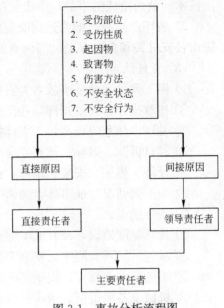

图 3-1　事故分析流程图

(1) 事故原因分析

分析事故原因时，应根据调查所确认的事实，从直接原因入手，逐步深入到间接原因，从而掌握事故的全部原因，再分清主次，进行责任分析。

通过对直接原因和间接原因的分析，确定事故的直接责任者和领导责任者，再根据其在事故发生过程中的作用，确定主要责任者。

1) 属于下列情况者为直接原因：

① 机械、物质或环境的不安全状态

见《企业职工伤亡事故分类标准》(GB 6441—1986)附录 A-A6"不安全状态"。

② 人的不安全行为

见《企业职工伤亡事故分类标准》(GB 6441—1986)附录 A-A7"不安全行为"。

2) 属下列情况者为间接原因：

① 技术和设计上有缺陷——工业构件、建筑物、机械设备、仪器仪表、工艺过程、操作方法、维修检验等的设计、施工和材料使用存在问题；

② 教育培训不够，未经培训，缺乏或不懂安全操作技术知识；

③ 劳动组织不合理；

④ 对现场工作缺乏检查或指导错误；

⑤ 没有安全操作规程或不健全；

⑥ 没有或不认真实施事故防范措施，对事故隐患整改不力；

⑦ 其他。

(2) 确定事故责任

根据事故调查所确认的事实，通过对直接原因和间接原因的分析，确定事故中的直接责任者和领导责任者。

在直接责任和领导责任者中，根据其在事故发生过程中的作用，确定主要责任者。

事故的性质通常分为三类：

1) 责任事故，就是由于人的过失造成的事故。

2) 非责任事故，即由于人们不能预见或不可抗拒的自然条件变化所造成的事故，或是在技术改造、发明创造、科学试验活动中，由于科学技术条件的限制而发生的无法预料的事故。但是，对于能够预见并可采取措施加以避免的伤亡事故，或没有经过认真研究解决技术问题而造成的事故，不能包括在内。

3）破坏性事故，即为达到既定的目的而故意造成的事故。对已确定为破坏性事故的，应由公安机关和企业保卫部门认真追查破案，依法处理。

（3）责任认定

1）因下列情况造成事故者为直接责任者：

① 违章操作，违章指挥，违反劳动纪律；

② 发现事故危险征兆，不立即报告，不采取措施；

③ 私自拆除、毁坏、挪用安全设施；

④ 设计、施工、安装、检修、检验、试验错误等。

2）因下列情况造成事故者为领导责任者：

① 指令错误；

② 规章制度错误，没有或不健全；

③ 承包、租赁合同中无安全卫生内容和措施；

④ 不进行安全教育、安全资格认证；

⑤ 机械设备超负荷、带病运转；

⑥ 劳动条件、作业环境不良；

⑦ 新、改、扩建项目不执行"三同时"制度；

⑧ 发现隐患不治理；

⑨ 发生事故不积极抢救；

⑩ 发生事故后不及时报告或故障隐瞒；

⑪ 发生事故后不采取防范措施，致使一年内重复发生同类事故；

⑫ 违章指挥。

5．提出处理意见，制定预防措施

根据对事故原因的分析，对已确定的事故直接责任者和领导责任者，根据事故后果和事故责任人应负的责任提出处理意见。同时，应制定防止类似事故再次发生的预防措施并加以落实。对于重大未遂事故不可掉以轻心，也应严肃认真按上述要求查找原因，分清责任，严肃处理。

6．写出调查报告

事故调查组应当自事故发生之日起 60 日内提交事故调查报告；特殊情况下，经负责事故调查的人民政府批准，提交事故调查报告的期限可以适当延长，但延长的期限最长不超过 60 日。

事故调查报告应着重于事故的经过、原因、责任分析和处理意见以及本次事故教训和改进工作的建议，经调查组全体人员签字后报批。如调查组内部意见有分歧，应在弄清事实的基础上，对照政策法规反复研究，统一认识。对于个别成员仍持有不同意见的，允许保留，并在签字时写明自己的意见。对此可上报上级有关部门处理直至报请同级人民政府裁决，但不得超过事故处理工作的时限。

事故调查报告应当包括下列内容：

（1）事故发生单位概况；

（2）事故发生经过和事故救援情况；

(3) 事故造成的人员伤亡和直接经济损失；
(4) 事故发生的原因和事故性质；
(5) 事故责任的认定以及对事故责任者的处理建议；
(6) 事故防范和整改措施。

事故调查报告应当附具有关证据材料。

7. 事故的处理结案

事故调查报告报送负责事故调查的人民政府后，事故调查工作即告结束。重大事故、较大事故、一般事故，负责事故调查的人民政府应当自收到事故调查报告之日起15日内做出批复；特别重大事故，30日内做出批复，特殊情况下，批复时间可以适当延长，但延长的时间最长不超过30日。事故处理的情况由负责事故调查的人民政府或者其授权的有关部门、机构向社会公布（依法应当保密的除外）。

有关机关应当按照人民政府的批复，依照法律、行政法规规定的权限和程序，对事故单位和有关人员进行行政处罚，对负有事故责任的国家工作人员进行处分。事故单位也应当按照批复，对本单位负有事故责任的人员进行处理。负有事故责任的人员涉嫌犯罪的，依法追究刑事责任。

事故单位应当认真吸取事故教训，落实防范和整改措施，防止事故再次发生。防范和整改措施的落实情况应当接受工会和职工的监督。安全生产监督管理部门和负有安全生产监督管理职责的有关部门应当对事故单位落实防范和整改措施的情况进行监督检查。

事故单位对事故发生负有责任的，由有关部门依法暂扣或者吊销其有关证照；对事故单位负有事故责任的有关人员，依法暂停或者撤销其与安全生产有关的执业资格、岗位证书；事故单位主要负责人受到刑事处罚或者撤职处分的，自刑罚执行完毕或者受处分之日起，5年内不得担任任何生产经营单位的主要负责人。

为发生事故的单位提供虚假证明的中介机构，由有关部门依法暂扣或者吊销其有关证照及其相关人员的执业资格；构成犯罪的，依法追究刑事责任。

参与事故调查的人员在事故调查中对事故调查工作不负责任，致使事故调查工作有重大疏漏的；包庇、袒护负有事故责任的人员或者借机打击报复的，依法给予处分；构成犯罪的，依法追究刑事责任；有关地方人民政府或者有关部门故意拖延或者拒绝落实经批复的对事故责任人的处理意见的，由监察机关对有关责任人员依法给予处分。

事故处理结案后，应将事故资料归档保存，其中有：

(1) 职工伤亡事故登记表；
(2) 职工死亡、重伤事故调查报告书及批复；
(3) 现场调查记录、图纸、照片；
(4) 技术鉴定和试验报告；
(5) 物证、人证材料；
(6) 直接和间接经济损失材料；
(7) 事故责任者的自述材料；
(8) 医疗部门对伤亡人员的诊断书；
(9) 发生事故时的工艺条件、操作情况和设计资料；

(10) 处分决定和受处分人员的检查材料；
(11) 有关事故的通报、简报及文件；
(12) 注明参加调查组的人员、姓名、职务、单位。

8. 法律责任

事故发生单位主要负责人有不立即组织事故抢救的；或迟报或者漏报事故的；或在事故调查处理期间擅离职守的，处上一年年收入40%～80%的罚款；属于国家工作人员的，并依法给予处分；构成犯罪的，依法追究刑事责任。

事故发生单位及其有关人员有谎报或者瞒报事故；伪造或者故意破坏事故现场；转移、隐匿资金、财产，或者销毁有关证据、资料；拒绝接受调查或者拒绝提供有关情况和资料；在事故调查中作伪证或者指使他人作伪证；事故发生后逃匿等行为之一的，对事故发生单位处100万元以上500万元以下的罚款；对主要负责人、直接负责的主管人员和其他直接责任人员处上一年年收入60%～100%的罚款；属于国家工作人员的，并依法给予处分；构成违反治安管理行为的，由公安机关依法给予治安管理处罚；构成犯罪的，依法追究刑事责任。

对事故发生负有责任的事故发生单位，依照下列规定处以罚款：
(1) 发生一般事故的，处10万元以上20万元以下的罚款；
(2) 发生较大事故的，处20万元以上50万元以下的罚款；
(3) 发生重大事故的，处50万元以上200万元以下的罚款；
(4) 发生特别重大事故的，处200万元以上500万元以下的罚款。

事故发生单位主要负责人未依法履行安全生产管理职责，导致事故发生的，依照下列规定处以罚款；属于国家工作人员的，并依法给予处分；构成犯罪的，依法追究刑事责任：
(1) 发生一般事故的，处上一年年收入30%的罚款；
(2) 发生较大事故的，处上一年年收入40%的罚款；
(3) 发生重大事故的，处上一年年收入60%的罚款；
(4) 发生特别重大事故的，处上一年年收入80%的罚款。

有关地方人民政府、安全生产监督管理部门和负有安全生产监督管理职责的有关部门有下列行为之一的，对直接负责的主管人员和其他直接责任人员依法给予处分；构成犯罪的，依法追究刑事责任：
(1) 不立即组织事故抢救的；
(2) 迟报、漏报、谎报或者瞒报事故的；
(3) 阻碍、干涉事故调查工作的；
(4) 在事故调查中作伪证或者指使他人作伪证的。

七、伤亡事故统计报告

1. 职工伤亡事故统计的目的

(1) 及时反映企业安全生产状态，掌握事故情况，查明事故原因，分清责任，吸取教训，拟定改进措施，防止事故重复发生。

(2) 分析比较各单位、各地区之间的安全工作情况，分析安全工作形势，为制定安全管理法规提供依据。

(3) 事故资料是进行安全教育的宝贵资料,对生产、设计、科研工作也都有指导作用,为研究事故规律,消除隐患,保障安全,提供基础资料。

2. 关于工伤事故统计报告中的几个具体问题

(1) "工人职员在生产区域中所发生的和生产有关的伤亡事故",是指企业在册职工在企业生产活动所涉及的区域内(不包括托儿所、食堂、诊疗所、俱乐部、球场等生活区域),由于生产过程中存在的危险因素的影响,突然使人体组织受到损伤或某些器官失去正常机能,以致负伤人员立即中断工作的一切事故。

(2) 员工负伤后一个月内死亡,应作为死亡事故填报或补报。超过一个月死亡的,不作死亡事故统计。

(3) 员工在生产工作岗位干私活或打闹造成伤亡事故,不作工伤事故统计。

(4) 企业车辆执行生产运输任务(包括本企业职工乘坐企业车辆)行驶在场外公路上发生的伤亡事故,一律由交通部门统计。

(5) 企业发生火灾、爆炸、翻车、沉船、倒塌、中毒等事故造成旅客、居民、行人伤亡,均不作职工伤亡事故统计。

(6) 停薪留职的职工到外单位工作发生伤亡事故由外单位负责统计报告。

第二节 工伤认定及赔偿

一、工伤认定

1. 认定条件

(1) 职工有下列情形之一的,应当认定为工伤:

1) 在工作时间和工作场所内,因工作原因受到事故伤害的;
2) 工作时间前后在工作场所内,从事与工作有关的预备性或者收尾性工作受到事故伤害的;
3) 在工作时间和工作场所内,因履行工作职责受到暴力等意外伤害的;
4) 患职业病的;
5) 因工外出期间,由于工作原因受到伤害或者发生事故下落不明的;
6) 在上下班途中,受到机动车事故伤害的;
7) 法律、行政法规规定应当认定为工伤的其他情形。

(2) 职工有下列情形之一的,视同工伤:

1) 在工作时间和工作岗位,突发疾病死亡或者在48小时之内经抢救无效死亡的;
2) 在抢险救灾等维护国家利益、公共利益活动中受到伤害的;
3) 职工原在军队服役,因战、因公负伤致残,已取得革命伤残军人证,到用人单位后旧伤复发的。

职工有(1)中第1项、第2项情形的,按照《工伤保险条例》的有关规定享受工伤保险待遇;职工有(1)中第3项情形的,按照《工伤保险条例》的有关规定享受除一次性伤残补助金以外的工伤保险待遇。

2. 不得认定为工伤或者视同工伤的条件
(1) 因犯罪或者违反治安管理伤亡的;
(2) 醉酒导致伤亡的;
(3) 自残或者自杀的。

3. 工伤认定申请

(1) 职工发生事故伤害或者按照职业病防治法规定被诊断、鉴定为职业病,所在单位应当自事故伤害发生之日或者被诊断、鉴定为职业病之日起30日内,向统筹地区劳动保障行政部门提出工伤认定申请。遇有特殊情况,经报劳动保障行政部门同意,申请时限可以适当延长。

(2) 用人单位未按前款规定提出工伤认定申请的。工伤职工或者其直系亲属、工会组织在事故伤害发生之日或者被诊断、鉴定为职业病之日起1年内,可以直接向用人单位所在地统筹地区劳动保障行政部门提出工伤认定申请。

(3) 按照规定应当由省级劳动保障行政部门进行工作认定的事项,根据属地原则由用人单位所在地的设区的市级劳动保障行政部门办理。

(4) 用人单位未在规定的时限内提交工伤认定申请,在此期间发生符合本条例规定的工伤待遇等有关费用由该用人单位负担。

4. 工伤认定申请材料

提出工伤认定申请应当提交下列材料:
(1) 工伤认定申请表;
(2) 与用人单位存在劳动关系(包括事实劳动关系)的证明材料;
(3) 医疗诊断证明或者职业病诊断证明书(或者职业病诊断鉴定书)。

工伤认定申请表应当包括事故发生的时间、地点、原因以及职工伤害程度等基本情况。

工伤认定申请人提供材料不完整的,劳动保障行政部门应当一次性书面告知工伤认定申请人需要补正的全部材料。申请人按照书面告知要求补正材料后,劳动保障行政部门应当受理。

5. 工伤认定的受理

(1) 劳动保障行政部门受理工伤认定申请后,根据审核需要可以对事故伤害进行调查核实,用人单位、职工、工会组织、医疗机构以及有关部门应当予以协助。职业病诊断和诊断争议的鉴定,依照职业病防治法的有关规定执行。对依法取得职业病诊断证明书或者职业病诊断鉴定书的,劳动保障行政部门不再进行调查核实。

(2) 职工或者其直系亲属认为是工伤,用人单位不认为是工伤的,由用人单位承担举证责任。

(3) 劳动保障行政部门应当自受理工伤认定申请之日起60日内作出工伤认定的决定,并书面通知申请工伤认定的职工或者其直系亲属和该职工所在单位。

二、工伤保险待遇

1. 工伤医疗待遇

(1) 职工因工作遭受事故伤害或者患职业病进行治疗,享受工伤医疗待遇。

职工治疗工伤应当在签订服务协议的医疗机构就医,情况紧急时可以先到就近的医疗机构急救。

(2)治疗工伤所需费用符合工伤保险诊疗项目目录、工伤保险药品目录、工伤保险住院服务标准的,从工伤保险基金支付。工伤保险诊疗项目目录、工伤保险药品目录、工伤保险住院服务标准,由国务院劳动保障行政部门会同国务院卫生行政部门、药品监督管理部门等部门规定。

(3)职工住院治疗工伤的,由所在单位按照本单位因公出差伙食补助标准的70%发给住院伙食补助费;经医疗机构出具证明,报经办机构同意,工伤职工到统筹地区以外就医的所需交通、食宿费用由所在单位按照本单位职工因公出差标准报销。

(4)工伤职工治疗非工伤引发的疾病,不享受工伤医疗待遇,按照基本医疗保险办法处理。

(5)工伤职工到签订服务协议的医疗机构进行康复性治疗的费用,符合工伤医疗待遇第(3)条规定的从工伤保险基金支付。

(6)工伤职工因日常生活或者就业需要,经劳动能力鉴定委员会确认,可以安装假肢、矫形器、假眼、假牙和配置轮椅等辅助器具,所需费用按照国家规定的标准从工伤保险基金支付。

2. 停工留薪期待遇

(1)职工因工作遭受事故伤害或者患职业病需要暂停工作接受工伤医疗的,在停工留薪期内,原工资福利待遇不变,由所在单位按月支付。

(2)停工留薪期一般不超过12个月。伤情严重或者情况特殊,经设区的市级劳动能力鉴定委员会确认,可以适当延长,但延长不得超过12个月。工伤职工评定伤残等级后,停发原待遇,按照本章的有关规定享受伤残待遇。工伤职工在停工留薪期满后仍需治疗的继续享受工伤医疗待遇。

(3)生活不能自理的工伤职工在停工留薪期需要护理的,由所在单位负责。

3. 工伤致残待遇

(1)工伤职工已经评定伤残等级并经劳动能力鉴定委员会确认需要生活护理的,从工伤保险基金按月支付生活护理费。

(2)生活护理费按照生活完全不能自理、生活大部分不能自理或者生活部分不能自理3个不同等级支付,其标准分别为统筹地区上年度职工月平均工资的50%、40%或者30%。

(3)职工因工致残被鉴定为一级至四级伤残的,保留劳动关系,退出工作岗位,享受以下待遇:

1)从工伤保险基金按伤残等级支付一次性伤残补助金,标准为:一级伤残为24个月的本人工资,二级伤残为22个月的本人工资,三级伤残为20个月的本人工资,四级伤残为18个月的本人工资。

2)从工伤保险基金按月支付伤残津贴,标准为:一级伤残为本人工资的90%,二级伤残为本人工资的85%,三级伤残为本人工资的80%,四级伤残为本人工资的75%。伤残津贴实际金额低于当地最低工资标准的,由工伤保险基金补足差额。

3)工伤职工达到退休年龄并办理退休手续后,停发伤残津贴,享受基本养老保险待遇。基本养老保险待遇低于伤残津贴的，由工伤保险基金补足差额。

4）职工因工致残被鉴定为一级至四级伤残的，由用人单位和职工个人以伤残津贴为基数，缴纳基本医疗保险费。

（4）职工因工致残被鉴定为五级、六级伤残的，享受以下待遇：

1）从工伤保险基金按伤残等级支付一次性伤残补助金，标准为：五级伤残为16个月的本人工资，六级伤残为14个月的本人工资。

2）保留与用人单位的劳动关系，由用人单位安排适当工作。难以安排工作的，由用人单位按月发给伤残津贴，标准为：五级伤残为本人工资的70%，六级伤残为本人工资的60%，并由用人单位按照规定为其缴纳应缴纳的各项社会保险费。伤残津贴实际金额低于当地最低工资标准的，由用人单位补足差额。

3）经工伤职工本人提出，该职工可以与用人单位解除或者终止劳动关系，由用人单位支付一次性工伤医疗补助金和伤残就业补助金。具体标准由省、自治区、直辖市人民政府规定。

（5）职工因工致残被鉴定为七级至十级伤残的，享受以下待遇：

1）从工伤保险基金按伤残等级支付一次性伤残补助金，标准为：七级伤残为12个月的本人工资，八级伤残为10个月的本人工资，九级伤残为8个月的本人工资，十级伤残为6个月的本人工资。

2）劳动合同期满终止，或者职工本人提出解除劳动合同的，由用人单位支付一次性工伤医疗补助金和伤残就业补助金。具体标准由省、自治区、直辖市人民政府规定。

4. 因工死亡处理

职工因工死亡，其直系亲属按照下列规定从工伤保险基金领取丧葬补助金、供养亲属抚恤金和一次性工亡补助金：

（1）丧葬补助金为6个月的统筹地区上年度职工月平均工资；

（2）供养亲属抚恤金按照职工本人工资的一定比例发给由因工死亡职工生前提供主要生活来源、无劳动能力的亲属。标准为：配偶每月40%，其他亲属每人每月30%，孤寡老人或者孤儿每人每月在上述标准的基础上增加10%。核定的各种供养亲属的抚恤金之和不应高于因工死亡职工生前的工资。供养亲属的具体范围由国务院劳动保障行政部门规定。

（3）一次性工亡补助金标准为48个月至60个月的统筹地区上年度职工月平均工资。具体标准由统筹地区的人民政府根据当地经济、社会发展状况规定，报省、自治区、直辖市人民政府备案。

（4）伤残职工在停工留薪期内因工伤导致死亡的，其直系亲属享受因工死亡处理第（1）条规定的待遇。

（5）一级至四级伤残职工在停工留薪期满后死亡的，其直系亲属可以享受因工死亡处理第（1）条、第（2）条规定的待遇。

（6）职工因工外出期间发生事故或者在抢险救灾中下落不明的，从事故发生当月起3个月内照发工资，从第4个月起停发工资，由工伤保险基金向其供养亲属按月支付供养亲属抚恤金。生活有困难的，可以预支一次性工亡补助金的50%。职工被人民法院宣告死亡的，按照上述规定处理。

5. 停止享受工伤保险待遇条件
(1) 丧失享受待遇条件的;
(2) 拒不接受劳动能力鉴定的;
(3) 拒绝治疗的;
(4) 被判刑正在收监执行的。

6. 特殊条件下的工伤保险待遇
(1) 用人单位分立、合并、转让的,承继单位应当承担原用人单位的工伤保险责任;原用人单位已经参加工伤保险的,承继单位应当到当地经办机构办理工伤保险变更登记。
(2) 用人单位实行承包经营的,工伤保险责任由职工劳动关系所在单位承担。
(3) 职工被借调期间受到工伤事故伤害的,由原用人单位承担工伤保险责任,但原用人单位与借调单位可以约定补偿办法。
(4) 在破产清算时优先拨付依法应由单位支付的工伤保险待遇费用。
(5) 职工被派遣出境工作,依据前往国家或者地区的法律应当参加当地工伤保险的,参加当地工伤保险,其国内工伤保险关系中止;不能参加当地工伤保险的,其国内工伤保险关系不中止。
(6) 职工再次发生工伤,根据规定应当享受伤残津贴的,按照新认定的伤残等级享受伤残津贴待遇。

第三节 事故的预防

事故是不安全的行为和不安全状态的直接后果,而这两者都是可以用管理来控制的。严格的管理和严厉的法治是必需也是必要的,但并不是我们安全生产的目的和工作的全部。安全生产的目的是减少以至消除人身伤害和财产损失事故,提高效益。因此,安全管理和技术人员还应该学习事故预防知识,掌握事故预防对策。

一、施工现场不安全因素

1. 事故潜在的不安全因素

著名的海因里希法则(1:29:300 法则)显示,通过大量的事故调查,海因里希发现,每330起事故中,死亡或重伤仅为1起,占0.3%,轻伤事故29起,占8.8%;无伤害300起,占90.9%。在生产过程的事故中,未遂事故的数量远远大于人身伤亡和财产损失事故的数量!可见仅仅关注伤害事故是不够的,要对所有的险肇事故给予足够的重视。

伤亡事故的发生不是一个孤立的事件,而是一系列原因事件相继发生的结果,事故潜在的不安全因素是造成人的伤害,物的损失事故的先决条件,各种人身伤害事故均离不开物与人这二个因素。人身伤害事故就是人与物之间产生的一种意外现象。在人与物这二个因素中,人的因素是最根本的,因为物的不安全因素的背后,实质上还是隐含着人的因素。即人和物两大系列往往是相互关联,互为因果相互转化的:有时人的不安全行为促进了物的不安全状态的发展,或导致新的不安全状态的出现;而物的不安全状态可以诱发人的不安全行为。因此,人的不安全行为和物的不安全状态,是造成绝大部分事故的两个潜在的不安全因素,通常也可称作事故隐患。

分析大量事故的原因可以得知，只有少量的事故仅仅由人的不安全行为或物的不安全状态引起，绝大多数的事故是与二者同时相关的。当人的不安全行为和物的不安全状态在各自发展过程中，在一定时间、空间发生了接触，伤害事故就会发生。而人的不安全行为和物的不安全状态之所以产生和发展，又是受多种因素作用的结果。

2. 人的不安全行为

人既是管理的对象，又是管理的动力，人的行为是安全控制的关键。人与人不同，即便是同一个人，在不同地点，不同时期，不同环境，他的劳动状态、注意力、情绪、效率也会有变化，这就决定了管理好人是难度很大的问题。由于受到政治、经济、文化技术条件的制约和人际关系的影响，以及受企业管理形式、制度、手段、生产组织、分工、条件等的支配，所以，要管好人，避免产生人的不安全行为，应从人的生理和心理特点来分析人的行为，必须结合社会因素和环境条件对人的行为影响进行研究。

人的不安全行为是指能造成事故的人为错误，是人为地使系统发生故障或发生性能不良事件，是违背设计和操作规程的错误行为。

人的不安全行为，通俗地用一句话讲，就是指能造成事故的人的失误。

(1) 不安全行为在施工现场的类型

按国标 GB 6441—1986 标准，可分为十三个大类：

1) 操作失误、忽视安全、忽视警告：
① 未经许可开动、关停、移动机器；
② 开动、关停机器时未给信号；
③ 开关未锁紧，造成意外转动、通电或泄漏等；
④ 忘记关闭设备；
⑤ 忽视警告标志、警告信号；
⑥ 操作错误（指按钮、阀门、扳手、把柄等的操作）；
⑦ 奔跑作业；
⑧ 供料或送料速度过快；
⑨ 机器超速运转；
⑩ 违章驾驶机动车；
⑪ 酒后作业；
⑫ 客货混载；
⑬ 冲压机作业时，手伸进冲压模；
⑭ 工件坚固不牢；
⑮ 用压缩空气吹铁屑；
⑯ 其他。

2) 造成安全装置失效：
① 拆除了安全装置；
② 安全装置堵塞失掉了作用；
③ 调整的错误造成安全装置失效；
④ 其他。

3) 使用不安全设备：

① 临时使用不牢固的设施；
② 使用无安全装置的设备；
③ 其他。
4) 手代替工具操作：
① 用手代替手动工具；
② 用手清除切屑，使用无安全装置的设备；
③ 不用夹具固定、用手拿工件进行机加工。
5) 物体(指成、半成品、材料、工具、切屑和生产用品等)存放不当。
6) 冒险进入危险场所：
① 冒险进入涵洞；
② 接近漏料处(无安全设施)；
③ 采伐、集材、运材、装车时，未离危险区；
④ 未经安全监察人员允许进入油罐或井中；
⑤ 未"敲帮问顶"开始作业；
⑥ 冒进信号；
⑦ 调车场超速上下车；
⑧ 易燃易爆场合明火；
⑨ 在绞车道行走；
⑩ 未及时瞭望。
7) 攀、坐不安全位置(如平台护栏、汽车挡板、吊车吊钩)。
8) 在起吊物下作业、停留。
9) 机器运转时加油、修理、检查、调整、焊扫等工作。
10) 分散注意力行为。
11) 在必须使用个人防护用品用具的作业或场合中，忽视其使用：
① 未戴护目镜或面罩；
② 未戴防护手套；
③ 未穿安全鞋；
④ 未戴安全帽；
⑤ 未佩戴呼吸护具；
⑥ 未佩戴安全带；
⑦ 未戴工作帽；
⑧ 其他。
12) 不安全装束：
① 在有旋转零部件的设备旁作业穿过肥大服装；
② 操纵带有旋转零部件的设备时戴手套；
③ 其他。
13) 对易燃易爆等危险物品处理错误。
(2) 人的行为与事故
据统计资料分析，88%的事故是由人的不安全行为所造成。而人的生理和心理特点又直接影响人的不安全行为。因为整个劳动过程是依靠人的骨骼肌肉的运动和人的感觉、知觉、思维、意识，最后表现为人的外在行为过程。但由于人存在着某些生理和心理缺陷，都有可能发生人的不安全行为，从而导致事故。

1) 人的生理疲劳与安全　人的生理疲劳，表现出动作紊乱而不稳定，不能正常支配状况下所能承受的体力，易产生重物失手、手脚发软、致使人和物从高处坠落等事故。

2) 人的心理疲劳与安全　人的心理疲劳是指劳动者由于动机和态度改变引起工作能力的波动；或从事单调、重复劳动时的厌倦；或遭受挫折后的身心乏力等。这就会使劳动者感到心情不安、身心不支、注意力转移而产生操作失误。

3) 人的视觉、听觉与安全　人的视觉是接受外部信息的主要通道，80%以上的信息是由视觉获得，但人的视觉存在视错觉，而外界的亮度、色彩、对比度，物体的大小，形态、距离等又支配视觉效果。当视器官将外界环境转化为信号输入时，有可能产生错视、漏视的失误而导致安全事故。同样，人的听觉亦是接受外部信息的通道。但常由于机械轰鸣、噪声干扰，不仅使注意力分散，听力减弱，听不清信号，还会使人产生头晕、头痛、乏力失眠，引起神经紊乱而至心率加快等病症，若不治理和预防都会有害于安全。

4) 人的性格、气质、情绪与安全　人的气质、性格不同，产生的行为各异。意志坚定，善于控制自己，注意力稳定性好，行动准确，不受干扰，安全度就高；感情激昂，喜怒无常，易动摇，对外界信息的反应变化多端，常易引起不安全行为。自作聪明，自以为是，将常常会发生违章操作；遇事优柔寡断，行动迟缓，则对突发事件应变能力差。此类不安全行为，均与发生事故密切相关。

5) 人际关系与安全　群体的人际关系直接影响着个体的行为。当彼此遵守劳动纪律，重视安全生产的行为规范，相互友爱和信任时，无论做什么事都充满信心和决心，安全就有保障；若群体成员把工作中的冒险视为勇敢予以鼓励、喝彩，无视安全措施和操作规程，在这种群体动力作用下，不可能形成正确的安全观念。个人某种需要未得到满足，带着愤懑和怨气的不稳定情绪工作，或上下级关系紧张，产生疑虑、畏惧、抑郁的心理，注意力发生转移，也极容易发生事故。

产生不安全行为的主要原因，既有系统组织上的原因，也有思想上责任心的原因，还有工作上的原因。而主要的工作上的原因有工作知识的不足或工作方法不适当；技能不熟练或经验不充分；作业的速度不适当；工作不当，但又不听或不注意管理提示。

综上所述，在施工项目安全控制中，一定要抓住人的不安全行为这一关键因素；而在制定纠正和预防措施时，又必须针对人的生理和心理特点对不安全的影响因素，培养提高劳动者自我保护能力，能结合自身生理、心理特点来预防不安全行为发生，增强安全意识，乃是搞好安全管理的重要环节。

(3) 必须重视和防止产生人的不安全行为

1999年建设部颁发的《建筑施工安全检查标准》(JGJ 59—1999)条文说明中指出："分析的事故中有89%都不是因技术解决不了造成的，都是因违章所致。其中由于没有安全技术措施，缺乏安全技术知识，不作安全技术交底，安全生产责任制不落实，违章指挥、违章作业造成的。"《中国劳动统计年鉴》对近年来的企业伤亡事故原因(主要原因)比例排序为：违反操作规程或劳动纪律原因列居首位，占十一项原因总统计量的45%以上，如果加上教育培训不够，缺乏安全操作知识，对现场工作缺乏检查和指挥错误等不安全行为原因的事故占了全部事故统计量的60%以上。而值得引起注意和重视的是国有大企业不安全行为原因和伤亡比例均值,大于城镇企业和其他企业。另有资料反映:美国有人曾分析了75000起伤亡事故,其中天灾仅占2%,即98%的伤亡事故在人的能力范围内,是可以预防的。在可防止的全部事故中,由于人的不安全行为造成的事故占88%。

以上资料表明,各种各样的伤亡事故,绝大多数是由人的不安全因素造成的,是在人的能力范围内,是可以预防的。

随着科学技术的发展,施工现场劳动条件的改善,机械设备的进一步完善,在造成事故的原因比例中,由于人的不安全因素造成的事故比例还会有所增加。因此,我们就更应该重视人的因素,预防和杜绝出现人的不安全行为。

3. 施工现场物的不安全状态

物的不安全状态是指能导致事故发生的物质条件,包括机械设备等物质或环境所存在的不安全因素,通常人们将其称为物的不安全状态或物的不安全条件,也有直接称其为不安全状态的。人的生理、心理状态能适应物质、环境条件,而物质、环境条件又能满足劳动者生理、心理需要时,则不会产生不安全行为;反之,就可能导致伤害事故的发生。

(1) 物的不安全状态大致包括七个方面:

1) 物(包括机器、设备、工具、其他物质等)本身存在的缺陷;
2) 防护保险方面的缺陷;
3) 物的放置方法的缺陷;
4) 作业环境场所的缺陷;
5) 外部的和自然界的不安全状态;
6) 作业方法导致的物的不安全状态;
7) 保护器具信号、标志和个体防护用品的缺陷。

(2) 按国标 GB 6441—1986 标准,物的不安全状态的类型可分四大类:

1) 防护、保险、信号等装置缺乏或有缺陷:

① 无防护:

(A) 无防护罩;
(B) 无安全保险装置;
(C) 无报警装置;
(D) 无安全标志;
(E) 无护栏或护栏损坏;
(F) (电气)未接地;
(G) 绝缘不良;
(H) 风扇无消音系统、噪声大;
(I) 危房内作业;
(J) 未安装防止"跑车"的挡车器或挡车栏;
(K) 其他。

② 防护不当:

(A) 防护罩未在适应位置;
(B) 防护装置调整不当;

(C) 坑道掘进、隧道开凿支撑不当；
(D) 防爆装置不当；
(E) 采伐，集体作业安全距离不够；
(F) 放炮作业隐蔽所有缺陷；
(G) 电气装置带电部分裸露；
(H) 其他。
2) 设备、设施、工具、附件有缺陷：
① 设计不当，结构不合安全要求：
(A) 通道门遮挡视线；
(B) 制动装置有缺欠；
(C) 安全间距不够；
(D) 拦车网有缺欠；
(E) 工件有锋利毛刺、毛边；
(F) 设施上有锋利倒棱；
(G) 其他。
② 强度不够：
(A) 机械强度不够；
(B) 绝缘强度不够；
(C) 起吊重物的绳索不符合安全要求；
(D) 其他。
③ 设备在非正常状态下运行：
(A) 设备带"病"运转；
(B) 超负荷运转；
(C) 其他。
④ 维修、调整不良：
(A) 设备失修；
(B) 地面不平；
(C) 保养不当、设备失灵；
(D) 其他。
3) 个人防护用品用具——防护服、手套、护目镜及面罩、呼吸器官护具、听力护具、安全带、安全帽、安全鞋等缺少或缺陷：
① 无个人防护用品、用具；
② 所用防护用品、用具不符合安全要求。
4) 生产(施工)场地环境不良：
① 照明光线不良：
(A) 照度不足；
(B) 作业场地烟雾尘弥漫视物不清；
(C) 光线过强。
② 通风不良：

(A) 无通风；
(B) 通风系统效率低；
(C) 风流短路；
(D) 停电停风时放炮作业；
(E) 瓦斯排放未达到安全浓度放炮作业；
(F) 瓦斯超限；
(G) 其他。
③ 作业场所狭窄。
④ 作业场地杂乱：
(A) 工具、制品、材料堆放不安全；
(B) 采伐时，未开"安全道"；
(C) 迎门树、坐殿树、搭挂树未作处理；
(D) 其他。
⑤ 交通线路的配置不安全。
⑥ 操作工序设计或配置不安全。
⑦ 地面滑：
(A) 地面有油或其他液体；
(B) 冰雪覆盖；
(C) 地面有其他易滑物。
⑧ 贮存方法不安全。
⑨ 环境温度、湿度不当。

(3) 物质、环境与安全

从上所述，施工现场物质和环境均具有危险源，也是产生安全事故的主要因素。因此，在施工项目安全控制中，应根据工程项目施工的具体情况，采取有效的措施减少或断绝危险源。

例如发生起重伤害事故的主要原因有两类，一是起重设备的安全装置不全或失灵；二是起重机司机违章作业或指挥失误所致，因此，预防起重伤害事故也要从这两方面入手，即：第一，保证安全装置（行程、高度、变幅、超负荷限制装置，其他保险装置等）齐全可靠，并经常检查、维修，使转动灵敏，严禁使用带"病"的起重设备。第二，起重机指挥人员和司机必须经过操作技术培训和安全技术考核，持证上岗，不得违章作业。要坚持十个"不准吊"，此外，还有一些安全措施，如起吊容易脱钩的大型构件时，必须用卡环；严禁吊物在高压线上方旋转；严禁在高压线下面从事起重作业等。

同时，在分析物质、环境因素对安全的影响时，也不能忽视劳动者本身生理和心理的特点。如一个生理和心理素质好，应变能力强的司机，他们注意范围较大，几乎可以在同一时间，既注意到吊物和他周围的建筑物、构筑物的距离，又顾及到起升、旋转、下降、对中、就位等一系列差异较大的操作。这样，就不会发生安全事故。所以在创造和改善物质、环境的安全条件时，也应从劳动者生理和心理状态出发，使其能相互适应。实践证明，采光照明、色彩标志、环境温度和现场环境对施工安全的影响都不可低估。

1) 采光照明问题 施工现场的采光照明，既要保证生产正常进行，又要减少人的疲劳和不舒适感，还应适应视觉暗、明的生理反应。这是因为当光照条件改变时，眼睛需要通过一定的生理过程对光的强度进行适应，方能获得清晰的视觉。所以，当由强光下进入暗环境，或由暗环境进入强光现场时，均需经过一定时间，使眼睛逐渐适应光照强度的改变，然后才能正常工作。因此，让劳动者懂得这一生理现象，当光照强度产生极大变化时作短暂停留，在黑暗场所加强人工照明，在耀眼强光下操作戴上墨镜，则可减少事故的发生。

2) 色彩的标志问题　色彩标志可提高人的辨别能力，控制人的心理，减少工作差错和人的疲劳。红色，在人的心理定势中标志危险、警告或停止；绿色，使人感到凉爽、舒适、轻松、宁静，能调剂人的视力，消除炎热、高温时烦躁不安的心理；白色，给人整洁清新的感觉，有利于观察检查缺陷，消除隐患；红白相间，则对比强烈，分外醒目。所以，根据不同的环境采用不同的色彩标志，如用红色警告牌，绿色安全网，白色安全带，红白相间的栏杆等，都能有效地预防事故。

3) 环境温度问题　环境温度接近体温时，人体热量难以散发就感到不适、头昏、气喘，活动稳定性差，手脑配合失调，对突发情况缺乏应变能力，在高温环境、高处作业时，就可能导致安全事故；反之，低温环境，人体散热量大，手脚冻僵，动作灵活性、稳定性差，也易导致事故发生。

4) 现场环境问题　现场布置杂乱无序、视线不畅、沟渠纵横、交通阻塞，机械无防护装置，电器无漏电保护，粉尘飞扬、噪声刺耳等，使劳动者生理、心理难以承受，或不能满足操作要求时，则必然诱发事故。

以上所述，在施工项目安全控制中，必须将人的不安全行为，物的不安全状态与人的生理和心理特点结合起来综合考虑，制定安全技术措施，才能确保安全的目标。

4. 管理上的不安全因素

管理上的不安全因素，通常也可称为管理上的缺陷，它也是事故潜在的不安全因素，作为间接的原因共有以下因素。

1) 技术上的缺陷；
2) 教育上的缺陷；
3) 生理上的缺陷；
4) 心理上的缺陷；
5) 管理工作上的缺陷；
6) 学校教育和社会、历史上的原因造成的缺陷。

二、建筑施工现场伤亡事故的预防

1. 构成事故的主要原因

（1）事故发生的结构

事故的直接原因是物的不安全状态和人的不安全行为，事故的间接原因是管理上的缺陷。事故发生的背景就是因为客观上存在着发生事故的条件，若能消除这些条件，事故是可以避免的。如已知的事故条件继续存在就会发生同类同种事故，尚且未知的事故条件也有存在的可能性，这是伤亡事故的一大特点。

（2）潜在危害性的存在

第三节 事故的预防

人类的任何活动都具有潜在的危害,所谓危险性,并非它一定会发展成为事故,但由于某些意外情况,它会使发生事故的可能性增加,在这种危害性中既存在着人的不安全行为,也存在着物质条件的缺陷。

事实上,重要的不仅是要知道潜在的危害,而且应了解存在危害性的劳动对象、生产工具、劳动产品、生产环境、工作过程、自然条件、人的劳动和行为,以此为基础、及时高效率地解决任何潜在危害的预测。在特定的生产条件下,消除不安全因素构成的危害和可能性具有重要意义。

2. 各类事故预防原则

为了实现安全生产,预防各类事故的发生必须要有全面的综合性措施,实现系统安全,预防事故和控制受害程度的具体原则大致如下:

(1) 消除潜在危险的原则;
(2) 降低、控制潜在危险数值的原则;
(3) 提高安全系数、增加安全余量的坚固原则;
(4) 闭锁原则(自动防止故障的互锁原则);
(5) 代替作业者的原则;
(6) 屏障原则;
(7) 距离防护的原则;
(8) 时间防护原则;
(9) 薄弱环节原则(损失最小化原则);
(10) 警告和禁止信息原则;
(11) 个人防护原则;
(12) 不予接近原则;
(13) 避难、生存和救护原则。

3. 伤害事故预防措施

伤害事故预防,就是要消除人和物的不安全因素,弥补管理上的缺陷,实现作业行为和作业条件安全化。

(1) 消除人的不安全行为,实现作业行为安全化的主要措施

1) 开展安全思想教育和安全规章制度教育;
2) 进行安全知识岗位培训,提高职工的安全技术素质;
3) 推广安全标准化管理操作和安全确认制度活动,严格按安全操作规程和程序进行各项作业;
4) 重点加强重点要害设备、人员作业的安全管理和监控,搞好均衡生产;
5) 注意劳逸结合,使作业人员保持充沛的精力,从而避免产生不安全行为。

(2) 消除物的不安全状态,实现作业条件安全化的主要措施

1) 采取新工艺、新技术、新设备,改善劳动条件;
2) 加强安全技术研究,采用安全防护装置,隔离危险部位;
3) 采用安全适用的个人防护用具;
4) 开展安全检查,及时发现和整改不安全隐患;
5) 定期对作业条件(环境)进行安全评价,以便采取安全措施,保证符合作业的安全

要求。

(3) 实现安全措施必须加强安全管理

加强安全管理是实现安全生产的重要保证。建立、完善和严格执行安全生产规章制度，开展经常性的安全教育、岗位培训和安全竞赛活动，通过安全检查制定和落实防范措施等安全管理工作，是消除事故隐患，搞好事故预防的基础工作。因此，应当采取有力措施，加强安全施工管理，保障安全生产。

第四节　施工现场安全急救、应急处理和应急设施

一、现场急救概念和急救步骤

1. 现场急救概念

现场急救，就是应用急救知识和最简单的急救技术进行现场初级救生，最大程度上稳定伤病员的伤、病情，减少并发症，维持伤病员的最基本的生命体征，例如呼吸、脉搏、血压等。现场急救是否及时和正确，关系到伤病员生命和伤害的结果。

现场急救工作，还为下一步全面医疗救治作了必要的处理和准备。不少严重工伤和疾病，只有现场先进行正确的急救，及时做好伤病员的转送医院的工作，途中给予必须的监护，并将伤、病情，以及现场救治的经过，反映给接诊医生，保持急救的连续性，才可望提高一些危重伤病员的生存率，伤病员才有生命的希望。如果坐等救护车或直接把伤病员送入医院，可能会由于浪费了最关键的抢救时间，而使伤病员的生命丧失。

2. 急救步骤

急救是对伤病员提供紧急的监护和救治，给伤病员以最大的生存机会，急救一定要遵循下述四个急救步骤：

(1) 调查事故现场。调查时要确保对救护者、伤病员或其他人无任何危险，迅速使伤病员脱离危险场所，尤其在工地、工厂大型事故现场，更是如此。

(2) 初步检查伤病员，判断其神志、气管、呼吸循环是否有问题。必要时立即进行现场急救和监护，使伤病员保持呼吸道通畅，视情况采取有效的止血、防止休克、包扎伤口、固定、保存好断离的器官或组织、预防感染、止痛等措施。

(3) 呼救。应请人去呼叫救护车，救护者可继续施救，一直要坚持到救护人员或其他施救者到达现场接替为止。此时还应反映伤病员的伤病情和简单的救治过程。

(4) 如果没有发现危及伤病员的体征，可作第二次检查，以免遗漏其他的损伤、骨折和病变。这样有利于现场施行必要的急救和稳定病情，降低并发症和伤残率。

二、紧急救护常识

1. 应急电话

信息时代，通信设施的作用不言自明。电话是最为普通的通信保障。在安全生产方面，通过拨打现场事故的应急处理电话，保持通讯的畅通和正确应用，对事故的及时急救，对控制事故的蔓延和发展都具有很大的作用。工伤事故现场重病人抢救应拨打120救护电话，请医疗单位急救；火警、火灾事故应拨打119火警电话，请消防部门急救；发生

第四节 施工现场安全急救、应急处理和应急设施

抢劫、偷盗、斗殴等情况应拨打报警电话110，向公安部门报警；煤气管道设备急修、自来水报修、供电报修，以及向上级单位汇报情况争取支持，都可以通过电话通讯达到方便快捷的目的。因此在施工过程中保证通信的畅通，以及正确利用好电话通信工具，可以为现场事故应急处理发挥很大的作用。

工地应安装固定电话，并保证电话在事故发生时能应用和畅通。没有条件安装固定电话的工地应配置移动电话。电话可安装于办公室、值班室、警卫室内。在室外附近张贴119电话的安全提示标志，以使现场人员都了解，在应急时能快捷地找到电话拨打报警电话求救。电话一般应放在室内临现场通道的窗扇附近，电话机旁应张贴常用紧急急用查询电话和工地主要负责人和上级单位的联络电话，以便在节假日、夜间等情况下使用。房间无人上锁，有紧急情况无法开锁时，可击碎窗玻璃，便可以向有关部门、单位、人员拨打电话报警求救。

在拨打紧急电话时，要尽量说清楚以下内容：

(1) 讲清楚伤者(事故)发生的具体位置，什么路多少号，靠近什么路口，提供附近有特征的建筑物的信息。

(2) 说明报救者单位、姓名(或事故地)的电话或移动电话号码以便救护车(消防车、警车)找不到所报地点时，随时通过电话联系。

(3) 说明伤情(病情、火情、案情)和已经采取了些什么措施，以便让救护人员事先做好急救的准备。

(4) 基本打完报救电话后，应问接报人员还有什么问题不清楚，如无问题才能挂断电话。通完电话后，应派人在现场外等候接应救护车(消防车、警车)，同时把救护车(消防车、警车)进工地现场的路上障碍及时予以清除，以利救护到达后，能及时进行抢救。

2. 施工现场常备的急救物品和应急设备

施工现场按要求一般应配备急救箱。以简单、适用为原则，保证现场急救的基本需要，并可根据不同情况予以增减，定期检查、更换超过消毒期的敷料和过潮药品，每次急救后要及时补充。确保随时可供急救使用。急救箱应有专人保管，但不要上锁。放置在合适的位置，使现场人员都知道。

(1) 救护常用物品

血压计、体温计、氧气瓶(便携式)及流量计、纱布、胶布、外用绷带(弹性绷带)、止血带、消毒棉球或棉棒、无菌敷料、三角巾、创可贴、(大、小)剪刀、镊子、手电筒、热水袋(可做冰袋用)、缝衣针或针灸针、火柴、一次性塑料袋、夹板、别针、病史记录、处方。

(2) 消毒和保护用品

口罩、无菌橡皮手套、一次性导气管、肥皂或洗手液、消毒纸巾、外用酒精。

(3) 常用药品

云南白药、好得快、红花油、烫伤膏、氨茶碱、10%葡萄糖、25%葡萄糖、10%葡萄糖酸钙、维生素、生理盐水、氨水、乙醚、酒精、碘酒、高锰酸钾等。

(4) 其他应急设备和设施

由于在现场经常会出现一些不安全情况，甚至发生事故，或因采光和照明情况不好，在应急处理时需配备应急照明，如可充电工作灯。

由于现场有危险情况，在应急处理时就需有用于危险区域隔离的警戒带、各类安全禁止、警告、指令、提示标志牌。

有时为了安全逃生、救生需要，还必须配置安全带、安全绳、担架等专用应急设备和设施工具。

3. 应了解的基本急救方法

施工现场易发生创伤性出血和心跳呼吸骤停，了解有关的基本急救方法非常必要。

（1）创伤性出血现场急救

创伤性出血现场急救是根据现场实际条件及时地、正确地采取暂时性地止血，清洁包扎，固定和运送等方面措施。

1）常用的止血方法

① 加压包扎止血　是最常用的止血方法，在外伤出血时应首先采用。

适用范围：小静脉出血、毛细血管出血，动脉出血应与止血带配合使用；头部、躯体、四肢以及身体各处的伤口均可使用。

先抬高伤肢，然后用干净、消毒的较厚的纱布或棉垫覆盖在伤口表面。如无纱布，可用干净的毛巾、手帕或其他棉织品等替代。在纱布上方用绷带、三角巾紧紧缠绕住，加压包扎，即可达止血目的。尽量初步地清洁伤口，选用干净的替代品，减少伤口感染的机会。

② 指压动脉出血近心端止血法　按出血部位分别采用指压面动脉、颈总动脉、锁骨下动脉、颞动脉、股动脉、胫前后动脉止血法。该方法简便、迅速有效，但不持久。

③ 止血带止血法　用加压包扎止血法不能奏效的四肢大血管出血，应及时采用止血带止血。

适用范围：受伤肢体有大而深的伤口，血流速度快；多处受伤，出血量大；受伤同时伴有开放性骨折；肢体已完全离断或部分离断；受伤部位可见到喷泉样出血；不能用于头部和躯干部出血的止血。

止血用品：最合适的止血带是有弹性的空心皮管或橡皮条。紧急情况下，可就地取材用宽布条、三角巾、毛巾、衣襟、领带、腰带等用做止血带的替代品。

不合适的替代品：电线、铁丝、绳索。

上止血带的位置：扎止血带的位置应在伤口的上方，医学上叫做"近心端"。应距离伤口越近越好，以减少缺血的区域。

上肢出血：上臂的上部和下部。

下肢出血：大腿的上部。

救治时，先抬高肢体，便静脉血充分回流，然后在创伤部位的近心端放上弹性止血带，在止血带与皮肤间垫上消毒纱布或棉垫，以免扎紧止血带时损伤局部皮肤。将有弹性的止血带缠绕肢体2周，然后在外侧打结（注意：别在伤口上打结）。止血带必须扎紧，要加压扎紧到切实将该处动脉压闭。同时记录上止血带的具体时间，争取在上止血带后2h以内尽快将伤员转送到医院救治。若途中时间过长，则应暂时松开止血带数分钟，同时观察伤口出血情况。若伤口出血已停止，可暂勿再扎止血带；若伤口仍继续出血，则再重新扎紧止血带加压止血，但要注意过长时间地使用止血带，肢体可能会因严重缺血而坏死。

第四节 施工现场安全急救、应急处理和应急设施

2）包扎、固定

创伤处用消毒的敷料或清洁的医用纱布覆盖，再用绷带或布条包扎，既可以保护创口，预防感染，又可减少出血帮助止血。在肢体骨折时，又可借助绷带包扎夹板来固定受伤部位上下二个关节，减少损伤，减少疼痛，预防休克。

3）搬运

经现场止血、包扎、固定后的伤员，应尽快正确地搬运转送医院抢救。不正确的搬运，可导致继发性的创伤，加重病痛，甚至威胁生命。搬运伤员要点：

① 在肢体受伤后局部出现疼痛、肿胀、功能障碍，畸形变化，表明可能发生骨折。宜在止血包扎固定后再搬运，防止骨折断端可能因搬运振动而移位，加重疼痛，再继发损伤附近的血管神经，使创伤加重。

② 在搬运严重创伤伴有大出血或已休克的伤员时，要平卧运送伤员，头部可放置冰袋或戴冰帽，路途中要尽量避免振荡。

③ 在搬运高处坠落伤员时，若疑有脊椎受伤可能的，一定要使伤员平卧在硬板上搬运，切忌只抬伤员的两肩与两腿或单肩背运伤员。因为这样会使伤员的躯干过分屈曲或过分伸展，致使已受伤了的脊椎移位，甚至断裂将造成截瘫，导致死亡。

4）创伤救护的注意事项

① 护送伤员的人员，应向医生详细介绍受伤经过。如受伤时间、地点，受伤时所受暴力的大小，现场场地情况。凡属高处坠落致伤时还要介绍坠落高度，伤员最先着落地部位或间接击伤的部位，坠落过程中是否有其他阻挡或转折。

② 高处坠落的伤员，在已确诊有颅骨骨折时，即便当时神志清楚，但若伴有头痛、头晕、恶心、呕吐等症状，仍应劝其留院观察。因为，从以往事故看，有相当一部分伤者往往忽视这些症状，有的伤者自我感觉较好，但不久就因抢救不及时导致死亡。

③ 在房屋倒塌、土方陷落、交通事故中，在肢体受到严重挤压后，局部软组织因缺血而呈苍白，皮肤温度降低，感觉麻木，肌肉无力。一般在解除肢体压迫后，应马上用弹性绷带缠绕伤肢，以免发生组织肿胀，还要给以固定，令其少动，以减少和延缓毒性分解产物的释放和吸收。这种情况下的伤肢就不应该抬高，不应该局部按摩，不应该施行热敷，不应该继续活动。

④ 胸部受损的伤员，实际损伤常比胸壁表面所显示的更为严重，有时甚至完全表里分离。例如伤员胸壁皮肤完好无伤痕，但可能已经肋骨骨折，甚至还伴有外伤性气胸和血胸，要高度提高警惕，以免误诊，影响救治。在下胸部受伤时，要想到腹腔内脏受击伤引起内出血的可能。例如左侧常可招致脾脏破裂出血，右侧又可能招致肝脏破裂出血，后背力量致伤可能引起肾脏损伤出血。

⑤ 人体创伤时，尤其在严重创伤时，常常是多种性质外伤复合存在。例如软组织外伤出血时，可伴有神经、肌腱或骨的损伤。肋骨骨折同时可伴有内脏损伤以致休克等，应提醒医院全面考虑，综合分析诊断。反之，往往会造成误诊、漏诊而错失抢救时机，断送伤员生命，造成终生内疚和遗憾。如有的伤员因年轻力壮，耐受性强，即使遭受严重创伤休克时，也很安静或低声呻吟，并且能正确回答问题，甚至在血压已降到零时，还一直神志清楚而被断送生命。

⑥ 引起创伤性休克的主要原因是创伤后的剧烈疼痛，失血引起的休克以及软组织坏

死后的分解产物被吸收而中毒。处于休克状态的伤员要让其安静、保暖、平卧、少动，并将下肢抬高约 20°左右，及时止血、包扎、固定伤肢以减少创伤疼痛，尽快送医院进行抢救治疗。

(2) 心跳骤停的急救

在施工现场的伤病员心跳呼吸骤停，即突然意识丧失、脉搏消失、呼吸停止的，在颈部、喉头两侧摸不到大动脉搏动时的急救方法。

1) 口对口(口对鼻)人工呼吸法

人工呼吸就是用人工的方法帮助病人呼吸。一旦确定病人呼吸停止，应立即进行人工呼吸，最常见、最方便的人工呼吸手法是口对口人工呼吸。

① 伤员取平卧位，冬季要保暖，解开衣领，松开围巾或紧身衣着，解松裤带，以利呼吸时胸廓的自然扩张。可以在伤员的肩背下方垫以软物，使伤员的头部充分后仰，呼吸道尽量畅通，减少气流时的阻力，确保有效通气量，同时也可以防止因舌根陷落而堵塞气流通道。然后将病人嘴巴掰开，用手指清除口腔内的异物如假牙、分泌物、血块、呕吐物等，使呼吸道畅通。

② 抢救者跪卧在伤员的一侧，以近其头部的一手紧捏伤员的鼻子(避免漏气)，并将手掌外缘压住额部，另一只手托在伤员颈后，将颈部上抬，头部充分后仰，呈鼻孔朝天位，使嘴巴张开准备接受吹气。

③ 急救者先深吸一口气，然后用嘴紧贴伤员的嘴巴大口将气吹入病人的口腔，经由呼吸道到肺部。一般先连续、快速向伤病员口内吹气四次，同时观察其胸部是否膨胀隆起，以确定吹气是否有效和吹气适度是否恰当。这时吹入病人口腔的气体，含氧气为 18％，这种氧气浓度可以维持病人最低限度的需氧量。

④ 吹气停止后，口唇离开，急救者头稍侧转，并立即放松捏紧鼻孔的手，让气体从伤员肺部排出。此时应注意病人的胸部有无起伏，如果吹气时胸部抬起，说明气道畅通，口对口吹气的操作是正确的。同时还要倾听呼气声，观察有无呼吸道梗阻现象。

⑤ 如此反复而有节律地人工呼吸，不可中断。每次吹气量平均 900 毫升，吹气的频率为每分钟 12～16 次。

采用口对口人工呼吸法要注意：

① 口对口吹气时的压力需掌握好，刚开始时可略大些，频率也可稍快一些，经 10～20 次人工吹气后逐步减小吹气压力，只要维持胸部轻度升起即可。对幼儿吹气时，不必捏紧鼻孔，应让其自然漏气，为防止压力过高，急救者仅用颊部力量即可。

② 如遇到口腔严重外伤、牙关紧闭时不宜做口对口人工呼吸，可采用口对鼻人工呼吸。吹气时可改为捏紧伤员嘴唇，急救者用嘴紧贴伤员鼻孔吹气，吹气时压力应稍大，时间也应稍长，效果相仿。

③ 整个动作要正确，力量要恰当，节律要均匀，不可中断。当伤员出现自主呼吸时方可停止人工呼吸，但仍需严密观察伤员，以防呼吸再次停止。

2) 体外心脏挤压法

体外心脏挤压是指通过人工方法，有节律地对心脏挤压，来代替心脏的自然收缩，从而达到维持血液循环的目的，进而求得恢复心脏的自主节律，挽救伤员生命。

第四节　施工现场安全急救、应急处理和应急设施

体外心脏挤压法简单易学，效果好，不需设备，也不增加创伤，便于推广普及。

体外心脏挤压通常适用于因电击引起的心跳骤停抢救。在日常生活中很多情况都可引起心跳骤停，都可以使用体外心脏挤压法来进行心脏复苏抢救，如雷击、溺水、呼吸窘迫、窒息、自缢、休克、过敏反应、煤气中毒、麻醉意外，某些药物使用不当，胸腔手术或导管等特殊检查的意外，以及心脏本身的疾病如心肌梗塞、病毒性心肌炎等引起心跳骤停等。但对高处坠落和交通事故等损伤性挤压伤，因伤员伤势复杂，往往同时伴有多种外伤存在，如肢体骨折，颅脑外伤，胸腹部外伤伴有内脏损伤，内出血，肋骨骨折等。这种情况下心跳停止的伤员就忌用体外心脏挤压。此外，对于触电同时发生内伤，应分情况酌情处理，如不危及生命的外伤，可放在急救之后处理，而若伴创伤性出血者，还应进行伤口清理预防感染并止血，然后将伤口包扎好。

体外心脏挤压法操作方法如下：

① 使伤员就近仰卧于硬板上或地上，以保证挤压效果。注意保暖，解开伤员衣领，使头部后仰侧偏。

② 抢救者站在伤员左侧或跪跨在病人的腰部。

③ 抢救者以一手掌根部置于伤员胸骨下 1/3 段，即中指对准其颈部凹陷的下缘，另一手掌交叉重叠于该手背上，肘关节伸直，依靠体重和臂、肩部肌肉的力量，垂直用力，向脊柱方向冲击性地用力施压胸骨下段，使胸骨下段与其相连的肋骨下陷 3～4cm，间接压迫心脏，使心脏内血液搏出。

④ 挤压后突然放松（要注意掌根不能离开胸壁）依靠胸廓的弹性使胸骨复位。此时心脏舒张，大静脉的血液就会回流到心脏。

采用体外心脏挤压法要注意：

① 操作时定位要准确，用力要垂直适当，要有节奏地反复进行，要注意防止因用力过猛而造成继发性组织器官的损伤或肋骨骨折。

② 挤压频率一般控制在 60～80 次/min 左右，但有时为了提高效果可增加挤压频率到 100 次/min。

③ 抢救时必须同时兼顾心跳和呼吸，即使只有一个人，也必须同时进行口对口人工呼吸和体外心脏挤压，此时可以先吸二口气，再挤压，如此反复交替进行。

④ 抢救工作一般需要很长时间，必须耐心地持续进行，任何时刻都不能中止，即使在送往医院途中，也一定要继续进行抢救，边救边送。

⑤ 如果发现伤员嘴唇稍有启合、眼皮活动或有吞咽动作时，应注意伤员是否已有自动心跳和呼吸。

⑥ 如果伤员经抢救后，出现面色好转、口唇转红、瞳孔缩小、大动脉搏动触及、血压上升、自主心跳和呼吸恢复时，才可暂停数秒进行观察。如果停止抢救后，伤员仍不能维持正常的心跳和呼吸，则必须继续进行体外心脏挤压，直到伤员身上出现尸斑或身体僵冷等生物死亡征象时，或接到医生通知伤员已死亡时，方可停止抢救。一般在心肺同时复苏抢救 30min 后，若心脏自主跳动不恢复，瞳孔仍散大且光反射仍消失，说明伤员已进入组织死亡，可以停止抢救。

4. 急救车的使用

遇有紧急情况，必须及时拨打 120 急救电话，并简要地说明待救人的基本症状，以及

报救点的准确方位。

(1) 必须使用急救车的几种情况

1) 受严重撞击、高处坠落、重物挤压等各种意外情况造成的严重损伤和大出血。

2) 各种原因引起的呕血、咳血、便血等大出血。

3) 意外灾害事故造成人员发病、伤亡的现场，尤其是成批伤员和群体伤害。

(2) 救护车到达前的急救常规

1) 必须保持病人的正确体位，切勿随便推动或搬运病人，以免病情加重。

2) 昏迷、呕吐病人头侧向一边。

3) 脑外伤、昏迷病人不要抱着头乱晃。

4) 高空坠落伤者，不要随便搬头抱脚移动。

5) 将病人移到安全、易于救护的地方。如煤气中毒病人移到通风处。

6) 选择病人适宜的体位，安静卧床休息。

7) 保持呼吸道通畅，已昏迷的病人，应将呕吐物、分泌物掏取出来或头侧向一边顺位引流出来。

8) 外伤病人给予初步止血、包扎、固定。

9) 待救护车到达后，应向急救人员详细地讲述病人的病情、伤情以及发展过程、采取的初步急救措施。

三、施工现场应急处理措施

1. 塌方伤害

塌方伤害是由塌方、垮塌而造成的工人被土石方、瓦砾等压埋，发生掩埋窒息，土方石块埋压肢体或身体导致的人体损伤。

急救要点：

(1) 迅速挖掘抢救出压埋者。尽早将伤员的头部露出来，即刻清除其口腔、鼻腔内的泥土、砂石，保持呼吸道的通畅。

(2) 救出伤员后，先迅速检查心跳和呼吸。如果心跳呼吸已停止，立即先连续进行2次人工呼吸。

(3) 在搬运伤员中，防止肢体活动，不论有无骨折，都要用夹板固定，并将肢体暴露在凉爽的空气中。

(4) 发生塌方意外事故后，必须打120急救电话报警。

(5) 切忌对压埋受伤部位进行热敷或按摩。

(6) 必须注意以下事项：

1) 肢体出血禁止使用止血带止血，因为可加重挤压综合征。

2) 脊椎骨折或损伤固定和搬运原则，应使脊椎保持平行，不要弯曲扭动，以防止损伤脊髓神经。

2. 高处坠落摔伤

高处坠落摔伤是指从高处坠落而导致受伤。

急救要点：

(1) 坠落在地的伤员，应初步检查伤情，不乱搬动摇晃，应立即呼叫120急救医生前来救治。

(2) 采取初步救护措施：止血、包扎、固定。

(3) 怀疑脊柱骨折，按脊柱骨折的搬运原则急救。切忌一人抱胸，一人扶腿搬运。伤员上下担架应由 3~4 人分别抱住头、胸、臀、腿，保持动作一致平稳，避免脊柱弯曲扭动，加重伤情。

3. 触电

急救要点：

(1) 迅速关闭开关，切断电源，使触电者尽快脱离电源。确认自己无触电危险再进行救护。

(2) 用绝缘物品挑开或切断触电者身上的电线、灯、插座等带电物品。

绝缘物品有干燥的竹竿、木棍、扁担、塑料棒等，带木柄的铲子、电工用绝缘钳子。抢救者可站在绝缘物体上，如胶垫、木板，穿着绝缘的鞋，如塑料鞋、胶底鞋等进行抢救。

(3) 触电者脱离电源后，立即将其抬至通风较好的地方，解开病人衣扣、裤带。轻度触电者在脱离电源后，应就地休息 1~2h 再活动。

(4) 如果呼吸、心跳停止，必须争分夺秒进行口对口人工呼吸和胸外心脏按压。

对触电者必须坚持长时间的人工呼吸和心脏按压。

(5) 立即呼叫 120 急救医生到现场救护。并在不间断抢救的情况下护送医院进一步急救。

4. 挤压伤害

挤压伤害是指因暴力、重力的挤压或土块、石头等的压埋引起的身体伤害，可造成肾脏功能衰竭的严重情况。

急救要点：

(1) 尽快解除挤压的因素，如被压埋，应先从废墟下扒救出来。

(2) 手和足趾的挤压伤。指（趾）甲下血肿呈黑紫色，可立即用冷水冷敷，减少出血和减轻疼痛。

(3) 怀疑已经有内脏损伤者，应密切观察其有无休克先兆。

(4) 严重的挤压伤，应呼叫 120 急救医生前来处理，并护送到医院进行外科手术治疗。

(5) 千万不要因为受伤者当时无伤口，而忽视治疗。

(6) 在转运中，应减少肢体活动，不管有无骨折都要用夹板固定，并让肢体暴露在凉爽的空气中，切忌按摩和热敷，以免加重病情。

5. 硬器刺伤

硬器刺伤是指刀具、碎玻璃、铁丝、铁钉、铁棍、钢筋、木刺造成的刺伤。

急救要点：

(1) 较轻的、浅的刺伤，只需消毒清洗后，用干净的纱布等包扎止血，或就地取材使用替代品初步包扎后，到医院去进一步治疗。

(2) 刺伤的硬器如钢筋等仍插在胸背部、腹部、头部时，切不可立即拨出来，以免造成大出血而无法止血。应将刃器固定好，并将病人尽快送到医院，在手术后，妥当地取出来。

(3) 刃器固定方法：刃器四周用衣物或其他物品围好，再用绷带等固定住。路途中注意保护，使其不得脱出。

(4) 刃器已被拔出，胸背部有刺伤伤口，伤员出现呼吸困难、气急、口唇紫绀，这时伤口与胸腔相通，空气直接进出，称为开放性气胸，非常紧急，处理不当，呼吸很快会停止。

(5) 迅速按住伤口，可用消毒纱布或清洁毛巾覆盖伤口后送医院急救。纱布的最外层最好用不透气的塑料膜覆盖，以密闭伤口，减少漏气。

(6) 刺中腹部后导致肠管等内脏脱出来，千万不要将脱出的肠管送回腹腔内，因为会使感染机会加大，可先包扎好。

(7) 包扎方法：在脱出的肠管上覆盖消毒纱布或消毒布类，再用干净的盆或碗倒扣在伤口上，用绷带或布带固定，迅速送医院抢救。

(8) 双腿弯曲，严禁喝水、进食。

(9) 刺伤应注意预防破伤风。轻的、细小的刺伤，伤口深、尤其是铁钉、铁丝、木刺等刺伤，如不彻底清洗，容易引起破伤风。

6. 铁钉扎脚

急救要点：

(1) 将铁钉拔除后，马上用双手拇指用力挤压伤口，使伤口内的污染物随血液流出。如果当时不挤，伤口很快封上，污染物留在伤口内易形成感染源。

(2) 洗净伤脚，有条件者用酒精消毒后包扎。伤后12h内到医院注射破伤风抗毒素，预防破伤风。

7. 火警火灾急救

(1) 急救要点：

1) 施工现场发生火警、火灾事故时，应立即了解起火部位，燃烧的物质等基本情况，拨打"119"向消防部门报警，同时组织撤离和扑救。

2) 在消防部门到达前，对易燃易爆的物质采取正确有效的隔离。如切断电源，撤离火场内的人员和周围易燃易爆物及一切贵重物品，根据火场情况，机动灵活地选择灭火器具。

3) 在扑救现场，应行动统一，如火势扩大，一般扑救已无效时，应及时组织扑救人员撤退，避免不必要的伤亡。

4) 扑灭火情可单独采用、也可同时采用几种灭火方法(冷却法、窒息法、隔离法、化学中断法)进行扑救。灭火的基本原理是破坏燃烧三条件(即可燃物、助燃物、火源)中的任一条件。

5) 在扑救的同时要注意周围情况，防止中毒、坍塌、坠落、触电、物体打击等二次事故的发生。

6) 灭火后，应保护火灾现场，以便事后调查起火原因。

(2) 火灾现场自救要点：

1) 救火者应注意自我保护，使用灭火器材救火时应站在上风位置，以防因烈火、浓烟熏烤而受到伤害。

第四节 施工现场安全急救、应急处理和应急设施

2) 火灾袭来时要迅速疏散逃生，不要贪恋财物。

3) 必须穿越浓烟逃走时，应尽量用浸湿的衣物披裹身体，用湿毛巾或湿布捂住口鼻，并贴近地面爬行。

4) 身上着火时，可就地打滚，或用厚重衣物覆盖压灭火苗。

5) 大火封门无法逃生时，可用浸湿的被褥衣物等堵塞门缝，泼水降温，呼救待援。

8. 烧伤

发生烧伤事故应立即在出事现场采取急救措施，使伤员尽快与致伤因素脱离接触，以免继续伤害深层组织。

急救要点：

(1) 防止烧伤。身体已经着火，应尽快脱去燃烧衣物。若一时难以脱下，可就地打滚或用浸湿的厚重衣物覆盖以压灭火苗，切勿奔跑或用手拍打，以免助长火势，要注意防止烧伤手。如附近有河沟或水池，可让伤员跳入水中。如果衣物与皮肤粘连在一起，应用冷水浇湿或浸湿后，轻轻脱去或剪去。

(2) 冷却烧伤部位。如为肢体烧伤则可用冷水冲洗、冷敷或浸泡肢体，降低皮肤温度，以保护身体组织免受灼烧的伤害。

(3) 用干净纱布或被单覆盖和包裹烧伤创面做简单包扎，避免创面污染。切忌自己不要随便把水泡弄破更不要在烧伤处涂各种药水和药膏，如紫药水、红药水等，以免掩盖病情。

(4) 为防止烧伤休克，烧伤伤员可口服自制烧伤饮料糖盐水。如在500mL开水中放入白糖50g左右、食盐1.5g左右制成。但是，切忌给烧伤伤员喝白开水。

(5) 搬运烧伤伤员，动作要轻柔、平稳，尽量不要拖拉、滚动，以免加重皮肤损伤。

(6) 经现场处理后的伤员要迅速转送医院救治，转送过程中要注意观察呼吸、脉搏、血压等的变化。

9. 化学烧伤

(1) 强酸烧伤

急救要点：

1) 立即用大量温水或大量清水反复冲洗皮肤上的强酸，冲洗得越早越干净越彻底越好，一点儿残留也会使烧伤越来越重。

2) 切忌不经冲洗，急急忙忙地将病人送往医院。

3) 用水冲洗干净后，用清洁纱布轻轻覆盖创面，送往医院处理。

(2) 强碱烧伤

急救要点：

1) 立即用大量清水反复冲洗，至少20min。碱性化学烧伤也可用食醋来清洗，以中和皮肤上的碱液。

2) 用水冲洗干净后，用清洁纱布轻轻覆盖创面，送往医院处理。

(3) 生石灰烧伤

急救要点：

1) 应先用手绢、毛巾揩净皮肤上的生石灰颗粒，再用大量清水冲洗。

2) 切忌先用水洗，因为生石灰遇水会发生化学反应，产生大量热量灼伤皮肤。

3）冲洗彻底后快速送医院救治。

10. 急性中毒

急性中毒是指在短时间内，人体接触、吸入、食用大量毒物，进入人体后，突然发生的病变，是威胁生命的主要原因。在施工现场如一旦发生中毒事故，应争取尽快确诊，并迅速给予紧急处理。采取积极措施因地制宜、分秒必争地给予妥善的现场处理和及时转送医院，这对提高中毒人员的抢救有效率，尤为重要。

急性中毒现场救治，不论是轻度还是严重中毒人员，不论是自救还是互救、外来救护工作，均应设法尽快使中毒人员脱离中毒现场、中毒物源，排除吸收的和未吸收的毒物。

根据中毒的途径不同，采取以下相应措施：

（1）皮肤污染、体表接触毒物

包括在施工现场因接触油漆、涂料、沥青、外加剂、添加剂、化学制品等有毒物品中毒。急救要点：

1）应立刻脱去污染的衣物并用大量的微温水清洗污染的皮肤、头发以及指甲等。
2）对不溶于水的毒物用适宜的溶剂进行清洗。

（2）吸入毒物（有毒的气体）

此种情况包括进入下水道、地下管道、地下的或密封的仓库、化粪池等密闭不通风的地方施工，或环境中有有毒、有害气体以及焊割作业、乙炔（电石）气中的磷化氢、硫化氢、煤气（一氧化碳）泄漏，二氧化碳过量，油漆、涂料、保温、粘合等施工时，苯气体、铅蒸气等作业产生的有毒有害气体吸入人体造成中毒。

急救要点：

1）应立即使中毒人员脱离现场，在抢救和救治时应加强通风及吸氧。
2）及早向附近的人求助或打120电话呼救。
3）神志不清的中毒病人必须尽快抬出中毒环境。平放在地上，将其头转向一侧。
4）轻度中毒患者应安静休息，避免活动后加重心肺负担及增加氧的消耗量。
5）病情稳定后，将病人护送到医院进一步检查治疗。

（3）食入毒物

包括误食腐蚀性毒物，河豚鱼、发芽土豆、未熟扁豆等动植物毒素，变质食物、混凝土添加剂中的亚硝酸钠、硫酸钠等和酒精中毒。

急救要点：

1）立即停止食用可疑中毒物。
2）强酸、强碱物质引起的食入毒物中毒，应先饮蛋清、牛奶、豆浆或植物油200mL保护胃黏膜。
3）封存可疑食物，留取呕吐物、尿液、粪便标本，以备化验。
4）对一般神志清楚者应设法催吐，尽快排出毒物。一次饮600mL清水或稀盐水（一杯水中加一匙食盐），然后用压舌板、筷子等物刺激咽后壁或舌根部，造成呕吐的动作，将胃内食物吐出来，反复进行多次，直到吐出物呈清亮为止。已经发生呕吐的病人不要再催吐。
5）对催吐无效或神智不清者，则可给予洗胃，但由于洗胃有不少适应条件，故一般宜在送医院后进行。

6）将病人送医院进一步检查。

急性中毒急救时要注意：

（1）救护人员在将中毒人员脱离中毒现场的急救时，应注意自身的保护，在有毒有害气体发生场所，应视情况，采用加强通风或用湿毛巾等捂着口、鼻，腰系安全绳，并有场外人控制、应急，如有条件的要使用防毒面具。

（2）常见食物中毒的解救，一般应在医院进行，吸入毒物中毒人员尽可能送往有高压氧舱的医院救治。

（3）在施工现场如已发现心跳、呼吸不规则或停止呼吸、心跳的时间不长，则应把中毒人员移到空气新鲜处，立即施行口对口（口对鼻）呼吸法和体外心脏挤压法进行抢救。

第五节　应急预案案例

为了预防和控制重大事故的发生，并能在重大事故发生时有条不紊地开展救援工作，各施工单位都应该制定和完善应急预案措施。作为项目安全总监，应具有编制应急预案的能力。

应急救援应成立应急救援指挥部（领导小组），设总负责人一名，协助负责人若干，下设专业处置组，具体承担事故救援和处置工作。具体成员及职责一般为：

对外联络组　负责及时与当地公安、消防、卫生防疫、安全监察等政府部门沟通。

现场协调组　负责及时协调抢救现场等各方面工作，积极组织救护和现场保护。

物资供应组　负责及时提供所需交通工具、器材、通信、药品等急救设备。

信息传递组　负责及时向企业相关人员传达事故发展动态。

善后处理组　负责及时安排好事故伤亡者及其亲属的善后事宜。

应急预案的内容一般要包括：

（1）应急防范重点区域和单位；

（2）应急救援准备和快速反应详细方案；

（3）应急救援现场处置和善后工作安排计划；

（4）应急救援物资保障计划；

（5）应急救援请示报告制度。

应定期对应急预案进行演习，目的是让所有职工知道应急预案的内容。并且所有施工现场人员都应参加演习，以熟悉应急状态下的行动方案。对应急预案应实行动态管理，应定期检查，不断完善。

下面是某施工项目防汛应急预案实例。

××项目防汛应急预案

一、防汛任务与方针

防汛工作的主要任务是：采取积极的和有效的防御措施，把汛期带来灾害的影响和损失减少到最低限度，以保障工程建设的顺利进行和人民生命财产的安全。

防汛方针是：加强领导、组织落实、明确责任、预防为主、信息畅通、全力抢险。

二、防汛领导小组责任

1. 项目经理是防汛领导小组第一负责人，负责防汛工作的指挥工作。
2. 安全总监是防汛工作第一执行人，负责防汛工作的具体实施和组织工作。
3. 建立项目各级施工人员防汛生产责任制，项目经理部与各施工单位负责人签订防汛生产责任状，做到层层负责，竖向到底，一环不漏。

三、应急预案领导小组组织机构图（图3-2）

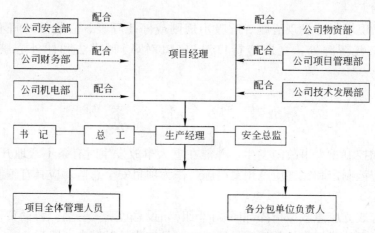

图 3-2　应急预案领导小组组织机构图

防汛小组现场下设四个抢险队。现场出现险情后，保证80人在半小时内赶到现场。

四、应急小组下设机构及职责

1. 抢险组：组长由项目经理担任，成员由安全总监、现场经理、机电经理、项目工程师和项目班子及分包单位负责人组成。

主要职责是：组织实施抢险行动方案；协调有关部门的抢险行动；及时向指挥部报告抢险进展情况。

2. 安全保卫组：组长由项目书记担任，成员由项目行政部、经警组成。

主要职责是：负责事故现场的警戒，阻止非抢险救援人员进入现场；负责现场车辆疏通，维持治安秩序；负责保护抢险人员的人身安全。

3. 后勤保障组：组长由项目书记担任，成员由项目物资部、行政部、合约部、食堂组成。

主要职责是：负责调集抢险器材、设备；负责解决全体参加抢险救援工作人员的食宿问题。

4. 医疗救护组：组长由项目卫生所医生担任，成员由卫生所护士、救护车队组成。

主要职责是：负责现场伤员的救护等工作。

五、防汛工作应急流程

北京地区汛期一般在6月15日至9月15日之间，高峰期主要集中在每年7、8月份。进入高峰汛期后，防汛领导小组即进入应急待命工作状态。防汛工作应急流程见图3-3。

六、防汛工作值班表（表3-1）

第五节 应急预案案例

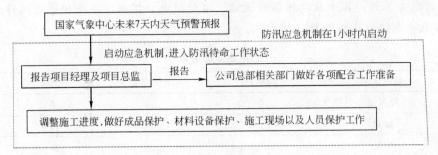

图 3-3 防汛工作应急流程

24 小时防汛工作值班表　　　　　表 3-1

	白班 (8：00～20：00)	夜班 (20：00～次日 8：00)	备 注
防汛领导小组	组长：×××	副组长：×××	公司安全部 （电话） 公司财务部 （电话） 项目管理部 （电话） 物资公司 （电话） 机电部 （电话） 技术发展部 （电话）
施工管理人员			
分包责任小组	1. 临建分包：×× 2. 结构分包：待定 3. 钢结构分包：待定 4. 机电分包：待定 5. 装修分包：待定		

七、汛期期间工程进度

2004 年汛期工程进度——土方、护坡及基础工程；

2005 年汛期工程进度——钢结构、粗装修、机电工程；

2006 年汛期工程进度——装修工程、机电工程、总图施工。

八、汛期施工准备工作

1. 汛期到来之前项目展开一次安全防汛自查工作。检查施工现场及生产、生活基地的排水设施，疏通各种排水渠道，清理雨水排水口，保证雨水的顺利排放。

2. 硬化道路要起拱，两旁设排水沟，保证不滑、不陷、不积水。清理现场的障碍物，保持现场道路畅通。道路两旁 3m 范围内不要堆放物品，需要堆放时堆放高度不宜超过 1.5m，保证视野开阔，道路畅通。

3. 检查塔吊和龙门架的基础是否牢固，塔基四周或轨道两侧均应设置排水沟，轨道中间挖纵向排水沟。

4. 施工现场、生产基地的工棚、仓库、食堂、搅拌站、临时住房等暂设工程各分管单位应在汛期前按照北京市施工现场管理和非典时期的特殊要求和文件规定进行全面调整检查和整修，保证基础、道路不塌陷，房间干燥、通风、防蚊蝇设施齐全并不漏雨，场区不积水。

5. 各项目经理部应做好施工人员的汛期施工培训工作，组织相关人员进行全面检查施工现场的准备工作，其中应包括临时设施、临时用电、机械设备防护等项工作。

6. 防汛专业抢险队防险物质储备（表3-2）

防汛物质储备表　　　　　　　　表3-2

序号	物质品种	规格	配备数量	单位	备注
1	编织袋			条	
2	雨衣			件	
3	雨靴			双	
4	塑料布			m^2	
5	绝缘鞋			双	
6	绝缘手套			双	
7	铁锹			把	
8	手推车			辆	
9	桩木	150×150		m^3	
10	潜水泵	WKQ35-20-3		台	
11	麻袋			条	
12	苫布	3m×6m		块	
13	排水胶管	φ50		m	
14	排水胶管	φ70		m	
15	手电筒			把	
16	对讲机			个	
17	沙袋			袋	
18	汽车			辆	

九、汛期期间原材料的储存和堆放

（1）水泥全部存入仓库，没有仓库的应搭设专门的棚子，保证不漏、不潮，下面应架空通风，四周设排水沟，避免积水。现场可充分利用在施结构首层堆放材料。

（2）砂、石料一定要有足够的储备，以保证工程的顺利进行。场地四周要有排水出路（保证一定的排水坡度），防止淤泥渗入。

（3）钢模板的堆放场地应坚实，以防止因地面下沉造成倒塌事故。

（4）装修材料、保温材料、机电设备等进场后，应尽量运入楼层内的仓库，否则应采取防雨措施。

（5）汛期所需材料、机具、设备，如水泵、抽水软管、草袋、塑料布、苫布等由材料部门提前准备，及时组织进场。水泵等设备应提前进行检修。

（6）汛期施工前应对现场配电箱、闸箱、电缆临时支架等仔细检查，确保用电安全。现场配电箱要支搭防砸、防雨防护棚。

（7）晴天后派专人进行开窗通风换气，以防室内潮气过大。

十、汛期期间主要施工技术

1. 基础工程（2005年汛期工程进度）

(1) 基坑边坡稳定监测

1) 汛期基础施工期间，每日两次须设专人负责监测边坡和支护的稳定情况，做好护坡桩的位移记录，以防坑壁受雨水浸泡造成塌方，着重注意塔吊、材料堆场和道路附近的边坡位移。

2) 雨天应对降水井井口进行覆盖，以免雨水、泥沙灌入井内，影响降水效果，同时应加大对水位观测的频率，及时了解水位的变化情况。

3) 在未施工垫层遇雨时，基坑应采用塑料布覆盖、禁止上人乱踩，雨停、晾槽清泥后进行垫层的施工，并派专人检查雨水排放情况。

(2) 基础混凝土工程

1) 汛期期间搅拌混凝土要严格控制用水量，应随时测定砂、石的含水率，及时调整混凝土配合比，严格控制水灰比和坍落度。雨天浇筑混凝土应适当减小坍落度，必要时可将混凝土强度等级提高一级。

2) 混凝土的浇筑施工应尽量避免在雨天进行。大雨和暴雨天不得浇筑混凝土，小雨可以进行混凝土浇筑，但浇筑部位应进行覆盖，并注意混凝土坍落度根据雨量而适当调整。

3) 基础底板的大体积混凝土施工应避免在雨天进行。如突然遇到大雨或暴雨，不能浇筑混凝土时，应将施工缝设置在合理位置，并采取适当的措施防护；已浇筑的混凝土用塑料布覆盖，待大雨过后清除积水再继续浇筑。大体积混凝土浇筑后，要加强养护，严格控制温度下降梯度，防止遇雨骤冷而产生裂缝。防水混凝土严禁在雨天施工。

4) 雨后应将模板表面淤泥、积水及钢筋上的淤泥清除掉，施工前应检查板、墙的模板内是否有积水，若有积水应清理后再浇筑混凝土。

5) 浇筑板、墙、柱混凝土时，可适当减小坍落度。梁板同时浇筑时应沿次梁方向浇筑，此时如遇雨而停止施工，可将施工缝留在弯矩剪力较小处的次梁或板上，从而保证主梁的整体性。

6) 尽量避免雨天进行预应力张拉，张拉机具应有防雨水措施。

(3) 基础钢筋工程

1) 根据施工现场的需要和天气情况组织钢筋进场，应避免加工后的钢筋长时间放置；钢筋的进场运输应尽量避免在雨天进行。

2) 现场钢筋堆放应垫高，下部地面硬化处理或铺碎石，以防钢筋泡水锈蚀。

3) 大雨时应避免进行钢筋焊接施工。小雨时如有必须施工部位应采取防雨措施以防触电事故发生，可采用雨布或塑料布搭设临时防雨棚，不得让雨水淋在焊点上，待完全冷却后，方可撤掉遮盖，以保证钢筋的焊接质量。如遇大雨、大风天气，应立即停止施工。

4) 雨后钢筋视情况进行防锈处理，不得把锈蚀的钢筋用于结构上。

5) 为保护后浇带处的钢筋，在后浇带两边各砌一道120mm宽、200mm高的砖墙，上用预制板或其他板材封口，板上做防雨水措施。

(4) 模板工程

1) 雨天使用的木模板拆下后应放平，以免变形。钢模板拆下后应及时清理、刷脱模剂(遇雨应覆盖塑料布)，大雨过后应重新刷一遍。

2) 模板拼装后应尽快浇筑混凝土，防止模板遇雨变形。若模板拼装后不能及时浇筑混凝土，又被雨水淋过，则浇筑混凝土前应重新检查、加固模板和支撑。

3）大块模板落地时，地面应坚实，并用支撑固定牢固。

4）制作模板用的多层板和木方要堆放整齐，且须用塑料布覆盖防雨，防止被雨水淋而变形，影响其周转次数和混凝土的成型质量。

(5) 脚手架工程

1）汛期前对所有脚手架进行全面检查，脚手架立杆底座必须牢固，并加扫地杆外用脚手架要与墙体拉结牢固。

2）脚手架立杆底脚必须设置垫木或混凝土垫块，外脚手架坐落于回填土上的工程应确保回填质量，土体应夯实并设排水沟，同时保证排水通畅，避免积水。所有马道、斜梯均应钉防滑条。

3）下雨天应停止在外脚手架上施工，大雨后要对外脚手架进行全面检查并认真清扫，确认无沉降和松动后方可使用。

4）外架基础应派专人随时观察，如有下陷或变形，应立即处理。

2. 钢结构工程(2006年汛期工程进度)

(1) 钢构件堆放场地要平整、坚实、并有足够的垫木，使构件放平稳，不致变形。场地四周设排水沟，并有遮盖措施，以免构件浸泡、锈蚀。

(2) 遇雨或大风天气应停止钢结构的吊装和安装；雨天或构件表面有水的情况下，严禁进行高强度螺栓施工作业。

(3) 汛期施工期间应经常对所用的吊装机具设备等进行检查，发现问题应及时解决。

(4) 所有焊接设备在汛期来临前，均应有可靠的防雨措施，使用完后应随时切断电源。

(5) 焊接、安装作业遇雨时必须停止，对刚焊接完的部位应用遮雨布遮盖，避免焊接部位遇雨骤然冷却，再次施焊前应对焊缝进行局部烘干。

(6) 施工中遇雨时应将高空作业人员撤至安全地带，各种用电设备切断电源。

(7) 雨后施工要注意防滑；工具房、操作平台、吊篮及焊接防护罩等的积水应及时清理干净。

3. 装修工程(2006年汛期工程进度)

(1) 汛期装修应遵循的施工原则：晴天多做外装修，雨天做内装修。外装修作业前要收听天气预报，确认无雨后可进行施工，雨天不得进行外装修作业。雨天室内工作时，应避免操作人员将泥水带入室内造成污染，一旦污染楼地面应及时清理。

(2) 对易受污染的高级外装修，要制定专门的成品保护措施。

(3) 外装修的脚手架基础应坚固，防止下雨后出现沉降现象，脚手架跳板应做防滑措施；装修用吊篮在雨天应落地，停止使用。

(4) 建筑外排水管的安装应随外墙面层施工同步进行，水落管一定要安装到底，并安装好弯头，以免雨水污染外墙装饰。

(5) 各种惧雨防潮装修材料应按物资保管规定入库和覆盖防潮布存放，防止变质失效。如白灰、石膏板等易受潮的材料应放于室内，垫高并覆盖塑料布。

4. 机电设备安装工程(2004年、2005年汛期阶段为机电预埋管工程，2006年为机电安装工程重点年)

(1) 机电设备的电闸箱要采取防雨、防潮等措施,并应安装接地保护装置。

(2) 对原材料及半成品的防护,能进入仓库或楼层的要垫高码放并保证通风良好,尤其是进场的保温材料严禁被雨淋和浸泡,必须及时采取防雨水等措施。

(3) 对露天堆放的材料(如管道)或设备应垫高,遇雨时用塑料布覆盖。

(4) 进场的机电设备开箱后应采取防雨措施,并应尽量减少露天存放。

(5) 设备预留孔洞应做好防雨措施,如施工现场地下部分的设备已安装完毕采取措施防止设备受潮、被雨水浸泡。

十一、汛期施工机械设备管理

1. 供电线路不能直埋的一定要架空,室外的配电箱、电焊机和机械设备(如钢筋成型机和钢筋加工机)等均须搭设防雨棚。值班电工要经常检查电气设备的接地接零保护装置是否灵敏有效。

2. 现场电焊机、钢筋加工机等设备操作必须符合安全操作规程,并采取有效的防雨、防潮、防淹等措施。

3. 变压器等要采取防雷措施,用电设备和机械设备要按照相应的规范规定做好接地或接零保护装置,并经常检查和测试其可靠性,接地电阻一般应不大于 4Ω,防雷接地电阻一般应不大于 10Ω。

4. 电动机械设备和手持电动工具都必须安装漏电保护器,漏电保护器的容量要与用电机械的容量相符,并专机专用。

5. 汛期施工前,对现场所有的动力及照明线路、供配电电器设施进行一次全面检查,对线路老化、安装不良、瓷瓶裂纹以及跑漏电现象必须及时修理或更换,严禁迁就使用。

6. 汛期要经常检查现场电气设备的接地、接零保护装置是否灵敏,汛期使用电气设备和平时使用的电动工具应采取双重保护措施(漏电保护和绝缘劳保工具),注意检查电线绝缘是否良好,接头是否包好,不准将线浸泡在水中。

7. 各种电器动力设备,雨施前必须进行绝缘、接地、接零保护的遥测(用接地摇表),若发现问题应及时解决。动力设备的接地线($16mm^2$ 麻皮铜线)不得与避雷地线混在一起使用,使用的潜水泵电源线不得有接头,破损。

8. 雨后电动设备启用前,要由专业电工认真检查电机是否受潮,设备壳体、操作手柄、开关按钮等是否带电,确保无误后方可开机使用。

十二、汛期施工安全文明措施

1. 现场施工人员、安全员、技术人员在汛期来临前应对现场进行汛期安全检查,发现问题及时处理,并在汛期施工期间进行定期检查。

2. 雨天应停止在外脚手架上施工,大雨后应对塔基、道路、外脚手架、外用电梯和提升架等进行全面检查,确认无沉陷和松动后方可使用。对塔吊基础要定期测量,如发现不均匀沉降必须及时采取措施。

3. 要做好塔吊、龙门架、外脚手架等设备等防雷接地工作,避雷针要安装在建筑物或塔吊的最高处,在汛期来临之前要对避雷接地装置做一次全面检查,各项接地指标应符合安全规程要求,并做好检查记录存放于安全部门。

4. 塔吊操作人员班前作业必须检查机身是否带电,漏电装置是否灵敏,各种操作机构是否灵活、安全、可靠。

每日下班时塔吊应停在地基坚实处，松开回转制动装置；将吊钩收回至大臂最上端，将小车行至大臂根部，大臂在回转过程中，遇障碍物干涉的，必须将塔吊吊钩固定在地锚上；关好驾驶室门窗，卡紧、卡牢轨钳（有停机坪的应停在停机坪上），切断配电箱内的电源开关，关好箱门上好锁。

如遇暴雨或 6 级以上强风等恶劣天气时，应停止塔吊、外用电梯、龙门架、提升架的露天作业。外用电梯、龙门架、提升架作业完毕后，吊笼必须降至地面，同时切断电源。

5. 大雨过后 4 个小时之内，不得进行塔机、龙门架、提升架的拆装作业，如遇特殊情况，必须做好专项安全技术交底。

6. 机动车辆在汛期行驶，要注意防滑，在沟、槽旁卸料时要有止挡装置。

7. 现场内短钢筋头、网片模板要合理堆放，带钉子的模板、木方要退出钉尖或堆放于高处，以免积水时误踩钉子扎脚。

8. 现场应设置洗车池，出入施工现场的车辆均应进行冲洗，不得将泥土带出工地，污染市政道路，冲洗后的水经沉淀池沉淀后可重复利用，以节约用水，沉淀池应定期进行清理。

9. 汛期正逢盛夏季节天气闷热，各项目经理部、专业分公司应适当调整作息时间，避开中午高温时间；后勤部门应采取必要的防暑降温措施，如遮阳、发放解暑药品和降温饮料或饮水加防暑药品等，做好施工人员的防暑降温工作。

10. 防汛期间，如出现打雷时，应尽量不要使用无线电通信设备，以免出现雷击伤人事故。

11. 现场出现事故后，总包有关人员应在半小时内将事情发生情况通报监理。

12. 保证现场干净整洁，防止蚊蝇孳生，避免传染病的发生，为此应经常对办公室宿舍、食堂、厕所等地进行打药、消毒。

第四章 危险源辨识、风险评价和风险控制

第一节 《职业健康安全管理体系 规范》概述

职业健康安全状况是国家经济发展和社会文明程度的反映，事关劳动者的基本人权和根本利益，使所有劳动者获得安全与健康是社会公正、安全、文明、健康发展的基本标志之一，也是保持社会安定团结和经济持续健康发展的重要条件。职业健康安全管理体系与质量管理体系、环境管理体系并列为风靡世界的三大管理体系，它是世界各国目前广泛推行的一种先进的现代安全生产管理方法。建立并实施职业健康安全管理体系可以强化企业的安全管理，完善自我约束机制，保护职工安全与健康，减少由于事故发生造成的生命财产损失。

我国历来十分重视职业健康和安全生产工作，陆续制定了一系列的方针、政策，并颁布了多部法律、法规、规章和标准。21世纪初，我国开始贯彻实施职业健康安全管理标准，并取得了显著的成效。2001年国家经济贸易委员会发布了《职业安全健康管理体系指导意见》和《职业安全健康管理体系审核规范》，同年国家质量监督检验检疫总局发布了 GB/T 28001—2001《职业健康安全管理体系 规范》，从而进一步推动并规范了职业健康安全管理工作。

一、职业健康安全管理体系标准产生的背景

职业健康安全问题：一方面是由于生产技术条件落后造成的；另一方面是由于管理不善造成的。但纯粹因技术条件而无法避免的事故只占很小一部分，绝大多数事故是可以通过合理有效的管理得以避免的，只有加强管理并辅以技术手段，才能最大限度地减少生产事故和劳动疾病的发生。

世界各国都在努力探索加强职业健康安全管理的科学方法。现代安全科学理论认为，发生伤亡事故是由于人的不安全行为（或人的失误）和物的不安全状态造成的。通过教育培训可以提高人的意识和能力以控制人的不安全行为，通过采纳实用安全技术可以改善物的不安全状态。但是对于复杂的工业系统来说，完全依赖安全技术系统的可靠性和人的可靠性，还不能完全杜绝各种事故的发生。而直接影响安全技术系统的可靠性和人的可靠性的组织管理因素，已成为复杂的工业系统是否发生事故的深层原因。为此，系统化管理被提到议事日程上来。

职业健康安全管理体系标准是20世纪80年代后期，在国际上兴起的现代安全生产管理模式，它与ISO 9000和ISO 14000等标准化管理体系一样被称为后工业化时代的管理方法。它产生的主要原因：一是企业自身发展的需要；二是在全球经济一体化潮流的推动下出现的职业健康安全标准一体化趋势。

在20世纪80年代末90年代初，一些跨国公司和大型的现代化联合企业为强化自己的社会关注力和控制损失的需要，开始建立自律性的职业健康安全与环境保护的管理制度并逐步形成了比较完善的体系。到20世纪90年代中期，为了实现这种管理体系的社会公证性，引入了第三方认证的原则。随着国际社会对职业健康安全问题的日益关注，以及ISO 9000和ISO 14000标准在各国得到广泛认可与成功实施，考虑到质量管理、环境管理与职业健康安全管理的相关性，国际标准化组织（ISO）于1996年9月召开了国际研讨会，讨论是否制定职业健康安全管理体系国际标准，结果未达成一致意见。随后，ISO在1997年1月召开的技术工作委员会（TMB）会议上决定，ISO目前暂不颁布这类标准。但许多国家和国际组织都继续在本国或所在地区发展这一标准，使得职业健康安全管理标准化问题成为继质量管理、环境管理标准之后世界各国关注的又一管理标准化问题。

一些发达国家率先开展了实施职业健康安全管理体系的活动。1996年英国颁布了BS 8800：1996《职业健康安全管理体系指南》国家标准；美国工业健康协会制定了《职业健康安全管理体系指导性文件》；1997年澳大利亚/新西兰制定了AS/NZS 4804：1997《职业健康安全管理体系——原则、体系和支持技术的总则》；日本工业灾害预防协会（JISHA）提出了《职业健康安全管理体系指南》；挪威船级社（DNV）制定了《职业健康安全管理体系认证标准》；1999年英国标准协会（BSI）、挪威船级社（DNV）等13个组织联合制定了职业健康安全评价系列（OHSAS）标准，即OHSAS 18001：1999《职业健康安全管理体系 规范》及OHSAS 18002：2000《职业健康安全管理体系——指南》。

我国积极参与了国际标准化组织有关职业健康安全管理体系问题的技术活动，开展了有关职业健康安全管理体系的研究和标准的制定工作。1996年3月成立了由原国家技术监督局和原劳动部组成的"职业健康安全管理标准化协调小组"，同年6月召开了研讨会。随后，中国劳动保护科学技术学会、原劳动部劳动保护科学研究所等单位开展了职业健康安全管理体系标准的研究工作。1997年中国石油天然气总公司制定了《石油天然气工业健康、安全与环境管理体系》等行业标准。1999年10月国家经贸委颁布了《职业安全卫生管理体系试行标准》，2001年12月20日发布了《职业安全健康管理体系指导意见》和《职业安全健康管理体系审核规范》，取代试行标准。2001年中国标准研究中心、中国合格评定国家认可中心和中国国家进出口企业认证机构认可委员会共同制定了GB/T 28001—2001《职业健康安全管理体系 规范》，于11月12日由国家质量监督检验检疫总局发布，并于2002年1月1日起实施。

二、GB/T 28001—2001《职业健康安全管理体系 规范》的结构

现代职业健康安全管理，强调按系统理论管理职业健康安全及其相关事务，以达到预防和减少生产事故及劳动疾病的目的。

系统理论认为，系统化模式一般包括输入、过程、输出和反馈四个要素。戴明模型是一种系统化的管理模式，包括策划（P）、行动（D）、检查（C）和改进（A）四个相互联系的环节，构成一个动态循环并呈螺旋上升以持续改进的模式。

在确定职业健康安全管理体系运行模式时，采用了戴明模型。职业健康安全管理体系运行模式包括5个环节：职业健康安全方针、策划、实施和运行、检查和纠正措施、管理评审（见图4-1）。

第一节 《职业健康安全管理体系 规范》概述

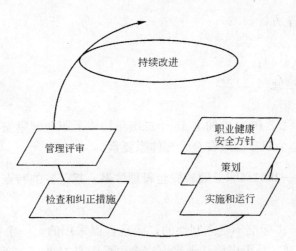

图 4-1 职业健康安全管理体系运行模式

GB/T 28001—2001 第 4 章是标准的主要内容,其结构如图 4-2 所示。

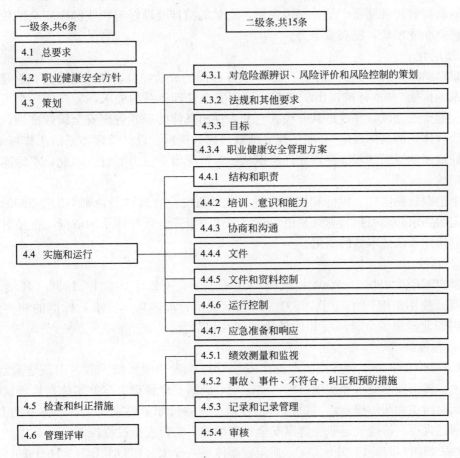

图 4-2 职业健康安全管理体系的主要内容

第 4 章共包括 6 个一级条和 15 个二级条。其中,除 4.1(一级条)外,其余 5 个一级条与职业健康安全管理体系模式图(见图 4-1)的各环节相对应,这 5 个一级条分别是:

(1) 职业健康安全方针(4.2);
(2) 策划(4.3);
(3) 实施和运行(4.4);
(4) 检查和纠正措施(4.5);
(5) 管理评审(4.6)。

图中两个一级条(4.2和4.6)加上15个二级条构成了职业健康安全管理体系的完整要求,通常也被称为17个职业健康安全管理体系要素。

三、GB/T 28001—2001《职业健康安全管理体系 规范》的特点

1. 自愿原则

GB/T 28001—2001标准不是强制性的,而是自愿采用的。一个组织是否实施这个标准,如何实施这个标准,是否申请认证等,完全由组织自主决定。当然,市场和相关方要求形成的压力,是组织实施职业健康安全管理、改善其绩效的外部推动力。

GB/T 28001—2001标准的基本思路是引导组织建立起职业健康安全管理的自我约束机制,从最高管理者到每个员工都以主动、自觉的精神处理好与职业健康安全绩效有关的活动,树立企业形象,提高竞争力。

2. 适用性

GB/T 28001—2001标准借鉴了ISO 9000标准的成功经验,给出了建立职业健康安全管理体系的框架。"本标准提出了对职业健康安全管理体系的要求,旨在使一个组织能够控制职业健康安全风险并改进其业绩。它并未提出具体的职业健康安全绩效准则,也未做出设计管理体系的具体规定",而把建立绩效目标和指标、设计管理体系的工作留给组织,使之更好地调动组织的积极性,允许组织从实际情况出发量力而行。因此,本标准具有广泛的适用性。

一个组织自愿实施、保持和持续改进职业健康安全管理体系,则GB/T 28001—2001标准规定的要求必须做到,它既是组织建立职业健康安全管理体系的依据,也是对职业健康安全管理体系认证审核的依据。

3. 兼容性

在制定GB/T 28001—2001标准时,就考虑了与GB/T 24001—1996《环境管理体系 规范及使用指南》、GB/T 19001—2000《质量管理体系 要求》标准的相容性,以便组织将职业健康安全、环境和质量管理体系相结合。

4. 过程控制

GB/T 28001—2001标准把职业健康安全管理作为一项系统工程,围绕危险源辨识、风险评价,提出控制要求和实现目标,制定职业健康安全管理方案并实施,检查执行情况并及时采取纠正和预防措施,通过内审、管理评审评价职业健康安全管理体系的有效性、充分性和适宜性,持续改进职业健康安全管理绩效,实行安全过程控制。

此外,如同GB/T 19001—2000《质量管理体系 要求》和GB/T 24001—1996《环境管理体系 规范及使用指南》标准一样,GB/T 28001—2001标准也强调最高管理者作用和承诺、全员参与及持续改进,这些也是GB/T 28001—2001《职业健康安全管理体系 规范》标准的特点。

四、质量、环境、职业健康安全三个管理体系的异同

（一）三个管理体系的相同点

1. 具有相同的管理原则

（1）领导作用：在组织的管理中，领导者起着确定本组织的方针、目标，为员工创造一个实施方针和目标的环境。

（2）员工参与：各层次的管理、技术、操作、执行和验证人员的充分参与是管理体系运行所必需的条件。

（3）过程方法：识别并管理相互关联的过程及其接口，才能确保体系的有效运行。

（4）管理的系统方法：从组织的全局出发，围绕总体目标，分析、解决或协调局部与整体的关系，使体系协调运行。

（5）基于事实的决策方法：虽然三个体系的策划内容和数据分析有所不同，但都应根据客观事实，作出正确的决策。

（6）持续改进：在制定管理体系目标时，均贯彻预防为主的思想，由事后处理转向事先预防、持续改进的全过程控制。

（7）与供方互利的关系：虽然三个体系对供方、相关方的定义略有差异，但使组织与相关方共同受益是建立、实施管理体系的前提。

2. 体系的运行模式相同

三个体系都包括体系的策划建立、实施保持、监视测量、评审改进四个方面，都采用 PDCA 过程模式。

3. 具有广泛的适用性

三个体系均适用于各行各业及各种类型的组织。

4. 体系文件的框架结构相似

一般包括管理手册、管理程序和作业文件三个层次。

5. 体系标准的性质相同

都是推荐采用的管理标准。

（二）三个管理体系的不同点

1. 各体系管理的直接目标和对象不同

质量管理体系：以产品为对象，控制与产品实现有关的过程，关注预期产品质量，防止出现不合格产品，不断增强顾客满意。

环境管理体系：以活动、产品或服务中可能与环境发生相互作用的要素即环境因素为对象，关注非预期产品，防止破坏环境，规范组织的环境行为，合理利用资源，保护环境，不断满足社会要求，追求社会满意。

职业健康安全管理体系：以作业场所内所有人员的安全和健康的条件和因素为对象，控制产品实现过程中可能的职业健康安全风险，预防事故和疾病的发生，不断满足员工和相关方在职业健康安全方面的要求，追求员工和相关方的满意。

2. 各体系过程的切入点不同

质量管理体系：从识别过程及其相互作用入手，将组织的活动分为管理职责、资源管理、产品实现和测量分析改进四大过程，据此建立、实施和改进整个体系。

环境管理体系：从分析环境因素入手，建立、实施和改进整个体系。

职业健康安全管理体系：从危险源辨识、风险评价入手，建立、实施和改进整个体系。

3. 各体系相关的法规和其他要求不同

由于各体系关注的对象不同，因此，适用的法规和其他要求不同，其获取、识别、传达及更新的途径也不相同。

4. 各体系涉及组织内部的部门和人员不同

质量管理体系涉及与产品实现过程有关的部门和人员。

环境管理体系涉及与环境因素有关的部门和人员。

职业健康安全管理体系几乎涉及所有的部门和人员。

五、术语和定义

在 GB/T 28001—2001 标准第 3 章中，给出了 17 个术语及定义，可以分为三类：

（1）职业健康安全基本概念术语，包括：事故（3.1）、危险源（3.4）、危险源辨识（3.5）、事件（3.6）、职业健康安全（3.10）、风险（3.14）、风险评价（3.15）、安全（3.16）、可允许风险（3.17）。

（2）职业健康安全管理体系基本术语，包括：持续改进（3.3）、相关方（3.7）、目标（3.9）、职业健康安全管理体系（3.11）、组织（3.12）、绩效（3.13）。

（3）职业健康安全管理体系审核术语，包括：审核（3.2）、不符合（3.8）。

这些术语和定义，是理解、应用本标准的基础，也是建立、保持职业健康安全管理体系和进行认证的基础。

1. 事故

造成死亡、疾病、伤害、损坏或其他损失的意外情况。

术语理解：

（1）事故是造成不良结果的非预期情况。质量管理体系关注的主要是预期的结果（产品）；职业健康安全管理体系在主观上关注的是活动、过程的非预期情况，在客观上这些非预期结果的性质是负面的、不良的，甚至是恶性的。

（2）事故对人员来说，可能是死亡、疾病或伤害，即伤亡事故和职业病；对物质财产来说，是损毁、破坏或其他形式的价值损失。

（3）《中华人民共和国职业病防治法》等文件对此做出了具体规定。

2. 审核

见 GB/T 19000—2000 中 3.9.1 的定义。即：为获得审核证据并对其进行客观的评价，以确定满足审核准则的程度所进行的系统的、独立的并形成文件的过程。

术语理解：

（1）审核是一个评价过程。首先要确定审核准则、界定审核范围，然后在其范围内收集审核证据并依据审核准则进行客观评价。

（2）审核准则是组织的职业健康安全方针、目标和国家的法律、法规、技术标准及组织的职业健康安全管理体系文件。

（3）审核的目的是确认组织的职业健康安全管理体系包括：

1) 运行活动和结果是否符合审核准则；
2) 是否得到有效实施和保持；
3) 是否满足组织的方针和目标。
(4) 审核是按审核方案和程序进行的系统的、独立的并形成文件的过程。

3. 持续改进

为改进职业健康安全总体绩效，根据职业健康安全方针，组织强化职业健康安全管理体系的过程。

注：该过程不必同时发生在活动的所有领域。

术语理解：

(1) 持续改进是职业健康安全管理体系非常重要的一个环节。通过强化与完善职业健康安全管理体系，改进与提高组织的职业健康安全绩效，实现组织职业健康安全方针的承诺。

(2) 职业健康安全管理体系包括许多要素，持续改进活动可以针对整个体系，也可以针对某个要素，不必发生在活动的所有方面。

4. 危险源

可能导致伤害或疾病、财产损失、工作环境破坏或这些情况组合的根源或状态。

术语理解：

(1) 危险源是可能导致人员伤亡、疾病或物质损失事故的潜在不安全因素。

(2) 危险源根据 GB/T 13861—1992《生产过程危险和有害因素分类与代码》可分为6类：

1) 物理性危险和有害因素；
2) 化学性危险和有害因素；
3) 生物性危险和有害因素；
4) 心理、生理性危险和有害因素；
5) 行为性危险和有害因素；
6) 其他危险和有害因素。

(3) 危险源还可根据事故类别、职业病类别进行分类。首先，按照 GB 6441—1986 标准，将危险、危害因素分为 16 类：物体打击；车辆伤害；机械伤害；起重伤害；触电；淹溺；灼烫；火灾；高处坠落；坍塌；放炮；火药爆炸；化学性爆炸；物理性爆炸；中毒和窒息；其他伤害（含冒顶片帮、透水、瓦斯爆炸等）。其次，参照职业病的有关规定，将危险危害因素分为：生产性粉尘、毒物、噪声与振动、高温、低温、辐射、其他危害因素。

5. 危险源辨识

识别危险源的存在并确定其特性的过程。

术语理解：

(1) 由于能量和物质的运用是人类社会存在的基础，一个组织在运行过程中使用能量和物质是不可避免的，能量的失控或不正常的运动就构成了危险源，因此，组织内部必然存在危险源，但其形式可能多种多样，有的显而易见，有的则不易被发现。为此，需要采用一些特定的方法和手段去识别，判断其可能导致事故的种类及其发生的直接因素。这一识别过程就是危险源辨识。

（2）危险源辨识是防止事故发生的第一步，只有识别出危险源的存在，找出导致事故的根源，进而采取措施，才能有效地控制事故的发生。

（3）辨识时应识别出危险源的分布、伤害方式、途径以及重大危险源。对于一个组织来说，应辨识的重要部位有厂址、厂区平面布局、建（构）筑物、生产工艺和生产过程、生产设备、有害作业部位和管理设施、应急抢救设施及辅助生产生活健康设施等。

（4）危险源辨识是职业健康安全管理体系最基本的活动。危险源辨识方法包括：询问和交谈、现场观察、安全检查表、事件树分析、故障树分析等。

6. 事件

导致或可能导致事故的情况。

注：其结果未产生疾病、伤害、损坏或其他损失的事件，在英文中还可称为"near-miss"。英文中，术语"incident"包含"near-miss"。

术语理解：

事件是指活动、过程本身的情况，其结果尚不确定事件的发生可能造成事故，也可能未造成任何损失。

对于没有造成职业病、死亡、伤害、财产损失或其他损失的事件可称为未遂事件，事件包括未遂事件。

7. 相关方

与组织的职业健康安全绩效有关的或受其职业健康安全绩效影响的个人或团体。

术语理解：

（1）组织的职业健康安全绩效受到多方面的影响和制约，同时，也对许多相关的个人和团体产生影响。这些主动或被动与组织的职业健康安全绩效发生关系的个人和团体就是组织的职业健康安全方面的相关方。

（2）关注组织职业健康安全状况的相关方可以是：执法部门、新闻媒体、科研机构、投资方、供应商、顾客等；受组织职业健康安全绩效影响的相关方可以是：员工、员工家属、开发商、监理、设计人员、社区居民、访问者、临时工作人员等。

（3）从广义上说，组织的相关方可以是整个社会。但在实施职业健康安全体系的过程中，特别是体系认证过程中，相关方的应用涉及组织的义务，应注意界定范围，不能无限扩大。

8. 不符合

任何与工作标准、惯例、程序、法规、管理体系绩效等的偏离，其结果能够直接或间接导致伤害或疾病，财产损失、工作环境破坏或这些情况的组合。

术语理解：

（1）组织的作业标准、惯例、程序、规章、管理体系绩效等构成了职业健康安全管理体系的基本内容。在体系运行过程中，可能会出现与上述内容的偏离，由此可能会直接或间接地导致事故。这种偏离即为不符合。

（2）不符合包括但不限于下述任一种情况：

1) 体系文件未遵照标准要求，即文件规定不符合标准；

2) 未按体系文件运行和保持，即现状不符合文件规定；

3) 体系运行结果未达到预定的目标，即效果不符合目标。

9. 目标

组织在职业健康安全绩效方面所要达到的目的。

术语理解：

(1) 组织的职业健康安全绩效，要用具体的目标来表述。

(2) 目标应与职业健康安全方针一致，可行时应予以量化，以便测量。

(3) 组织的目标可在适当的层次上展开、分解为子目标或指标。目标内容包括：风险水平的降低、消除或降低特殊意外事件的频次等。

10. 职业健康安全

影响工作场所内员工、临时工作人员、合同方人员、访问者和其他人员健康和安全的条件和因素。

术语理解：

(1) 职业健康安全是指一组影响特定人员的健康和安全的条件及因素。

(2) 受影响的人员包括在工作场所内组织的正式员工、临时工、合同方人员，也包括进入工作场所的参观访问人员、推销员、顾客等。

(3) 工作场所包括组织内部的工作场所，也包括与组织的生产活动有关的临时、流动场所。

11. 职业健康安全管理体系

总的管理体系的一个部分，便于组织对与其业务相关的职业健康安全风险的管理。它包括为制定、实施、实现、评审和保持职业健康安全方针所需的组织结构、策划活动、职责、惯例、程序、过程和资源。

术语理解：

(1) 职业健康安全管理体系是一个组织总的管理体系的一部分，应与组织的经营、生产、质量和环境管理尽可能地结合起来。

(2) 职业健康安全管理体系由相互联系、相互作用的 5 个环节、17 个要素所组成。包括为制定、实施和保持职业健康安全方针所需的组织结构、策划活动、职责、惯例、程序、过程和资源。职业健康安全方针是体系的核心。

12. 组织

见 GB/T 19000—2000 中 3.3.1 的定义。即：职责、权限和相互关系得到安排的一组人员及设施。

注：对于拥有一个以上运行单位的组织，可以把一个单独的运行单位视为一个组织。

术语理解：

(1) 职业健康安全管理体系所涉及的组织概念，其包含范围十分广泛，组织的形式多种多样，可以是公司、集团、商行、企业、政府机构、事业单位、研究机构、代理商、社团或它们的部分或组合。组织不一定是法人单位。

(2) 无论组织形式如何，各组织必须具有其自身职能，即从事某种活动、生产某类产品或提供某种服务，同时有管理、控制这些活动的管理能力。

13. 绩效

绩效是基于职业健康安全方针和目标，与组织的职业健康安全风险控制有关的、职业健康安全管理体系的可测量结果。

注：1. 绩效测量包括职业健康安全管理活动和结果的测量。

2. "绩效"乃也可称为"业绩"。

术语理解：

（1）绩效是组织职业健康安全管理体系在控制职业健康安全风险方面所表现出的实际业绩和效果。

（2）职业健康安全管理体系运行的结果是指职业健康安全管理体系的符合性、有效性和适宜性。

（3）职业健康安全绩效应是可以测量和评价的。

14. 风险

某一特定危险情况发生的可能性和后果的组合。

术语理解：

（1）风险是对某种可预见的危险情况发生的概率及其后果的严重程度这两项指标的综合表述。

（2）危险情况有两个主要特性，即可能性和严重性。可能性指危险情况发生的概率；严重性指危险情况一旦发生后，造成的人员伤害和经济损失的大小及程度。两个特性中任意一个过高或过低都会使风险发生变化，如果其中一个特性不存在或为零，则不存在这种风险。

15. 风险评价

评估风险大小以及确定风险是否可允许的全过程。

术语理解：

（1）风险评价主要包括两个阶段，即对风险进行分析评估，确定其大小或严重程度，然后将风险与安全要求进行比较，判定其是否可接受。

（2）安全要求是判定风险是否可接受的依据，需要根据法律、法规、标准、组织的职业健康安全方针和目标等要求来确定。

16. 安全

免除了不可接受的损害风险的状态。

术语理解：

（1）安全是不发生不可接受风险的一种状态。当风险的严重程度是合理的，身体、心理上是可承受的，可认为处在安全状态；当风险达到不可接受的程度时，则形成了不安全状态。安全与否，要对照风险的可接受程度来判定。随着时间、空间的变化，接受程度也会发生变化，从而使安全状态发生变化。因此，安全是一种相对的概念。

（2）不可接受的损害风险是指：

1）超出了法规的要求；

2）超出了方针、目标和组织规定的其他要求；

3）超出了人们普遍接受程度（通常是隐含的）的要求等。

17. 可允许风险

根据组织的法律义务和职业健康安全方针，已降至组织可接受程度的风险。

术语理解：

(1) 可允许风险是指经过组织的努力，将原来较大的风险变成较小的可以接受的风险。

(2) 判定风险是否允许，主要是依据风险评价的结果，对照职业健康安全法规和组织的职业健康安全方针的要求来确定。

(3) 组织是否接受，主要是指是否符合职业健康安全法规和组织的职业健康安全方针的要求。

第二节 危险源辨识

职业健康安全管理体系在运行过程中一切工作都离不开对组织的活动、产品、服务中存在的危险源的辨识和风险评价与控制。古语云"凡事预则立，不预则废"，因此危险源辨识、风险评价和风险控制的策划就显得尤为重要。危险源辨识、风险评价和风险控制策划的步骤如图 4-3 所示。

1. 收集资料，划分作业活动

(1) 收集相关的法规和标准；

(2) 了解同类设备、设施或工艺的生产和事故情况；

(3) 划分作业活动，明确评价的对象和范围。

建设行业通常有多种作业类别和作业活动。在进行危险源辨识前，要结合组织的实际情况识别、确定有哪些作业类别，按作业类别划分若干作业活动，再识别作业活动可能存在的危险源。

例如，建筑工程施工过程的作业类别有：三通一平、土方开挖、基坑支护、桩基施工、基础施工、钢筋加工、混凝土施工、脚手架搭设、模板支立，屋面施工等。

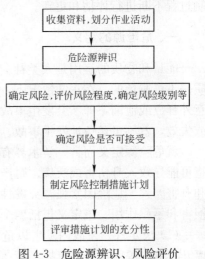

图 4-3 危险源辨识、风险评价和风险控制策划的步骤

2. 危险源辨识

根据所评价的设备、设施或场所的地理位置、气象条件、工程设计方案、工艺流程、装置布置、主要设备和仪表、原材料、中间品、产品的理化性质等，辨识所有的危险源，分析可能发生的事故类型与原因，了解谁会受到伤害以及如何受到伤害。

3. 风险评价

(1) 根据评价的目的和对象选择一种或多种评价方法，对事故发生的可能性和严重程度进行定性或定量的评价，在此基础上进行风险分级；

(2) 判断现有的措施能否控制危险源并符合法规要求，防止风险超出允许的范围。

4. 判定风险是否可接受

判断现有的职业健康安全措施是否足以控制住危险源，并符合法律要求，达到组织可接受的程度。

5. 编制风险控制措施计划

(1) 根据风险评价和风险分级的结果，对于不可接受的风险必须采取工程技术或组织管理措施，制定目标和管理方案，以降低或控制风险，使其达到可允许程度；

(2) 对于可允许的风险，应保持相应的控制措施，并不断监视，防止其风险变大以至超出可允许的范围。

6. 评审措施计划的充分性

根据已修正的控制措施，重新评价风险，检查风险是否可允许。

在其策划过程中，应注意：

（1）危险源辨识的充分性：确定主要部位危险源的性质、分布、伤害方式、途径及重大危险源；

（2）风险评价的科学合理性：选择适宜的评价方式和方法，确保方法的有效性；

（3）辨识与评价过程的动态性：作为危险源的物质、能量是可变的、可转换的，其辨识与评价的过程也应是动态的；

（4）风险评价的结果应科学、合理，控制措施应可行有效；

（5）随着法规更新、科技进步、企业技术改造，应对危险源辨识、风险评价和风险控制过程不断进行评估和更新。

一、危险源的定义

能量和物质的运用是人类社会存在的基础，工程建设行业在生产过程中使用能量和物质是不可避免的。在正常情况下，生产过程中的能量或危险物质会受到约束或限制，不会意外释放或泄漏，即不会发生事故；一旦这些约束或限制能量或危险物质的措施遭到破坏或失效，就不可避免地发生事故。

就危险源定义而言，学术界有比较统一的认识，即危险源是各种事故发生的根源，是指可能导致人身伤害或疾病、财产损失、工作环境破坏或这些情况组合的潜在的危险因素和有害因素。危险因素强调突发性和瞬间作用的因素，有害因素强调在一定时期内的慢性损害和累积作用。该定义包括四个方面的涵义：

（1）决定性。事故的发生以危险源的存在为前提，危险源的存在是事故发生的基础，离开了危险源就不会有事故。

（2）可能性。危险源并不必然导致事故，只有失去控制或控制不足的危险源才可能导致事故。

（3）危害性。危险源一旦转化为事故，会给生产生活带来不良影响，还会对人的生命健康、财产安全以及生存环境等造成危害。如果不能造成这些影响和危害，就不能称之为危险源。

（4）隐蔽性。危险源是潜在的，一般只有当事故发生时才会明确的显现出来。人们对危险源及其危险性的认识往往是一个不断总结教训并逐步完善的过程，对于尚未宣传认识的现有和新危险源，其控制必然存在隐藏的缺陷。

二、危险源的分类

从危险源的定义可以看出，危险源是相对于事故而言的，探究危险源的目的是为了更好的防止事故发生。危险源辨识是确认危险源的存在并确定其特征的过程，也就是找出可能引发事故导致不良后果的材料、设备、设施、系统和生产过程的特征。实际生活和生产过程中危险源很多，存在的形式也多种多样，有必要对危险源进行分类。

（一）根据危险源在事故发生发展过程中的作用分类

1. 第一类危险源

第一类危险源是指在生产过程中存在的、可能发生意外释放的能量(能源或能量载体)或危险物质。

能量或危险物质的意外释放是事故发生的物理本质。为防止导致事故，必须采取措施约束、限制，以控制危险源。常见的第一类危险源有产生、供给能量的装置、设备；使人体或物体具有较高势能的装置、设备、场所；能量载体；一时失控可能产生巨大能量的装置、设备、场所；有毒、有害、易燃、易爆等危险物质。

例如：

(1) 电路绝缘击穿，殃及人体；

(2) 静止的物体棱角、毛刺、地面打滑等伤害人体；

(3) 机器损坏，造成伤亡；

(4) 摩擦过热，引起火灾；

(5) 行驶车辆或各类机械运行部件、工件的动能造成的事故；

(6) 高处作业或吊起重物的势能造成的事故；

(7) 高温作业及剧烈热反应工艺装置的热能、各种辐射能的危害；

(8) 噪声的危害；

(9) 锅炉、爆炸危险物质爆炸时产生的冲击波、高温和压力造成的危害；

(10) 有毒物质、腐蚀性物质、有害粉尘、窒息性气体等导致人员的死亡、职业病、伤害、财产损失或环境破坏。

2. 第二类危险源

造成能量或危险物质的约束、限制措施破坏或失效的各种不安全因素称作第二类危险源。它通常包括人的失误、物的故障、环境因素三个方面的内容。

(1) 人的失误是指不安全行为中产生不良后果的行为。管理缺陷表现为：无知、放任、失察、漏洞、违章、松懈、疏忽。

例如：

1) 误合开关导致设备意外启动；

2) 忽视警告标志；

3) 不按规定穿戴防护用品；

4) 起重机吊装作业时吊臂误触高压线。

(2) 物的故障是指系统、设备、元件等在运行过程中因性能(含安全性能)低下而不能实现预定功能(包括安全功能)的现象。包括生产、控制、安全装置和辅助设施等物的故障。

例如：

1) 控制系统失灵使化学反应装置压力升高、泄压装置故障导致压力容器破裂、有毒物质泄漏散发、危险气体泄漏爆炸造成的伤亡和财产损失；

2) 管道阀门破裂、通风装置故障使毒气浸入人体；

3) 超载限制或起升限位安全装置失效导致钢丝绳断裂，重物造成的伤亡或财产损失；

4) 围栏缺损、安全带及安全网断裂造成的高处坠落事故。

(3) 环境因素。人和物存在的环境，即生产作业环境中的温度、湿度、噪声、振动、照明、通风换气等因素会促使人的失误或物的故障发生。

一起伤亡事故的发生往往是两类危险源共同作用的结果。第一类危险源是事故发生的前提,它是导致事故造成危害的能量主体,决定了事故后果的严重程度。第二类危险源是第一类危险源造成事故的必要条件,其出现的难易决定了事故发生的可能性大小。在事故的发生和发展过程中,两类危险源相互关联,相互依存。两类危险源的危险性共同决定了危险源的系统危险性。危险源辨识的首要任务是辨识第一类危险源,在此基础上再辨识第二类危险源。

GB 6441—1986《企业职工伤亡事故分类》将人的不安全行为归纳为 13 大类,将物的不安全状态归纳为 4 大类。

(二) 根据导致事故和职业危险的直接原因分类

根据 GB/T 13861—1992《生产过程危险和有害因素分类与代码》的规定,将生产过程中的危险(害)因素分为 6 类。

1. 物理性危险(害)因素

(1) 设备、设施缺陷,如强度不够、刚度不够、稳定性差、密封不良、应力集中、外形缺陷、外露运动件、制动器缺陷、控制器缺陷等;

(2) 防护缺陷,如无防护、防护装置和设施缺陷、防护不当、支撑不当、防护距离不够等;

(3) 电危害,如带电部位裸露、漏电、雷电、静电、电火花等;

(4) 噪声危害,如机械性、电磁性、流体动力性等噪声;

(5) 振动危害,如机械性、电磁性、流体动力性等振动;

(6) 电磁辐射,如电离辐射:χ 射线、γ 射线、α 粒子、β 粒子、质子、中子、高能电子束等;非电磁辐射:紫外线、激光、射频辐射、超高压电场;

(7) 运行物危害,如固体抛射物、液体飞溅物、反弹物、岩土滑动、料堆垛滑动、气流卷动、冲击地压等;

(8) 明火;

(9) 造成灼伤的高温物质(高温气体、固体、液体等);

(10) 造成冻伤的低温物质(低温气体、固体、液体等);

(11) 粉尘与气溶液(不包括爆炸性、有毒性粉尘与气溶液);

(12) 作业环境不良,如基础下沉、安全过道缺陷、采光照明不良、有害光照、通风不良、缺氧、空气质量不良、给排水不良、涌水、气温过高、气温过低、气压过高、气压过低、高温高湿、自然灾害等;

(13) 信号缺陷,如无信号设施、信号选用不当、信号位置不当、信号不清、信号显示不准;

(14) 标志缺陷,如无标志、标志不清、标志不规范、标志选用不当、标志位置缺陷等。

2. 化学性危险(害)因素

(1) 易燃易爆性物质(易燃易爆气体、液体、固体,易燃易爆性粉尘与气溶胶等);

(2) 自燃物质;

(3) 有毒物质(有毒气体、液体、固体,有毒粉尘与气溶胶等);

(4) 腐蚀性物质(腐蚀性气体、液体、固体等)。

3. 生物性危险(害)因素
(1) 致病微生物，如细菌、病毒等；
(2) 传染病媒介物，如致害动植物等。

4. 心理、生理性危险(害)因素
(1) 负荷超限，包括体力、听力、视力负荷超限等；
(2) 健康状态异常；
(3) 从事禁忌作业；
(4) 心理异常，如情绪异常、冒险心理、过度紧张等；
(5) 辨识功能缺陷，如感知延迟、辨识错误等。

5. 行为性危险(害)因素
(1) 指挥错误，如指挥失误、违章指挥等；
(2) 操作失误，如误操作、违章作业等；
(3) 监护失误；
(4) 其他错误。

6. 其他危险(害)因素

(三) 根据伤亡事故类别分类

参照 GB/T 6441—1986《企业职工伤亡事故分类》，综合考虑起因物质、引起事故的先发诱导性原因、致害物、伤害方式等可将危险因素分为：

1. 物体打击
物体打击是指物体在重力或其他外力作用下产生运动、打击人体造成人身伤亡事故。

2. 车辆伤害
车辆伤害是指机动车辆在行驶中引起的人体坠落和物体倒塌、飞落、挤压伤亡事故。

3. 机械伤害
机械伤害是指机械设备运动(静止)部件、工具、加工件直接与人体接触引起的夹击、碰撞、剪切、卷入、绞、碾、割、刺等伤害。

4. 起重伤害
起重伤害是指各种起重作业(包括起重机安装、检修、试验)中发生的挤压、坠落、吊具吊重等物体打击和触电。

5. 淹溺
淹溺包括高处坠落淹溺。

6. 灼烫
灼烫是指火焰烧伤、高温物体烫伤、化学灼伤、物理灼伤。

7. 火灾
火灾是指由于各种火灾造成的伤亡事故。

8. 高处坠落
高处坠落是指在高处作业中发生坠落造成的伤亡事故。

9. 坍塌
坍塌是指物体在外力或重力作用下，超过自身的强度极限或因结构稳定性破坏而造成的事故。

10. 放炮

放炮是指爆破作业中发生的伤亡事故。

11. 火药爆炸

火药爆炸是指火药、炸药及其制品在生产、加工、运输、贮存中发生的爆炸事故。

12. 化学性爆炸

化学性爆炸是指可燃性气体、粉尘等与空气混合形成爆炸性混合物，接触引爆源时发生的爆炸事故。

13. 物理性爆炸

物理性爆炸是包括锅炉爆炸、容器超压爆炸、轮胎爆炸等。

14. 中毒和窒息

中毒和窒息是包括中毒、缺氧窒息、中毒性窒息。

15. 其他伤害

其他伤害，如噪声、振动、辐射、视力腐蚀伤害、作业条件不良等。

（四）根据职业病范围分类

根据2002年4月卫生部、劳动和社会保障部颁布的《职业病目录》[2002] 108号，职业病分为：尘肺、职业性放射性疾病、职业中毒、物理因素所致职业病、生物因素所致职业病、职业性皮肤病、职业性眼病、职业性耳鼻喉口腔疾病、职业性肿瘤，以及其他职业病共10类115种。

三、危险源辨识方法

危险源在没有触发之前是潜在的，常不被人们所认识和重视，因此需要通过一定的方法进行辨识。危险源辨识的目的就是通过对系统的分析，界定出系统中的哪些部分、区域是危险源，其危险的性质、危害程度、存在状况、危险源能量与物质转化为事故的转化过程规律、转化的条件、触发因素等。以便有效地控制能量和物质的转化，使危险源不致于转化为事故。

危险源辨识的方法较多，每种方法从着入点和分析过程上，都有其各自的特点，也有各自的适用范围或局限性。选用哪种方法要根据分析对象的性质、特点和分析人员的知识、经验和习惯来确定，使用一种方法，还不足以全面地识别其所存在的危险源，往往综合运用两种以上的方法。下面介绍几种常用方法。

（一）直接经验法

在有可供参考的先例和可借鉴的经验时，可采用此方法。比如通过询问、交谈，对某项工作具有丰富经验的人往往能指出其工作中的危害，从指出的危害中，可初步分析出工作所存在的一、二类危险源；通过对工作环境的现场观察，可发现存在的危险源，要求从事现场观察的人员，应具有一定的安全技术知识和掌握了完善的职业健康安全法规、标准；查阅有关的事故、职业病的记录，可从中发现存在的危险源；从有关类似组织、文献资料、专家咨询等方面获取有关危险源信息，加以分析研究，也可辨识出存在的危险源；另外通过分析工作任务中所涉及的危害，可识别出有关的危险源。具体方法有：

1. 对照、经验法

这是一种常用的方法。即对照有关标准、法规、检查表或依靠分析人员的观察分析能力，借助于经验和判断能力直观地评价对象的危险性和危害性的方法。

(1) 专家调查法

通过向有经验的专家咨询、调查，辨识、分析和评价危险源的一种方法。其优点是简便、易行，其缺点是受辨识人员知识、经验和占有资料的限制，可能出现遗漏。常用的有：头脑风暴法和德尔菲法。

头脑风暴法又叫畅谈法、集思法等。它是采用会议的方式，引导每个参加会议的人围绕某个中心议题，广开言路，激发灵感，在自己的头脑中掀起风暴，毫无顾忌、畅所欲言的发表独立见解的一种创造性思维的方法。其特点是多人讨论，集思广益，可以弥补个人判断的不足，相互启发、交换意见、集思广益，使危险、危害因素的辨识更加细致、具体。常用于目标比较单纯的议题，如果涉及面较广，包含因素多，可以分解目标，再对单一目标或简单目标使用本方法。

德尔菲法是采用背对背的方式对专家进行调查，其特点是避免了集体讨论中的从众性倾向，更代表专家的真实意见。要求对调查的各种意见进行汇总统计处理，再反馈给专家反复征求意见。

(2) 安全检查表法(SCL)

运用已编制好的安全检查表，进行系统的安全检查，辨识工程项目存在的危险源。

1) 安全检查表(Safety Check List)的概念

为了系统地发现施工项目部、工序或设备、装置以及各种操作管理和组织管理措施中的不安全因素，将系统分割成若干小的子系统，根据生产和工程经验、有关规范标准以及事故情报等进行周密的考虑，查出不安全因素所在，然后确定检查项目，把需要检查的项目按系统或子系统顺序编制成表，以便进行检查和诊断，这种表就叫安全检查表。安全检查表实际上就是一份实施安全检查和诊断的项目明细表。

2) 安全检查表的内容

安全检查表的内容应简明扼要，突出重点，抓住要害，列举需查明的所有能导致工伤或事故的不安全状态和行为。一般包括分类项目、检查内容及要求、检查以后处理意见等。表内采用提问的方式，"是"或"√"表示符合要求，"否"或"×"表示不符合要求，或者需要进一步改进。每个检查表应注明检查时间、检查者、直接负责人等，以便分清责任。

3) 安全检查表的优缺点

简明易懂、容易掌握，可以事先组织专家编制检查项目，方便实用、不易遗漏，使安全检查做到系统化、完整化。对照事先编制的检查表辨识危险、危害因素，可弥补知识、经验不足的缺陷。采用问答方式，印象深刻，能起到安全教育的作用。但须有事先编制的、适用的检查表，所以只能对已存在的对象做出评价并且只能做出定性评价，不能给出定量评价结果。

检查表是在大量实践经验基础上编制的，美国职业安全卫生局(OHSA)制定、发行了各种用于辨识危险、危害因素的检查表，我国一些行业的安全检查表、事故隐患检查表也可作为借鉴。

4) 安全检查表的编制方法

安全检查表的编制，可以根据施工生产系统，也可按专题编写。检查表所列检查点，应作到涓滴不漏,确保一切隐患在可能造成损害之前就被发现。为使编制的检查表切合实际,应采取安全专业人员、生产技术人员和工人三结合的方式编写,并且在实践的检验下不断修改,日臻完善,再经过相应时间的考验后便可以标准化。

5) 安全检查表示例

见表 4-1、表 4-2。

手持灭火器安全检查表   表 4-1

序号	安全检查项目	是(√)或否(×)
1	有足够数量的手持灭火器吗?	
2	灭火器放置地点能使任何人都看得到吗?(易看到,加标识且不宜放置太高)	
3	通向灭火器的通道畅通吗?(任何时候通道上都不应有障碍)	
4	每个灭火器都有检验标志吗?(按规定至少每两年由专业人员检验一次)	
5	灭火器对所有扑灭的火灾适应吗?(湿式和泡沫灭火器对电气火灾不适应)	
6	操作人员都熟悉灭火器的操作规程吗?	
7	在规定的所有地点都配置了灭火器吗?	
8	灭火剂易冻的灭火器(如湿式灭火器)采取了防冻措施了吗?	
9	用过的或已经损坏的灭火器都更新过吗?	
10	每个人都知道自己工作区域内灭火器放置的位置吗?	
检查部门	检查人	检查时间	整改负责人	整改期限

电弧焊安全检查表   表 4-2

序号	安全检查项目	是(√)或否(×)
1	电弧焊二次线圈及外壳是否接地或接零?	
2	焊机散热情况如何?是否一机一闸?	
3	一次、二次线圈及焊夹把手绝缘是否良好?线的长度及连接方式是否符合规定?	
4	交流电焊机是否安装自动开关装置?	
5	场地照明、通风、防火是否完好可靠?坐凳绝缘性是否好?	
6	操作人员是否按规定穿戴和配备防护用品?	
7	工作照明是否是安全电压?	
8	是否由非焊工违章操作?	
检查部门	检查人	检查时间	整改负责人	整改期限

2. 类比法

利用相同或相似系统或作业条件的经验和职业安全卫生的统计资料来类推、分析拟评价对象的危险、危害因素。多用于危害因素和作业条件危险因素的辨识过程。

(二)系统安全分析方法

即应用系统安全工程评价方法的部分方法进行危害辨识。系统安全分析方法常用于复杂系统、没有事故经验的新开发系统。常用的系统安全分析方法有事件树(ETA)、事故树

(FTA)等。美国拉氏姆逊教授曾在没有先例的情况下,大规模、有效地使用了 FTA、ETA 方法,分析了核电站的危险、危害因素,并被以后发生的核电站事故所证实。

1. 事件树分析法

(1) 事件树分析的定义

事件树分析(Event Tree Analysis,缩写为 ETA),是从事件的起始状态出发,按照系统的构成状况,顺序分析各元件成功、失败的两种可能,将成功作为上分支,失败作为下分支,不断延续分析,直至最后一个元件,并最后形成一个水平放置的树形图,这种图就称为事件树分析。它是运筹学中的决策树分析(DTA)在可靠性工程中的运用,是一种归纳的逻辑图,从原因到结果,以系统构成要素(元件)的可靠度来表示系统的可靠性,可用于定性和定量分析。

(2) 事件树分析的内容

1) 要查明系统各构成要素对导致发生不希望事件的作用及其相互关系,从而能判明事故发生的可能途径及其危害。

2) 事件树分析时,在树的各节点上不考虑某一局部或具体分故障情节,只选择成功和失败的两种情况,达到快速地推断和查明系统的事故。

3) 能根据各个要素的事故率数据,可以概略地计算不希望事件发生的概率。

(3) 事件树分析的程序

1) 确定系统及组成要素,就是要明确分析的对象及范围,把系统构成要素(即节点)找出来,便于展开分析。

2) 分析各子系统(要素)的因果关系及成功与失败的两种状态。

3) 根据因果关系及状态,从初始节点开始有左向右展开编制事故树。

4) 标示各节点的成功与失败的概率值。进行定量计算。

(4) 事件树分析应用举例

脚手架上作业事件树实例见图 4-4。

2. 事故树分析法

(1) 事故树分析的定义

事故树分析(Fault Tree Analysis,缩写为 FTA)又称作故障树分析或事故逻辑分析,是一种遵从逻辑学演绎分析原则(即从结果分析原因的原则),来表示导致灾害事故(或称为不希望事件)的各种因素之间的因果及逻辑关系的图称为事故树分析。也可解释为是对既定的工程项目、生产系统或作业中可能出现的事故条件及可能导致的伤害后果,按工艺流程、先后次序和因果关系绘成的逻辑方框图。

(2) 事故树分析的内容

在生产过程中,可能由于设备、装置故障、作业人员误动作、误判断、误操作或受毗邻场所发生事故的影响,形成一定的危险性。为了不使这些危险性因素导致伤害性的后果,就需预先分析和判明生产系统或作业中可能发生什么危险,哪些条件可能导致这些危险,以及发生危险性的可能性有多大。有了这种分析和判断就可以采取相应的措施和手段消除危险。故在分析一个系统,特别是一个大而复杂的系统时,必须了解并确定所有可能导致危险的多种因素,也就是具体分析组成该系统的各个单元或子系统的功能、相互关系及对导致该系统发生伤害事故的影响,并进行详细的逻辑推理,找出引起事故的必要和充

第四章 危险源辨识、风险评价和风险控制

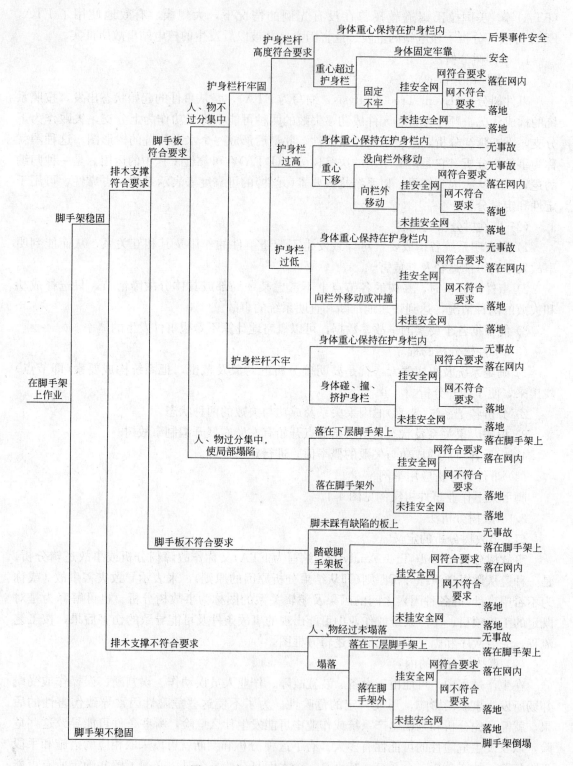

图 4-4 脚手架上作业事件树实例图

分的条件，才有可能对事故进行有效的控制。因此，一个系统的事故树分析图，应包括以下内容：

1）系统可能发生的伤害事故，即确定顶上事件，也就是要发现与查明系统内固有的或潜在的危险因素，明确系统的缺陷，为改进安全设计、制定安全技术措施及采取管理对策提供依据。

2）系统内固有的或潜在的危险因素，包括由于人的误操作而导致伤害的因素在内，使作业人员全面了解和掌握各项防范控制要点。

3）各个子系统及各要素之间的相互联系与制约关系，即输入（原因）与输出（结果）的逻辑关系，并用专门符号标示出来，做出全面、简洁和形象的描述。

(3) 事故树的符号

1）事件符号

① 矩形符号表示顶上事件或中间事件，也就是需要往下分析的事件，如图 4-5(a)所示，事件扼要记入矩形方框内；

② 圆形符号表示基本原因事件，或称基本事件，如图 4-5(b)所示。这可以是人的差错，也可以是机械、元件的故障，或环境不良因素等，它表示最基本的、不能继续往下分析的事件；

③ 屋形符号主要用于表示正常事件，是系统正常状态下发生的正常事件，如图 4-5(c)所示；

④ 菱形符号表示省略事件，主要用于表示不必进一步剖析的事件和由于信息不足，不能进一步分析的事件，如图 4-5(d)所示。

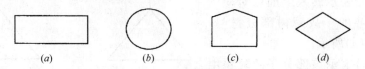

图 4-5　事故树的事件符号
(a)顶上事件或中间事件；(b)基本事件；(c)正常事件；(d)省略事件

2）逻辑门符号

① 逻辑与门表示仅当所有输入事件（B_1、B_2）都发生时，输出事件 A 才发生的逻辑关系，如图 4-6(a)所示。

② 逻辑或门表示至少有一个输入事件发生，输出事件就发生的逻辑关系，如图 4-6(b)所示。

③ 条件与门表示（B_1、B_2）不仅同时发生，而且还必须再满足条件 α，输出事件 A 才会发生的逻辑关系，如图 4-6(c)所示。

④ 条件或门表示任一输入事件发生时，还必须再满足条件 α，输出事件 A 才发生的逻辑关系，如图 4-6(d)所示。

⑤ 排斥或门表示几个事件当中，仅当一个输入事件发生时，输出事件才发生的逻辑关系，其符号如图 4-6(e)所示。

⑥ 限制门表示当输入事件 B 发生，且满足条件 α 时，输出事件才会发生，否则，输出事件不发生。限制门仅有一个输入事件，如图 4-6(f)所示。

⑦ 顺序与门表示输入事件既要都发生，又要按一定的顺序发生，输出事件才会发生的逻辑关系，其符号如图 4-6(g) 表示。

⑧ 表决门表示仅当 n 个事件中有 $m(m<n)$ 个或 m 个以上事件同时发生时，输出事件才会发生，其符号如图 4-6(h) 所示。

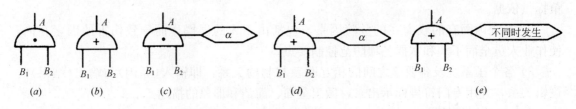

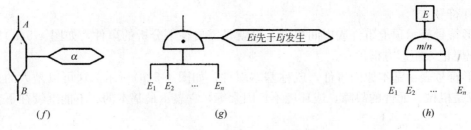

图 4-6　事故树逻辑门符号

(a)逻辑与门；(b)逻辑或门；(c)条件与门；(d)条件或门；
(e)排斥或门；(f)限制门；(g)顺序与门；(h)表决门

3) 转移符号

① 转入符号表示转入上面以对应的字母或数字标注的子故障树部分符号，其符号如图 4-7(a) 所示。

② 转出符号表示该部分子故障树由此转出，其符号如图 4-7(b) 所示。

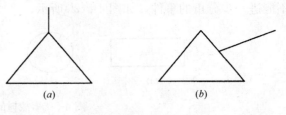

图 4-7　事故树转移门符号
(a)转入符号；(b)转出符号

(4) 编制事故树分析的方法与要领

目前编制事故树的方法主要是采用从顶上事件开始，一步一步地向下演绎分析。要编制一个完善的和准确的反映实际系统的事故及相关因素和发生过程的树，往往需要多方面的专业工作者参加，共同研究，经过反复多次讨论，才能逐步深入完善。所有在编制事故树中，应掌握以下的基本方法和要领。

1) 正确确定顶上事件。它是事故树分析的起点和主体。确定顶上事件要针对分析对象的特点，抓住主要的危险（事故状态），按照一种事故编制一个树的原则进行具体分析。

2) 详细分析系统的各种故障及其构成要素。对每一种事故形式都要给予确切的定义，说明是什么类型的事故以及在什么条件下发生的，编制事故树时不得遗漏。

3) 准确判明各事件间的因果关系和逻辑关系。

4) 确定展开分析的程度。就是预先划定树的边界和范围，以避免编出的树过于繁琐和庞杂。

5) 从顶上事件向下逐级分析。在充分占有资料的基础上，从顶上事件向下逐级进行分析，直至找到最基本的事件为止。

6）整理和简化事故树的层次。对初步编成的树应进行整理和简化，便事故树更加简明、清晰。

（5）编制事故树举例

人员触电死亡事故树见图 4-8，变压器火灾事故树见图 4-9。

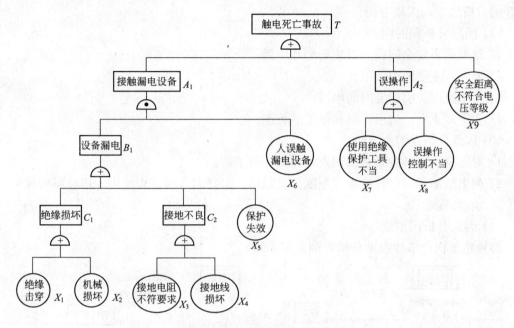

图 4-8 人员触电死亡事故树

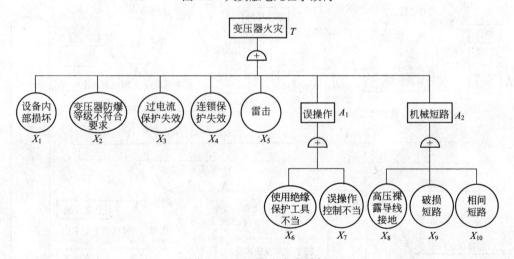

图 4-9 变压器火灾事故树

3．因果分析法

（1）因果分析的定义

因果分析，即把事故各种原因归纳分析条理化，并把主因搞清，明确预防事故的对策，再用简明的文字、线条全面表示出来，这种方法称为因果分析。由于它的形状像鱼刺，所以又称鱼刺图。

因果分析与前面所介绍的事故树分析和事件树分析，是截然不同的两种分析方法。事故树逻辑上称为演绎分析法，是一种静态的微观分析法，从结果到原因演绎分析；事件树逻辑上称为归纳分析法，是一种动态的宏观分析法，从原因到结果归纳分析。两者各有优缺点，也都存在不足之处。为了充分发挥各自之长，尽量弥补各自之短，从而提出了两者结合的分析法——因果分析。

(2) 因果分析图的内容

1) 结果：不安全问题或事故类型和后果。

2) 要因：主要原因。

3) 中小原因：引起要因的原因。

4) 主干、支干：表示原因和结果的关系。

(3) 因果分析图编制方法

1) 对所分析的事故要全面调查，深刻分析了解。

2) 列出全部原因，并按重要程度分类归纳，最好结合检查表使用，切忌罗列现象。

3) 绘制鱼刺图。

(4) 因果分析图举例

高处坠落伤亡事故因果分析实例见图 4-10。

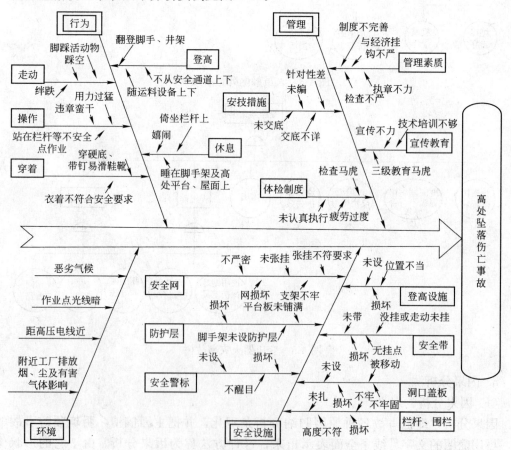

图 4-10　高处坠落伤亡事故因果分析图

四、危险源辨识的程序

危险源辨识的程序如图 4-11 所示。

1. 危险源的调查

在进行危险源调查之前首先确定所要分析的系统,例如,是对整个企业还是某个车间或某个生产工艺过程。然后对所分析系统进行调查,调查的主要内容有:

(1) 生产工艺设备及材料情况:工艺布置,设备名称、容积、温度、压力,设备性能,设备本质安全化水平,工艺设备的固有缺陷,所使用的材料种类、性质、危害,使用的能量类型及强度等。

(2) 作业环境情况:安全通道情况,生产系统的结构、布局,作业空间布置等。

(3) 操作情况:操作过程中的危险,工人接触危险的频度等。

(4) 事故情况:过去事故及危害状况,事故处理应急方法,故障处理措施。

(5) 安全防护:危险场所有无安全防护措施,有无安全标志,燃气、物料使用有无安全措施等。

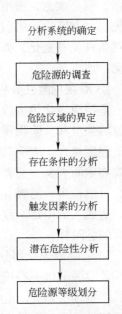

图 4-11 危险源辨识程序

2. 危险区域的界定

即划定危险源点的范围。首先应对系统进行划分,可按设备、生产装置及设施划分子系统,也可按作业单元划分子系统。然后分析每个子系统中所存在的危险源点,一般将产生能量或具有能量、物质、操作人员作业空间、产生聚集危险物质的设备、容器作为危险源点。然后以危险源点为核心加上防护范围即为危险区域,这个危险区域就是危险源的区域。在确定危险源区域时,可按以下方法界定:

(1) 按危险源是固定还是移动界定 如运输车辆、车间内的搬运设备为移动式,其危险区域应随设备的移动空间而定。而锅炉、压力容器、储油罐等则是固定源,其区域范围也固定。

(2) 按危险源是点源还是线源界定 一般线源引起的危害范围较点源的大。

(3) 按危险作业场所来划定危险源的区域 如有发生爆炸、火灾危险的场所,有被车辆伤害的场所,有触电危险的场所,有高处坠落危险的场所,有腐蚀、放射、辐射、中毒和窒息危险的场所等。

(4) 按危险设备所处位置作为危险源的区域 如锅炉房、油库、氧气站、变配电站等。

(5) 按能量形式界定危险源 如化学危险源、电气危险源、机械危险源、辐射危险源和其他危险源等。

3. 存在条件及触发因素的分析

一定数量的危险物质或一定强度的能量,由于存在条件不同,所显现的危险性也不同,被触发转换为事故的可能性大小也不同。因此存在条件及触发因素的分析是危险源辨识的重要环节。存在条件分析包括:储存条件(如堆放方式、其他物品情况、通风等),物理状态参数(如温度、压力等),设备状况(如设备完好程度、设备缺陷、维修保养情况等),防护条件(如防护措施、故障处理措施、安全标志等),操作条件(如操作技术水平、操作失误率等),管理条件等。

触发因素可分为人为因素和自然因素。人为因素包括个人因素(如操作失误、不正确操作、粗心大意、漫不经心、心理因素等)和管理因素(如不正确管理、不正确的训练、指挥失误、判断决策失误、设计差错、错误安排等)。自然因素是指引起危险源转化的各种自然条件及其变化。如气候条件参数(气温、气压、湿度、大气风速)变化,雷电,雨雪,振动,地震等。

4. 潜在危险性分析

危险源转化为事故,其表现是能量和危险物质的释放,因此危险源的潜在危险性可用能量的强度和危险物质的量来衡量。能量包括电能、机械能、化学能、核能等,危险源的能量强度越大,表明其潜在危险性越大。危险物质主要包括燃烧爆炸危险物质和有毒有害危险物质两大类。前者泛指能够引起火灾或爆炸的物质,如可燃气体、可燃液体、易燃固体、可燃粉尘、易爆化合物、自燃性物质、混合危险性物质等。后者系指直接加害于人体,造成人员中毒、致病、致畸、致癌等的化学物质。可根据使用的危险物质量来描述危险源的危险性。

5. 危险源等级划分

危险源分级一般按危险源在触发因素作用下转化为事故的可能性大小与发生事故的后果的严重程度划分。危险源分级实质上是对危险源的评价。按事故出现可能性大小可分为非常容易发生、容易发生、较容易发生、不容易发生、难以发生、极难发生。根据危害程度可分为可忽略的、临界的、危险的、破坏性的等级别。也可按单项指标来划分等级。如高处作业根据高度差指标将坠落事故危险源划分为四级(Ⅰ级2~5m,Ⅱ级5~15m,Ⅲ级15~30m,Ⅳ级30m以上)。按压力指标将压力容器划分为低压容器、中压容器、高压容器、超高压容器四级。

从控制管理角度,通常根据危险源的潜在危险性大小、控制难易程度、事故可能造成损失情况进行综合分级。不同行业与不同企业采取的划分方法也各异,企业内部也可根据本企业的实际情况进行划分。划分的原则是突出重点,便于控制管理。

五、危险源辨识的主要内容

危险源辨识与风险评价过程中,应对以下方面的危险因素进行分析。

1. 厂址

从厂址的工程地质、地形、自然灾害、周围环境、气象条件、资源、交通、抢险救灾支持条件等方面进行分析。

2. 厂区平面布局

(1) 厂区内生产、管理、辅助生产、生活等功能分区布置;高温、噪声、辐射、易燃、易爆、危险品、有害物质设施的布置;工艺流程;风向、安全距离、健康防护距离等。

(2) 厂区道路、危险品装卸区、厂区铁道、厂区码头等。

3. 建(构)筑物

结构、防火、防爆、朝向、采光、运输(操作、安全、运输、检修)、通道、开门、生产健康设施。

4. 生产工艺过程

物料(毒性、腐蚀性、燃爆性)温度、压力、速度、作业及控制条件、事故及失控状态。

5. 生产设备、装置

(1) 化工设备、装置：高温、低温、腐蚀、高压、振动、关键部位的备用设备、控制、操作、检修和故障、失误时的紧急异常情况。

(2) 机械设备：运动零部件和工件、操作条件、检修作业、误运转和误操作。

(3) 电气设备：断电、触电、火灾、爆炸、误运转和误操作、静电、雷电。

(4) 危险性较大设备、高处作业设备。

(5) 特殊单体设备、装置：锅炉房、乙炔站、氧气站、石油库、危险品库等。

同时还要考虑粉尘、毒物、噪声、振动、辐射、高温、低温等有害作业部位；事故应急抢救设施和辅助生产、健康设施；工时制度、女职工劳动保护、体力劳动强度等。

六、重大危险因素

重大危险因素是指导致伤亡人数众多、经济损失严重、社会影响大的重大事故的危险因素。不同的行业或部门、不同的时期对重大事故有其特定的含义和范围，我国化工、石油化工、铁路、航空、水利、电力等行业均制定了本行业的重大事故标准，把预防重大事故作为其职业健康安全工作的重点。

项目安全管理中辨识、评价出重大危险，是项目执行职业健康安全体系的基础，是为了能够采取措施以防范重大危险事故。

凡具备以下条件之一的均应判定为重大危险因素：

(1) 不符合法律、法规和其他要求的；

(2) 相关方有合理抱怨和要求的；

(3) 曾发生过事故，且未有采取有效防范控制措施的；

(4) 直接观察到可能导致危险的错误，且无适当控制措施的；

(5) 通过作业条件危险性评价方法，总分>160分高度危险的，也评价为重大危险因素。

依据作业条件危险性评价的结果，各单位对未列为重大危险因素的危害(一般隐患、违章)可由项目的相关责任部门(或人员)组织整改，维持现有的运行控制、加强管理。对重大危险因素的控制采取以下方法：

(1) 制定目标、管理方案；

(2) 制定管理程序；

(3) 培训与教育；

(4) 制定应急预案；

(5) 加强现场监督检查；

(6) 保持现有措施。

第三节 风险评价

一、风险评价的内容

风险是指某一特定危险情况发生的可能性和后果的组合，其两个主要特征是可能性和严重性。风险评价是根据危险源辨识的结果，采用科学方法评估危险源所带来的风险大小，并确定风险是否可允许的全过程。根据评价结果对风险进行分级，按不同级别的风险有针对性地采取风险控制措施。因此，风险评价包括两个方面的内容：

(1) 对风险进行分析评估，确定其大小或严重程度。

(2) 将风险与安全要求进行比较，判定其是否可接受。

二、风险评价的方法

风险评价的方法较多，每种方法的原理、应用条件和适用范围不同，各有特点。按评价方法的特征可分为：

定性评价：根据评价人员的经验和判断能力对生产工艺、设备、环境、人员和管理等方面的状况进行评价，如安全检查表法。

半定量评价：用一种或几种可直接或间接反映物质和系统危险性的指标来评价，如作业条件危险性评价法、物质特性指数法、人员素质指标法等。

定量评价：用事故系统发生概率、事故严重程度和危险指数法评价。

下面介绍几种方法：

1. 作业条件危险性评价法（LEC）

该方法是评价人们在具有潜在危险环境中作业危险性的半定量方法。主要是以与系统风险率有关的三种因素指标值之积来评价人员伤亡风险大小，这三种因素是：

L——发生事故的可能性大小；

E——人体暴露于危险环境的频繁程度；

C——发生事故可能造成的后果。

评价公式：$D=L \cdot E \cdot C$

注：D——危险性分值。

(1) L——发生事故的可能性大小。事故或危险事件发生的可能性大小，当用概率表示时，绝对不可能发生的事件的概率为 0；而必然发生的事件的概率为 1。然而绝对不发生事故是不可能的，人为地将"发生事故可能性极小"的分值定为 0.1，而必然要发生的事件的分值定为 10，介于上述两种情况之间定出若干个中间值，如表 4-3 所示。

发生事故的可能性　　　　　　　　　　　　　表 4-3

概率值	事故发生的可能性	概率值	事故发生的可能性
10	完全可能预料	0.5	很不可能，可以设想
6	相当可能	0.2	极不可能
3	可能，但不经常	0.1	实际不可能
1	可能性小，完全意外		

(2) E——暴露于危险环境的频繁程度。人员出现在危险环境中的时间越长，则危险性越大。规定连续出现在危险环境中的分值定为 10，而非常罕见地出现在危险环境中的分值定为 0.5。同样，将介于两者之间的各种情况规定若干个中间值，如表 4-4 所示。

第三节 风险评价

暴露于危险环境的频繁程度 表 4-4

频数值	暴露于危险环境的频繁程度	频数值	暴露于危险环境的频繁程度
10	连续暴露	2	每月一次暴露
6	每天工作时间暴露	1	每年几次暴露
3	每周一次暴露	0.5	非常罕见地暴露

(3) C——发生事故产生的后果。事故造成的人身伤害程度范围很大，对伤亡事故来说，可从极小的轻伤直到多人死亡的严重结果。因为范围较广，所以规定分值为1~100。把需要救护的轻微伤害的分值规定为1，把造成多人死亡的分值定为100，其他情况的分值均在1与100之间，如表4-5所示。

发生事故产生的后果 表 4-5

概率值	发生事故产生的后果	概率值	发生事故产生的后果
100	大灾难，许多人死亡	7	严重，重伤
40	灾难，数人死亡	3	重大，致残
15	非常严重，一人死亡	1	引人注目，需要救护

(4) D——危险性分值。根据上述三个分值的乘积即 $D=L \cdot E \cdot C$ 可以计算出作业条件危险性分值，但关键是如何正确确定三个分值和根据总分 D 来评价危险程度。根据经验，危险性分值在20分以下被认为是可忽略的危险；总分在20~70分之间为可容许风险；总分在70~160分之间，有显著的危险性，属于中度风险，需要及时整改；总分在160~320分之间，属一种必须立即采取措施进行整改的高度危险，具有重大风险；总分在320分以上是高危险分值，为不容许风险，应立即改善。

危险等级是根据经验划分的，难免带有局限性，不能认为是普遍适用的，应用时需要根据实际情况予以修正。危险等级划分如表4-6所示。

危险等级划分 表 4-6

分值	危险级别	危险程度	控制措施
>320	1级	极其危险	不能继续作业，采取措施降低风险
160~320	2级	高度危险	立即整改，在规定的时限内采取措施降低风险
70~160	3级	显著危险	需要整改，在规定的时限内采取措施降低风险
20~70	4级	一般危险	保持现有控制措施，注意监视
<20	5级	稍有危险	可以接受

例如施工安装过程高处作业的风险评价

根据企业在多年施工安装过程和安全生产管理状况及以往发生的频次，如果发生坠落是属于安全意外，则按表4-3取 $L=1$；而操作人员是每天工作时间内均处于这种工作环境中，按表4-4，则取 $E=6$；但一旦发生高处坠落，后果非常严重，按表4-5，则取 $C=15$。危险性分值 $D=L \cdot E \cdot C=1\times 6\times 15=90$，按表4-5可看出危险程度为显著危险，危险级别属3级，需要制定措施以降低风险。

2. 风险定性评价法

将安全风险的大小用事故发生的可能性(p)与发生事故后果的严重程度(f)的乘积来衡量。

即：
$$R = p \cdot f$$

式中 p——事故发生的可能性(频率)。可能性等级可分为五级，如表4-7所示。

f——事故后果的严重程度。严重性等级可分为四级，如表4-8所示。

R——风险大小。根据事故后果的严重等级和事故发生的可能性等级可对风险评估分级。风险级别可分为五级，见表4-9。表中1～5级分别为不容许风险；重大风险；中度风险；可容许风险；可忽略风险。

事故发生的可能性等级　　　　　　　　　　　　　　　　　　表4-7

等级	注明	单个项目具体发生情况	总体发生情况
A	频繁	频繁发生	连续发生
B	很可能	在寿命期内会发生若干次	频繁发生
C	有时	在寿命期内有时可能发生	发生若干次
D	极少	在寿命期内不易发生，但有可能	不易发生，可预期发生
E	不可能	极不易发生，以致可认为不会发生	不易发生

事故严重性等级　　　　　　　　　　　　　　　　　　　　　表4-8

等级	注明	事故后果	举例
Ⅰ	灾难	人员死亡或系统报废	死亡，致命伤害，急性不治之症
Ⅱ	严重	人员严重受伤，严重职业病，系统严重损坏	断肢，严重骨折，中毒，复合伤害；严重职业病，其他导致寿命严重缩短的疾病
Ⅲ	轻度	人员轻度受伤，轻度职业病，系统轻度损坏	划伤，烧伤，脑震荡，严重扭伤，轻微骨折，耳聋，皮炎，哮喘，与工作相关的上肢损伤，导致永久性轻微功能丧失的疾病
Ⅳ	轻微	人员轻微伤害，系统损坏轻于Ⅲ级	表面损伤，轻微的割伤和擦伤，粉尘对眼睛的刺激，烦躁，导致暂时不适的疾病

风 险 级 别　　　　　　　　　　　　　　　　　　　　　　　表4-9

可能性等级 \ 严重性等级	Ⅰ	Ⅱ	Ⅲ	Ⅳ
A	1级	1级	2级	3级
B	1级	1级	2级	4级
C	1级	2级	3级	5级
D	2级	3级	3级	5级
E	3级	4级	4级	5级

判断事故发生可能性应考虑的因素有：现场作业人员，持续作业时间和频次，水、电等供应中断情况，设备和部件及安全装置失灵情况，发生恶劣天气情况，个体防护用品的使用及保护情况，个人的不安全行为等。

不同的组织可根据不同的风险量选择适合的控制策略。表 4-10 为简单的风险控制措施。

风险控制措施表　　　　　　　　　　　　　　　　　　　　　　　表 4-10

风险级别	注　明	控　制　措　施
Ⅰ级	不可允许的风险。事故潜在危险性很大且难以控制，发生的可能性极大，一旦发生会造成多人伤亡	立即停止工作，采取措施，当风险降低后方可继续工作
Ⅱ级	重大风险。事故潜在危险性较大且较难控制，发生的可能性较大，易发生重伤、多人伤害；粉尘、噪声、毒物作业危险程度达Ⅲ级、Ⅳ级者	风险降低后方可工作。高风险涉及正在进行中的工作时，应采取应急措施。应制定目标和管理方案，降低风险
Ⅲ级	中度风险。导致重大伤害事故的可能性较小，但经常发生，有潜在的伤亡事故危险	采取适宜措施在限期内实施控制，以降低风险。在中度风险和严重伤害后果相关的场合，应进一步确定伤害的可能性，确定是否改进控制措施，是否应制定目标和管理方案
Ⅳ级	可允许风险。具有一定的危险性，可能发生一般伤亡事故；高温作业危害程度分级达Ⅰ级、Ⅱ级者；粉尘、噪声、毒物作业危害程度分级为安全作业，但对人员休息和健康有影响者	可保持现有控制措施，但应考虑改进，监督检测控制措施
Ⅴ级	可忽略的风险。危险性小，不会伤人	不需采取措施

风险控制措施应在实施前予以评审。评审应针对以下内容进行：
（1）控制措施是否使风险降低到可允许水平；
（2）是否产生新的危险源；
（3）是否已选定了投资效果最佳的解决方案；
（4）受影响的人员如何评价措施的必要性和可行性；
（5）控制措施是否会被应用于实际工作中。

第四节　风险控制与事故预防

风险控制与事故预防是一个组织采取的消除、预防和减弱危险（害）因素的技术措施和管理措施。

一、事故的特征

1. 事故的因果性

事故是许多因素互为因果、连续发生的结果。一个因素是前一因素的结果，又是后一因素的原因。

2. 事故的必然性

在生产活动中要使用能量和物质，就存在危险源，一旦失控就会发生事故。事故的因果，性决定了事故发生的必然性，完全杜绝事故发生是困难的。

3. 事故的偶然性

虽然事故具有必然性，但是在什么条件下发生或不发生，事故发生后果的大小，无法完全预测。从本质上讲，事故属于一种随机事件。

4. 事故的规律性

事故既然有必然性，就有规律可循。深入分析事故的因果关系，就可以发现事故的客观规律，从而为防止发生事故提供依据。

5. 事故的预测性

人们根据对过去已发生事故所积累的经验和知识，以及对事故规律的认识，运用科学的方法和手段，可以对未来可能发生的事故进行预测。

事故预测的目的在于识别和控制危险，预先采取对策，最大限度地减少事故发生的可能性。事故预测是通过预测模型进行的。

二、事故预防的基本原理

1. 事故因果连锁原理

（1）海因里希事故因果连锁模型。海因里希认为，按因果顺序，事故是由以下五个要素连锁反应造成的。

1）人的素质（M）：人的素质对行动有很大影响；

2）个人的缺陷（P）：轻率、急躁、易冲动、不慎重、忽视安全作业等与事故发生有密切关系；

3）人的不安全行为和物的不安全状态所引起的危险性（H）；

4）发生事故（D）；

5）造成伤害（A）。

发生的顺序从 M 开始，如果对 P 有影响，接着就会影响到 H 和 D，只要 D 发生，最终就会出现 A 的结果，如图 4-12 所示。

在这五个要素中，如果消除了危险性（H），则连锁中断，不会向事故（D）方向发展，也就不会对人造成伤害（A），如图 4-13 所示。因此，要想防止事故发生，就应当把着眼点放在顺序中心，消除生产过程中的危险性，防止人的不安全行为和设备、作业环境的不安全状态。

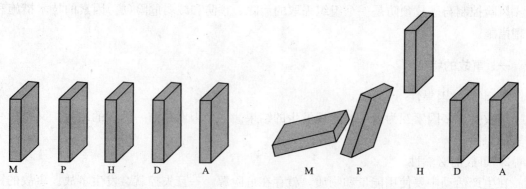

图 4-12 伤亡事故五因素图　　　　　图 4-13 移去危险性中央因素

(2) 事故统计分析因果连锁模型。在事故原因的统计分析中，当前世界各国普遍采用如图 4-14 所示的模型。该模型着重于伤亡事故的直接原因——人的不安全行为和物的不安全状态及其背后的深层次原因——管理失误。国家标准 GB/T 6441—1986《企业职工伤亡事故分类》就是基于这种模型制定的。

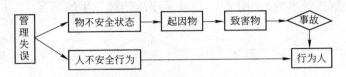

图 4-14　事故统计分析因果连锁模型

1) 简单模型 1（基本模型）。在图 4-15 中起因物是指作为事故起源而导致事故发生的物体、物质或环境；致害物是指直接作用于人体引起伤害及中毒的物体或物质。

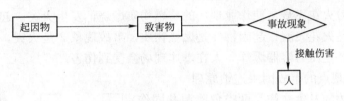

图 4-15　简单模型 1（基本模型）

例如：车床未卡牢工件，在旋转时工件飞出打伤了工人。这时起因物是车床的卡盘，致害物是飞出的零件。

2) 简单模型 2。图 4-16 反映的是由于起因物导致了事故现象 1 的发生，但并未引起伤害；而由事故现象 1 产生的致害物 2 导致了事故现象 2，与人接触后发生了伤害。

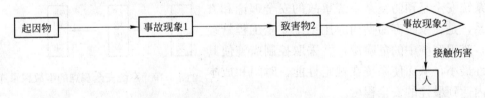

图 4-16　简单模型 2

例如，起重机吊运物品时，钢丝绳拉断，起因物是钢丝绳，钢丝绳拉断是事故现象 1，若不与人接触则不会造成伤害；吊物是致害物 2，吊物落下是事故现象 2，吊物与人接触后造成了伤害。

3) 复杂模型 1（连续伤害）。图 4-17 反映了伤害连续发生的情况，一起事故连续造成多次伤害。

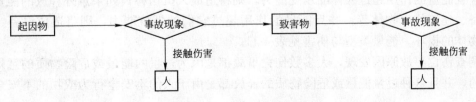

图 4-17　复杂模型 1（连续伤害）

例如：电气设备的火花使可燃气体燃烧爆炸，把人烧伤，同时燃烧生成的有毒气体被人吸入后使人中毒。这里起因物是电气设备，致害物1是可燃气体，事故现象1是燃烧爆炸，造成一次伤害（烧伤）；致害物2是有毒气体，事故现象2是人吸入有毒气体，造成二次伤害（中毒）。

4）复杂模型2（连续事故）。图4-18反映了事故连续发生的情况。

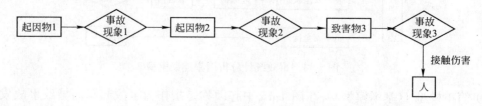

图4-18　复杂模型2（连续事故）

例如：焊接时火花飞溅，使作业现场的易燃物质燃烧，发生火灾。起因物1是焊接设备，事故现象1是火花飞溅；起因物2是燃烧物质，事故现象2是火灾，致害物3是压力容器，事故现象3是压力容器爆炸，人在爆炸现场会受到伤害。

2. 系统安全观点的事故因果连锁原理

一起伤亡事故的发生往往是两类危险源共同作用的结果。第一类危险源是事故发生的能量主体，决定了事故的严重程度。第二类危险源是第一类危险源造成事故的必要条件，决定事故发生的可能性。在事故的发生和发展过程中，两类危险源相互关联，相互依存。如图4-19所示。

系统安全是预防复杂系统事故的安全理论和方法体系，是在系统寿命期内应用系统安全工程管理方法，辨识系统中的危险源，并采取控制措施使其危险性最小，从而使系统在规定性能、时间和成本范围内达到最佳的安全程度。

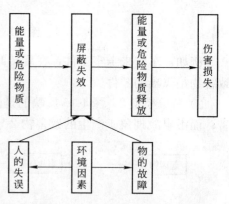

图4-19　系统安全观点的事故因果连锁

危险源辨识、风险评价和风险控制构成了系统安全工程的基本内容。

3. 能量观点的事故因果连锁原理

能量在人类的生产、生活中是不可缺少的，人类利用各种形式的能量做功以实现预定的目的。人类在利用能量的时候必须采取措施控制能量，便能量按照人们的意图产生、转换和做功。如果由于某种原因失去了对能量的控制，就会发生违背人们意愿的能量意外释放或逸出，使进行中的活动中止而发生事故。如果事故发生时意外释放的能量作用于人体，并且能量的作用超过人体的承受能力，则将造成人员伤害；如果意外释放的能量作用于设备、建筑物、物体等，并且能量的作用超过它们的抵抗能力，则将造成设备、建筑物、物体的损坏。能量类型与伤害见表4-11。

调查伤亡事故原因发现，大多数伤亡事故都是因为过量的能量或危险物质的意外释放引起的，并且这种过量能量或危险物质的释放都是由于人的不安全行为或物的不安全状态造成的。

能量类型与伤害　　　　　　　　　　　　　　表 4-11

能量类型	产生的伤害	事故类型
机械能	刺伤、割伤、撕裂、挤压皮肤和肌肉、骨折、内部器官损伤	物体打击、车辆伤害、机械伤害、起重伤害、高处坠落、坍塌、冒顶穿帮、放炮、火药爆炸、瓦斯爆炸、锅炉爆炸、压力容器爆炸
热能	皮肤发炎、烧伤、烧焦、焚化、伤及全身	灼烫、火灾
电能	干扰神经——肌肉功能、电伤	触电
化学能	化学性皮炎、化学性烧伤、致癌、致遗传突变、致畸胎、急性中毒、窒息	中毒和窒息、火灾

三、选择事故预防对策的原则

在进行风险控制措施策划，选择事故预防对策时，首先应考虑消除危险源（如果可行时），采取直接安全技术措施，保证设备本身不出现任何事故和危害；其次再考虑间接或提示性的安全技术措施，如采取安全防护装置、报警装置、设置警示标志，最大限度地预防、控制事故或危害的发生，降低风险；若上述措施仍然不能避免事故或危害发生，最后考虑采用个体防护措施、教育、培训等。

事故预防对策顺序

(1) 消除：用较安全的能源代替危险性大的能源。如：以无害物质代替有害物质，采用无害工艺技术、自动化作业、遥控技术等。

(2) 预防：限制能量、防止能量蓄积，控制和延缓能量释放，预防危险的发生。如：限制能量的速度和大小、规定极限量和使用低压测量仪表；防止能量蓄积、控制爆炸性气体浓度；控制能量释放，采用保护性容器；延缓能量释放，采用熔断器、防爆膜、安全电压、安全阀等。

(3) 减弱：开辟能量释放渠道，在能源上设置屏障。如：局部通风排毒装置、以低毒物质取代高毒物质，降温措施、避害装置、接地装置、减振或消声装置、抽放煤层中的瓦斯等。

(4) 隔离：在无法消除、预防、减弱的情况下，将人员与危险、危害因素隔开，将不能共存的物质分开。如：在人与能源之间设屏障、防护罩、防火门、密闭门等。在人与物之间设屏蔽、安全帽、安全鞋、绝缘工具、安全距离；提高防护标准，采用双重绝缘。

(5) 连锁：当操作者失误或设备运行一旦达到危险状态时，应通过连锁装置终止危险的发生。

(6) 警告：在易发生故障危险性较大的地方，配置醒目的安全色、安全标志；必要时设置声、光或声光组合报警装置。

(7) 使用个体防护装置、防护用品。

四、职业安全预防对策

根据预防事故原理，基本的事故预防对策有：

1. 改进生产工艺过程，实行机械化、自动化：
机械化、自动化生产不仅是发展生产的重要手段，也是安全技术措施的根本途径。
2. 设置安全装置：
安全装置包括防护装置、保险装置、信号装置及危险牌示意和识别标志。
(1) 防护装置，用屏护方法使人体与危险部分隔离。
(2) 保险装置，可自动消除因设备或其部件发生事故或损坏而引起的人身危险。
(3) 信号装置，一般分为颜色信号、音响信号和指示仪表。
(4) 危险牌示意和识别标志。根据 GB 2893—2001《安全色》和 GB 2894—1996《安全标志》，利用红(禁止、危险)、黄(警告、注意)、蓝(指令、遵守)、绿(通行、安全)四种传递信息的安全色。
3. 预防性的机械强度试验。
4. 电气安全对策：
(1) 安全认证。
(2) 备用电源。
(3) 防触电，包括接零接地保护、漏电保护（劳动部《漏电保护器安全监察规定》，GB 13955—2005《剩余电流动作保护装置安装和运行》）、绝缘、电气隔离、安全电压、屏护和安全距离（金属屏护装置 GB 8197—1987《防护屏安全要求》）、连锁保护。
(4) 电气防火防爆，包括消除电气引燃源（GB 50058—1992《爆炸和火灾危险环境电力装置设计规范》）、安全距离、通风、消防、防静电。
5. 机器设备的维护保养和计划检修。
6. 工作地点的布置与整洁。
7. 个人防护用品。

五、职业健康预防对策

1. 防尘：
(1) 选用不产生或少产生粉尘的工艺，采用无危害域危害性较小的物料。
(2) 限制、抑制扬尘和粉尘扩散。
(3) 通风排尘。
(4) 个体防护用品。
(5) 定期检测、定期体检、设施维护检修。
(6) 其他技术和管理措施。
2. 防毒：
(1) 用无毒、低毒的工艺和物料代替有毒、高毒的工艺和物料。
(2) 采用密闭化、管道化生产装置，尽可能实现负压生产，防止有害物质泄漏外逸。
(3) 通风净化。
(4) 配备事故处理装置和应急防护设施。
(5) 设置急救室、抢救设施。
(6) 隔离、遥控操作。
(7) 定期检测、定期体检、监护作业、抢救训练。

(8) 其他防毒技术和管理措施。

3. 防缺氧、防窒息：

(1) 配备氧气浓度、有害气体浓度检测仪器、报警仪器、隔离式呼吸保护器具、通风换气设备和抢救器具。

(2) 先检测通风后作业，密切监护作业过程并定时或连续检测，严禁用纯氧通风换气。

(3) 不能通风换气、不易充分通风换气和已发生缺氧、窒息的工作场所，必须使用隔离式呼吸保护器具，严禁使用净气式面具。

(4) 设置警示标志。

(5) 安全管理、教育、抢救措施。

4. 噪声和振动控制：

(1) 采用低噪声工艺及设备，平面布置合理，采用隔声、消声、吸声等技术措施。

(2) 采用消除或减少振动源的工艺和设备、基础隔振、个体防护措施。

5. 防辐射（电磁辐射）：

按屏蔽、防护距离和缩短照射时间等防护三原则，根据 GB 8702—1988《电磁辐射防护规定》等要求，采取对策，使工作人员受到的辐射照射不超过标准规定的个人剂量限值。

6. 防非电磁辐射：

采取措施防紫外线、防红外线（热辐射）、防激光辐射。按 GB 10435—1989《作业场所激光辐射卫生标准》、GB 10436—1989《作业场所微波辐射卫生标准》和 GB 8702—1988《电磁辐射防护规定》，防激光和电磁辐射。

7. 高温作业的防护：

根据 GB 935—1989《高温作业允许持续接触热时间限值》和各地区限制高温作业级别的规定，采取防护措施。

8. 低温、冷水作业的防护。

9. 采暖、通风、照明、采光：

按 GB 50019—2003《采暖通风与空气调节设计规范》等有关行业、专业标准进行设计。

10. 体力劳动强度：

根据 GB 3869—1997《体力劳动强度分级》的规定，采取限制和降低劳动强度的措施。

11. 辅助用室：

根据生产特点、实际需要和使用方便的原则，设置浴室、休息室、女职工健康室、医疗及急救设施等。

六、职业健康安全管理对策

(1) 建立职业健康安全管理体系。

(2) 配备职业健康安全管理、检查、检测、录像、照相、通信等设施设备。

(3) 配备职业健康安全培训、教育设备和场所。

(4) 配备必要的训练、急救、抢险设备设施等。

第五节 危险源辨识应用实例

一、危险源调查

表 4-12 为某项目的危险源辨识调查表。

二、重大危险因素清单

表 4-13 为某项目的重大危险因素清单表。
表 4-14 为××项目地上结构阶段的重大危险因素清单。

三、危险评价结果

表 4-15 为××项目地上结构阶段危害辨识与危险评价结果一览表。

第五节 危险源辨识应用实例

表 4-12　OHS危害辨识与危险评价调查表

部门：　　　　　　　　　　　　　　　　　　　　　　　　　　填表日期：

填表人：

序号	作业活动	危险因素	可能导致的事故	涉及相关方	作业条件危险性评价				现有控制措施	备注
					L	E	C	D		

审核：　　　　　　　　　　　　　制表：　　　　　　　　　　　　制表时间：

第四章 危险源辨识、风险评价和风险控制

××××项目(公司)OHS 重大危险因素清单

表 4-13

序号	作业活动	危险因素	可能导致的事故	判别依据(Ⅰ~Ⅴ)	作业条件危险性评价				危险级别	现有控制措施	备注
					L	E	C	D			

注:判别依据:Ⅰ.不符合法律法规及其他要求;Ⅱ.曾发生过事故,仍未采取有效控制措施;Ⅲ.相关方合理抱怨或要求;Ⅳ.直接观察到的危险;Ⅴ.定量评价(LECD法)。

××××项目(公司)　　　　　　　　　　　　　　　　　××××××

审核人:　　　　制表人:　　　　　　　　　　　　　　年　　月　　日

第五节 危险源辨识应用实例

表4-14 ××项目部OHS重大危险因素清单（地上结构阶段）

序号	作业活动	危险因素		可能导致的事故	判别依据（Ⅰ~Ⅴ）	作业条件危险性评价				危险级别	现有控制措施	备注
						L	E	C	D			
1	施工作业	1	无安全技术措施施工方案	管理缺陷	高处坠落/物体打击/触电等	Ⅰ					重大	按规定进行审核把关	
2		3	设备设施未经验收	管理缺陷	起重伤害/机械伤害/倒塌等	Ⅰ					重大	按《项目安全管理规定》，审核把关	
3		5	深坑基础护壁不符合规定	管理缺陷	坍塌	Ⅰ					重大		

续表

序号	作业活动		危险因素		可能导致的事故	判别依据(Ⅰ~Ⅴ)	作业条件危险性评价				危险级别	现有控制措施	备注
							L	E	C	D			
4	施工作业	16	不按规定安装集料平台	违章作业	高处坠落/物体打击	Ⅴ	3	6	15	270	重大	执行专项的《安全防护专项方案》、《建筑施工高处作业安全技术规范》及相关的规范检查要求，进行现场检查把关	
5	高处作业	1	25cm×25cm以上洞口不按规定防护	防护缺陷	倒塌/高处坠落	Ⅴ	3	6	15	270	重大	执行专项的《安全防护专项方案》、《建筑施工高处作业安全技术规范》及相关的规范检查要求，进行现场检查把关	
6		10	拆改防护设施	违章作业	高处坠落	Ⅴ	6	6	7	252	重大	执行专项的《安全防护专项方案》、《建筑施工高处作业安全技术规范》及相关的规范检查要求，进行现场检查把关	
7	模板安装与存放	2	大模板不按规定存放	违章作业	高处坠落	Ⅴ	3	6	15	270	重大	执行项目的《模板措施方案》及相关的规范检查要求，进行现场检查把关	
8	焊接作业	1	焊渣阴燃引起明火	明火	火灾	Ⅳ					重大	按规定现场检查把关，符合《北京市安全技术操作规程》、《安全技术交底》等相关规定要求	

第五节 危险源辨识应用实例

续表

序号	作业活动	危险因素	危险因素	可能导致的事故	判别依据(Ⅰ~Ⅴ)	作业条件危险性评价 L	作业条件危险性评价 E	作业条件危险性评价 C	作业条件危险性评价 D	危险级别	现有控制措施	备注
9	起重机械安装、拆除、吊装作业	2	无资质安装、拆除、维护	违章指挥	起重伤害	Ⅰ					重大	按规定审核把关,符合《北京市建筑工程施工安全操作规程》、《塔吊安拆安全技术措施方案》等规定	
10		4	吊装钢梁时未设安全保险绳或安全保险绳安装不符合规范要求;上下柱子有爬梯但无防坠落措施	违章作业	高处坠落	Ⅴ	6	2	15	180	重大		
11		29	在框架梁上行走作业人员未挂安全带	违章作业	高空坠落	Ⅴ	6	3	15	270	重大		
12	钢结构吊装	31	钢框架结构的水平面/临边外侧无安全防护措施	管理缺陷	高空坠落	Ⅴ	3	10	7	210	重大	按规范现场把关检查,符合《钢结构吊装方案》、《安全防护方案》、悬臂安全防护方案等规范要求	
13		41	在高处两个操作架之间设一块跳板下行走,在护栏上搭设一块跳板无任何防护措施下行走	违章作业	高空坠落	Ⅳ					重大		
14		41	悬臂施工	违章作业	高空坠落、物体打击	Ⅴ	4	6	8	192	重大		

续表

序号	作业活动		危险因素	可能导致的事故	判别依据(Ⅰ~Ⅴ)	作业条件危险性评价				危险级别	现有控制措施	备注
						L	E	C	D			
15	防水作业	2	未配备足够的消防器材	违章作业	Ⅰ	按规范现场检查把关,符合《钢结构吊装方案》、《安全防护方案》等规范要求					按规定现场检查把关,符合《北京市消防条例》、《消防法》等法规规定	
16	危险化学品使用	1	危险化学品未按规定存放使用(如涂料、卷材等物质存放不符合规定,油漆库和稀料库房未分开存放)	违章作业	Ⅴ	6	6	7	252	重大	按规定现场检查把关,符合《危险化学品安全管理条例》等相关规定	
17	材料堆码	4	物料堆放架搭设不符合要求	防护缺陷	倒塌/物体打击	Ⅴ	3	6	15	270	重大	按规定现场检查把关,符合《北京市建设工程施工现场容卫生标准》等相关规定	
18	幕墙施工	2	板块/构件安装	违章作业	高处坠落/物体打击/触电等	Ⅴ	4	6	8	192	重大	按编制的施工方案执行	

注:判别依据:Ⅰ.不符合法律法规及其他要求;Ⅱ.曾发生过事故,仍未采取有效控制措施;Ⅲ.相关方合理抱怨或要求;Ⅳ.直接观察到的危险;Ⅴ.定量评价(LECD法)。

××项目安全部　　　　　审核人:　　　　　　　制表人:　　　　　　　年　月　日

××项目部 OHS 危害辨识与危险评价结果一览表（地上结构阶段）

表 4-15

序号	作业活动	序号	危险因素	危险因素类别	可能导致的事故	判别依据（Ⅰ~Ⅴ）	作业条件危险性评价 L	E	C	D	危险级别	现有控制措施	备注
1	一、施工作业	1	无安全技术措施施工方案	管理缺陷	高处坠落/物体打击/触电等	Ⅰ					重大	按规定进行审核把关	
2		2	安全技术措施方案未经批、审核，就采用	管理缺陷	高处坠落/物体打击/触电等	Ⅴ	3	2	15	90	一般	按规定进行审核把关，符合《危险性较大工程安全专项施工方案编制及专家论证审查办法》等规定	
3		3	设备设施未经验收	管理缺陷	起重伤害/机械伤害/倒塌等	Ⅰ					重大	按《项目安全管理规定》，审核把关	
4		4	无安全技术交底	管理缺陷	物体打击/触电等	Ⅴ	3	2	15	90	一般	按规定进行审核把关，符合《北京市安全技术操作规程》等法律规定	
5		5	未按要求做安全检查	管理缺陷	高处坠落/物体打击/触电等	Ⅴ	3	2	15	90	一般	按规定进行审核等规定	
6		6	允许无证人员操作	违章指挥	起重伤害/触电等	Ⅴ	3	2	15	90	一般	按规定进行审核把关，符合《北京市安全技术操作规程》等法律规定	
7		7	违反安全技术措施方案	违章作业	起重伤害等	Ⅴ	3	1	15	45	一般	按规范审核把关，符合各类"专项安全技术措施方案"的内容	
8		8	未使用或不正确使用个人防护用品	违章指挥违章作业	高处坠落/机械伤害/触电等	Ⅴ	3	2	15	90	一般	按规定进行审核把关，符合《北京市安全技术操作规程》等法律规定	
9		9	施工人员无证上岗操作	违章指挥违章作业	高处坠落等	Ⅴ	3	2	15	90	一般	按规定进行审核把关，符合《北京市安全技术操作规程》等法律规定	
10		10	作业人员随意抛撒物料、施工垃圾和排放污水	违章作业	物体打击/高处坠落等	Ⅴ	3	3	7	63	一般	按规定进行检查把关，符合项目制定的各项管理规定	
11		11	特种作业人员未持有效证件上岗	违章指挥违章作业	高处坠落/物体打击/触电等	Ⅴ	6	3	7	126	一般	按规定进行审核把关，符合《北京市安全技术操作规程》等法律规定	
12		12	施工作业人员未接受安全教育培训	违章指挥违章作业	高处坠落/物体打击/触电等	Ⅴ	6	3	7	126	一般	按规定进行检查把关，符合项目制定的各项管理规定	

续表

作业活动	序号	危险因素		可能导致的事故	判别依据(I～V)	作业条件危险性评价 L	E	C	D	危险级别	现有控制措施	备注
一、施工作业	13	无生产安全事故应急预案	管理缺陷	高处坠落/机械伤害/触电等	V	1	2	15	30	一般	按规定进行检查把关，符合《生产安全事故应急预案》及各方面的预案等规定	
	14	未与分包单位签订安全生产(服务)协议书	管理缺陷	高处坠落/机械伤害/触电等	V	1	3	7	21	一般		
	15	未建立安全管理台账	管理缺陷	高处坠落/机械伤害/触电等	V	1	2	7	14	一般	按规定进行检查把关，符合《项目安全管理规定》等规定	
	16	安全隐患整改不及时	管理缺陷	高处坠落/机械伤害/触电等	V	3	2	7	42	一般		
	17	违章处理时未有记录	管理缺陷	高处坠落/机械伤害/触电等	V	3	3	7	63	一般		
	18	安全技术交底缺少针对性	管理缺陷	高处坠落/机械伤害/触电等	V	3	3	15	135	一般	按规定进行审核把关，符合《北京市安全技术操作规程》、"专项安全措施方案"等法律规范	
	19	施工现场没有悬挂危险标志、警告标志	违章作业违章指挥	高处坠落/机械伤害/触电等	V	3	6	7	126	一般	按规定进行审核把关，符合《建筑工程安全生产条例》等相关规定	
	20	未设置安全管理机构或无安全专职人员	管理缺陷违章指挥	高处坠落/机械伤害/触电等	V	1	6	15	90	一般	执行总公司的相关规定	
	21											
二、基础施工作业	22											
	23											

第五节 危险源辨识应用实例

续表

序号	作业活动	危险因素		可能导致的事故	判别依据（Ⅰ～Ⅴ）	作业条件危险性评价				危险级别	现有控制措施	备注
						L	E	C	D			
28	三、土方作业	1										
29		2										
35		3										
38	四、脚手架和安全网搭拆作业	1										
49		2										
50		3										
51		4										
74		5										

注：判别依据：Ⅰ．不符合法律法规及其他要求；Ⅱ．曾发生过事故，仍未采取有效控制措施；Ⅲ．相关方合理抱怨或要求；Ⅳ．直接观察到的危险；Ⅴ．定量评价（LECD法）。

项目安全部　　　　　　　　　　审核人：　　　　　　　　制表人：　　　　　　　年　月　日

第五章　建筑施工安全检查和验收制度

第一节　建筑施工安全检查

一、安全生产检查的内容与方式、方法

1. 安全检查的基本含义

安全检查是指对施工项目贯彻安全生产法律法规的情况、安全生产状况、劳动条件、事故隐患等所进行的检查。是指预知危险和消除危险，两者缺一不可。也就是说，告诉人们怎样去识别危险和防止事故的发生。

2. 安全检查的目标

（1）预防伤亡事故，把伤亡事故频率和经济损失降到低于社会容许的范围，以及国际同行业先进水平。

（2）不断改善生产条件和作业环境，达到最佳安全状态。但是，由于安全与生产是同时存在的，因此危及劳动者的不安全因素也同时存在，事故的原因也是复杂和多方面的，所以，必须通过安全检查对施工生产中存在的不安全因素进行预测、预报和预防。

3. 安全检查的意义

（1）通过安全检查，可以发现施工生产中的人的不安全行为和物的不安全状态，从而采取对策，消除不安全因素，保障安全生产。

（2）利用安全检查，进一步宣传、贯彻、落实国家的安全生产方针、政策和企业的各项规章制度。

（3）通过安全检查深入开展群众性的安全教育，不断增强领导和全体员工的安全意识，纠正违章指挥、违章作业，不断提高搞好安全生产的自觉性和责任感。

（4）通过安全检查，可以互相学习、总结经验、吸取教训、取长补短，进一步促进安全生产工作。

（5）通过安全检查，了解和掌握安全生产状态，为分析安全生产形势，强化安全管理提供信息和依据。

4. 安全检查的内容

安全检查的内容主要包括查思想、查制度、查机械设备、查安全设施、查安全教育培训、查操作行为、查劳保用品使用、查伤亡事故处理等。

5. 安全检查的方式

安全检查方式有公司或项目定期组织的安全检查，各级管理人员的日常巡回检查、专业安全检查，季节性和节假日安全检查，班组自我检查、交接检查。

（1）定期安全生产检查

企业必须建立定期分级安全生产检查制度，每季度组织一次全面的安全生产检查；分公司、工程处、工区、施工队每月组织一次安全生产检查；项目经理部每旬组织一次安全生产检查。对施工规模较大的工地可以每月组织一次安全生产检查。每次安全生产检查应由单位主管生产的领导或技术负责人带队，由相关的安全、劳资、保卫等部门联合组织检查。

(2) 经常性安全生产检查

经常性的检查包括公司组织的、项目经理部组织的安全生产检查，项目安全管理小组成员、安全专兼职人员和安全值日人员对工地进行日常的巡回安全生产检查及施工班组每天由班组长和安全值日人员组织的班前班后安全检查等。

(3) 专业性安全生产检查

专业安全生产检查内容包括对物料提升机、脚手架、施工用电、塔吊、压力容器、登高设施等的安全生产问题和普遍性安全问题进行单项专业检查。这类检查专业性强，也可以结合单项评比进行，参加专业安全生产检查组的人员应由技术负责人、安全管理小组、职能部门人员、专职安全员、专业技术人员、专项作业负责人组成。

(4) 季节性安全生产检查

季节性安全生产检查是针对施工所在地冬期和雨期气候的特点，可能给施工带来危害而组织的安全生产检查。

(5) 节假日前后安全生产检查

是针对节假日前后职工思想松懈而进行的安全生产检查。

(6) 自检、互检和交接检查

1) 自检：班组作业前、后对自身处所的环境和工作程序要进行安全生产检查，可随时消除不安全隐患。

2) 互检：班组之间开展的安全生产检查。可以做到互相监督、共同遵章守纪。

3) 交接检查：上道工序完毕，交给下道工序使用或操作前，应由工地负责人组织工长、安全员、班组长及其他有关人员参加，进行安全生产检查和验收，确认无安全隐患，达到合格要求后，方能交给下道工序使用或操作。

6. 安全检查的方法

(1) "看"：主要查看管理记录、持证上岗、现场标识、交接验收资料、"三宝"使用情况、"洞口"、"临边"防护情况、设备防护装置等。

(2) "量"：主要是用尺实测实量。例如：脚手架各种杆件间距、塔吊道轨距离、电气开关箱安装高度、在建工程邻近高压线距离等。

(3) "测"：用仪器、仪表实地进行测量。例如：用水平仪测量道轨纵、横向倾斜度，用地阻仪摇测地阻等。

(4) "现场操作"：由司机对各种限位装置进行实际动作，检验其灵敏程度。例如：塔吊的力矩限制器、行走限位，龙门架的超高限位装置，翻斗车制动装置等等。

总之，能测量的数据或操作试验，不能用估计、步量或"差不多"等来代替，要尽量采用定量方法检查。

二、安全检查的要求

1. 各种安全检查都应根据检查要求配备足够的资源。特别是大范围、全面性的安全检查，应明确检查负责人，选调专业人员，并明确分工、检查内容、标准等要求。

2. 每种安全检查都应有明确的检查目的、检查项目、内容及标准。特殊过程、关键部位应重点检查。检查时应尽量采用检测工具，用数据说话。对现场管理人员和操作人员要检查是否有违章指挥和违章作业的行为，还应进行应知应会知识的抽查，以便了解管理人员及操作工人的安全素质。

3. 检查记录是安全评价的依据，要做到认真详细，真实可靠，特别是对隐患的检查记录要具体。如隐患的部位、危险程度及处理意见等。采用安全检查评分表的，应记录每项扣分的原因。

4. 对安全检查记录要用定性定量的方法，认真进行系统分析安全评价。哪些检查项目已达标，哪些项目没有达标，哪些方面需要进行改进，哪些问题需要进行整改，受检单位应根据安全检查评价及时制定改进的对策和措施。

5. 整改是安全检查工作重要的组成部分，也是检查结果的归宿。

三、安全检查的注意事项

1. 安全检查要深入基层、紧紧依靠职工，坚持领导与群众相结合的原则，组织好检查工作。

2. 建立检查的组织领导机构，配备适当的检查力量，挑选具有较高技术业务水平的专业人员参加。

3. 做好检查的各项准备工作，包括思想、业务知识、法规政策和检查设备、奖金的准备。

4. 明确检查的目的和要求。

5. 把自查与互查有机结合起来。

6. 坚持查改结合。

7. 建立检查档案。

8. 在制定安全检查表时，应根据用途和目的具体确定安全检查表的种类。

第二节 建筑施工安全验收

一、验收原则

必须坚持"验收合格才能使用"的原则。

二、验收的范围

1. 各类脚手架、井字架、龙门架、堆料架。

2. 临时设施及沟槽支撑与支护。

3. 支搭好的水平安全网和立网。

4. 临时电气工程设施。

5. 各种起重机械、路基轨道、施工电梯及其他中小型机械设备。

6. 安全帽、安全带和护目镜、防护面罩、绝缘手套、绝缘鞋等个人防护用品。

三、验收程序

1. 脚手架杆件、扣件、安全网、安全帽、安全带以及其他个人防护用品,必须有出厂证明或验收合格的单据,由技术负责人、工长、安全员、材料保管人员共同审验。
2. 各类脚手架、堆料架,井字架、龙门架和支撑的安全网、立网由项目经理或技术负责人申报支搭方案并牵头,会同工程部和安全主管部门进行检查验收。
3. 临时电气工程设施,由安全主管部门牵头,会同电气工程师、项目经理、方案制定人、工长、安全员进行检查验收。
4. 起重机械、施工用电梯由安装单位和使用工地的负责人牵头,会同有关部门检查验收。
5. 路基轨道由工地申报铺设方案,工程部和安全主管部门共同验收。
6. 工地使用的中小型机械设备,由工地技术负责人和工长牵头,会同工程部进行检查验收。
7. 所有验收,必须办理书面验收手续,否则无效。

四、隐患控制与处理

1. 项目经理部应对存在隐患的安全设施、过程和行为进行控制,组装完毕后应进行检查验收,确保不合格设施不使用、不合格物资不放行、不合格过程不通过。
2. 检查中发现的隐患应进行登记,不仅作为整改的备查依据,而且是提供安全动态分析的重要信息渠道。如多数单位安全检查都发现同类型隐患,说明是"通病",若某单位在安全检查中重复出现隐患,说明整改不彻底,形成"顽症"。根据检查隐患记录分析,制定指导安全管理的预防措施。
3. 安全检查中查出的隐患,还应发出隐患整改通知单。对凡存在即发性事故危险的隐患,检查人员应责令停工,被查单位必须立即进行整改。
4. 对于违章指挥、违章作业行为,检查人员可以当场指出,立即纠正。
5. 被检查单位领导对查出的隐患,应立即研究制定整改方案,组织实施整改。按照"五定",即定整改责任人、定整改措施、定整改完成时间、定整改完成人、定整改验收人,限期完成整改,并报上级检查部门备案。
6. 事故隐患的处理方式
(1) 停止使用、封存;
(2) 指定专人进行整改以达到规定要求;
(3) 进行返工,以达到规定要求;
(4) 对有不安全行为的人员进行教育或处罚;
(5) 对不安全生产的过程重新组织。
7. 整改完成后,项目经理部安监部门必要时对存在隐患的安全设施、安全防护用品整改效果进行验证,再及时通知企业主管部门等有关部门派员进行复查验证,经复查整改合格后,即可销案。

第三节 安全检查评分标准

建设部于1999年4月颁发了《建筑施工安全检查标准》(JGJ 59—99)(以下简称"标

准")并自 1999 年 5 月 1 日起实施。《标准》共分 3 章 27 条,其中 1 个检查评分汇总表,13 个分项检查评分表。13 个分项检查评分表检查内容共有 168 个项目 535 条。

一、检查分类

1. 对建筑施工中易发生伤亡事故的主要环节、部位和工艺等的完成情况做安全检查评价时,应采用检查评分表的形式,分为安全管理、文明工地、脚手架、基坑支护与模板工程、"三宝""四口"防护、施工用电、物料提升机与外用电梯、塔吊、起重吊装和施工机具共 10 项分项检查评分表和一张检查评分汇总表。

2. 在安全管理、文明施工、脚手架、基坑支护与模板工程、施工用电、物料提升机与外用电梯、塔吊和起重吊装 8 项检查评分表中,设立了保证项目和一般项目,保证项目应是安全检查的重点和关键。

二、评分方法及分值比例

1. 各分项检查评分表中,满分为 100 分。表中各检查项目得分为按规定检查内容所得分数之和。每张表总得分应为各自表内各检查项目实得分数之和。

2. 在检查评分中,遇有多个脚手架、塔吊、龙门架与井字架等时,则该项得分应为各单项实得分数的算术平均值。

3. 检查评分不得采用负值。各检查项目所扣分数总和不得超过该项应得分数。

4. 在检查评分中,当保证项目有一项不得分或保证项目小计得分不足 40 分时,此检查评分表不应得分。

5. 检查评分汇总表满分为 100 分,各分项检查表在汇总表中所占的满分分值应分别为:安全管理 10 分、文明施工 20 分、脚手架 10 分、基坑支护与模板工程 10 分、"三宝""四口"防护 10 分、施工用电 10 分、物料提升机与外用电梯 10 分、塔吊 10 分、起重吊装 5 分和施工机具 5 分。在汇总表中各分项项目实得分数应按下式计算:

在汇总表中各分项项目实得分数＝汇总表中该项应得满分分值
×该项检查评分表实得分数÷100

汇总表总得分应为表中各分项项目实得分数之和。

6. 检查中遇有缺项时,汇总表总得分应按下式换算:

遇有缺项时汇总表总得分＝实查项目在汇总表中按各对应的实得分值之和
÷实查项目在汇总表中应得满分的分值之和×100

7. 多人同时对同一项目检查评分时,应按加权评分方法确定分值。权数的分配原则应为:专职安全人员的权数为 0.6,其他人员的权数为 0.4。

三、等级划分

建筑施工安全检查评分,应以汇总表的总得分及保证项目达标与否,作为对一个施工现场安全生产情况的评价依据,分为优良、合格、不合格三个等级。

1. 优良

保证项目分值均应达到规定得分标准,检查评分汇总表得分值应在 80 分(含)以上。

2. 合格

(1) 保证项目分值均应达到规定得分标准，检查评分汇总表得分值应在 70 分及以上；
(2) 有一份表未得分，但检查评分汇总表得分值必须在 75 分及其以上；
(3) 起重吊装检查评分表或施工机具检查评分表未得分，但汇总表得分值在 80 分以上。

3. 不合格
(1) 检查评分汇总表得分值不足 70 分；
(2) 有一份表未得分，且检查评分汇总表得分在 75 分以下；
(3) 起重吊装检查评分表或施工机具检查评分表未得分，且检查评分汇总表得分值在 80 分(含)以下。

四、分值的计算方法

1. 汇总表中各项实得分数计算方法：
   分项实得分＝该分项在汇总表中应得分×该分项在检查评分表中实得分÷100

【例1】 "文明施工检查评分表"实得 86 分，换算在汇总表中"文明施工"分项实得分为多少？
分项实得分＝20×86/100＝17.2(分)

2. 汇总表中遇有缺项时，汇总表总分计算方法：
   缺项的汇总表分＝实查项目实得分值之和÷实查项目应得分值之和×100

【例2】 如某工地没有塔吊，则塔吊在汇总表中有缺项，其他各分项检查在汇总表实得分为 81 分，计算该工地汇总表实得分为多少？
缺项的汇总表分＝81÷90×100＝90(分)

3. 分表中遇有缺项时，分表总分计算方法：
   缺项的分表分＝实查项目实得分值之和÷实查项目应得分值之和×100

【例3】 "起重吊装安全检查评分表"中，"施工方案"缺项(该项应得分值为 10 分)，其他各项检查实得分为 72 分，计算该分表实得多少分？换算到汇总表中应为多少分？
缺项的分表分＝70÷(100－10)×100＝77.78(分)
汇总表中起重吊装分项实得分＝10×77.78÷100＝7.78(分)

4. 分表中遇保证项目缺项时，"保证项目小计得分不足 40 分，评分表得 0 分"，计算方法：
实得分与应得分之比＜66.7%时，评分表得 0 分(40÷60＝66.7%)。

【例4】 如起重吊装安全检查评分表中，施工方案这一保证项目缺项(该项为 10 分)，其他"保证项目"检查实得分合计为 30 分(应得分值为 50 分)，该分项检查表是否能得分？
30÷50＝60%＜66.7%
则该分项检查表计 0 分。

5. 在各汇总表的各分项中，遇有多个检查评分表分值时，则该分项得分应为各单项实得分数的算术平均值。

【例5】 某工地有多种脚手架和多台塔吊。落地式脚手架实得分为86分、悬挑脚手架实得分为80分；甲塔吊实得分为90分、乙塔吊实得分为85分。计算汇总表中脚手架、塔吊实得分值为多少？

$$脚手架实得分 = (86 + 80) \div 2 = 83(分)$$
$$换算到汇总表中分值 = 10 \times 83 \div 100 = 8.3(分)$$
$$塔吊实得分 = (90 + 85) \div 2 = 87.5(分)$$
$$换算到汇总表中分值 = 10 \times 87.5 \div 100 = 8.75(分)$$

五、检查评分表计分内容简介

(一) 汇总表内容

"建筑施工安全检查评分汇总表"是对13个分项检查结果的汇总，主要包括安全管理、文明施工、脚手架、基坑支护与模板工程、"三宝""四口"防护、施工用电、物料提升与外用电梯、塔吊、起重吊装和施工机具10项内容，利用该表所得分作为对施工现场安全生产情况，进行安全评价的依据。

1. 安全管理　主要是对施工安全管理中的日常工作进行考核，发生事故由于管理不善是造成伤亡事故的主要原因之一。在事故分析中，事故大多不是因技术问题解决不了造成的，都是因违章所致。所以应做好日常的安全管理工作，并保存记录，为检查人员提供对该工程安全管理工作的确认资料。

2. 文明施工　按照167号国际劳工公约《施工安全与卫生公约》的要求，施工现场不但应做到遵章守纪，安全生产，同时还应做到文明施工，整齐有序，变过去施工现场"脏、乱、差"为施工企业文明的"窗口"。

3. 脚手架

(1) 落地式脚手架　包括从地面搭起的各种高度的钢管扣件式脚手架、碗扣式脚手架。

(2) 悬挑式脚手架　包括从地面、楼板或墙体上用立杆斜挑的脚手架，以及提供一个层高的使用高度的外挑式脚手架和高层建筑施工分段搭设的多层悬挑式脚手架。

(3) 门型脚手架　是指定型的门型框架为基本构件的脚手架，由门型框架、水平梁、交叉支撑组合成基本单元，这些基本单元相互连接，逐层叠高，左右伸展，构成整体门型脚手架。

(4) 挂脚手架　是指悬挂在建筑结构预埋件上的钢架，并在两片钢架之间铺设脚手板，提供作业的脚手架。

(5) 吊篮脚手架　是指将预制组装的吊篮悬挂在挑梁上，挑梁与建筑结构固定，吊篮通过手(电)动葫芦钢丝绳带动，进行升降作业。

(6) 附着式升降脚手架　是指将脚手架附着在建筑结构上，并利用自身设备使架体升降，可以分段提升或整体提升，也称整体提升脚手架或爬架。

4. 基坑支护及模板工程　近年来施工伤亡事故中坍塌事故比例增大，其中因开挖基坑时未按地质情况设置安全边坡和做好固壁支撑，拆模时楼板混凝土未达到设计强度、模板支撑未经设计验算造成的坍塌事故较多。

5. "三宝""四口"防护 "三宝"指安全帽、安全带、安全网的正确使用;"四口"指楼梯口、电梯井口、预留洞口、通道口。要求在施工过程中,必须针对易发生事故的部位,采取可靠的防护措施,或补充措施,同时按不同作业条件佩戴和使用个人防护用品。

6. 施工用电 是针对施工现场在工程建设过程中的临时用电而制定的,主要强调必须按照临时用电施工组织设计施工,有明确的保护系统,符合三级配电两级保护要求,做到"一机、一闸、一漏、一箱",线路架设符合规定。

7. 物料提升机与外用电梯 施工现场使用的物料提升机和人货两用电梯是垂直运输的主要设备。由于物料提升机目前尚未定型,多由企业自己设计制作使用,存在着设计制作不符合规范规定的现象,使用管理随意性较大的情况;人货两用电梯虽然是由厂家生产,但也存在组装、使用及管理上不合规范的隐患,所以必须按照规范及有关规定,对这两种设备进行认真检查,严格管理,防止发生事故。

8. 塔吊 塔式起重机因其高度、高幅度大的特点大量用于建筑工程施工,可以同时解决垂直及水平运输,但由于其作业环境、条件复杂多变,在组装、拆除及使用中存在一定的危险性,使用、管理不善易发生倒塔事故造成人员伤亡。所以要求组装、拆除必须由具有资格的专业队伍承担,使用前进行试运转检查,使用中严格按规定要求进行作业。

9. 起重吊装 是指建筑工程中的结构吊装和设备安装工程。起重吊装是专业性强且危险性较大的工作,所以要求必须做专项施工方案,进行试吊,有专业队伍和经验收合格的起重设备。

10. 施工机具 施工现场除使用大型机械设备外,也大量使用中小型机械和机具,这些机具虽然体积较小,但仍有其危险性,且因量多面广,有必要进行规范,否则造成事故也相当严重。

(二)分项检查表结构

分项检查表的结构形式分为两类,一类是自成整体的系统,如脚手架、施工用电等检查表,列出的各检查项目之间有内在的联系,按其结构重要程度的大小,对其系统的安全检查情况起到制约的作用。在这类检查评分表中,把影响安全的关键项目列为保证项目,其他项目列为一般项目;另一类是各检查项目之间无相互联系的逻辑关系,因此没有列出保证项目,如"三宝""四口"防护和施工机具两张检查表。

凡在检查表中列在保证项目中的各项,对系统的安全与否起着关键作用,为了突出这些项目的作用,而制定了保证项目的评分原则:即遇有保证项目中有一项不得分或保证项目小计得分不足 40 分时,此检查评分不得分。

1. "安全管理检查评分表"是对施工单位安全管理工作的评价。检查的项目应包括:安全生产责任制、目标管理、施工组织设计、分部(分项)工程安全技术交底、安全检查、安全教育、班前安全活动、特种作业持证上岗、工伤事故处理和安全标志共 10 项内容。通过调查分析,发现有 89% 事故都不是因技术解决不了造成,而是由于管理不善,没有安全技术措施、缺乏安全技术知识、不作安全技术交底、安全生产责任不落实、违章指挥、违章作业等造成的。因此,把管理工作中的关键部分列为"保证项目",保证项目能够做好,整体的安全工作也就有了一定的保证。

2. "文明施工检查评分表"是对施工现场文明施工的评价。检查的项目包括:现场围挡、封闭管理、施工场地、材料堆放、现场宿舍、现场防火、治安综合治理、施工现场标牌、生活设施、保健急救、社区服务11项内容。

3."脚手架检查评分表"为落地式外脚手架、悬挑式脚手架、门型脚手架、挂脚手架、吊篮脚手架、附着式升降脚手架共6项内容。近几年来，从脚手架上坠落的事故已占高处坠落事故的50%以上，脚手架上的事故如能得到控制，则高坠事故可以大量减少。按照安全系统工程学的原理，将近年来发生的事故用事故树的方法进行分析，问题主要出现在脚手架倒塌和脚手架上缺少防护措施上。从两方面考虑，找到引起倒塌和缺少防护的基本原因，由此确定了检查项目，按每分项在总体结构中的重要程度及因为它的缺陷而引起伤亡事故的频率，确定了它的分值。

4."基坑支护安全检查评价表"是对施工现场基坑支护工程的安全评价。检查的项目应包括：施工方案、临边防护、坑壁支护、排水措施、坑边荷载、上下通道、土方开挖、基坑支护变形监测和作业环境9项内容。

5."模板工程安全检查评分表"是对施工过程中模板工作的安全评价。检查的项目应包括：施工方案、支撑系统、立柱稳定、施工荷载、模板存放、支拆模板、模板验收、混凝土强度、运输道路和作业环境10项内容。

6."'三宝'、'四口'防护检查评分表"，三宝是指安全帽、安全带、安全网的使用；四口是指通道口、预留口、电梯井口、楼梯口等各种洞口（含坑、井）的防护情况的评价。两部分之间无有机的联系，但这两部分引起的伤亡事故却是相互交叉，既有高处坠落又有物体打击，因此将这两部分放在一张表内，但不设保证项目。其中"三宝"为55分。在发生物体打击的事故分析中，由于受伤者不戴安全帽的占事故总数的90%以上，而不戴安全帽都是由于怕麻烦图省事造成。无论工地有多少，只要有一人不戴安全帽，就存在被打击造成伤亡的隐患。同样，有一个不系安全带的，就存在高处坠落伤亡一人的危险。因此，在评分中突出了这个重点。对于"四口"防护的要求，考虑了建筑业安全防护技术的现状，没有对防护方法和设施等做统一要求，只要求严密可靠。

7."施工用电检查评分表"是对施工现场临时用电情况的评价。检查的项目包括：外电防护、接地与接零保护系统、配电箱、开关箱、现场照明、配电线路、电器装置、变配电装置和用电档案共9项内容。临时用电也是一个独立的子系统，各部位有相互联系和制约的关系。但从事故的分析来看，发生伤亡事故的原因不完全是相互制约的，而是哪里有隐患哪里就存在着发生事故的危险，根据发生伤亡事故的原因分析定出了检查项目。其中由于施工碰触高压线造成的伤亡事故占30%；供电线在工地随意拖拉、破皮漏电造成的触电事故占16%；现场照明不使用安全电压造成的触电事故占15%。如能将这三类事故控制住，触电事故则可大幅度下降。因此把三项内容作为检查的重点列为保证项目。在临时用电系统中，保护零线和重复接地是保障安全的关键环节，但在事故的分析中往往容易被忽略，为了强调它的重要也将它列为保证项目。检查项目中的扣分标准是根据施工现场的通病及其危害程度、发生事故的概率确定的。

8."物料提升机（龙门架与井字架）检查评分表"是对物料提升机的设计制作、搭设和使用情况的评价。检查的项目包括：架体制作、限位保险装置、架体稳定、钢丝绳、楼层卸料平台防护、吊篮、安装验收、架体、传动系统、联络信号、卷扬机操作棚和避雷12项内容。龙门架、井字架在近几年建筑中是主要的垂直运输工具，也是事故发生的主要部位。每年发生的一次死亡 3 人以上的重大伤亡事故中，属于龙门架与井字架上的就占 50%，主要由于选择缆风绳不当和缺少限位保险装置所致。因此检查表中把这些项目都列为保证项目，扣分标准是按事故直接原因、现场存在的通病及其危害程度确定的。在龙门架与井字架的安装和拆除过程中极易发生倒塌事故，这个过程在检查表中没有列出，可由各地自选补充。但应注意的是，龙门架与井字架所使用的缆风绳一定要使用钢丝绳，任何情况下都不能用麻绳、棕绳、再生绳、8 号铅丝及钢盘所代替。

9."外用电梯（人货两用电梯）检查评分表"是对施工现场外用电梯的安全状况及使用管理的评价。检查的内容包括：安全装置、安全防护、司机、荷载、安装与拆卸、安装验收、架体稳定、联络信号、电气安全和避雷 10 项内容。

10."塔吊检查评分表"是塔式起重机使用情况的评价。检查内容包括：力矩限制器、限位器、保险装置、附墙装置与夹轨钳、安装与拆卸、塔吊指挥、路基与轨道、电气安全、多塔作业和安装验收 10 项内容。由于高层和超高层建筑的增多，塔吊的使用也逐渐普遍。在运行中因力矩、超高、变幅、行走、超载等限位装置不足、失灵、不配套、不完善等造成的倒塔事故时有发生，因此将这些项目列为保证项目，并且增大了力矩限位器的分值，以促使各单位在使用塔吊时保证其齐全有效，以控制由于超载开车造成的倒塔事故。塔吊在安装和拆除中也曾发生过多起倾翻事故，检查表中也将它列出。

11."起重吊装安全检查评分表"是对施工现场起重吊装作业和起重吊装机械的安全评价。检查的项目内容包括：施工方案、起重机械、钢丝绳与地锚、吊点、司机、指挥、地耐力、起重作业、高处作业、作业平台、构件堆放、警戒和操作工 12 项内容。

12."施工机具检查评分表"是对施工中使用的平刨、圆盘锯、手持电动工具、钢筋机械、电焊机、搅拌机、气瓶、翻斗车、潜水泵和打桩机械 10 种施工机具安全状况的评价。

六、检查评分表内容格式

检查评分表内容格式略，详见《建筑施工安全检查标准》(JGJ 59—99)。

第四节 安全生产评价标准

一、评价内容

1. 施工企业安全生产评价的内容应包括安全生产条件单项评价、安全生产业绩单项评价及由以上两项单项评价组合而成的安全生产能力综合评价。

2. 施工企业安全生产条件单项评价的内容应包括安全生产管理制度，资质、机构与人员管理，安全技术管理和设备与设施管理 4 个分项。评分项目及其评分标准和评分方法应符合表 5-1~表 5-4 的规定。

3. 施工企业安全生产业绩单项评价的内容应包括生产安全事故控制、安全生产奖罚、项目施工安全检查和安全生产管理体系推行 4 个评分项目。评分项目及其评分标准和评分方法应符合表 5-5 的规定。

4. 安全生产条件、安全生产业绩单项评价和安全生产能力综合评价记录，应采用表 5-6《施工企业安全生产评价汇总表》。

第五章 建筑施工安全检查和验收制度

安全生产管理制度分项评分 表 5-1

序号	评分项目	评分标准	评分方法	应得分	扣减分	实得分
1	安全生产责任制度	・未按规定建立安全生产责任制度或制度不齐全，扣10~25分 ・责任制度中未制定安全管理目标或目标不齐全，扣5~10分 ・承发包合同无安全生产管理职责和指标，扣5~10分 ・有关层次、部门、岗位人员以及总分包安全生产责任制未得到确认或未落实，扣5~10分 ・未制定安全生产奖惩考核制度或制度不齐全，扣5~10分 ・未按安全生产奖惩考核制度落实奖罚，扣3~5分	查管理制度目录、内容，并抽查企业及施工现场相关记录	25		
2	安全生产资金保障制度	・未按规定建立制度或制度不齐全，扣10~20分 ・未落实安全劳防用品资金，扣5~10分 ・未落实安全教育培训专项资金，扣5~10分 ・未落实保障安全生产的技术措施资金，扣5~10分		20		
3	安全教育培训制度	・未按规定建立制度，扣20分 ・制度未明确项目经理、安全专职人员、特殊工种、持岗、转岗、换岗职工、新进单位从业人员安全教育培训要求，扣5~15分 ・企业无安全教育培训计划，扣10分 ・未按计划实施教育培训活动或实施记录不齐全，扣5~10分		20		
4	安全检查制度	・未按规定制定包括企业和各层次安全检查制度，扣20分 ・制度未明确企业、项目定期及日常、专项、季节性安全检查的时间和实施要求，扣3~5分 ・制度未规定对隐患整改、处置和复查要求，扣3~5分 ・无检查和隐患处置、复查的记录或隐患整改未如期完成，扣5~10分		20		
5	生产安全事故报告处理制度	・未按规定制定事故报告处理制度或制度不齐全，扣5~10分 ・未按规定实施事故的报告和处理，未落实"四不放过"，扣10~15分 ・未建立事故档案，扣5分 ・未按规定办理意外伤害保险，扣10分；意外伤害保险办理率不满100%，扣1~10分 ・未制定事故应急预案，未建立应急救援小组或指定专门应急救援人员，扣5~10分		15		
		分项评分		100		

评分员： 年 月 日

注："四不放过"指事故原因未查清不放过；职工和事故责任人受不到教育不放过；事故隐患不整改不放过；事故责任人不处理不放过。

第四节 安全生产评价标准

资质、机构与人员管理分项评分　　　　　　表5-2

序号	评分项目	评分标准	评分方法	应得分	扣减分	实得分
1	企业资质和从业人员资格	·企业资质与承发包生产经营行为不相符，扣30分 ·总分包单位主要负责人，项目经理和安全生产管理人员未经过安全考核合格，不具备相应的安全生产知识和管理能力，扣10～15分 ·其他管理人员、特殊工种人员等其他从业人员未经过安全培训，不具备相应的安全生产知识和管理能力，扣5～10分	查企业资质证书与经营手册，抽查上岗证及教育培训记录，抽查施工现场	30		
2	安全生产管理机构	·企业未按规定设置安全生产管理机构或配备专职安全生产管理人员，扣10～25分 ·无相应安全管理体系，扣10分 ·各级未配备足够的专、兼职安全生产管理人员，扣5～10分	查企业安全管理组织网络图、安全管理人员名册清单等	25		
3	分包单位资质和人员资格管理	·未制定对分包单位资质资格管理及施工现场控制的要求和规定，扣15分 ·缺乏对分包单位资质和人员资格管理及施工现场控制的证实材料，扣10分 ·分包单位承接的项目不符合相应的安全资质管理要求，扣15分 ·50人以上规模的分包单位未配备专、兼职安全生产管理人员，扣3～5分	查企业对分包单位管理记录，合格分包方名录，抽查施工现场管理资料	25		
4	供应单位管理	·未制定对安全设施所需材料、设备及防护用品的供应单位的控制要求和规定，扣20分 ·无安全设施所需材料、设备及防护用品供应单位的生产许可证或行业有关部门规定的证书，每起扣5分 ·安全设施所需材料、设备及防护用品供应单位所持生产许可证或行业有关部门规定的证书与其经营行为不相符，每起扣5分	查企业对分供单位管理记录，合格分供方名录，抽查施工现场管理资料	20		
		分项评分		100		

评分员：　　　　　　　　　　　　　　　　　　　　　　　　　　　年　月　日

注：表中涉及到的大型设备装拆的资质、人员与技术管理，应按表5-4中"大型设备装拆安全控制"规定的评分标准执行。

安全技术管理分项评分 表 5-3

序号	评分项目	评分标准	评分方法	应得分	扣减分	实得分
1	危险源控制	• 未进行危险源识别、评价。未对重大危险源进行控制策划、建挡，扣10分 • 对重大危险源不制定有针对性的应急预案，扣10分	查企业及施工现场相关记录	20		
2	施工组织设计(方案)	• 无施工组织设计(方案)编制审批制度，扣20分 • 施工组织设计中未根据危险源编制安全技术措施或安全技术措施无针对性，扣5～10分 • 施工组织设计(方案、包括修改方案)未经技术负责人组织安全等有关部门审核、审批，扣5～10分	查企业技术管理制度，抽查企业备份或施工现场的施工组织设计	20		
3	专项安全技术方案	• 专业性强、危险性大的施工项目，未按要求单独编制专项安全技术方案(包括修改方案)或专项安全技术方案(包括修改方案)无针对性，扣5～15分 • 专项安全技术方案(包括修改方案)未经有关部门和技术负责人审核、审批，扣10～15分 • 方案未按规定进行计算和图示，扣5～10分 • 技术负责人未组织方案编制人员对方案(包括修改方案)的实施进行交底、验收和检查，扣5～10分 • 未安排专业人员对危险性较大的作业进行安全监控管理。扣3～5分	抽查企业备份或施工现场的专项方案	20		
4	安全技术交底	• 未制定各级安全技术交底的相关规定，扣15分 • 未有效落实各级安全技术交底，扣5～15分 • 交底无书面交底记录，交底未履行签字手续，扣3～5分	查企业相关规定企业备份及施工现场交底资料	15		
5	安全技术标准、规范和操作规程	• 未配备现行有效的、与企业生产经营内容相关的安全技术标准、规范和操作规程，扣15分 • 安全技术标准、规范和操作规程配备有缺陷，扣5～10分	查企业规范目录清单，抽查企业及施工现场的规范、标准、操作规程	15		
6	安全设备和工艺的选用	• 选用国家明令淘汰的设备或工艺，扣10分 • 选用国家推荐的新设备、新工艺、新材料，或有市级以上安全生产技术成果，加5分	抽查施工组织设计和专项方案及其他记录	10		
		分项评分		100		

评分员： 年 月 日

注：表中涉及到的大型设备装拆资质、人员与技术管理、应按表5-4中"大型设备装拆安全控制"规定的评分标准执行。

第四节 安全生产评价标准

设备与设施管理分项评分　　　　　　　　　　　　表 5-4

序号	评分项目	评分标准	评分方法	应得分	扣减分	实得分
1	设备安全管理	·未制定设备（包括应急救援器材）安装（拆除）、验收、检测、使用、定期保养、维修、改造和报废制度或制度不完善、不齐全，扣 10～25 分 ·购置的设备，无生产许可证和产品合格证或证书不齐全，扣 10～25 分 ·设备未按规定安装（拆除）、验收、检测、使用、保养、维修、改造和报废，扣 5～10 分 ·向不具备相应资质的企业和个人出租或租用设备，扣 10～25 分 ·无企业设备管理档案台账，扣 5 分 ·设备租赁合同未约定各自安全生产管理职责，扣 5～10 分	查企业设备安全管理制度，查企业设备清单和管理档案，抽查施工现场设备及管理资料	25		
2	大型设备装拆安全控制	·装拆由不具备相应资质的单位或不具备相应资格的人员承担，扣 25 分 ·大型起重设备装拆无经审批的专项方案，扣 10 分 ·装拆未按规定做好监控和管理，扣 10 分 ·未按规定检测或检测不合格即投入使用，扣 10 分	抽查企业备份或施工现场方案及实施记录	25		
3	安全设施和防护管理	·企业对施工现场的平面布置和有较大危险因素的场所及有关设施、设备缺乏安全警示标志的统一规定，扣 5 分 ·安全防护措施和警示、警告标识不符合安全色与安全标志要求，扣 5 分	查相关规定，抽查施工现场	20		
4	特种设备管理	·未按规定制定管理要求或无专人管理，扣 10 分 ·未按规定检测合格后投入使用，扣 10 分	抽查施工现场	15		
5	安全检查测试工具管理	·未按有关规定配备相应的安全检测工具，扣 5 分 ·配备的安全检测工具无生产许可证和产品合格证或证件不齐全，扣 5 分 ·安全检测工具未按规定进行复检，扣 5 分	查相关记录，抽查施工现场检测工具	15		
		分项评分		100		

评分员：　　　　　　　　　　　　　　　　　　　　　　　　　　　年　月　日

第五章 建筑施工安全检查和验收制度

安全生产业绩单项评分

表 5-5

序号	评分项目	评分标准	评分方法	应得分	扣减分	实得分
1	生产安全事故控制	・安全事故累计死亡人数 2 人扣 30 分 ・安全事故累计死亡人数 1 人，扣 20 分 ・重伤事故年重伤率大于 0.6％，扣 15 分 ・一般事故年平均月频率大于 3‰，扣 10 分 ・重大事故，扣 30 分	查事故报表和事故档案	30		
2	安全生产奖罚	・受到降级、暂扣资质证书处罚，扣 25 分 ・各类检查中项目因存在安全隐患被指令停工整改，每起扣 5～10 分 ・受建设行政主管部门警告处分，每起扣 5 分 ・受建设行政主管部门经济处罚，每起扣 10 分 ・文明工地，国家级每项加 15 分，省级加 8 分，地市级加 5 分，县级加 2 分 ・安全标化工地，省级加 3 分，地市级加 2 分，县级加 1 分 ・安全生产先进单位，省级加 5 分，地市级加 3 分，县级加 2 分	查各级行政主管部门管理信息资料，各类有效证明材料	25		
3	项目施工安全检查	・按 JGJ 59—99《建筑施工安全检查标准》对施工现场进行各级大检查，项目合格率低于 100％，每低 1％扣 1 分，检查优良率低于 30％，每 1％扣 1 分 ・省级及以上安全检查通报表扬，每项加 3 分；地市级安全生产通报表扬，每项加 2 分 ・省级及以上通报批评每项扣 3 分，地市级通报批评每项扣 2 分 ・因不文明施工引起投诉，每起扣 2 分 ・未按建设安全主管部门签发的安全隐患整改指令书落实整改，扣 5～10 分	查各级行政主管部门管理信息资料，各类有效证明材料	25		
4	安全生产管理体系推行	・企业未贯彻安全生产管理体系标准，扣 20 分 ・施工现场未推行安全生产管理体系，扣 5～15 分 ・施工现场安全生产管理体系推行率低于 100％，每低 1％扣 1 分	查企业相应管理资料	20		
		单项评分		100		

评分员： 　　　　　　　　　　　　　　　　　　　　　　　　　　　　年　月　日

第四节 安全生产评价标准

施工企业安全生产评价汇总表

表 5-6

企业名称：　　　　经济类型：
资质等级：　　　　上年度施工产值：　　　　在册人数：

安全生产条件单项评价			安全生产业绩单项评价
序号	评 分 分 项	实得分(满分 100 分)	
①	安全生产管理制度		单项评分实得分 （满分 100 分）
②	资质、机构与人员管理		
③	安全技术管理		
④	设备与设施管理		
单项评分实得分 ①×0.3+②×0.2+③×0.3+④×0.2			
分项评分表中的实得分为 零的评分项目数(个)			分项评分表中的 实得分为零的评分 项目数(个)
单项评价等级			单项评价等级
安全生产能力综合评价等级			
评价意见： 			
评价负责人(签名)		评价人员(签名)	
企业负责人(签名)		企业签章	

年　月　日

二、评分方法

1. 施工企业安全生产条件单项评分应符合下列原则：

（1）各分项评分满分分值为 100 分，各分项评分的实得分应为相应分项评分表中各评分项目实得分之和。

（2）分项评分表中的各评分项目的实得分不应采用负值，扣减分数总和不得超过该评分项目应得分分值。

（3）评分项目有缺项的，其分项评分的实得分应按下式换算：

遇有缺项的分项评分的实得分＝可评分项目的实得分之和÷可评分项目的应得分值之和×100

（4）单项评分实得分应为其 4 个分项实得分的加权平均值。表 5-1～表 5-4 相应分项的权数分别为 0.3、0.2、0.3、0.2。

2. 施工企业安全生产业绩单项评分应符合下列原则：

（1）单项评分满分分值为 100 分。

（2）单项评分中的各评分项目的实得分不应采用负值，扣减分数总和不得超过该评分项目应得分分值，加分总和也不得超过该评分项目的应得分分值。

（3）单项评分实得分应为各评分项目实得分之和。

（4）当评分项目涉及重复奖励或处罚时，其加、扣分数应以该评分项目可加、扣分数的最高分计算，不得重复加分或扣分。

三、评价等级

1. 施工企业安全生产条件、安全生产业绩的单项评价和安全生产能力综合评价结果均应分为合格、基本合格、不合格三个等级。

依据施工企业安全生产条件、安全生产业绩各分项评分表的评分结果进行汇总，确定了施工企业安全生产评价等级。不论是安全生产条件、安全生产业绩单项评价，还是生产能力评价结果，本着帮助和鼓励大多数企业积极进取的目的，在合格和不合格之间，设立基本合格的等级。

2. 施工企业安全生产条件单项评价等级划分应按表 5-7 核定。依据施工企业安全生产条件各分项评分表的评分量化结果，在经过汇总后，安全生产条件单项评价等级划分的原则是：合格和基本合格的一项共同标准为单项评价各分项评分表中无实得分数为零的评分项目，因为无论哪一项为零分，对企业的安全生产都是致命的。

评分表中的条款，多数是企业满足安全生产条件的基本条件，必须做到。但全国各地管理体制水平存在一定的差距，因此评价等级为合格的分数定位为 75 分。受此分的限制，合格和基本合格之间的分数差距也仅有 5 分余地。

合格标准为加权平均汇总后单项评分实得分数要保证为 75 分及以上，而各分项评分表均不小于 70 分，这样既明确了单项评分实得分数数值，又限制了各评分分项之间的得分差距，以确保各评分分项均能保持一定水准。

如果出现不满足基本合格的条件任意一项，说明施工企业在安全生产的条件上存在较大的缺陷，不能保证安全生产，故应评为不合格。

施工企业安全生产条件单项评价等级划分 表 5-7

评价等级	评价项		
	分项评分表中的实得分为零的评分项目数(个)	各分项评分实得分	单项评分实得分
合格	0	≥70	≥75
基本合格	0	≥65	≥70
不合格	出现不满足基本合格条件的任意一项时		

3. 施工企业安全生产业绩单项评价等级划分应按表5-8核定。根据施工企业安全生产业绩分项评分表的评分进行的量化结果,该表是安全生产业绩单项评价等级划分的原则。

其中,基本合格的标准允许单项评价分项评分表中有一项实得分数为零的评分项目,主要是考虑对于一些大型施工企业,年产值数亿元以上,工程规模大,施工难度高,即便管理水平高,也难免有意外和偶然,因此,从科学评价的角度和以人为本的管理理念出发,制定此条标准,但前提条件是:如果因安全事故造成死亡人数累计超过3人,或造成直接经济损失累计30万元以上,则评价等级为不合格。

施工企业安全生产业绩单项评价等级划分 表 5-8

评价等级	评价项	
	单项评分表中的实得分为零的评分项目数(个)	评分实得分
合格	0	≥75
基本合格	≤1	≥70
不合格	出现不满足基本合格条件的任意一项或安全事故死亡人数3个及以上或安全事故造成直接经济损失累计30万元以上	

4. 施工企业安全生产能力综合评价等级划分应按表5-9核定。该表表明了企业安全生产能力评价的原则。考虑到施工企业安全生产条件相对是静态的,安全生产业绩评价是动态的,两者相对独立,条件是业绩的基础,业绩是条件的具体表现,故不考虑其评价权数,不采用量化评价,而是在施工企业安全生产条件和安全生产业绩单项评价结果的基础上,进行逻辑判断,确定评价结果。

施工企业安全生产能力综合评价等级划分 表 5-9

评价等级	评价项	
	施工企业安全条件	施工企业安全生产业绩单项评价等级
合格	合格	合格
基本合格	单项评价等级均为基本合格或一个合格,一个基本合格	
不合格	单项评价等级有不合格	

第六章 安全教育与培训

第一节 安全教育的意义

安全是生产赖以正常进行的前提,安全教育又是安全控制工作的重要环节,安全教育的目的,是提高全员安全素质、安全管理水平和防止事故,从而实现安全生产。

建筑施工具有流动性大、劳动强度大,露天作业多,高空作业多,施工生产受环境及气候的影响大等特点。施工过程中的不安全因素很多,安全管理与安全技术的发展却滞后于建筑规模的迅速扩大和施工工艺的快速发展,同时,由于部分作业人员缺乏基本的安全生产知识,自我保护意识差,导致了建筑施工行业伤亡事故多发的趋势。

党和政府始终非常重视建筑行业的安全生产和劳动保护以及对职工的安全生产教育工作,国家及地方的各级人大、政府等先后制定颁发了一系列安全生产、劳动保护的方针、政策、法律、法规和规章。《中华人民共和国劳动法》、《中华人民共和国建筑法》、《中华人民共和国安全生产法》等其中都对安全生产、安全教育做了明确规定,都说明了国家对安全生产,包括工作的重视。这些重要的文件是我们开展安全生产、劳动保护工作的法律依据和行动准则,也是我们对广大职工进行安全生产教育培训的主要内容。

改革开放以来,随着社会主义市场经济的逐步建立,建设规模的逐渐扩大,建筑队伍也急剧膨胀,来自农村和边远地区的大量农民工,被补充到建筑队伍中来,目前农民工占建筑施工从业人员的比例已达到80%。这虽然给蓬勃发展的建筑市场提供了可观的人力资源,弥补了劳动力不足的问题,但是由于他们中的绝大多数人,文化素质较低,加之原先所从事的工作是农业生产,他们的安全意识、安全知识及自我保护能力均难以满足现代建筑业安全生产的要求。对新的工作及工作环境所潜在的事故隐患、职业危害的认识及预防能力,都要比城市工人差,这就使他们往往会成为伤亡事故和职业危害的主要受害者。同时,一些企业和个人为片面追求经济效益,见利忘义,在新工人进入施工现场上岗前,没有对他们进行必要的安全生产和安全技能的培训教育;在工人转岗时,也没有按规定进行针对新岗位的安全教育。同时,农民工对施工管理人员的违章指挥和冒险作业命令有的不知道拒绝,有的不敢拒绝,在施工现场,他们常常不能正确辨识危险或发现不了隐患,对事故隐患、险兆报告意识较差,致使他们成了建设工程施工事故主要被伤害的群体。这些因素是近年来建筑行业伤亡事故多发的重要原因,特别是新上岗的工人发生的伤亡事故比例相当高。伤亡事故给个人、家庭、企业和国家都带来了无法弥补的损失,还给社会的安定带来了不利的影响。

因此,当前亟需对建筑施工的全体从业人员、尤其是新职工,进行普遍地、深入地、全面地安全生产和劳动保护方面的教育。目前,企业生产设施、设备落后,职工文化素质较差,用工形式多样,新职工较多,安全工作难度较大。不进行广泛深入的安全教育,就不能达到安全生产的目的。

通过安全教育，使他们了解我国安全生产和劳动保护的方针、政策、法规、规范，掌握安全生产知识和技能，提高职工安全觉悟和安全技术素质，增加企业领导和广大职工搞好安全工作的责任感和自觉性，树立起群防群治的安全生产新观念，真正从思想上认识安全生产的重要性，从工作中提高遵章守纪的自觉性，从实践中体验劳动保护的必要性。因此，大力加强安全宣传教育培训工作，显得尤为重要。

第二节 安全教育的特点

安全教育既是施工企业安全管理工作的重要组成部分，也是施工现场安全生产的一个重要方面工作，安全教育具有以下几个特点。

1. 安全教育的全员性

安全教育的对象是企业所有从事生产活动的人员。因此，从企业经理、项目经理，到一般管理人员及普通工人，都必须接受安全教育。安全教育是企业所有人员上岗前的先决条件，任何人不得例外。

2. 安全教育的长期性

安全教育是一项长期性的工作，这个长期性体现在三个方面。

（1）安全教育贯穿于每个职工工作的全过程。从新工人进企业开始，就必须接受安全教育，这种教育尽管存在着形式、内容、要求、时间等的不同，但是，对个人来讲，在其一生的工作经历中，都在不断地、反复地接受着各种类型的安全教育，这种全过程的安全教育是确保职工安全生产的基本前提条件。因此，安全教育必须贯穿于职工工作的全过程。

（2）安全教育贯穿于每个工程施工的全过程。从施工队伍进入现场开始，就必须对职工进行入场安全教育，使每个职工了解并掌握本工程施工的安全生产特点；在工程的每个重要节点，也要对职工进行施工转折时期的安全教育；在节假日前后，也要对职工进行安全思想教育，稳定情绪；在突击加班赶进度或工程临近收尾时，更要针对麻痹大意思想，进行有针对性地教育，等等。因此，安全教育也贯穿于整个工程施工的全过程。

（3）安全教育贯穿于施工企业生产的全过程。有生产就有安全问题，安全与生产是不可分割的统一体。哪里有生产，哪里就要讲安全；哪里有生产，哪里就要进行安全教育。企业的生存靠生产，没有生产就没有发展，就无法生存；而没有安全，生产也无法长久进行。因此，只有把安全教育贯穿于企业生产的全过程，把安全教育看成是关系到企业生存、发展的大事，安全工作才能做得扎扎实实，才能保障生产安全，才能促进企业的发展。

安全教育的长期性所体现的这三种全过程要求告诫我们，安全教育的任务"任重而道远"，不应该也不可能会是一劳永逸的，这就需要经常地、反复地、不断地进行安全教育，才能减少并避免事故的发生。

3. 安全教育的专业性

施工现场生产所涉及的范围广、内容多。安全生产既有管理性要求，也有技术性知识，安全生产的管理性与技术性结合，使得安全教育具有专业性要求。教育者既要有充实的理论知识，也要有丰富的实践经验，这样才能使安全教育做到深入浅出、通俗易懂，并且收到良好的效果。

安全教育的目的是，通过对企业各级领导、管理人员及工人的安全培训教育，使他们学习并了解安全生产和劳动保护的法律、法规、标准，掌握安全知识与技能，运用先进的、科学的方法，避免并制止生产中的不安全行为，消除一切不安全因素，防止事故发生，实现安全生产。

第三节 教育对象的培训时间要求

建设部建教〔1997〕83号《关于印发〈建筑业企业职工安全培训教育暂行规定〉的通知》中要求建筑业企业职工每年必须接受一次专门的安全生产培训。

1. 企业法定代表人、项目经理每年接受安全生产培训的时间，不得少于30学时。
2. 企业专职安全生产管理人员除按照建教(1991)522号文《建设企事业单位关键岗位持证上岗管理规定》的要求，取得岗位合格证书并持证上岗外，每年还必须接受安全专业技术培训，时间不得少于40学时。
3. 企业其他管理人员和技术人员每年接受安全生产培训的时间，不得少于20学时。
4. 企业特殊工种（包括电工、焊工、架子工、司炉工、爆破工、机械操作工、起重工、塔吊司机及指挥人员、人货两用电梯司机等）在通过专业技术培训并取得岗位操作证后，每年仍须接受有针对性的安全生产培训，时间不得少于20学时。
5. 企业其他职工每年接受安全生产培训的时间，不得少于15学时。
6. 企业待岗、转岗、换岗的职工，在重新上岗前，必须接受一次安全生产培训，时间不得少于20学时。
7. 建筑业企业新进场的工人，必须接受公司、项目（或工程处、工区、施工队）、班组的三级安全生产培训教育，经考核合格后，方能上岗。

第四节 安全教育的类别

一、按教育的内容分类

安全教育按教育的内容分类，主要包括：安全思想教育、安全法制教育、安全知识教育和安全技能教育。

1. 安全思想教育

首先提高企业各级领导和全体员工对安全生产重要意义的认识，从思想上认识搞好安全生产的重要意义，以增强关心人、保护人的责任感，树立牢固的群众观念，使其在日常工作中坚定地树立"安全第一"的思想，正确处理好安全与生产的关系，确保企业安全生产。其次是通过安全生产方针、政策教育，提高各级领导和全体员工的政策水平，使他们正确全面地理解国家的安全生产方针政策，严肃认真地执行安全生产法律法规和规章制度。

在对全体员工进行安全思想教育的同时，也应使其懂得严格执行劳动纪律对实现安全生产的重要性，劳动纪律是劳动者进行共同劳动时必须遵守的规则和秩序。反对违章指挥，反对违章作业，严格执行安全操作规程，遵守劳动纪律是贯彻"安全第一，预防为主"的方针，减少伤亡事故，实现安全生产的重要保证。

2. 安全法制教育

安全法制教育就是采取各种有效形式，通过对职工进行安全生产、劳动保护方面的法律、法规的宣传教育，从而提高全体员工学法、知法、懂法、守法的自觉性，以达到安全生产的目的。促使每个职工从法制的角度去认识搞好安全生产的重要性，明确遵章守法、遵章守纪是每个职工应尽职责。而违章违规的本质也是一种违法行为，轻则会受到批评教育；造成严重后果的，还将受到法律的制裁。

安全法制教育就是要使每个劳动者懂得遵章守法的道理。作为劳动者，既有劳动的权利，也有遵守劳动安全法规的责任。要通过学法、知法来守法，守法的前提首先是"从我做起"，自己不违章违纪；其次是要同一切违章违纪和违法的不安全行为作斗争，以制止并预防各类事故的发生，实现安全生产的目的。

3. 安全知识教育

安全知识教育是一种最基本、最普通和经常性的安全教育活动，企业所有员工都应具备安全基本知识。因此，全体员工必须接受安全知识教育和每年按规定学时进行安全培训。

安全知识教育就是要让职工了解施工生产中的安全注意事项、劳动保护要求，掌握一般安全基础知识。从内容看，安全知识是生产知识的一个重要组成部分，所以，在进行安全知识教育时，也往往是结合生产知识交叉进行教育的。

安全知识教育要求做到因人施教、浅显易懂，不搞"填鸭式"的硬性教育，因为教育对象大多数是文化程度不高的操作工人，特别要注意教育的方式、方法，注重教育的实际效果。例如对新工人进行安全知识教育，往往由于他们没有对施工现场有一个感性认识，因此，需要在工作一个阶段后，有了对现场的感性认识以后，再重复进行安全教育，使其认识达到从感性到理性，再从理性到感性的再认识过程，从而加深对安全知识教育的理解能力。

安全基本知识教育的主要内容有：本企业的生产经营概况，施工生产流程、主要施工方法，施工生产危险区域及其安全防护的基本常识和注意事项，施工设施、设备、机械的有关安全常识，电气设备安全常识，车辆运输安全常识，高处作业安全知识，施工过程中有毒有害物质的辨别及防护知识，防火安全的一般要求及常用消防器材的使用方法，特殊类专业（如桥梁、隧道、深基础、异形建筑等）施工的安全防护知识，工伤事故的简易施救方法和报告程序及保护事故现场等规定，个人劳动防护用品的正确穿戴、使用常识等。

4. 安全技能教育

安全技能教育，就是结合本工种专业特点，实现安全操作、安全防护所必须具备的基本技能知识要求。每个员工都要熟悉本工种、本岗位专业安全技能知识。安全技能知识是比较专门、细致和深入的知识，它包括安全技术、劳动卫生和安全操作规程。国家规定建筑登高架设、起重、焊接、电气、爆破、压力容器、锅炉等特种作业人员必须进行专门的安全技能培训，经考试合格，持证上岗。

二、按教育的对象分类

安全教育按教育的对象分类，可分为领导干部的安全培训教育、一般管理人员的安全教育、新工人的三级安全教育、变换工种的安全教育等。企业应根据不同的教育对象，侧重于不同的教育内容，提出不同的教育要求。

1. 领导干部的安全培训教育

加强对企业领导干部的安全培训教育，是社会主义市场经济条件下，安全生产工作的一项重要举措。1993年国务院印发了"关于加强安全生产工作的通知"（国发(1993)50号），指出"在发展社会主义市场经济过程中，各有关部门和单位要强化搞好安全生产的职责，实行 企业负责、行业管理、国家监察和群众监督的安全生产管理体制"。并且强调"企业法定代表人是安全生产的第一责任者，要对本企业的安全生产全面负责。"这个通知是在我国实行市场经济条件下，对安全生产管理体制作了重大调整，即增加并把"企业负责"作为第一项规定，从而改变了1985年确定的"国家监察、行政管理、群众监督"管理体制。使企业在走向市场的同时，也真正实行对自己负责的客观要求。

为加强对企业负责人的安全培训教育，劳动部于1990年10月5日印发了《厂长、经理职业安全卫生管理资格认证规定》（劳安字(1990)5号），明确规定企业厂长、经理必须经过职业安全卫生管理资格认证，做到持证上岗。从而使企业领导干部的安全培训教育，进入规范化管理的行列。

建设部为了督促施工企业落实主要领导的安全生产责任制，根据国务院文件精神，明确提出了"施工企业法定代表人是企业安全生产的第一责任人，项目经理是施工项目安全生产的第一责任人"。明确了企业与项目的两个安全生产第一责任人，使安全生产责任制得到了具体落实。

总之，要通过对企业领导干部的安全培训教育，全面提高他们的安全管理水平，使他们真正从思想上树立起安全生产意识，增强安全生产责任心，摆正安全与生产、安全与进度、安全与效益的关系，为进一步实现安全生产和文明施工打下基础。

2. 新员工三级安全教育

三级教育是企业应坚持的安全生产基本教育制度。1963年国务院明确规定必须对新工人进行三级安全教育，此后，建设部又多次对三级安全教育提出了具体要求，特别是建设部关于印发《建筑业企业职工安全培训教育暂行规定》的通知，除对安全培训教育主要内容作了要求外，还对时间作了规定，为安全教育工作的培训质量提供了法制保障。

三级安全教育是每个刚进企业的新员工（包括新招收的合同工、临时工、学徒工、农民工、大中专毕业实习生和代培人员）必须接受的首次安全生产方面的基本教育。三级一般是指公司（即企业）、项目（或工程处、施工队、工区）、班组这三级。由于企业的所有制性质、内部组织结构的不同，三级安全教育的名称可以不同，但必须要确保这三个层次安全教育工作的到位。因为这三个层次的安全教育内容，体现了企业安全教育有分工、抓重点的特点。三级安全教育是为了使新工人能尽快了解安全生产的方针、政策、法律、规章，逐步适应施工现场安全生产的基本要求。

三级安全教育一般是由企业的安全、教育、劳动、技术等部门配合组织进行的。受教育者必须经过教育、考试,合格后才准许进入生产岗位;考试不合格者不得上岗工作,必须重新补课并进行补考,合格后方可工作。

对新员工的三级安全教育情况,要建立档案。为加深对三级安全教育的感性认识和理性认识,新员工工作一个阶段后(一般规定在新员工上岗工作六个月后),还要进行安全继续教育。培训内容可以从原先的三级安全教育的内容中有重点地选择,并进行考核。不合格者不得上岗工作。

施工企业必须给每一名职工建立职工安全教育卡。教育卡应记录包括三级安全教育、转场及变换工种安全教育等的教育及考核情况,并由教育者与受教育者双方签字后入册,作为企业及施工现场安全管理资料备查。

(1) 公司安全教育

按建设部《建筑业企业职工安全培训教育暂行规定》(建教(1997)83号)的规定(下同),公司级的安全培训教育时间不得少于15学时。主要内容有:

1) 国家和地方有关安全生产、劳动保护的方针、政策、法律、法规、标准、规范、规程。如《宪法》、《刑法》、《建筑法》、《消防法》等法律有关章节条款;国务院《关于加强安全生产工作的通知》;国务院发布的《建筑安装工程安全技术规程》有关内容等。

2) 企业及其上级部门(主管局、集团、总公司、办事处等)印发的安全管理规章制度。

3) 安全生产与劳动保护工作的目的、意义等。

4) 事故发生的一般规律及典型事故案例。

5) 预防事故的基本知识,急救措施。

(2) 项目(施工现场)安全教育:

按规定,项目应就工地安全制度、施工现场环境、工程施工特点及可能存在的不安全因素等对新员工进行安全培训教育,时间不得少于15学时。主要内容有:

1) 各级管理部门有关安全生产的标准。

2) 建设工程施工生产的特点,施工现场的一般安全管理规定、要求。

3) 施工现场主要事故类别,常见多发性事故的特点、规律及预防措施,事故教训等。

4) 本单位安全生产制度、规定及安全注意事项。

5) 本工程项目施工的基本情况(工程类型、施工阶段、作业特点等),施工中应当注意的安全事项。

6) 机械设备、电气安全及高处作业等安全基本知识。

7) 防火、防毒、防尘、防塌方、防煤气中毒、防爆知识及紧急情况下安全处置和安全疏散知识。

8) 防护用品发放标准及防护用具使用的基本知识。

(3) 班组教育

按规定,班组安全培训教育时间不得少于20学时。班组教育又叫岗位教育,由班组长主持。主要内容有:

1) 本工种的安全操作规程。

2) 班组安全活动制度及纪律。

3) 本班组施工生产工作概况,包括工作性质、作业环境、职责、范围等。

4) 本岗位易发生事故的不安全因素及其防范对策。

5）本人及本班组在施工过程中，所使用、所遇到的各种机具设备及其安全防护设施的性能、作用、操作要求和安全防护要求。

6）个人使用和保管的各类劳动防护用品的正确穿戴、使用方法及劳防用品的基本原理与主要功能。

7）发生伤亡事故或其他事故，如火灾、爆炸、设备及管理事故等，应采取的措施（救助抢险、保护现场、报告事故等）要求。

8）工程项目中工人的安全生产责任制。

9）本工种的典型事故案例剖析。

3．转场及变换工种安全教育

施工现场变化大，动态管理要求高，随着工程进度的发展，部分工人（如专业分包工人）会从一个施工项目到另一个施工项目进行工作或者在同一个施工项目中，工作岗位也可能会发生变化，转场、转岗现象非常普遍。这种现场的流动、工种之间的互相转换，往往是施工生产的需要。但是，如果安全管理工作没有跟上，安全教育不到位，就可能给转场和转岗工人带来伤害事故。因此，必须对他们进行转场和转岗安全教育，教育考核合格后方准上岗。

(1) 转场教育

施工人员转入另一个工程项目时必须进行转场安全教育。转场教育内容有：

1）本工程项目安全生产状况及施工条件。

2）施工现场中危险部位的防护措施及典型事故案例。

3）本工程项目的安全管理体系、规定及制度。

(2) 变换工种的安全教育

对待岗、转岗、换岗职工的安全教育主要内容是：

1）新工作岗位或生产班组安全生产概况、工作性质和职责。

2）新工作岗位必要的安全知识，各种机具设备及安全防护设施的性能、作用和安全防护要求等。

3）新工作岗位、新工种的安全技术操作规程。

4）新工作岗位容易发生事故及有毒有害的地方。

5）新工作岗位个人防护用品的使用和保管。

总之，要确保每一个变换工种的职工，在重新上岗工作前，熟悉并掌握将要工作岗位的安全技能要求。

4．特种作业人员的培训

1986年3月1日起实施的《特种作业人员安全技术考核管理规则》（GB 5306—1985）是我国第一个特种作业人员安全管理方面的国家标准。对特种作业的定义、范围、人员条件和培训、考核、管理都做了明确的规定。

特种作业的定义：对操作者本人，尤其对他人和周围设施的安全有重大危害因素的作业，称为特种作业。直接从事特种作业者，称特种作业人员。

特种作业范围：电工作业、锅炉司炉、压力容器操作、起重机械操作、爆破作业、金属焊接、井下瓦斯检验、机动车辆驾驶、轮机操作、机动船舶驾驶、建筑登高架设作业，以及符合特种作业基本定义的其他作业。

从事特种作业的人员,必须经国家规定的有关部门进行安全教育和安全技术培训,并经考核合格取得操作证者,方准独立作业。除机动车辆驾驶和机动船舶驾驶、轮机操作人员按国家有关规定执行外,其他特种作业人员上岗资格两年进行一次复审。

电工、焊工、架子工、起重工、打桩机和各种机动车辆司机等特殊工种工人,除进行一般安全教育外,还要经过本工种的安全技术教育,经考试合格发证后,方准独立操作,每年还要进行一次复审;对从事有尘毒危害作业的工作,要进行尘毒危害和防治知识教育。

5. 外施队伍安全生产教育内容

当前,建设行业的一大特点就是大部分建筑企业已经没有自己的操作工人队伍,80%的建设工程施工作业都由进城的农民工来承担。每年农民工死亡人数,占事故死亡总人数的90%以上。因此,可以这样讲,建筑业的安全教育的重心、重点就是对外施队伍的安全生产教育。

(1) 各用工单位使用的外施队伍,必须接受三级安全教育,经考试合格后方可上岗作业,未经安全教育或考试不合格者,严禁上岗作业。

(2) 外施队伍上岗作业前的三级安全教育,分别由用工单位(公司、厂或分公司),项目经理部(现场)、班组(外施队伍)负责组织实施,总学时不得少于24学时。

(3) 外施队伍上岗前须由用工单位劳务部门负责将外施队伍人员名单提供给安全部门,由用工单位(公司、厂或分公司)安全部门负责组织安全生产教育,授课时间不得少于8学时,具体内容是:

1) 安全生产的方针、政策和法规制度。
2) 安全生产的重要意义和必要性。
3) 建筑安装工程施工中安全生产的特点。
4) 建筑施工中因工伤亡事故的典型案例和控制事故发生的措施。

(4) 项目经理部(现场)必须在外施队伍进场后,由负责劳务的人员组织并及时将注册名单提交给现场安全管理人员,由安全管理人员负责对外施队伍进行安全生产教育,时间不得小于8学时,具体内容是:

1) 介绍项目工程施工现场的概况。
2) 讲解项目工程施工现场安全生产和文明施工的制度、规定。
3) 讲解建筑施工中高处坠落、触电、物体打击、机械(起重)伤害、坍塌等五大伤害事故的控制预防措施。
4) 讲解建筑施工中常用的有毒有害化学材料的用途和预防中毒的知识。

(5) 外施队伍上岗作业前,必须由外施队长(或班组长)负责组织学习本工种的安全操作规程和一般安全生产知识。

(6) 对外施队伍进行三级安全教育时,必须分级进行考试。经考试不合格者,允许补考一次,仍不合格者,必须清退,严禁使用。

(7) 外施队伍中的特种作业人员,如电工、起重工(塔式起重机、外用电梯、龙门吊、桥吊、履带吊、汽车吊、卷扬机司机和信号指挥)、锅炉压力容器工、电焊工、气焊工、场内机动车司机、架子工等,必须持有原所在地地(市)级以上劳动保护监察机关核发的特种作业证,(有的地方上会要求换领当地临时特种作业操作证,如北京)方准从事特种作业。

(8) 换岗作业必须进行安全生产教育，凡采用新技术、新工艺、新材料和从事非本工种的操作岗位作业前，必须认真进行面对面地、详细的新岗位安全技术教育。

(9) 在向外施队伍（班组）下达生产任务的时候，必须向全体作业人员进行详细的书面安全技术交底并讲解，凡没有安全技术交底或未向全体作业人员进行讲解的。外施队伍（班组）有权拒绝接受任务。

(10) 每日上班前，外施队伍（班组）负责人，必须召集所辖全体人员，针对当天任务，结合安全技术交底内容和作业环境、设施、设备状况及本队人员技术素质、安全意识、自我保护意识以及思想状态，有针对性地进行班前安全活动，提出具体注意事项，跟踪落实，并做好活动纪录。

三、按教育的时间分类

安全教育按教育的时间分类，可以分为经常性的安全教育、季节性施工的安全教育、节假日加班的安全教育等。

1. 经常性的安全教育

经常性的安全教育是施工现场开展安全教育的主要形式，可以起到提醒、告诫职工遵章守纪，加强责任心，消除麻痹思想。

经常性安全教育的形式多样，可以利用班前会进行教育，也可以采取大小会议进行教育，还可以用其他形式，如安全知识竞赛、演讲、展览、黑板报、广播、播放录像等进行。总之，要做到因地制宜，因材施教，不搞形式主义，注重实效，才能使教育切实收到效果。

经常性教育的主要内容有：

(1) 安全生产法规、规范、标准、规定。

(2) 企业及上级部门的安全管理新规定。

(3) 各级安全生产责任制及管理制度。

(4) 安全生产先进经验介绍，最近的典型事故教训。

(5) 施工新技术、新工艺、新设备、新材料的使用及有关安全技术方面的要求。

(6) 最近安全生产方面的动态情况，如新的法律、法规、标准、规章的出台，安全生产通报、批示等。

(7) 本单位近期安全工作回顾、讲评等。

总之，经常性的安全教育必须做到经常化（规定一定的期限）、制度化（作为企业、项目安全管理的一项重要制度）。教育的内容要突出一个"新"字，即要结合当前工作的最新要求进行教育；要做到一个"实"字，即要使教育不流于形式，注重实际效果；要体现一个"活"字，即要把安全教育搞成活泼多样、内容丰富的一种安全活动。这样，才能使安全教育深入人心，才能为广大员工所接受，才能收到促进安全生产的效果。

2. 季节性施工的安全教育

季节性施工主要是指夏季与冬期施工。季节变化后，施工环境不同，人对自然、环境的适应能力变得迟缓、不灵敏，易发生安全事故，因此，必须对安全管理工作进行重新调整和组合。季节性施工的安全教育，就是要对员工进行有针对性的安全教育，使之适合自然环境的变化,以确保安全生产。

(1) 夏季施工安全教育

夏季高温、炎热、多雷雨,是触电、雷击、坍塌等事故的高发期。闷热的气候容易造成中暑,高温使得职工夜间休息不好,往往容易使人乏力、走神、瞌睡,较易引起伤害事故。南方沿海地区在夏季还经常受到台风暴雨和大潮汛的影响,也容易发生大型施工机械、设施、设备基础及施工区域(特别是基坑)等的坍塌。多雨潮湿的环境,人的衣着单薄、身体裸露部位多,使人的电阻值减小,导电电流增加,容易引发触电事故。因此,夏季施工安全教育的重点是:

1) 加强用电安全教育。讲解常见触电事故发生的原理,预防触电事故发生的措施,触电事故的一般解救方法,以加强员工的自我保护意识。

2) 讲解雷击事故发生的原因,避雷装置的避雷原理,预防雷击的方法。

3) 大型施工机械、设施常见事故案例,预防事故的措施。

4) 基础施工阶段的安全防护常识。基坑开挖的安全,支护安全。

5) 劳动保护工作的宣传教育。合理安排好作息时间,注意劳逸结合,白天上班避开中午高温时间,"做两头、歇中间",保证工人有充沛的精力。

(2) 冬期施工安全教育

冬期气候干燥、寒冷且常常伴有大风,受北方寒流影响,施工区域出现了霜冻,造成作业面及道路结冰打滑,既影响了生产的正常进行,又给安全带来隐患。同时,为了施工需要和取暖,使用明火、接触易燃易爆物品的机会增多,又容易发生火灾、爆炸和中毒事故。寒冷使人们衣着笨重、反应迟钝,动作不灵敏,也容易发生事故。因此,冬期施工安全教育应从以下几方面进行:

1) 针对冬期施工特点,避免冰雪结冻引发的事故。如施工作业面应采取必要的防雨雪结冰及防滑措施,个人要提高自身的安全防范意识,及时消除不安全因素。

2) 加强防火安全宣传。分析施工现场常见火灾事故发生的原因,讲解预防火灾事故的措施,扑救火灾的方法,必要时可采取现场演示,如消防灭火演习等,来教育员工正确使用消防器材。

3) 安全用电教育。冬季用电与夏季用电的安全教育要求的侧重点不同,夏季着重于防触电事故,冬季则着重于防电气火灾。因此,应教育工人懂得施工中电气火灾发生的原因,做到不擅自私拉乱接电线及用电设备,不超负荷使用电气设备,免得引起电气线路发热燃烧,不使用大功率的灯具,如碘钨灯之类照射易燃、易爆及可燃物品或取暖,生活区域也要注意用电安全。

4) 冬季气候寒冷,人们习惯于关闭门窗,而施工作业点也一样,在深基坑、地下管道、沉井、涵洞及地下室内作业时,应加强对作业人员的自我保护意识教育。既要预防在这种环境中,进行有毒有害物质(固体、液态及挥发性强的气体)作业,对人造成的伤害,也要防止施工作业点原先就存在的各种危险因素,如泄漏跑冒并积聚的有毒气体,易燃、易爆气体,有害的其他物质等。要教会工人识别一般中毒症状,学会解救中毒人员的安全基本常识。

3. 节假日加班的安全教育

节假日期间,大部分单位及员工已经放假休息,因此也往往影响到加班员工的思想和工作情绪，造成思想不集中，注意力分散，这给安全生产带来不利因素。加强对这部分员工的安全教育，是非常必要的。教育的内容是：

（1）重点做好安全思想教育，稳定职工工作情绪，使他们集中精力，轻装上阵。鼓励表扬员工节假日坚守工作岗位的优良作风，全力以赴做好本职工作。

（2）班组长要做好上岗前的安全教育，可以结合安全交底内容进行，工作过程中要互相督促、互相提醒，共同注意安全。

（3）重点做好当天作业将遇到的各类设施、设备、危险作业点的安全防护工作，对较易发生事故的薄弱环节，应进行专门的安全教育。

第五节 安全教育的形式

开展安全教育应当结合建筑施工生产特点，采取多种形式，有针对性地进行，还要考虑到安全教育的对象大部分是文化水平不高的工人，就需要采用比较浅显、通俗、易懂、易记、印象深、趣味性强的教材及形式。目前安全教育的形式主要有：

1. 广告宣传式　包括安全广告、安全宣传横幅、标语、宣传画、标志、展览、黑板报等形式。

2. 演讲式　包括教学、讲座、讲演、经验介绍、现身说法、演讲比赛等形式。

3. 会议(讨论)式　包括安全知识讲座、座谈会、报告会、先进经验交流会、事故现场分析会、班前班后会、专题座谈会等。

4. 报刊式　包括订阅安全生产方面的书报杂志，企业自编自印的安全刊物及安全宣传小册子等。

5. 竞赛式　包括口头、笔头知识竞赛，安全、消防技能竞赛，其他各种安全教育活动评比等。

6. 声像式　用电影、录像等现代手段，使安全教育寓教于乐。主要有安全方面的广播、电影、电视、录像、影碟片、录音磁带等。

7. 现场观摩演示形式　如安全操作方法、消防演习、触电急救方法演示等。

8. 固定场所展示形式　如劳动保护教育室、安全生产展览室等。

9. 文艺演出式　以安全为题材编写和演出的相声、小品、话剧等文艺演出的教育形式。

第六节 安全教育计划

企业必须制定符合安全培训指导思想的培训计划。安全培训的指导思想，是企业开展安全培训的总的指导理念，也是主动与否开展企业职业健康安全教育的关键，只有确定了具体的指导思想才能有规划的开展安全教育的各项工作。企业的安全培训指导思想必须与企业职业健康安全方针一致。

企业必须结合企业实际情况，编制企业年度安全教育计划，每个季度应有教育重点，每月要有教育内容。培训实施过程中，要有相对稳定的教育培训大纲、培训教材和培训师资，确保教育时间和质量。严格按制度进行教育对象的登记、培训、考核、发证、资料存档等工作。考试不合格者、不准上岗工作。

第六节 安全教育计划

安全教育计划主要的内容应涉及以下几个方面。

一、培训内容

1. 通用安全知识培训
（1）法律法规的培训。
（2）安全基础知识培训。
（3）建筑施工主要安全法律、法规、规章和标准及企业安全生产规章制度和操作规程培训，同行业或本企业历史事故案例分析。

2. 专项安全知识培训
（1）岗位安全培训。
（2）分阶段的危险源专项培训。

二、培训的对象和时间

1. 培训对象方面主要分为管理人员、特殊工种人员、一般性操作工人。
2. 培训的时间可分为定期（如管理人员和特殊工种人员的年度培训）和不定期培训（如一般性操作工人的安全基础知识培训、企业安全生产规章制度和操作规程培训、分阶段的危险源专项培训等）。

三、经费测算

培训的内容、对象和时间确定后，安全教育和培训计划还应对培训的经费作出概算，这也是确保安全教育和培训计划实施的物质保障。

四、培训师资

根据拟定的培训内容，充分利用各种信息手段，了解有关教师的自然条件、专业专长、授课特点、培训效果，甄选培训教师。建议对聘请的教师建立师资档案，便于日后建立长期稳定的合作关系。

五、培训形式

根据不同培训对象和培训内容选择适当的培训形式。

六、培训考核方式

考核是评价培训效果的重要环节，依据考核结果，可以评定员工接受培训的认知的程度和采用的教育与培训方式的适宜程度，也是改进安全与培训效果的重要输入信息。

考核的形式一般主要有以下几种：
（1）书面形式开卷　适宜普及性培训的考核，如针对一般性操作工人的安全教育培训。
（2）书面形式闭卷　适宜专业性较强的培训，如管理人员和特殊工种人员的年度考核。
（3）计算机联考　将试卷用计算机程序编制好，并放在企业局域网上，公司管理人员或特殊工种人员可以通过在本地网或通过远程登陆的方式在计算机上答题，这种模式一般适用于公司管理人员和特殊工种人员。

(4) 现场操作　适宜专业性较强的工种现场技能考核，然后参照相关标准对操作的结果进行考核。

七、培训效果的评估方式

培训效果的评估是目前多数培训单位开展培训工作的薄弱环节。不重视培训效果的评估，使培训工作的开展"原地踏步"，停滞不前，管理水平与培训经验得不到真正意义上的提高。

开展安全培训效果的评估的目的在于为改进安全教育与培训的诸多环节提供依据，评估的内容主要从间接培训效果、直接培训效果和现场培训效果三个方面来进行。

间接培训效果主要是在培训完后通过问卷的方式对培训采取的方式、培训的内容、培训的技巧方面进行评价；

直接培训效果的评价依据主要为考核结果，以参加培训的人员的考核分数来确定安全教育与培训的效果；

现场培训效果主要是在生产过程中出现的违章情况和发生的安全事故的频数来确定。

第七节　安全教育档案管理

培训档案的管理是安全教育与培训的重要环节，通过建立培训档案，在整体上对培训的人员的安全素质作必要的跟踪和综合评估。培训档案可以使用计算机程序进行管理，并通过该程序完成以下功能：个人培训档案录入、个人培训档案查询、个人安全素质评价、企业安全教育与培训综合评价。经常监督检查。认真查处未经培训就上岗操作和特种作业人员无证操作的责任单位和责任人员。

1. 建立《职工安全教育卡》

职工的安全教育档案管理应由企业安全管理部门统一规范，为每位在职员工建立《职工安全教育卡》。

2. 教育卡的管理

(1) 分级管理

《职工安全教育卡》由职工所属的安全管理部门负责保存和管理。班组人员的《职工安全教育卡》由所属项目负责保存和管理；机关人员的《职工安全教育卡》由企业安全管理部门负责保存和管理。

(2) 跟踪管理

《职工安全教育卡》实行跟踪管理，职工调动单位或变换工种时，交由职工本人带到新单位，由新单位的安全管理人员保存和管理。

(3) 职工日常安全教育

职工的日常安全教育由公司安全管理部门负责组织实施，日常安全教育结束后，安全管理部门负责在职工的《职工安全教育卡》中作出相应的记录。

3. 新入厂职工安全教育规定

新入厂职工必须按规定经公司、项目、班组三级安全教育，分别由公司安全部门、项目安全部门、班组安全员在《职工安全教育卡》中作出相应的记录，并签名。

第七节　安全教育档案管理

4. 考核规定

（1）公司安全管理部门每月对《职工安全教育卡》抽查一次。

（2）对丢失《职工安全教育卡》的部门进行相应考核。

（3）对未按规定对本部门职工进行安全教育的进行相应考核。

（4）对未按规定对本部门职工的安全教育情况进行登记的部门进行相应考核。

经常监督检查。认真查处未经培训就上岗操作和特种作业人员无证操作的责任单位和责任人员。

第七章 安全资料管理

第一节 基 本 内 容

1. 开工准备资料
(1) 公司企业法人营业执照；
(2) 工程规划许可证；
(3) 工程开工许可证；
(4) 安全生产许可证；
(5) 现场建筑消防安全证；
(6) 施工平面图。
2. 安全组织与安全生产责任制
(1) 项目安全生产委员会名单；
(2) 公司安全生产责任制；
(3) 项目施工现场安全生产管理制度；
(4) 项目施工现场治安保卫工作制度；
(5) 项目部年度安全生产文明施工达标规划；
(6) 项目领导安全值班职责；
(7) 项目领导安全值班记录；
(8) 项目领导安全值班表；
(9) 各级安全生产责任制；
(10) 各级安全生产文明施工责任书。
3. 安全教育
(1) 安全教育制度；
(2) 安全教育记录；
(3) 安全教育考试成绩表；
(4) 安全教育考试答卷。
4. 施工组织设计方案及审批和验收
(1) 施工组织设计方案；
(2) 施工组织设计审批会签表；
(3) 各种防护设施和特殊、高大、异型脚手架的施工方案；
(4) 各种防护设施和高大异型脚手架的审批、验收表；
(5) 冬期、雨期施工方案。
5. 分部分项工程安全技术交底

(1) 总包对分包的安全技术交底;
(2) 分部工程安全技术交底;
(3) 分项工程安全技术交底;
(4) 大型机械装拆方案安全交底。
6. 特种作业人员持证上岗
(1) 特种作业人员管理办法;
(2) 特种作业人员登记表;
(3) 特种作业人员上岗证复印件;
(4) 特种作业人员岗前培训记录表。
7. 安全检查
(1) 公司安全检查制度;
(2) 安全检查隐患通知书及复查意见;
(3) 安全检查评分表;
(4) 每周工地安全检查记录;
(5) 工地安全日检表。
8. 班组安全活动
(1) 安全活动制度;
(2) 班组安全活动记录;
(3) 班前安全讲话记录。
9. 遵章守纪
(1) 安全生产奖罚办法;
(2) 安全生产奖罚登记表;
(3) 施工现场违章教育记录表;
(4) 安全生产奖罚通知单。
10. 工伤事故处理
(1) 企业职工伤亡事故月(年)报表;
(2) 企业职工死亡事故月(年)报表。
11. 施工现场安全管理与安全色标
(1) 施工现场安全生产管理制度;
(2) 施工现场安全检查评分现场管理部分;
(3) 施工现场安全色标登记;
(4) 施工现场安全色标平面布置图。
12. 临时用电资料
(1) 电工安全操作规程;
(2) 电工操作证复印件;
(3) 临时用电方案;
(4) 临时用电安全书面交底;
(5) 临时用电检查验收表,施工现场临时用电检查评分表;
(6) 电气绝缘电阻测试记录;

(7) 接地电阻测定记录表;
(8) 电工维修、交接班工作记录;
(9) 配电箱及箱内电器、器件检验记录表。

13. 机械安全管理
(1) 中小型机械使用的管理程序;
(2) 各种中小型机械安装验收表;
(3) 大型机械(塔吊)验收表;
(4) 各种机械检查评分表;
(5) 各种机械操作人员登记表及操作证复印件;
(6) 施工现场机械平面布置图。

14. 外施队劳务管理
(1) 外施队施工企业安全资格审查认可证;
(2) 外施队企业法人营业执照;
(3) 外施队负责人职责;
(4) 外施队负责人安全生产责任状;
(5) 公司与外施队劳务合作合同;
(6) 外施队身份证、就业证、暂住证;
(7) 外施队职工登记花名册;
(8) 施工现场外施队管理制度。

第二节 常 用 表 格

1. 职工安全生产教育记录卡

职工安全生产教育记录卡样式见图 7-1。各种记录表见表 7-1～表 7-3。

教育日期		三级安全教育内容	教育者	受教育者
公司教育	年 月 日	1. 企业情况,本行业生产特点及安全生产的意义。 2. 党和政府的安全生产方针、企业安全生产、劳动保护方面规章制度。 3. 企业内外典型事故教训。 4. 事故急救防护知识。		
项目部教育	年 月 日	1. 本工程概况,生产特点。 2. 本工程生产中的主要危险因素,安全消防方面注意事项。 3. 具体讲解本单位有关安全生产的规章制度和当地政府的有关规定。 4. 历年来本单位发生的重大事故和事故教训及防范措施。		
班组教育	年 月 日	1. 根据岗位工作进行安全操作规程和正确使用劳动保护用品的教育。 2. 现场讲解岗位施工、机械工具结构性能、操作要领。 3. 可能出现的不正常情况的判断和处理发生事故的应急处理方法。 4. 本岗位曾发生事故的教育和分析,本工地的安全生产制度教育。		

照片

工程名称：_____
姓　　名：_____
出生年月：_____
文化程度：_____
班组工种：_____

图 7-1 安全生产教育记录卡

第二节 常用表格

安全考核成绩记录 表 7-1

年度教育考核记录			转场、换岗教育考核记录		
日期	考核成绩	补考成绩	日期	考核成绩	补考成绩

安全生产奖罚记录 表 7-2

日期	主要事由	奖惩内容	证人	日期	主要事由	奖惩内容	证人

事故及事故隐患记录 表 7-3

日期	事故类别	事故主要原因	伤害部位	证人	日期	事故类别	事故主要原因	伤害部位	证人

2. 施工现场安全生产检查评分表

此处《建筑施工安全检查标准》中的各种检查评分表略。

3. 安全生产责任检查

(1) 安全生产责任制执行情况检查

安全生产责任制执行情况检查表见表 7-4。

安全生产责任制执行情况检查表

表 7-4

单 位		受检人		职 务	
检查项目(条款)					
执行情况及存在问题					
检查者签字		受检者签字			年 月 日

(2) 安全、场容检查

安全、场容检查表见表7-5。

安全、场容隐患通知单反馈表　　　　　　　　　表 7-5

工地名称		项目经理		所在工程处	
通知单编号		签发日期		限改完日期	
反馈日期		隐患和问题件数		已解决件数	
未解决件数		是否向主管领导请示汇报			
未解决的具体问题是什么					
什么原因					
采取什么措施					
备注				项目经理　　　　　　　年　月　日	

(3) 现场安全防护检查

现场安全防护检查表见表 7-6。

现场安全防护检查整改记录表　　　　　　表 7-6

_____项目部　　　　　　　　　　　　　　　　　　　年　月　日

参加检查人员：
存在问题（隐患）：
整改措施：   落实人：
复查结论：   复查人：

记录：_____

4. 用火作业审批表

用火作业审批表见表 7-7。

用火作业审批表　　　　　　　　　　　　　　　　表 7-7

用火作业审批表				编号	AQ-c10-2
工程名称			施工单位		
申请用火单位			用火班组		
用火部位			用火作业级别及种类 （用火、气焊、电焊等）		
用火作业 起止时间	由	年　月　日		时	分起
	至	年　月　日		时	分止
用火原因、防火的主要安全措施和配备的消防器材：					
看火人员		申请人			年　月　日
审批意见：					
		审批人签名			年　月　日

注：1. 本表由施工单位填写；
　　2. 用火证当日有效，变换用火部位时应重新申请。

5. 安全技术交底表

安全技术交底表见表 7-8。

安全技术交底表　　　　　　　　　表 7-8

安全技术交底表				编号	AQ-c11-1
工程名称					
施工单位		交底部位		工种	
安全技术交底内容					
\multicolumn{6}{l}{}
针对性交底：					
交底人签名		职务		交底时间	
接受交底人签名					

注：1. 项目对操作人员进行安全技术交底时填写此表；
　　2. 签名处不够时，应将签到表附后。

6. 施工安全日志

施工安全日志见表7-9。

施工安全日志　　　　　　　　　　　　　　　　　表 7-9

施工安全日志		编号	AQ-c11-2
年　月　日	星期		天气：
检查部位	存在问题		处理情况
检查情况			

专职安全员：

7. 班组班前讲话记录

班组班前讲话记录见表7-10。

班组班前讲话记录　　　　　　　表7-10

班组班前讲话记录			编号	AQ-c11-3
工程名称		操作班组		年　月　日
当天作业部位	当天作业内容	作业人数	安全防护用品配备、使用	
班前讲话内容				
参加活动作业人员名单				

注：本表由施工单位填写。

8. 工程项目安全检查隐患整改记录表

工程项目安全检查隐患整改记录表见表7-11。

工程项目安全检查隐患整改记录表　　　　　　　表 7-11

工程项目安全检查隐患整改记录表		编号	AQ-c11-4
工程名称		施工单位	
施工部位		作业单位	
检查情况及存在的隐患：			
整改要求：			
检查人员签名	年　月　日		
复查意见			
复查人签名：		复查日期：	

注：本表由施工单位填写。

第八章 施工现场安全管理

第一节 施工现场临时用电安全管理

电是施工现场不可缺少的能源。施工现场临时用电与一般工业或居民生活用电相比具有其特殊性，有别于正式"永久"性用电工程，具有暂时性、流动性、露天性和不可选择性。随着各种类型的电气装置和机械设备的不断增多，而施工现场环境的特殊性和复杂性，使得现场临时用电的安全性受到了严重威胁，各种触电事故频频发生。因此，每一个进入施工现场的人员必须高度重视安全用电工作，作为项目的安全总监，更应掌握必备的用电安全技术知识。

一、触电事故

当人体接触电气设备或电气线路的带电部分，并有电流流经人体时，人体将会因电流刺激而产生危及生命的所谓医学效应。这种现象称为人体触电。

施工现场的触电事故主要分为电击和电伤两大类，也可分为低压触电事故和高压触电事故。电击是人体直接接触带电部分，电流通过人体，如果电流达到某一定的数值就会使人体和带电部分相接触的肌肉发生痉挛（抽筋），呼吸困难，心脏麻痹，直到死亡。电击是内伤，是最具有致命危险的触电伤害。电伤是指皮肤局部的损伤，有灼伤、烙印和皮肤金属化等伤害。

（一）触电事故的特点

人们常称电击伤为触电。电击伤是由电流通过人体所引起的损伤，大多数是人体直接接触带电体所引起。在电压较高或雷电击中时则为电弧放电而至损伤。由于触电事故的发生都很突然，并在相当短的时间内对人体造成严重损伤，故死亡率较高。根据事故统计，触电事故有如下特点：

1. 电压越高，危险性越大。
2. 触电事故的发生有明显的季节性。

一年中春、冬两季触电事故较少，每年的夏秋两季，特别是六、七、八、九 4 个月中，触电事故较多。

其主要原因不外乎气候炎热、多雷雨，空气中湿度大，这些因素降低了电气设备的绝缘性能，人体也因炎热多汗，皮肤接触电阻变小，衣着单薄，身体暴露部分较多，大大增加了触电的可能性。一旦发生触电时，便有较大强度的电流通过人体，产生严重的后果。

3. 低压设备触电事故较多。

据统计，此类事故占总数的 90% 以上。因为低压设备远较高压设备应用广泛，人们接触的机会较多，施工现场低压设备就较多，另外人们习惯称 220V/380V 的交流电源为

"低压",好多人不够重视,丧失警惕,容易引起触电事故。

4. 发生在携带式设备和移动式设备上的触电事故多。

5. 在高温、潮湿、混乱或金属设备多的现场中触电事故多。

6. 缺乏安全用电知识或不遵守安全技术要求,违章操作和无知操作而触电的事故占绝大多数。因此新工人、青年工人和非专职电工的事故占较大比重。

(二)触电类型

一般按接触电源时情况不同,常分为两相触电、单相触电和"跨步电压"触电。

1. 两相触电

人体同时接触二根带电的导线(相线)时,因为人是导体,电线上的电流就会通过人体,从一根电线流到另一根电线,形成回路,使人触电,称为两相触电。人体所受到的电压是线电压,因此触电的后果很严重。

2. 单相触电

如果人站在大地上,接触到一根带电导线时,因为大地也能导电,而且和电力系统(发电机、变压器)的中性点相连接,人就等于接触了另一根电线(中性线)。所以也会造成触电,称为单相触电。

目前触电死亡事故中大部分是这种触电,一般都是由于开关、灯头、导线及电动机有缺陷而造成的。

3. "跨步电压"触电

当输电线路发生断线故障而使导线接地时,由于导线与大地构成回路,导线中有电流通过。电流经导线入地时,会在导线周围的地面形成一个相当强的电场,此电场的电位分布是不均匀的。如果从接地点为中心划许多同心圆,这些同心圆的圆周上,电位是各不相同的,同心圆的半径越大,圆周上电位越低,反之,半径越小,圆周上电位越高。如果人畜双脚分开站立,就会受到地面上不同点之间的电位差,此电位差就是跨步电压。如沿半径方向的双脚距离越大,则跨步电压越高。

当人体触及跨步电压时,电流也会流过人体。虽然没有通过人体的全部重要器官,仅沿着下半身流过。但当跨步电压较高时,就会发生双脚抽筋,跌倒在地上,这样就可能使电流通过人体的重要器官,而引起人身触电死亡事故。

除了输电线路断线会产生跨步电压外,当大电流(如雷电流)从接地装置流入大地时,接地电阻偏大也会产生跨步电压。

因此,安全工作规程要求人们在户外不要走近断线点 8m 以内的地段。在户内,不要走近 4m 以内的地段,否则会发生人、畜触电事故,这种触电称为跨步电压触电。

跨步电压触电一般发生在高压线落地时,但是对低压电线也不可麻痹大意。据试验,当牛站在水田里,如果前后蹄之间的跨步电压达到 10V 左右,牛就会倒下,触电时间长了,牛会死亡。人、畜在同一地点发生跨步电压触电时,对牲畜的危害比较大(电流经过牲畜心脏),对人的危害较小(电流只通过人的两腿,不通过心脏),但当人的两脚抽筋以致跌倒时,触电的危险性就增加了。

二、施工现场临时用电

(一)施工现场临时用电管理

第八章 施工现场安全管理

为了保证施工现场临时用电安全性、可靠性，克服随意性，《施工现场临时用电安全技术规范》(JGJ 46—2005)(以下简称《规范》)规定："施工现场临时用电设备在 5 台及以上或设备总容量在 50kW 及以上者，应编制用电组织设计"。"临时用电设备在 5 台以下和设备总容量在 50kW 以下者，应制定安全用电措施和电气防火措施"。

施工现场临时用电施工组织设计是施工现场临时用电安装、架设、使用、维修和管理的重要依据，指导和帮助供、用电人员准确按照用电施工组织设计的具体要求和措施执行，确保施工现场临时用电的安全性和科学性。

1. 施工现场临时用电施工组织设计的内容

(1) 现场勘测，了解现场的地形、地貌和正式工程的位置，道路走向以及上、下水管线等地下管道的路径，建筑材料堆放的场所，临时生活设施位置，施工用电设备的平面布置等。

(2) 确定电源进线、变电所或配电室、配电装置、用电设备的装设位置及线路走向，采用三相五线制。

(3) 进行负荷计算，选择变压器容量，设计配电线路，选择导线(电缆)截面、电器的类型和规格。

(4) 绘制临时用电工程图纸，主要包括用电工程总平面图、配电装置布置图、配电系统接线图、接地装置设计图。

(5) 设计接地装置和防雷装置。

(6) 确定防护措施。

(7) 制定安全用电技术措施和电气防火措施。根据施工现场的实际情况，容易发生触电危险的部位，例如地下工程的用电设备、手持电动工具、各类水泵等均应编制具体的电气安全技术措施。对于电气设备周围易发生电气火灾的因素，例如易燃、易爆物及火源等应编制具体的电气防火措施。

临时用电施工组织设计必须由电气工程技术人员编制，经项目技术负责人审核，公司技术负责人批准，并报监理批准后实施。

2. 临时用电的档案管理

《规范》规定："施工现场临时用电必须建立安全技术档案"，其内容包括：

(1) 临时用电组织设计的全部安全资料。

(2) 修改临时用电组织设计的资料。

(3) 用电技术交底资料。

电气工程技术人员向安装、维修电工和各种用电设备人员分别贯彻交底的文字资料。包括总体意图、具体技术要求、安全用电技术措施和电气防火措施等文字资料。交底内容必须有针对性和完整性，并有交底人员的签名及日期。

(4) 临时用电工程检查验收表。

(5) 电气设备的试、检验凭单和调试记录。

电气设备的调试、测试和检验资料，主要是设备绝缘和性能完好情况。

(6) 接地电阻、绝缘电阻和漏电保护器漏电动作参数测定记录表。

接地电阻测定记录应包括电源变压器投入运行前其工作接地阻值和重复接地阻值。

(7) 定期检(复)查表。

定期检查复查接地电阻值和绝缘电阻值的测定记录等。

(8) 电工安装、巡检、维修、拆除工作记录。

电工维修等工作记录是反映电工日常电气维修工作情况的资料,应尽可能记载详细,包括时间、地点、设备、部位、维修内容、技术措施、处理结果等。对于事故维修还要作出分析提出改进意见。

安全技术档案应由主管该现场的电气技术人员负责建立与管理。其中"电工安装、巡检、维修、拆除工作记录"可指定电工代管,每周由项目经理审核认可,并应在临时用电工程拆除后统一归档。

3. 人员管理

现场电工必须经过培训,经有关部门按国家现行标准考核合格后,方能持证上岗。安装、巡检、维修或拆除临时用电设备和线路,必须由现场电工完成,并应有人监护。

各类用电人员必须通过相关教育培训和技术交底,考核合格后方可上岗工作。必须掌握安全用电的基本知识和所用机械、电气设备的性能。保管和维护所用设备,发现问题及时报告解决。使用电气设备前必须按规定穿戴和配备好相应的劳动防护用品,在使用设备的过程中负责保护所有设备的负荷线、零线、漏电保护器、开关箱和有关防护设施等,并在使用前、后认真地检查电气安全装置和保护设施是否完好,严禁设备带"缺陷"运转。严禁非电气专业人员处理电气方面的问题。搬迁、移动电气设备前,必须由电工切断电源,妥善处理后进行。各类用电人员所使用的设备停止工作时,必须将开关箱里的开关分闸断电,并将开关箱锁好。

(二) 对外电线路的安全距离及电气设备防护

外电线路主要指不为施工现场专用的原来已经存在的高压或低压配电线路,外电线路一般为架空线路,个别现场也会遇到地下电缆。

由于外电线路位置已经固定,所以施工过程中必须与外电线路保持一定安全距离。安全距离是指带电导体与其附近接地的物体、地面、不同极(相)带电体以及人体之间必需保持的最小空间距离或最小空气间隙。在施工现场,安全距离主要是指在建工程(含脚手架)的外侧边缘与外电架空线路的边线之间的最小安全操作距离和施工现场的机动车道与外电架空线路交叉时的最小安全垂直距离。见表 8-1 和表 8-2。

在建工程(含脚手架具)的外侧边缘与外电架空线路的边线之间最小安全操作距离　　　表 8-1

外电线路电压(kV)	1 以下	1~10	35~110	220	330~500
最小安全操作距离(m)	4.0	6.0	8.0	10	15

注:上、下脚手架的斜道严禁搭设在有外电线路的一侧。

施工现场内机动车道与外电架空线路交叉时的最小安全垂直距离　　　表 8-2

外电线路电压(kV)	1 以下	1~10	35
最小垂直距离(m)	6.0	7.0	7.0

1. 外电线路防护

《规范》规定:在建工程不得在外电架空线路正下方施工、搭设作业棚、建造生活设施或堆放构件、架具、材料及其他杂物等。当在架空线路一侧作业时,必须保持安全操作距离。

外电线路尤其是高压线路，由于周围存在的强电场的电感应所致，便附近的导体产生电感应，附近的空气也在电场中被极化，而且电压等级越高电极化就越强，所以必须保持一定安全距离，随电压等级增加，安全距离也相应加大。施工现场作业，特别是搭设脚手架，一般立杆、大横杆钢管长6.5m，如果距离太小，操作中的安全无法保障，所以这里的"安全距离"在施工现场就变成了"安全操作距离"，除了必要的安全距离外，还要考虑作业条件的因素，所以距离相应加大了。

另外，起重机的任何部位或被吊物边缘在最大偏斜时与架空线路边线的最小安全距离应不得小于表8-3的规定。施工现场开挖沟槽边缘与外电埋地电缆沟槽边缘之间的距离不得小于0.5m。

起重机与架空输电导线的安全距离　　　　　　　表8-3

电压(kV) 安全距离(m)	1	10	35	110	220	330	500
沿垂直方向	1.5	3.0	4.0	5.0	6.0	7.0	8.5
沿水平方向	1.5	2.0	3.5	4.0	6.0	7.0	8.5

当因受现场作业条件限制达不到规范规定的最小安全距离时，必须采取绝缘隔离防护措施，防止发生因碰触造成的触电事故。架设防护设施时，必须经有关部门批准，采用线路暂时停电或其他可靠的安全技术措施，并应有电气工程技术人员和专职安全人员监护。

（1）增设屏障、遮栏或保护网，并悬挂醒目的警告标志。

（2）防护设施必须使用非导电材料，并考虑到防护棚本身的安全(防风、防大雨、防雪等)。

（3）特殊情况下无法采用防护设施，则应与有关部门协商，采取停电、迁移外电线路或改变工程位置等措施，未采取上述措施的严禁施工。

防护设施与外电线路之间的安全距离不应小于表8-4所列数值。

防护设施与外电线路之间的最小安全距离　　　　　　　表8-4

外电线路电压(kV)	≤10	35	110	220	330	500
最小安全距离(m)	1.7	2.0	2.5	4.0	5.0	6.0

2. 电气设备防护

电气设备现场周围不得存放易燃易爆物、污源和腐蚀介质，否则应予清除或做防护处置，其防护等级必须与环境条件相适应。

电气设备设置场所应能避免物体打击和机械损伤，否则应做防护处置。

（三）配电线路

施工现场的配电线路一般可分为室外和室内配电线路。室外配电线路又可分为架空配电线路和电缆配电线路。

《规范》规定："架空线路必须采用绝缘导线"，"室内配线必须采用绝缘导线或电缆"。施工现场的危险性，决定了严禁使用裸线。导线和电缆是配电线路的主体，绝缘必须良

第一节 施工现场临时用电安全管理

好,是直接接触防护的必要措施,不允许有老化、破损现象,接头和包扎都必须符合规定。

1. 导线和电缆

(1) 架空线导线截面的选择应符合下列要求:

1) 导线中的计算负荷电流不大于其长期连续负荷允许载流量。

2) 线路末端电压偏移不大于其额定电压的5%。

3) 三相四线制线路的N线和PE线截面不小于相线截面的50%,单相线路的零线截面与相线截面相同。

4) 按机械强度要求,绝缘铜线截面不小于10mm²,绝缘铝线截面不小于16mm²;在跨越铁路、公路、河流、电力线路档距内,绝缘铜线截面不小于16mm²,绝缘铝线截面不小于25mm²。

(2) 电缆中必须包含全部工作芯线和用作保护零线或保护线的芯线。需要三相四线制配电的电线路必须采用五芯电缆。

五芯电缆必须包含淡蓝、绿/黄二种颜色绝缘芯线。淡蓝色芯线必须用作N线;绿/黄双色芯线必须用作PE线,严禁混用。

(3) 电缆类型应根据敷设方式、环境条件选择。埋地敷设宜选用铠装电缆;当选用无铠装电缆时,应能防水、防腐。架空敷设宜选用无铠装电缆。

(4) 电缆截面的选择应符合前1)~3)款的规定,根据其长期连续负荷允许载流量和允许电压偏移确定。

(5) 室内配线所用导线或电缆的截面应根据用电设备或线路的计算负荷确定,但铜线截面不应小于1.5mm²,铝线截面不应小于2.5mm²。

(6) 长期连续负荷的电线电缆其截面应按电力负荷的计算电流及国家有关规定条件选择。

(7) 应满足长期运行温升的要求。

2. 架空线路的敷设

(1) 施工现场运电杆时及人工立电杆时,应由专人指挥。电杆就位移动时,坑内不得有人。电杆立起后,必须先架好叉木,才能撤去吊钩。电杆坑填土夯实后才允许撤掉叉木、溜绳或横绳。

(2) 架空线必须架设在专用电杆上,严禁架设在树木、脚手架及其他设施上。宜采用钢筋混凝土杆或木杆。电杆的埋设深度为杆长的1/10加0.6m,回填土应分层夯实。在松软土质处宜加大埋入深度或采用卡盘等加固。

(3) 杆上作业时,禁止上下投掷料具。料具应放在工具袋内,上下传递料具的小绳应牢固可靠。递完料具后,要离开电杆3m以外。大雨、大雪及六级以上强风天,停止蹬杆作业。

(4) 架空线路横担间的最小垂直距离,横担选材、选型,绝缘子类型选择,拉线、撑杆的设置等均应符合规范要求。

(5) 架空线路的档距不得大于35m,线间距不得小于0.3m,靠近电杆的两导线的间距不得小于0.5m。

(6) 架空线路与邻近线路或固定物的距离应符合表8-5的规定。

架空线路与邻近线路或固定物的距离　　　　　表 8-5

项目	距离类别					
最小净空距离(m)	架空线路的过引线、接下线下邻线		架空线与架空线电杆外缘		架空线与摆动最大时树梢	
	0.13		0.05		0.50	
最小垂直距离(m)	架空线同杆架设下方的通信、广播线路	架空线最大弧垂与地面			架空线最大弧垂与暂设工程顶端	架空线与邻近电力线路交叉
		施工现场	机动车道	铁路轨道		1kV 以下　　1~10kV
	1.0	4.0	6.0	7.5	2.5	1.2　　　　2.5
最小水平距离(m)	架空线电杆与路基边缘		架空线电杆与铁路轨道边缘		架空线边线与建筑物凸出部分	
	1.0		杆高(m)+3.0		1.0	

除此之外，还应考虑施工各方面情况，如场地的变化，建筑物的变化，防止先架设好的架空线，与后施工的外脚手架、结构挑檐、外墙装饰等距离太近而达不到要求。

（7）架空线路必须有短路保护和过载保护。

3. 电缆线路的敷设

电缆干线应采用埋地或架空敷设，严禁沿地面明敷设，并应避免机械损伤和介质腐蚀。电缆线路必须有短路保护和过载保护，短路保护和过载保护电器与电缆的选配应符合规范要求。

（1）埋地敷设

1）电缆在室外直接埋地敷设时，必须按电缆埋设图敷设，埋地敷设的深度不应小于 0.7m，并应在电缆紧邻上、下、左、右侧均匀敷设不小 50mm 厚的细砂，然后覆盖砖或混凝土板等硬质保护层。

2）埋地电缆在穿越建筑物、构筑物、道路、易受机械损伤、介质腐蚀场所及引出地面从 2.0m 高到地下 0.2m 处，必须加设防护套管，防护套管内径不应小于电缆外径的 1.5 倍。

3）埋地电缆与其附近外电电缆和管沟的平行间距不得小于 2m，交叉间距不得小于 1m。

4）埋地电缆的接头应设在地面上的接线盒内，接线盒应能防水、防尘、防机械损伤，并应远离易燃、易爆、易腐蚀场所。

5）施工现场埋设电缆时，应尽量避免碰到下列场地：经常积、存水的地方，地下埋设物较复杂的地方，时常挖掘的地方，预定建设建筑物的地方，散发腐蚀性气体或溶液的地方，以及制造和贮存易燃易爆或燃烧的危险物质场所。

6）埋地电缆路径应设方位标志，并应有专人负责管理埋设电缆的标志，不得将物料堆放在电缆埋设的上方。

（2）架空敷设

1）架空电缆应沿电杆、支架或墙壁敷设，并采用绝缘子固定，绑扎线必须采用绝缘线，固定点间距应保证电缆能承受自重所带来的荷载，敷设高度应符合架空线路敷设高度的要求，但沿墙壁敷设时最大弧垂距地不得小于2.0m。

2）架空电缆严禁沿脚手架、树木或其他设施敷设。

在建工程内的电缆线路必须采用电缆埋地引入，严禁穿越脚手架引入。电缆垂直敷设应充分利用在建工程的竖井、垂直洞等，并宜靠近用电负荷中心，固定点楼层不得少于一处。电缆水平敷设宜沿墙或门口刚性固定，最大弧垂距地不得小于2.0m。

装饰装修工程或其他特殊阶段，应补充编制单项施工用电方案。电源线可沿墙角、地面敷设，但应采取防机械损伤和电火措施。

4. 室内配电线路

(1) 室内配线应根据配线类型采用瓷瓶、瓷（塑料）夹、嵌绝缘槽、穿管或钢索敷设。明敷主干线距地面高度不得小于2.5m。

(2) 潮湿场所或埋地非电缆配线必须穿管敷设，管口和管接头应密封；当采用金属管敷设时，金属管必须做等电位连接，且必须与PE线相连接。

(3) 架空进户线的室外端应采用绝缘子固定，过墙处应穿管保护，距地面高度不得小于2.5m，并应采取防雨措施。

(4) 钢索配线的吊架间距不宜大于12m。采用瓷夹固定导线时，导线间距不应小于35mm，瓷夹间距不应大于800mm；采用瓷瓶固定导线时，导线间距不应小于100mm，瓷瓶间距不应大于1.5m；采用护套绝缘导线或电缆时，可直接敷设于钢索上。

(5) 室内配线必须有短路保护和过载保护，短路保护和过载保护电器与绝缘导线、电缆的选配应符合规范要求。对穿管敷设的绝缘导线线路，其短路保护熔断器的熔体额定电流不应大于穿管绝缘导线长期连续负荷允许载流量的2.5倍。

(四) 现场电气设备接地与防雷

施工现场的电气设备主要由发电设备、变电设备、开关设备、控制设备和用电设备组成。开关设备主要体现于由各种开关、电器组合而成的配电箱、开关箱等，并成为整个临时用电系统的枢纽。控制设备主要是指控制用电设备的开关箱、控制箱、控制屏及其相关的控制电器。施工现场使用的用电设备主要是各种电动建筑机械、电动建筑工具和电气照明装置等。施工现场配电箱的结构形式应与临时用电工程配电线路的结构形式相适应。在保护方面一般采用TN-S系统。

为了防止意外带电体上的触电事故，根据不同情况应采取保护措施。保护接地和保护接零是防止电气设备意外带电造成触电事故的基本技术措施。

1. 电气设备的接地

所谓接地，即将电气设备的某一可导电部分与大地之间用导体作电气联结，简单地说，是设备与大地作金属性联结。

接地主要有四种类别：

(1) 工作接地　在电力系统中，某些设备因运行的需要，直接或通过消弧线圈、电抗器、电阻等与大地金属连接，称为工作接地（例如三相供电系统中，电源中性点的接地）。阻值应不大于4Ω。有了这种接地可以稳定系统的电压，能保证某些设备正常运行，可以使接地故障迅速切断。防止高压侧电源直接窜入低压侧，造成低压系统的电气设备被摧毁不能正常工作的情况发生。

(2) 保护接地　因漏电保护需要，将电气设备正常运行情况下不带电的金属外壳和机械设备的金属构架(件)接地,称为保护接地。阻值应不大于4Ω。电气设备金属外壳正常运行时不带电而故障情况下就可能呈现危险的对地电压,所以这种接地可以保护人体接触设备漏电时的安全,防止发生触电事故。

(3) 重复接地　在中性点直接接地的电力系统中,为了保证接地的作用和效果,除在中性点处直接接地外,在中性线上的一处或多处再作接地,称为重复接地。其阻值应不大于10Ω。重复接地可以起到保护零线断线后的补充保护作用,也可降低漏电设备的对地电压和缩短故障持续时间。在一个施工现场中,重复接地不能少于三处(始端、中间、末端)。

在设备比较集中地方如搅拌机棚、钢筋作业区等应做一组重复接地;在高大设备处如塔吊、外用电梯、物料提升机等也要作重复接地。

(4) 防雷接地　防雷装置(避雷针、避雷器等)的接地,称为防雷接地。作防雷接地的电气设备,必须同时作重复接地。阻值应不大于30Ω。

2. 电气设备的接零

接零即电气设备与零线连接。接零分为

(1) 工作接零　电气设备因运行需要而与工作零线连接,称为工作接零。

(2) 保护接零　电气设备正常情况不带电的金属外壳和机械设备的金属构架与保护零线连接,称为保护接零。保护接零是将设备的碰壳故障改变为单相短路故障,保护接零与保护切断相配合,由于单相短路电流很大,所以能迅速切断保险或自动开关跳闸,使设备与电源脱离,达到避免发生触电事故的目的。

在设有专用保护零线的施工现场内,保护接零线应与专用保护零线连接。专用保护零线(简称保护零线)应由工作接地线、配电室的零线或第一级漏电保护器电源侧的零线引出。

下列电气设备在正常情况下不带电的外露导电部分应作保护接零:

1) 电机、变压器、电器、照明器具、电动机械、电动工具的金属外壳、基座(对产生振动的手持电动工具等,其保护接零线的连接点应不少于两边);

2) 电气设备传动装置的金属部件;

3) 配电屏与控制屏的金属框架;

4) 室内、外配电装置的金属构架、箱体及靠近带电部分的金属围栏和金属门;

5) 电力线路的金属保护管、敷设钢索、起重机轨道、滑升模板金属操作平台等;

6) 电力线路电杆上的开关、电容器等电气装置的金属外壳及支架。

外露导电部分是指容易触及的导电部分和虽不是带电部分,但在故障情况下可变为带电的部分。

城防、人防、隧道等潮湿或条件特别恶劣施工现场的电气设备必须采用保护接零。

施工现场的电力系统严禁利用大地作相线或零线。

3. 接地装置

由接地体与接地线组合在一起所构成的装置,称为接地体。接地体与接地线必须是导体,接地体与接地线之间必须作电气联结,接地体与大地之间必须直接接触。

4. "TT"与"TN"符号的含义

TT——第一个字母T，表示工作接地；第二个字母T，表示采用保护接地。
TN——第一个字母T，表示工作接地；第二个字母N，表示采用保护接零。
TN-C——保护零线PE与工作零线N合一设置的接零保护系统（三相四线）。
TN-S——保护零线PE与工作零线N分开的设置的接零保护系统（三相五线）。
TN-C-S——在同一电网内，一部分采用TN-C，另一部分采用TN-S。

施工现场临时用电必须采用TN-S系统，不要采用TN-C系统。因为TN-C系统有缺陷：如三相负载不平衡时，零线带电；零线断线时，单相设备的工作电流会导致电气设备外壳带电；对于接装漏电保护器带来困难等。而TN-S由于有专用保护零线，正常工作时不通过工作电流，三相不平衡也不会使保护零线带电。由于工作零线与保护零线分开，可以顺利接装漏电保护器等。由于TN-S具有的优点，克服了TN-C的缺陷，从而给施工用电安全提供了可靠保证。

采用TN系统还是采用TT系统，依现场的电源情况而定。在低压电网已作了工作接地时，应采用保护接零，不应采用保护接地。因为用电设备发生碰壳故障时，第一，采用保护接地时，故障点电流太小，对1.5kW以上的动力设备不能使熔断器快速熔断，设备外壳将长时间有110V的危险电压；而保护接零能获取大的短路电流，保证熔断器快速熔断，避免触电事故。第二，每台用电设备采用保护接地，其阻值达4Ω，也是需要一定数量的钢材打入地下，费工费材料；而采用保护接零敷设的零线可以多次周转使用，从经济上也是比较合理的。但是在同一个电网内，不允许一部分用电设备采用保护接地，而另外一部分设备采用保护接零，这样是相当危险的，如果采用保护接地的设备发生漏电碰壳时，将会导致采用保护接零的设备外壳同时带电。

《规范》规定："当施工现场与外电线路共用同一供电系统时，电气设备的接地、接零保护应与原系统保护一致。不得一部分设备做保护接零，另一部分设备做保护接地。"

(1) 当施工现场采用电业部门高压侧供电，自己设置变压器形成独立电网的，应作工作接地，必须采用TN-S系统。

(2) 当施工现场有自备发电机组时，接地系统应独立设置，也应采用TN-S系统。

(3) 当施工现场采用电业部门低压侧供电，与外电线路同一电网时，应按照当地供电部门的规定采用TT或采用TN。

(4) 当分包单位与总包单位共用同一供电系统时，分包单位应与总包单位的保护方式一致，不允许一个单位采用TT系统而另外一个单位采用TN系统。

5. 工作零线与保护零线必须严格分设

在采用了TN-S系统后，如果发生工作零线与保护零线错接，将导致设备外壳带电的危险。

(1) 保护零线应由工作接地线处引出，或由配电室（或总配电箱）电源侧的零线处引出。

(2) 保护零线严禁穿过漏电保护器，工作零线必须穿过漏电保护器。

(3) 电箱中应设两块端子板（工作零线N与保护零线PE），保护零线端子板与金属电箱相连，工作零线端子板与金属电箱绝缘。

(4) 保护零线必须做重复接地，工作零线禁止做重复接地。

6. 保护零线（PE）的设置要求

(1) 保护零线必须采用绝缘导线。

配电装置和电动机械相连接的 PE 线应为截面不小于 $2.5mm^2$ 的绝缘多股铜线。手持式电动工具的 PE 线应为截面不小于 $1.5mm^2$ 的绝缘多股铜线。

(2) PE 线上严禁装设开关或熔断器，严禁通过工作电流，且严禁断线。

(3) 保护零线作为接零保护的专用线，必须独用，不能他用，电缆要用五芯电缆。

(4) 保护零线除了从工作接地线（变压器）或总配电箱电源侧从零线引出外，在任何地方不得与工作零线有电气连接，特别注意电箱中防止经过铁质箱壳形成电气连接。

(5) 保护零线的统一标志为绿/黄双色线；相线 L_1（A）、L_2（B）、L_3（C）相序的绝缘颜色依次为黄、绿、红色；N 线的绝缘颜色为淡蓝色；任何情况下上述颜色标记严禁混用和互相代用。

(6) 保护零线除必须在配电室或总配电箱处作重复接地外，还必须在配电线路的中间处及末端做重复接地，配电线路越长，重复接地的作用越明显，为使接地电阻更小，可适当多打重复接地。

(7) 保护零线的截面积应不小于工作零线的截面积，同时必须满足机械强度的要求。

7. 防雷

(1) 作防雷接地的电气设备，必须同时作重复接地。施工现场的电气设备和避雷装置可利用自然接地体接地，但应保证电气连接并校验自然接地体的热稳定。

(2) 施工现场内的起重机、井字架、龙门架等机械设备，以及钢脚手架和正在施工的在建工程等的金属结构，应安装防雷设备，若在相邻建筑物、构筑物等设施的防雷装置接闪器的保护范围以外，则应安装防雷装置。

当最高机械设备上避雷针（接闪器）的保护范围能覆盖其他设备，且又最后退出于现场，则其他设备可不设防雷装置。

(3) 施工现场内所有防雷装置的冲击接地电阻值不得大于 30Ω。

(4) 塔式起重机的防雷装置应单独设置，不应借用架子或建筑物的防雷装置。

(5) 各机械设备或设施的防雷引下线可利用该设备或设施的金属结构体，但应保证电气连接。

(6) 机械设备上的避雷针（接闪器）长度应为 1~2m。

(7) 安装避雷针（接闪器）的机械设备，所有固定的动力、控制、照明、信号及通信线路，宜采用钢管敷设。钢管与该机械设备的金属结构体应做电气连接。

（五）配电室及自备电源

配电室应靠近电源，并应设在灰尘少、潮气少、振动小、无腐蚀介质、无易燃易爆物及道路畅通的地方。门应向外开，并配锁。配电室和控制室应能自然通风，并应采取防雨雪和防止动物出入的措施。配电室的建筑物和构筑物的耐火等级应不低于 3 级，室内应配置砂箱和可用于扑灭电气火灾的灭火器。必须保持规定的操作和维修通道宽度，保持整洁，不得堆放任何妨碍操作、维修的杂物。配电室内设置值班或检修室时，该室边缘距配电柜的水平距离大于 1m，并采取屏障隔离。配电室应设值班人员，值班人员必须熟悉本岗位电气设备的性能及运行方式，并持操作证上岗值班。

配电室内的母线涂刷有色油漆，以标志相序；以柜正面方向为基准，其涂色符合表 8-6 规定。配电室的照明分别设置正常照明和事故照明。

母线涂色 表8-6

相　别	颜　色	垂直排列	水平排列	引下排列
L_1(A)	黄	上	后	左
L_2(B)	绿	中	中	中
L_3(C)	红	下	前	右
N	淡蓝	—	—	—

　　成列的配电柜和控制柜两端应与重复接地线及保护零线做电气连接。配电柜应装设电源隔离开关及短路、过载、漏电保护电器。电源隔离开关分断时应有明显可见分断点。配电柜应编号，并应有用途标记。应装设电度表、电流表、电压表。电流表与计费电度表不得共用一组电流互感器。

　　配电柜或配电线路停电维修时，应挂接地线，并应悬挂"禁止合闸、有人工作"停电标志牌。停送电必须由专人负责。

　　发电机组电源必须与外电线路电源连锁，严禁并列运行。发电机组应采用电源中性点直接接地的三相四线制供电系统和独立设置TN-S接零保护系统。发电机供电系统应设置电源隔离开关及短路、过载、漏电保护电器。电源隔离开关分断时应有明显可见分断点。发电机组并列运行时，必须装设同期装置，并在机组同步运行后再向负载供电。

　　发电机组的排烟管道必须伸出室外。发电机组及其控制、配电室内必须配置可用于扑灭电气火灾的灭火器，严禁存放贮油桶。室外地上变压器应设围栏，悬挂警示牌，内设操作平台。变压器围栏内不得堆放任何杂物。

　　（六）配电箱及开关箱

　　施工现场的配电箱是电源与用电设备之间的中枢环节，而开关箱是配电系统的末端，是用电设备的直接控制装置，它们的设置和运用直接影响着施工现场的用电安全。

　　1. 三级配电、两级保护

　　《规范》规定："配电系统应设置配电柜或总配电箱、分配电箱、开关箱，实行三级配电"。这样，配电层次清楚，既便于管理又便于查找故障。"总配电箱以下可设若干分配电箱；分配电箱以下可设若干开关箱"。

　　同时要求，"动力配电箱与照明配电箱宜分别设置。当合并设置为同一配电箱时，动力和照明应分路配电；动力开关箱与照明开关箱必须分设。"使动力和照明自成独立系统，不致因动力停电影响照明。

　　"两级保护"主要指采用漏电保护措施，除在末级开关箱内加装漏电保护器外，还要在上一级分配电箱或总配电箱中再加装一级漏电保护器，即将电网的干线与分支线路作为第一级，线路末端作为第二级。总体上形成两级保护。

　　2. 一机一闸一漏一箱

　　这个规定主要是针对开关箱而言的。《规范》规定："每台用电设备必须有各自专用的开关箱"，这就是一箱，不允许将两台用电设备的电气控制装置合置在一个开关箱内，避免发生误操作等事故。

　　《规范》规定："开关箱必须装设隔离开关、断路器或熔断器，以及漏电保护器"，这就是一漏。因为规范规定每台用电设备都要加装漏电保护器，所以不能有一个漏电保护器保护二台或多台用电设备的情况，否则容易发生误动作和影响保护效果。另外还应避免发生直接用漏电保护器兼作电器控制开关的现象，由于将漏电保护器频繁动作，将导致损坏或影响灵敏度失去保护功能。（漏电保护器与空气开关组装在一起的电器装置除外）。

《规范》规定："严禁用同一个开关箱直接控制2台及2台以上用电设备（含插座）"，这就是通常所说的"一机一闸"，不允许一闸多机或一闸控制多个插座的情况，主要也是防止误操作等事故发生。

3. 配电箱及开关箱的电气技术要求

（1）材质要求

配电箱、开关箱应采用冷轧钢板或阻燃绝缘材料制作，钢板厚度应为1.2~2.0mm，其中开关箱箱体钢板厚度不得小于1.2mm，配电箱箱体钢板厚度不得小于1.5mm，箱体表面应做防腐处理。不得采用木质配电箱、开关箱、配电板。

（2）制作要求

配电箱、开关箱外形结构应能防雨、防尘，箱体应端正、牢固。箱门开、关松紧适当，便于开关。配电箱、开关箱的箱体尺寸应与箱内电器的数量和尺寸相适应。另外必须有门锁。

（3）安装位置要求

1）总配电箱应设在靠近电源的区域，分配电箱应设在用电设备或负荷相对集中的区域，分配电箱与开关箱的距离不得超过30m，开关箱与其控制的固定式用电设备的水平距离不宜超过3m。分配电箱与开关箱的距离与手持电动工具的距离不宜大于5m。

2）动力配电箱与照明配电箱宜分别设置。当合并设置为同一配电箱时，动力和照明应分路配电；动力开关箱与照明开关箱必须分设。

3）配电箱、开关箱应装设在干燥、通风及常温场所，不得装设在有严重损伤作用的瓦斯、烟气、潮气及其他有害介质中，亦不得装设在易受外来固体物撞击、强烈振动、液体浸溅及热源烘烤场所。否则，应予清除或做防护处理。

4）配电箱、开关箱周围应有足够2人同时工作的空间和通道，不得堆放任何妨碍操作、维修的物品，不得有灌木、杂草。

5）固定式配电箱、开关箱的中心点与地面的垂直距离应为1.4~1.6m。移动式配电箱、开关箱应装设在坚固、稳定的支架上，其中心点与地面的垂直距离宜为0.8~1.6m。携带式开关箱应有100~200mm的箱腿。配电柜下方应砌台或立于固定支架上。

6）开关箱必须立放，禁止倒放，箱门不得采用上下开启式，并防止碰触箱内电器。

（4）内部开关电器安装要求

箱内所有的开关电器应安装端正、牢固，不得有任何的松动、歪斜。箱内电器安装常规是左大右小，大容量的控制开关，熔断器在左面，右面安装小容量的开关电器。

配电箱、开关箱内的电器（含插座）应按其规定位置先紧固安装在金属或非木质阻燃绝缘电器安装板上，然后方可整体紧固在配电箱、开关箱箱体内。安装板上必须分设并标明N线端子板和PE线端子板，一般放在箱内配电板下部或箱内底侧边。N线端子板必须与金属电器安装板绝缘；PE线端子板必须与金属电器安装板做电气连接。进出线中的N线必须通过N线端子板连接；PE线必须通过PE线端子板连接。

金属箱体、金属电器安装板以及内部开关电器正常不带电的金属底座、外壳等必须通过 PE 线端子板与 PE 线做电气连接，金属箱门与金属箱必须通过采用编织软铜线做电气连接。

(5) 配电箱、开关箱内接连导线要求

配电箱、开关箱内的连接线必须采用铜芯绝缘导线。颜色配置正确并排列整齐。铝线接头万一松动，造成接触不良，产生电火花和高温，使接头绝缘烧毁，导致对地短路故障。因此为了保证可靠的电气连接，保护零线应采用绝缘铜线。

配电箱、开关箱内导线分支接头不得采用螺栓压接，应采用焊接并做绝缘包扎，不得有外露带电部分。

(6) 配电箱、开关箱导线进出口处要求

配电箱、开关箱中导线的进线口和出线口应设在箱体的下底面，即"下进下出"，不能设在上面、后面、侧面，更不应当从箱门缝隙中引进和引出导线。进、出线口应配置固定线卡，进出线应加绝缘护套并成束卡在箱体上，不得与箱体直接接触。

移动式配电箱、开关箱的进、出线应采用橡皮护套绝缘电缆，不得有接头。

4. 配电箱、开关箱的使用和维护

(1) 配电箱、开关箱应有名称、用途、分路标记及系统接线图。有专人管理。

(2) 配电箱、开关箱送电操作顺序为：总配电箱→分配电箱→开关箱；停电操作顺序为：开关箱→分配电箱→总配电箱。但出现电气故障的紧急情况可除外。

(3) 施工现场停止作业1小时以上时，应将动力开关箱断电上锁。

(4) 配电箱、开关箱必须由专业电工定期检查、维修。必须按规定穿、戴绝缘鞋、手套，必须使用电工绝缘工具，并应做检查、维修工作记录。作业时必须将其前一级相应的电源隔离开关分闸断电，并悬挂"禁止合闸、有人工作"停电标志牌，严禁带电作业。

(5) 配电箱、开关箱内的电器配置和接线严禁随意改动，不得放置任何杂物，并应保持整洁。

(6) 配电箱、开关箱的进线和出线严禁承受外力，严禁与金属尖锐断口、强腐蚀介质和易燃易爆物接触。

(7) 箱体应外涂安全色标、级别标志和统一编号。

(七) 电器装置

配电箱、开关箱内常用的电器装置有隔离开关、断路器或熔断器以及漏电保护器。他们都是开闭电路的开关设备。

1. 常用电器装置介绍

(1) 隔离开关

隔离开关一般多用于高压变配电装置中，是一种没有灭弧装置的开关设备。隔离开关的主要作用是在设备或线路检修时隔离电压，以保证安全。

隔离开关在分闸状态时有明显可见的断口，以便检修人员能清晰判断隔离开关处于分闸位置，保证其他电气设备的安全检修。在合闸状态时能可靠地通过正常负荷电流及短路故障电流。隔离开关只能切断空载的电气线路，不能切断负荷电流，更不能切断短路电流，应与断路器配合使用。因此，绝不可以带负荷拉合闸，否则，触头间所形成的电弧，不仅会烧毁隔离开关和其他相邻的电气设备，而且也可能引起相间或对地弧光造成事故。所以在停电时应先拉断路器后拉隔离开关，送电时应先合隔离开关后合断路器。如果误操作将引起设备损坏和人身伤亡。

隔离开关一般可采用刀开关(刀闸)、刀形转换开关以及熔断器。刀开关和刀形转换开关可用于空载接通和分断电路的电源隔离开关,也可用于直接控制照明和不大于 3.0kW 的动力电路。

要注意空气开关不能用作隔离开关。自动空气断路器简称空气开关或自动开关,是一种自动切断线路故障用的保护电器,可用在电动机主电路上作为短路、过载和欠压保护作用,但不能用作电源隔离开关。主要由于空气开关没有明显可见的断开点、手柄开关位置有时不明确,壳内金属触头有时易发生粘合现象,再加上本身体积小、结构紧凑,断开点之间距离小有被击穿的可能等因素,因此单独使用空气开关难以实现可靠的电源隔离,无法确保线路及用电设备的安全。它必须与隔离开关配合才能用于控制 3.0kW 以上的动力电路。

隔离开关分为户内用和户外用两类。隔离开关按结构形式有单柱式、双柱式和三柱式三种;按运动方式可分为瓷柱转动、瓷柱摆动和瓷柱移动;按闸刀的合闸方式又可分为闸刀垂直运动和闸刀水平运动两种。

(2) 低压断路器

低压断路器(又称自动空气开关)是一种不仅可以接通和分断正常负荷电流和过负荷电流,还可以接通和分断短路电流的开关电器。低压断路器在电路中除起控制作用外,还具有一定的保护功能,如过负荷、短路、欠压和漏电保护等。低压断路器可以手动直接操作和电动操作,也可以远方遥控操作。断路器和熔断器在使用时一般只选择一个即可。

低压断路器容量范围很大,最小为 4A,而最大可达 5000A。低压断路器广泛应用于低压配电系统各级馈出线,各种机械设备的电源控制和用电终端的控制和保护。

1) 低压断路器分类

按使用类别分,有选择型(保护装置参数可调)和非选择型(保护装置参数不可调);

按结构型式分,有万能式(又称框架式)和塑壳式(又称装置式)断路器;

按灭弧介质分,有空气式和真空式(目前国产多为空气式);

按操作方式分,有手动操作、电动操作和弹簧储能机械操作;

按极数分,可分为单极、二极、三极和四极式;

按安装方式分,有固定式、插入式、抽屉式和嵌入式等。

2) 低压断路器的结构

低压断路器的主要结构元件有:触头系统、灭弧系统、操作机构和保护装置。

触头系统的作用是实现电路的接通和分断。

灭弧系统的作用是用以熄灭触头在分断电路时产生的电弧。

操作机构是用来操纵触头闭合与断开。

保护装置的作用是,当电路出现故障时,使触头断开、分断电路。

3) 常用低压断路器

常用的低压断路器有万能式断路器(标准型式为 DW 系列)和塑壳式断路器(标准型式为 DZ 系列)两大类。

4) 断路器的选用

额定电流在 600A 以下,且短路电流不大时,可选用塑壳断路器;额定电流较大,短路电流亦较大时，应选用万能式断路器。

一般选用原则为：

① 断路器额定电流≥负载工作电流；

② 断路器额定电压≥电源和负载的额定电压；

③ 断路器脱扣器额定电流≥负载工作电流；

④ 断路器极限通断能力≥电路最大短路电流；

⑤ 线路末端单相对地短路电流/断路器瞬时（或短路时）脱扣器整定电流≥1.25；

⑥ 断路器欠电压脱扣器额定电压＝线路额定电压。

（3）高压断路器

高压断路器在高压开关设备中是一种最复杂、最重要的电器。它是一种能够实现控制与保护双重作用的高压电器。

① 控制作用　在规定的使用条件下，根据电力系统运行的需要，将部分或全部电气设备以及线路投入或退出运行。

② 保护作用　当电力系统某一部分发生故障时，在继电保护装置的作用下，自动地将该故障部分从系统中迅速切除，防止事故扩大，保护系统中各类电气设备不受损坏，保证系统安全运行。

高压断路器的种类很多，按照其安装场所不同，可分为户内式和户外式。按照其灭弧介质的不同，主要有以下几类：

① 油断路器（分为多油断路器和少油断路器）　指触头在变压器油中开断，利用变压器油为灭弧介质的断路器。

② 压缩空气断路器　是指利用高压力的空气来吹弧的断路器。

③ 真空断路器　指触头在真空中开断，以真空为灭弧介质和绝缘介质的断路器。

④ 六氟化硫（SF_6）断路器　指利用高压力的 SF_6 来吹弧的断路器。

⑤ 磁吹断路器　指在空气中由磁场将电弧吹入灭弧栅中使之拉长，冷却而熄灭的断路器。

⑥ 固体产气断路器　利用固体产气物质在电弧高温作用下分解出的气体来熄灭电弧的断路器。

高压断路器的主要技术参数有：额定电压、额定电流、额定开断电流、额定遮断容量、动稳定电流、热稳定电流、合闸时间、分闸时间等。

（4）熔断器

熔断器（俗称保险丝）是一种简单的保护电器，当电气设备和电路发生短路和过载时，能自动切断电路，避免电器设备损坏，防止事故蔓延，从而对电气设备和电路起到安全保护作用。熔断器熔断时间和通过的电流大小有关，通常是电流越大，熔断时间越短。熔断器主要用作电路的短路保护，也可作为电源隔离开关使用。

熔断器由绝缘底座（或支持件）、触头、熔体等组成。熔体是熔断器的主要工作部分，熔体相当于串联在电路中的一段特殊的导线，当电路发生短路或过载时，电流过大，熔体因过热而熔化，从而切断电路。熔体常做成丝状、栅状或片状。熔体材料具有相对熔点低、特性稳定、易于熔断的特点。一般采用铅锡合金、镀银铜片、锌、银等金属。

在熔体熔断切断电路的过程中会产生电弧，为了安全有效地熄灭电弧，一般均将熔体安装在熔断器壳体内，采取措施，快速熄灭电弧。

熔断器选择的主要内容是：熔断器的型式、熔体的额定电流、熔体动作选择性配合，确定熔断器额定电压和额定电流的等级。

1) 熔断器的类型

熔断器分为高压熔断器、低压熔断器。高压熔断器又有户外式、户内式；低压熔断器又有填料式、密闭式、螺旋式、瓷插式等等。

① 按结构分为：开启式、半封闭式和封闭式。

开启式熔断器在熔体熔化时没有限制电弧火焰和金属熔化粒子喷出的装置。

半封闭式熔断器的熔体装于管内，端部开启，使熔体熔化时的电弧火焰和金属熔化粒子的喷出有一定的方向。

封闭式熔断器的熔体完全封闭在壳体内，没有电弧和金属熔化粒子的喷出。

② 按安装方式分为：瓷插式熔断器、螺旋式熔断器、管式熔断器。

螺旋式熔断器 RL：在熔断管装有石英砂，熔体埋于其中，熔体熔断时，电弧喷向石英砂及其缝隙，可迅速降温而熄灭。为了便于监视，熔断器一端装有色点，不同的颜色表示不同的熔体电流，熔体熔断时，色点被反作用弹簧弹出后自动脱落，通过瓷帽上的玻璃窗口可看见。螺旋式熔断器额定电流为 5~200A，主要用于短路电流大的分支电路或有易燃气体的场所。常用的型号有 RL1、RL7 等系列。

瓷插式熔断器 RC：具有结构简单、价格低廉、外形小、更换熔丝方便等优点，广泛用于中小型控制系统中。常用的型号有 RC1A 系列。

瓷插式熔断器中要用标准的标有额定电流值的易熔铜片，尤其 60A、100A、200A 的电路，必须使用易熔铜片熔丝。30A 以下用软铅，也要注意不要太大，尤其一些 1.5kW、2.5kW 的三相小马达用家用保险丝即可。

③ 管式熔断器按有无填料分为：有填料密封管式、无填料管式。

有填料管式熔断器 RT：有填料管式熔断器是一种有限流作用的熔断器。由填有石英砂的瓷熔管、触点和镀银铜栅状熔体组成。有填料管式熔断器均装在特别的底座上，如带隔离刀闸的底座或以熔断器为隔离刀的底座上，通过手动机构操作。有填料管式熔断器额定电流为 50~1000A，主要用于短路电流大的电路或有易燃气体的场所。常用的型号有 RT12、RT14、RT15、RT17 等。

无填料管式熔断器 RM：无填料管式熔断器的熔丝管是由纤维物制成。使用的熔体为变截面的锌合金片。熔体熔断时，纤维熔管的部分纤维物因受热而分解，产生高压气体，使电弧很快熄灭。无填料管式熔断器具有结构简单、保护性能好、使用方便等特点，一般均与刀开关组成熔断器刀开关组合使用。

另外，有填料封闭管式快速熔断器 RS：有填料封闭管式快速熔断器是一种快速动作型的熔断器，由熔断管、触点底座、动作指示器和熔体组成。熔体为银质窄截面或网状形式，熔体为一次性使用，不能自行更换。由于其具有快速动作性，一般作为半导体整流元件保护用。

工地中配电箱常选用 RC 型和 RM 型。RC1 系列瓷插式熔断器已淘汰，目前以 RC1A 系列代替。RC1A 型熔断器注意必须上进下出，垂直安装，不准水平安装，更不准下进上出。RL1 螺旋式熔断器安装应注意，底座中心进，边缘螺旋出。

2) 熔断器熔体额定电流的确定

熔体额定电流不等于熔断器额定电流，熔体额定电流按被保护设备的负荷电流选择，熔断器额定电流应大于熔体额定电流，与主电器配合确定。

由于各种电气设备都具有一定的过载能力，允许在一定条件下较长时间运行；而当负载超过允许值时，就要求保护熔体在一定时间内熔断。还有一些设备起动电流很大，但起动时间很短，所以要求这些设备的保护特性要适应设备运行的需要，要求熔断器在电机起动时不熔断，在短路电流作用下和超过允许过负荷电流时，能可靠熔断，起到保护作用。熔体额定电流选择偏大，负载在短路或长期过负荷时不能及时熔断；选择过小，可能在正常负载电流作用下就会熔断，影响正常运行，为保证设备正常运行，必须根据负载性质合理地选择熔体额定电流，不宜过大，够用即可。既要能够在线路过负荷时或短路时起到保护作用(熔断)，又要在线路正常工作状态(包括正常的尖峰电流)下不动作(不熔断)。

① 熔体额定电流应不小于线路计算电流，以使熔体在线路正常运行时不致熔断。

② 熔体额定电流还应躲过线路的尖峰电流，以使熔体在线路出现正常的尖峰电流时也不致熔断。

3) 熔断器熔体熔断时间与启动设备动作时间的配合

为了可靠地分断短路电流，特别是当短路电流超过启动设备的极限遮断电流时，要求熔断器熔断时间小于启动设备的释放动作时间。

① 熔断器与熔断器之间的配合。为保证前、后级熔断器动作的选择性，一般要求前级熔断器的熔体额定电流为后级的额定电流的2～3倍。

② 熔断器与电缆、导线截面的配合。为保证熔断器对线路的保护作用，熔断器熔体的额定电流应小于电缆、导线的安全载流量。

4) 熔断器额定电压与额定电流等级的确定

① 熔断器的额定电压，应按线路的额定电压选择，即熔断器的额定电压大于线路的额定电压。

② 熔断器的额定电流等级应按熔体的额定电流确定，还应考虑到熔断器的最大分断电流，熔断器的最大分断电流应大于线路上的冲击电流有效值。

(5) 漏电保护器

漏电电流动作保护器，简称漏电保护器也叫漏电保护开关，包括漏电开关和漏电继电器，是一种新型的电气安全装置，主要用于当用电设备(或线路)发生漏电故障，并达到限定值时，能够自动切断电源，以免伤及人身和烧毁设备。

当漏电保护装置与空气开关组装在一起时，使这种新型的电源开关具备有短路保护、过载保护、漏电保护和欠压保护的效能。

1) 作用

① 当人员触电时尚未达到受伤害的电流和时间即跳闸断电，防止由于电气设备和电气线路漏电引起的触电事故。

② 设备线路漏电故障发生时，人虽未触及即先跳闸，避免设备长期存在带电隐患，以便及时发现并排除故障(因未排除故障无法合闸送电)。

③ 及时切断电气设备运行中的单相接地故障，可以防止因漏电而引起的火灾或损坏设备等事故。

④ 防止用电过程中的单相触电事故。

2）漏电保护器的工作原理

是依靠检测漏电或人体触电时的电源导线上的电流在剩余电流互感器上产生不平衡磁通，当漏电电流或人体触电电流达到某动作额定值时，其开关触头分断，切断电源，实现触电保护，见图 8-1。

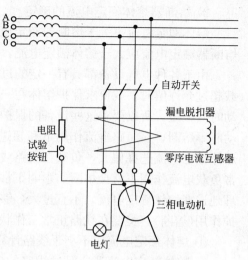

图 8-1　漏电保护开关原理

3）漏电保护器的类型

① 按工作原理分为：电压型漏电电保开关、电流型漏电保护开关（有电磁式、电子式及中性点接地式之分）、电流型漏电继电器。

② 按极数和线数来分：有单极二线、二极二线、三极三线、三极四线、四极四线等数种漏电保护开关。

③ 按脱扣器方式分为：电磁型与电子型漏电保护开关。

④ 按漏电动作的电流值分为：高灵敏度型漏电开关（额定漏电动作电流为 5~30mA）；中灵敏度型漏电开关（额定漏电动作电流为 30~1000mA）；低灵敏度型漏电开关（额定漏电动作电流为 1000mA 以上）。

⑤ 按动作时间分为：高速型（额定漏电动作电流下的动作时间小于 0.1s）；延时型（0.1~0.2s）；反时限型（额定漏电动作电流下为 0.2~1s）。1.4 倍额定漏电动作电流下为 0.1~0.5s；4.4 倍额定漏电动作电流下的动作时间小于 0.05s。

4）漏电保护器的基本结构

漏电保护器有电流动作型和电压动作型，由于电压动作型漏电保护器性能不够稳定，已很少使用。

电流动作型漏电保护器的基本结构组成主要包括三个部分：检测元件、中间环节、执行机构。其中检测元件为一零序互感器。用以检测漏电电流，并发出信号；中间环节包括比较器、放大器。用以交换和比较信号；执行机构为一带有脱扣机构的主开关，由中间环节发出指令动作，用以切断电源。

5）漏电保护器的主要参数

漏电保护器的主要动作性能参数有：额定漏电动作电流、额定漏电不动作电流、额定漏电动作时间等。其他参数还有：电源频率、额定电压、额定电流等。

① 额定漏电动作电流

在规定的条件下，使漏电保护器动作的电流值。

② 额定漏电不动作电流

在规定的条件下，漏电保护器不动作的电流值，一般应选漏电动作电流值的二分之一。即漏电电流在此值和此值以下时，保护器不应动作。

③ 额定漏电动作时间

是指从突然施加漏电动作电流起，到保护电路被切断为止的时间。

④ 额定电压及额定电流　与被保护线路和负载相适应。

6) 漏电保护器的选用

漏电保护器是按照动作特性来选择的，按照用于干线、支线和线路末端，应选用不同灵敏度和动作时间的漏电保护器，以达到协调配合。一般在线路的末级（开关箱内），应安装高灵敏度，快速型的漏电保护器；在干线（总配电箱内）或分支线（分配电箱内），应安装中灵敏度、快速型或延时型（总配电箱）漏电保护器，以形成分级保护。

按《规范》规定，施工现场漏电保护器的选用应遵循：

① 开关箱中漏电保护器的额定漏电动作电流不应大于30mA，额定漏电动作时间不应大于0.1s。

② 使用于潮湿或有腐蚀介质场所的漏电保护器应采用防溅型产品，防溅型漏电保护器的额定漏电动作电流不应大于15mA，额定漏电动作时间不应大于0.1s。

③ Ⅱ类手持电动工具应装设防溅型漏电保护器。

装设漏电保护电器只能是防止人身触电伤亡事故的一种有效安全技术措施，绝对不宜过分夸大其作用。所以必须有供电线路的维护及其他安全措施的紧密配合。

2. 电器装置选择的一般规定

(1) 配电箱、开关箱内的电器必须可靠、完好，严禁使用破损、不合格的电器。

(2) 总配电箱的电器应具备电源隔离，正常接通与分断电路，以及短路、过载、漏电保护功能。电器设置应符合下列原则：

1) 当总路设置总漏电保护器时，还应装设总隔离开关、分路隔离开关以及总断路器、分路断路器或总熔断器、分路熔断器。当所设总漏电保护器是同时具备短路、过载、漏电保护功能的漏电断路器时，可不设总断路器或总熔断器。

2) 当各分路设置分路漏电保护器时，还应装设总隔离开关、分路隔离开关以及总断路器、分路断路器或总熔断器、分路熔断器。当分路所设漏电保护器是同时具备短路、过载、漏电保护功能的漏电断路器时，可不设分路断路器或分路熔断器。

3) 隔离开关应设置于电源进线端，应采用分断时具有可见分断点，并能同时断开电源所有极的隔离电器。如采用分断时具有可见分断点的断路器，可不另设隔离开关。

4) 熔断器应选用具有可靠灭弧分断功能的产品。

5) 总开关电器的额定值、动作整定应与分路开关电器的额定值、动作整定值相适应。

(3) 总配电箱应装设电压表、总电流表、电度表及其他需要的仪表。专用电能计量仪表的装设应符合当地供用电管理部门的要求。装设电流互感器时，其二次回路必须与保护零线有一个连接点，且严禁断开电路。

(4) 分配电箱应装设总隔离开关、分路隔离开关以及总断路器、分路断路器或总熔断器、分路熔断器。其设置和选择应符合《规范》要求。

(5) 开关箱必须装设隔离开关、断路器或熔断器，以及漏电保护器。当漏电保护器是同时具有短路、过载、漏电保护功能的漏电断路器时，可不装设断路器或熔断器。隔离开关应采用分断时具有可见分断点，能同时断开电源所有极的隔离电器，并应设置于电源进线端。当断路器是具有可见分断点时，可不另设隔离开关。

(6) 开关箱中的隔离开关只可直接控制照明电路和容量不大于3.0kW的动力电路，但不应频繁操作。容量大于3.0kW的动力电路应采用断路器控制，操作频繁时还应附设接触器或其他启动控制装置。

(7) 开关箱中各种开关电器的额定值和动作整定值应与其控制用电设备的额定值和特性相适应。通用电动机开关箱中电器的规格可按《规范》选配。

(8) 漏电保护器应装设在总配电箱、开关箱靠近负荷的一侧，且不得用于启动电气设备的操作。

(9) 总配电箱中漏电保护器的额定漏电动作电流应大于30mA，额定漏电动作时间应大于0.1s，但其额定漏电动作电流与额定漏电动作时间的乘积不应大于30mA·0.1s。

(10) 总配电箱和开关箱中漏电保护器的极数和线数必须与其负荷侧负荷的相数和线数一致。

(11) 配电箱、开关箱中的漏电保护器宜选用无辅助电源型（电磁式）产品，或选用辅助电源故障时能自动断开的辅助电源型（电子式）产品。当选用辅助电源故障时不能自动断开的辅助电源型（电子式）产品时，应同时设置缺相保护。

(12) 漏电保护器应按产品说明书安装、使用。对搁置已久重新使用或连续使用的漏电保护器应逐月检测其特性，发现问题应及时修理或更换。

(13) 配电箱、开关箱的电源进线端严禁采用插头和插座做活动连接。

(八) 施工照明

施工现场的一般场所宜选用额定电压为220V的照明器。施工现场照明应采用高光效、长寿命的照明光源。为便于作业和活动，在一个工作场所内，不得只装设局部照明。停电时，必须有自备电源的应急照明。

1. 照明器使用的环境条件

(1) 正常湿度的一般场所，选用开启式照明器；

(2) 潮湿或特别潮湿场所，选用密闭型防水照明器或配有防水灯头的开启式照明器；

(3) 含有大量尘埃但无爆炸和火灾危险的场所，应选用防尘型照明器；

(4) 对有爆炸和火灾危险的场所，按危险场所等级选用相应的防爆型照明器；

(5) 存在较强振动的场所，应选用防振型照明器；

(6) 有酸碱等强腐蚀介质场所，选用耐酸碱型照明器。

2. 特殊场所应使用安全特低电压照明器

(1) 隧道、人防工程、高温、有导电灰尘、比较潮湿或灯具离地面高度低于2.5m等场所的照明，电源电压不应大于36V；

(2) 潮湿和易触及带电体场所的照明，电源电压不得大于24V；

(3) 特别潮湿场所、导电良好的地面、锅炉或金属容器内的照明，电源电压不得大于12V。

3. 行灯使用的要求

(1) 电源电压不大于36V；

(2) 灯体与手柄应坚固、绝缘良好并耐热耐潮湿；

(3) 灯头与灯体结合牢固，灯头无开关；

(4) 灯泡外部有金属保护网；

(5) 金属网、反光罩、悬吊挂钩固定在灯具的绝缘部位上。

在特别潮湿、导电良好的地面、锅炉或金属容器内工作的照明灯具，其电源电压不得大于12V。

第一节 施工现场临时用电安全管理

4. 施工现场照明线路的引出处，一般从总配电箱处单独设置照明配电箱。为了保证三相负荷平衡，照明干线应采用三相线与工作零线同时引出的方式。或者根据当地供电部门的要求以及施工现场具体情况，照明线路也可从配电箱内引出，但必须装设照明分路开关，并注意各分配电箱引出的单相照明应分相接设，尽量做到三相负荷平衡。

5. 照明变压器必须使用双绕组型安全隔离变压器，严禁使用自耦变压器。二次线圈、铁芯、金属外壳必须有可靠保护接零，并必须有防雨、防砸措施。携带式变压器的一次侧电源线应采用橡皮护套或塑料护套铜芯软电缆，中间不得有接头，长度不宜超过 3m，电源插销应有保护触头。

6. 照明线路不得拴在金属脚手架、龙门架上，严禁在地面上乱拉、乱拖。灯具需要安装在金属脚手架、龙门架上时，线路和灯具必须用绝缘物与其隔离开，且距离工作面高度在 3m 以上。控制刀闸应配有熔断器和防雨措施。

7. 每路照明支线上，灯具和插座数量不宜超过 25 个，负荷电流不宜超过 15A。

8. 对夜间影响飞机或车辆通行的在建工程及机械设备，必须设置醒目的红色信号灯，其电源应设在施工现场总电源开关的前侧，并应设置外电线路停止供电时的应急自备电源。

9. 照明装置

(1) 照明灯具的金属外壳必须与 PE 线相连接，照明开关箱内必须装设隔离开关、短路与过载保护电器和漏电保护器。

(2) 对于需要大面积照明的场所，应采用高压汞灯、高压钠灯或混光用的卤钨灯。流动性碘钨灯采用金属支架安装时，支架应稳固，灯具与金属支架之间必须用不小于 0.2m 的绝缘材料隔离。

(3) 室外 220V 灯具距地面不得低于 3m，室内 220V 灯具距地面不得低于 2.5m。普通灯具与易燃物距离不宜小于 300mm；聚光灯、碘钨灯等高热灯具与易燃物距离不宜小于 500mm，且不得直接照射易燃物。达不到规定安全距离时，应采取隔热措施。

(4) 任何灯具的相线必须经开关控制，不得将相线直接引入灯具。灯具内的接线必须牢固，灯具外的接线必须做可靠的防水绝缘包扎。

(5) 施工照明灯具露天装设时，应采用防水式灯具，距地面高度不得低于 3m。

(6) 碘钨灯及钠、铊、铟等金属卤化物灯具的安装高度宜在 3m 以上，灯线应固定在接线柱上，不得靠近灯具表面。

(7) 投光灯的底座应安装牢固，应按需要的光轴方向将枢轴拧紧固定。

(8) 路灯的每个灯具应单独装设熔断器保护。灯头线应做防水弯。

(9) 荧光灯管应采用管座固定或用吊链悬挂，荧光灯的镇流器不得安装在易燃的结构物上。

(10) 一般施工场所不得使用带开关的灯头，应选用螺口灯头。相线接在与中心触头相连的一端，零线接在与螺纹口相连的一端。灯头的绝缘外壳不得有损伤和漏电。

(11) 暂设工程的照明灯具宜采用拉线开关控制，开关安装位置宜符合下列要求：

1) 拉线开关距地面高度为 2~3m，与出入口的水平距离为 0.15~0.2m，拉线的出口向下；

2) 其他开关距地面高度为 1.3m，与出入口的水平距离为 0.15~0.2m。

(12) 施工现场的照明灯具应采用分组控制或单灯控制。

(九) 用电设备

施工现场的电动建筑机械和手持电动工具主要有起重机械、施工电梯、混凝土搅拌机、蛙式打夯机、焊机、手电钻等，这些用电设备在使用过程中容易发生导致人体触电的事故。常见的有起重机械施工中碰触电力线路，造成断路、线路漏电；设备绝缘老化、破损、受潮造成设备金属外壳漏电等，因此必须加强施工现场用电设备的用电安全管理，消除触电事故隐患。

1. 基本安全要求

(1) 施工现场的电动建筑机械、手持电动工具及其用电安全装置必须符合相应的国家标准、专业标准、安全技术规程和现行有关强制性标准的规定，并应有产品合格证和使用说明书。

(2) 所有电动建筑机械、手持电动工具均应实行专人专机负责制，并定期检查和维修保养，确保设备可靠运行。

(3) 所有电气设备的外露导电部分，均应做保护接零。对产生振动的设备其保护零线的连接点不少于两处。

(4) 各类电气设备均必须装设漏电保护器并应符合规范要求。

(5) 塔式起重机、外用电梯、滑升模板的金属操作平台和需要设置避雷装置的物料提升机等，除应连接 PE 线外，还应做重复接地。设备的金属结构构件之间应保证电气连接。

(6) 塔式起重机、外用电梯等设备由于制造原因无法采用 TB-S 保护系统时，其电源应引自总配电柜，其配电线路应按规定单独敷设，专用配电箱不得与其他设备混用。

(7) 电动建筑机械和手持式电动工具的负荷线应按其计算负荷选用无接头的橡皮护套铜芯软电缆，其性能应符合现行国家标准《额定电压 450/750V 及以下橡皮绝缘电缆》GB 5013 中第 1 部分（一般要求）和第 4 部分（软线和软电缆）的要求。截面按《规范》选配。

(8) 使用 I 类手持电动工具以及打夯机、磨石机、无齿锯等移动式电气设备时必须戴绝缘手套。

(9) 手持式电动工具中的塑料外壳 II 类工具和一般场所手持式电动工具中的 III 类工具可不连接 PE 线。

(10) 所有用电设备拆、修或挪动时必须断电后方可进行。

2. 起重机械

(1) 塔式起重机的电气设备应符合现行国家标准《塔式起重机安全规程》GB 5144—2006 中的要求。

(2) 塔式起重机与外电线路的安全距离，应符合《规范》要求。

(3) 塔式起重机应按《规范》要求做重复接地和防雷接地。轨道式塔式起重机应在轨道两端各设一组接地装置，两条轨道应作环形电气连接，轨道的接头处应做电气连接。对较长的轨道，每隔不大于 30m 加一组接地装置，并符合规范要求。

(4) 塔式起重机的供电电缆垂直敷设时应设固定点，距离不得超过 10m，并避免机械损伤。轨道式塔式起重机的电缆不得拖地行走。

(5) 需要夜间工作的塔式起重机，应设置正对工作面的投光灯。塔身高于 30m 时，应在塔顶和臂架端部装设红色信号灯。

第一节 施工现场临时用电安全管理

(6) 在强电磁波源附近工作的塔式起重机，操作人员应戴绝缘手套和穿绝缘鞋，并应在吊钩与机体间采取绝缘隔离措施，或在吊钩吊装地面物体时，在吊钩上挂接临时接地装置。

(7) 外用电梯的电源控制开关应用空气自动开关，不得使用铁壳开关或胶盖闸。空气自动开关必须装入箱内，停用时上锁。

(8) 外用电梯梯笼内、外均应安装紧急停止开关。

(9) 外用电梯和物料提升机的上、下极限位置应设置限位开关。

(10) 外用电梯和物料提升机在每日工作前必须对行程开关、限位开关、紧急停止开关、驱动机构和制动器等进行空载检查，正常后方可使用。检查时必须有防坠落措施。

3. 桩工机械

(1) 潜水式钻孔机电机的密封性能应符合现行国家标准《外壳防护等级（IP 代码）》GB 4208 中的 IP68 级的规定。

(2) 潜水电机的负荷线应采用防水橡皮护套铜芯软电缆，长度应不小于 1.5m，且不得承受外力。

(3) 潜水式钻孔机开关箱应装设防溅型漏电保护器，其额定漏电动作电流不应大于 15mA，额定漏电动作时间不应大于 0.1s。

4. 夯土机械

(1) 夯土机械必须装设防溅型漏电保护器，其额定漏电动作电流不应大于 15mA，额定漏电动作时间应不大于 0.1s。

(2) 夯土机械 PE 线的连接点不得少于 2 处。

(3) 夯土机械的负荷线应采用耐气候型的橡皮护套铜芯软电缆，中间不得有接头。

(4) 使用夯土机械必须按规定穿戴绝缘用品，使用过程应有专人调整电缆。电缆线长度应不大于 50m，严禁电缆缠绕、扭结和被夯土机械跨越。

(5) 夯土机械的操作手柄必须绝缘。

(6) 多台夯土机械并列工作时，其间距不得小于 5m；前后工作时，其间距不得小于 10m。

5. 焊接机械

(1) 电焊机应放置在防雨、防砸、干燥和通风良好的地点，下方不得有堆土和积水。周围不得堆放易燃易爆物品及其他杂物。

(2) 电焊机应单独设开关，装设漏电保护装置并符合《规范》规定。交流电焊机械应配装防二次侧触电保护器。

(3) 交流电焊机一次线长度不应大于 5m，二次线长度不应大于 30m，两侧接线应压接牢固，并安装可靠防护罩，焊机二次线应采用防水型橡皮护套铜芯软电缆，中间不得超过一处接头，接头及破皮处应用绝缘胶布包扎严密。

(4) 发电机式直流电焊机的换向器应经常检查和维护，应消除可能产生的异常电火花。

(5) 焊机把线和回路零线必须双线到位，不得借用金属管道、金属脚手架、轨道、钢盘等作回路地线。二次线不得泡在水中，不得压在物料下方。

(6) 焊工必须按规定穿戴防护用品，持证上岗。

6. 手持式电动工具

(1) 空气湿度小于75%的一般场所可选用Ⅰ类或Ⅱ类手持式电动工具，其金属外壳与PE线的连接点不得少于2处。除塑料外壳Ⅱ类工具外，相关开关箱中漏电保护器的额定漏电动作电流不应大于15mA，额定漏电动作时间不应大于0.1s，其负荷线插头应具备专用的保护触头。所用插座和插头在结构上应保持一致，避免导电触头和保护触头混用。

(2) 在潮湿场所和金属构架上操作时，严禁使用Ⅰ类手持式电动工具，必须选用Ⅱ类或由安全隔离变压器供电的Ⅲ类手持工电动工具。金属外壳Ⅱ类手持式电动工具使用时，必须符合上一条要求。开关箱和控制箱应设置在作业场所外面。

(3) 在锅炉、金属容器、地沟或管道中等狭窄场所必须选用由安全隔离变压器供电的Ⅲ类手持式电动工具，其开关箱和安全隔离变压器均应设置在狭窄场所外面，并连接PE线。开关箱应装设防溅型漏电保护器，并符合规范要求。操作过程中，应有人在外面监护。

(4) 手持式电动工具的负荷线应采用耐气候型的橡皮护套铜芯软电缆，并不得有接头。

(5) 手持式电动工具的外壳、手柄、插头、开关、负荷线等必须完好无损，使用前必须做绝缘检查和空载检查，在绝缘合格、空载运转正常后方可使用。绝缘电阻不应小于表8-7规定的数值。

手持式电动工具绝缘电阻限值　　　　表 8-7

测量部位	绝缘电阻（MΩ）		
	Ⅰ类	Ⅱ类	Ⅲ类
带电零件与外壳之间	2	7	1

注：绝缘电阻用 500V 兆欧表测量。

(6) 使用手持式电动工具时，必须按规定穿、戴绝缘防护用品。

7. 其他电动建筑机械

(1) 施工现场消防泵的电源，必须引自现场电源总闸的外侧，其电源线宜暗敷设。

(2) 混凝土搅拌机、插入式振动器、平板振动器、地面抹光机、水磨石机、钢筋加工机械、木工机械、盾构机构、水泵等设备的漏电保护应符合《规范》要求。

(3) 混凝土搅拌机、插入式振动器、平板振动器、地面抹光机、水磨石机、钢筋加工机械、木工机械、盾构机械的负荷线必须采用耐气候型橡皮护套铜芯软电缆，并不得有任何破损和接头。

水泵的负荷线必须采用防水橡皮护套铜芯软电缆，严禁有任何破损和接头，并不得承受任何外力。

盾构机械的负荷线必须固定牢固，距地高度不得小于 2.5m。

(4) 对混凝土搅拌机、钢筋加工机械、木工机械、盾构机械等设备进行清理、检查、维修时，必须首先将其开关箱分闸断电，呈现可见电源分断点，并关门上锁。

(5) 施工现场使用的鼓风机外壳必须作保护接零。鼓风机应采用胶盖闸控制，并应装设漏电保护器和熔断器，其电源线应防止受损伤和火烤。禁止使用拉线开关控制鼓风机。

（6）移动式电气设备和手持式电动工具应配好插头，插头和插座应完好无损，并不得带负荷插接。

三、施工临时用电设施检查验收要点

（一）架空线路检查验收

1. 导线型号、截面应符合图纸要求；
2. 导线接头符合工艺标准；
3. 电杆材质、规格符合设计要求；
4. 进户线高度、导线弧垂距地高度，符合规范要求。

（二）电缆线路检查验收

1. 电缆敷设方式符合 JGJ 46—2005《临时用电规范》中规定，与图纸相符；
2. 电线穿过建筑物、道路，易损部位是否加套管保护；
3. 架空电缆绑扎、最大弧垂距地面高度；
4. 电缆接头应符合规范。

（三）室内配线检查验收

1. 导线型号及规格、距地高度；
2. 室内敷设导线是否采用瓷瓶、瓷夹；
3. 导线截面应满足规范标准。

（四）设备安装检查验收

1. 配电箱、开关箱位置是否合适；
2. 动力、照明系统是否分开设置；
3. 箱内开关、电器固定，箱内接线；
4. 保护零线与工作零线的端子是否分开设置；
5. 检查漏电保护器工作是否有效。

（五）接地接零检查验收

1. 保护接地、重复接地、防雷接地的装置是否符合要求；
2. 各种接地电阻的电阻值；
3. 机械设备的接地螺栓是否紧固；
4. 高大井架、防雷接地的引下线与接地装置的做法是否符合规定。

（六）电气防护检查验收

1. 高低压线下方有无障碍；
2. 架子与架空线路的距离；
3. 塔吊旋转部位或被吊物边缘与架空线路距离是否符合要求。

（七）照明装置检查验收

1. 照明箱内有无漏电保护器，是否工作有效；
2. 零线截面及室内导线型号、截面；
3. 室内外灯具距地高度；
4. 螺口灯接线、开关断线是否是相线；
5. 开关灯具的位置是否合适。

第二节 施工机械安全使用常识

建筑施工机械是现代建筑工程施工中人员上下和建筑材料运输等的重要工具,是实现施工生产机械化、自动化,减轻繁重体力劳动,提高劳动生产率的重要设备。随着我国改革开放的不断深入,能源、交通和各项基础设施建设步伐的加快,规模的扩大,建筑施工机械的使用越来越频繁,在施工中的作用也越来越重要。

常见的有各种起重机械、物料提升机、施工电梯、土方施工机械、各种木工机械、卷扬机、搅拌机、钢筋切断机、钢筋弯曲机、打桩机械、电焊机以及各种手持电动工具等各类机械。这些机械在使用过程中如果管理不严、操作不当,极易发生伤人事故。机械伤害已成为建筑行业"五大伤害"之一。因此,项目安全总监了解施工机械的安全技术要求对预防和控制伤害事故的发生非常必要。

一、施工机械设备管理

项目经理部技术部门应在工程项目开工前编制包括主要施工机械设备安全防护技术的安全技术措施,并报管理部门审批。施工过程中应认真贯彻执行经审批的安全技术措施。并应对分包单位、机械租赁方执行安全技术措施的情况进行监督。分包单位、机械租赁方应接受项目经理部的统一管理,严格履行各自在机械设备安全技术管理方面的职责。

(一)施工场地及临时设施准备

1. 施工场地要为机械使用提供良好的工作环境。需要构筑基础的机械,要预先构筑好符合规定要求的轨道基础或固定基础。一般机械的安装场地必须平整坚实,四周要有排水沟。

2. 设置为机械施工必须的临时设施,主要有:停机场、机修所、油库,以及固定使用的机械工作棚等。其设置要点是:位置要选择得当,布置要合理,便于机械施工作业和使用管理,符合安全要求,建造费用低,以及交通运输方便等条件。

3. 根据施工机械作业时的最大用电量和用水量,设置相应的电、水输入设施,保证机械施工用电、用水的需要。

(二)机械验收

1. 项目经理部应对进入施工现场的机械设备的安全装置和操作人员的资质进行审验,不合格的机械和人员不得进入施工现场。

2. 大型机械设备安装前,项目经理部应根据设备租赁方提供的参数进行安装设计架设,经验收合格后的机械设备,可由资质等级合格的设备安装单位组织安装。安装完成后,报请主管部门验收,验收合格后方可办理移交手续。

对于塔式起重机、施工升降机的安装、拆卸,必须是具有资质证件的专业队承担,要按有针对性的安拆方案进行作业,安装完毕应按规定进行技术试验,验收合格后方可交付使用。

3. 中、小型机械由分包单位组织安装后,项目部机械管理部门组织验收,验收合格后方可使用。

4. 所有机械设备验收资料均由机械管理部门统一保存,并交安全部门一份备案。

(三) 机械进场前、后的准备

1. 施工现场所需的机械,由施工负责人根据施工组织设计审定的机械需用计划,向机械经营单位签订租赁合同后按时组织进场。

2. 进入施工现场的机械,必须保持技术状况完好,安全装置齐全、灵敏、可靠,机械编号的技术标牌完整、清晰,起重、运输机械应经年审并具有合格证。

3. 电力拖动的机械要做到一机、一闸、一箱,漏电保护装置灵敏可靠;电气元件、接地、接零和布线符合规范要求;电缆卷绕装置灵活可靠。

4. 需要在现场安装的机械,应根据机械技术文件(随机说明书、安装图纸和技术要求等)的规定进行安装。安装要有专人负责,经调试合格并签署交接记录后,方可投入生产。

5. 现场机械的明显部位或机棚内要悬挂切实可行的简明安全操作规程和岗位责任标牌。

6. 进入现场的机械,要进行作业前的检查和保养,以确保作业中的安全运行。刚从其他工地转来的机械,可按正常保养级别及项目提前进行;停放已久的机械应进行使用前的保养;以前封存不用的机械应进行启封保养;新机或刚大修出厂的机械,应按规定进行走合期保养。

达不到使用条件的要及时调换。

(四) 施工机械安全管理与定期检查

1. 建立健全安全生产责任制

机械安全生产责任制是企业岗位责任制的重要内容之一。由于机械的安全直接影响施工生产的安全,所以机械的安全指标应列入企业经理的任期目标。企业经理是企业机械的总负责人,应对机械安全负全责。

机械管理部门要有专人管机械安全,基层也要有专职或兼职的机械安全员,形成机械安全管理网。

项目经理部视机械使用规模设置机械设备管理部门。机械管理人员应具备一定的专业管理能力,并熟悉掌握机械安全使用的有关规定与标准。

2. 编制安全施工技术措施

编制机械施工方案时,应有保证机械安全的技术措施。对于重型机械的拆装、重大构件的吊装、超重、超宽、超高物件的运输,以及危险地段的施工等等,都要编制安全施工、安全运行的技术方案,以确保施工、生产和机械的安全。

机械管理部门应根据有关安全规程、标准制定项目机械安全管理制度并组织实施。在机械保养、修理中,要制定安全作业技术措施,以保障人身和机械安全。在机械及附件、配件等保管中也应制定相应的安全制度。特别是油库和机械库要制定更严格的安全制度和安全标志,确保机械和油料的安全保管。

3. 贯彻执行《建筑机械使用安全技术规程》(JGJ 33—2001)

《建筑机械使用安全技术规程》是建设部制定和颁发的标准。它是根据机械的结构和运转特点,以及安全运行的要求,规定机械使用和操作过程中必须遵守的事项、程序及动作等基本规则。是机械安全运行、安全作业的重要保障。机械施工和操作人员认真执行本规程,可保证机械的安全运行,防止事故的发生。

4. 开展机械安全教育

机械安全教育是企业安全生产教育的重要内容，主要是针对专业人员进行具有专业特点的安全教育工作，所以也叫专业安全教育。对各种机械的操作人员，必须进行专业技术培训和机械使用安全技术规程的学习，作为取得操作证的主要考核内容。

机械操作人员按规定取得安全操作证后，方可上岗作业；学员或取得学习证的操作人员，必须在持《操作证》人员监护下方准上岗。

5. 认真开展机械安全检查活动

机械安全检查的内容，一是机械本身的故障和安全装置的检查，主要是消除机械故障和隐患，确保安全装置灵敏可靠；二是机械安全施工生产的检查，主要是检查施工条件、施工方案、措施是否能确保机械安全施工生产。

在项目经理的领导下，机械管理部门应对现场机械设备组织定期检查，发现违章操作行为应立即纠正；对查出的隐患，要落实责任，限期整改。

机械管理部门负责组织落实上级管理部门和政府执法检查时下达的隐患整改指令。

二、施工机械安全技术要求一般规定

1. 机械设备的管理实行"三定"制度，即定人、定机、定岗，其他人一律不得操作。现场机械设备只能由经过专业培训、考核合格取得特种作业操作证的专业人员使用。
2. 作业中操作人员和配合人员应穿戴安全防护用品。
3. 施工机具设备都应有接地保护装置。
4. 严格执行安全操作规程，落实规章制度，杜绝违章操作。
5. 开机前应认真对机械设备进行检查，特别对有关安全装置重点检查，消除事故隐患。
6. 施工机具运转工作时，不得进行维修、保养、清理等作业。
7. 机械设备发生故障，必须由专人进行维修，其他人不得擅自修理。
8. 现场机械设备严禁超负荷运行和带"病"运行。
9. 操作人员离机或中途停机，必须切断电源。
10. 作业完毕，应切断电源，锁好开关箱。
11. 定期对设备进行清洁、润滑、紧固、调整，使设备始终处于良好的工作状态。
12. 认真执行机械设备的交接班制度，做好交接班记录。

三、施工机械设备安全防护要求

（一）起重吊装机械基本安全要求

1. 操作人员必须持证上岗。在作业前必须按技术方案和技术交底对工作现场环境、行驶道路、架空电线、建筑物以及构件重量和分布情况进行全面了解。
2. 现场施工负责人应为起重机作业提供足够的工作场地，清除或避开起重臂起落及回转半径内的障碍物。划定危险作业区域，设置醒目的警示标志，派专人监护，防止无关人员进入。
3. 各类起重机应装有音响清晰的喇叭、电铃或汽笛等信号装置。在起重臂、吊钩、平衡重等转动体上应标以鲜明的色彩标志。
4. 起重吊装的指挥人员必须持证上岗，作业时应与操作人员密切配合，执行规定的

第二节 施工机械安全使用常识

指挥信号。操作人员应按照指挥人员的信号进行作业，当信号不清或错误时，操作人员可拒绝执行。

5. 操纵室远离地面的起重机，在正常指挥发生困难时，地面及作业层的指挥人员均应采用对讲机等有效的通讯联络手段进行指挥。

6. 在露天有六级及以上大风或大雨、大雪、大雾等恶劣天气时，应停止起重吊装作业。雨雪过后作业前，应先试吊，确认制动器灵敏可靠后方可进行作业。

7. 起重机的变幅指示器、力矩限制器、起重量限制器以及各种行程限位开关等安全保护装置，应完好齐全、灵敏可靠，不得随意调整或拆除。严禁利用限制器和限位装置代替操纵机构。

8. 起重机作业时，起重臂和重物下方严禁有人停留、作业或通过。重物吊运时，严禁从人上方通过。严禁用起重机载运人员。

9. 操作人员应按规定的起重性能作业，不得超载。在特殊情况下需超载使用时，必须经过验算，有保证安全的技术措施，并写出专题报告。经企业技术负责人批准，有专人在现场监护下，方可作业。

10. 遵守"十不吊"规定。

11. 起吊重物应绑扎平稳、牢固，不得在重物上再堆放或悬挂零星物件。易散落物件应使用吊笼栅栏固定后方可起吊。标有绑扎位置的物件，应按标记绑扎后起吊。吊索与物件的夹角宜为 $45°\sim60°$，且不得小于 $30°$，吊索与物件棱角之间应加垫块。

12. 重物起升和下降速度应平稳、均匀，不得突然制动。左右回转应平稳，当回转未停稳前不得作反向动作。非重力下降式起重机，不得带载自由下降。

13. 严禁起吊重物时悬挂在空中。作业中遇突发故障，应采取措施将重物降落到安全地方，并关闭发动机或切断电源后进行检修。在突然停电时，应立即把所有控制器拨到零位，断开电源总开关，并采取措施使重物降到地面。

14. 起重机不得靠近架空输电线路作业。起重机的任何部位与架空输电导线的安全距离不得违反 JGJ 46—2005 的规定。

15. 起重机使用的钢丝绳，应有钢丝绳制造厂签发的产品技术性能和质量的证明文件。当无证明文件时，必须经过试验合格后方可使用。

16. 起重机使用的钢丝绳，其结构形式、规格及强度应符合该型起重机使用说明书的要求。钢丝绳与卷筒应连接牢固，放出钢丝绳时，卷筒上应至少保留三圈。收放钢丝绳时应防止钢丝绳打环、扭结、弯折和乱绳，不得使用扭结、变形的钢丝绳。使用编结的钢丝绳，其编结部分在运行中不得通过卷筒和滑轮。

17. 向转动的卷筒上缠绕钢丝绳时，不得用手拉或脚踩来引导钢丝绳。在钢丝绳上涂抹润滑脂，必须在停止运转后进行。

18. 起重机的吊钩和吊环严禁补焊。当出现下列情况之一时应更换：

(1) 表面有裂纹、破口；

(2) 危险断面及钩颈有永久变形；

(3) 挂绳处断面磨损超过高度的 10%；

(4) 吊钩衬套磨损超过原厚度的 50%；

(5) 心轴（销子）磨损超过其直径的 $3\%\sim5\%$。

（二）土方施工机械基本安全要求

1. 作业前，应查明施工场地明、暗设置物（电线、地下电缆、管道、坑道等）的地点及走向，并采用明显记号表示。严禁在离电缆 1m 距离以内作业。

2. 作业中，应随时监视机械各部位的运转及仪表指示值，如发现异常，应立即停机检修。

3. 机械运行中，严禁接触转动部位和进行检修。在修理（焊、铆等）工作装置时，应使其降到最低位置，并应在悬空部位垫上垫木。

4. 在电杆附近取土时，对不能取消的拉线、地垄和杆身，应留出土台。土台半径：电杆应为 1.0~1.5m，拉线应为 1.5~2.0m。并应根据土质情况确定坡度。

5. 机械不得靠近架空输电线路作业，并应按照 JGJ 33—2001 的规定留出安全距离。

6. 机械通过桥梁时，应采用低速挡慢行，在桥面上不得转向或制动。承载力不够的桥梁，事先应采取加固措施。

7. 在施工中遇下列情况之一时应立即停工，待符合作业安全条件时，方可继续施工：

(1) 填挖区土体不稳定，有发生坍塌危险时；

(2) 气候突变，发生暴雨、水位暴涨或山洪暴发时；

(3) 在爆破警戒区内发出爆破信号时；

(4) 地面涌水冒泥，出现陷车或因雨发生坡道打滑时；

(5) 工作面净空不足以保证安全作业时；

(6) 施工标志、防护设施损毁失效时。

8. 配合机械作业的清底、平地、修坡等人员，应在机械回转半径以外工作。当必须在回转半径以内工作时，应停止机械回转并制动好后，方可作业。

9. 雨期施工，机械作业完毕后，应停放在较高的坚实地面上。

（三）水平和垂直运输机械基本安全要求

1. 运送超宽、超高和超长物件前，应制定妥善的运输方法和安全措施，在进入城市交通或公路时，必须遵守国务院颁发的《中华人民共和国道路交通管理条例》。

2. 启动前应进行重点检查。灯光、喇叭、指示仪表等应齐全完整；燃油、润滑油、冷却水等应添加充足；各连接件不得松动；轮胎气压应符合要求，确认无误后，方可启动。燃油箱应加锁。

3. 启动后，应观察各仪表指示值、检查内燃机运转情况、测试转向机构及制动器等性能，确认正常并待水温达到 40℃ 以上、制动气压达到安全压力以上时，方可低挡起步。起步前，车旁及车下应无障碍物及人员。

4. 水温未达到 70℃ 时，不得高速行驶。行驶中，变速时应逐级增减，正确使用离合器，不得强推硬拉，使齿轮撞击发响。前进和后退交替时，应待车停稳后，方可换挡。

5. 行驶中，应随时观察仪表的指示情况，当发现机油压力低于规定值，水温过高或有异响、异味等异常情况时，应立即停车检查，排除故障后，方可继续运行。

6. 严禁超速行驶。应根据车速与前车保持适当的安全距离，选择较好路面行进，应避让石块、铁钉或其他尖锐铁器。遇有凹坑、明沟或穿越铁路时，应提前减速，缓慢通过。

7. 上、下坡应提前换入低速挡，不得中途换挡。下坡时，应以内燃机阻力控制车速，必要时，可间歇轻踏制动器。严禁踏离合器或空挡滑行。

8. 在泥泞、冰雪道路上行驶时，应降低车速，宜沿前车辙迹前进，必要时应加装防滑链。

9. 当车辆陷入泥坑、砂窝内时，不得采用猛松离合器踏板的方法来冲击起步。当使用差速器锁时，应低速直线行驶，不得转弯。

10. 车辆涉水过河时，应先探明水深、流速和水底情况，水深不得超过排水管或曲轴皮带盘，并应低速直线行驶，不得在中途停车或换挡。涉水后，应缓行一段路程，轻踏制动器使浸水的制动蹄片上水分蒸发掉。

11. 通过危险地区或狭窄便桥时，应先停车检查，确认可以通过后，应由有经验人员指挥前进。

12. 停放时，应将内燃机熄火，拉紧手制动器，关锁车门。内燃机运转中驾驶员不得离开车辆；在离开前应熄火并锁住车门。

13. 在坡道上停放时，下坡停放应挂上倒挡，上坡停放应挂上一挡，并应使用三角木楔等塞紧轮胎。

14. 平头型驾驶室需前倾时，应清除驾驶室内物件，关紧车门，方可前倾并锁定。复位后，应确认驾驶室已锁定，方可起动。

15. 在车底下进行保养、检修时，应将内燃机熄火、拉紧手制动器并将车轮撅牢。

16. 车辆经修理后需要试车时，应由合格人员驾驶，车上不得载人、载物，当需在道路上试车时，应挂交通管理部门颁发的试车牌照。

（四）桩工机械基本安全要求

1. 桩机施工属于特种作业范畴，桩机作业人员必须持证上岗。非专业人员不准操作桩工机械。

2. 打入桩作业操作人员不得少于 5 人，冲(钻)桩作业操作人员不得少于 3 人。

3. 必要时，设立危险作业区，悬挂警示标志，非工作人员不得进入作业区。进入施工现场，一律要戴安全帽，不准赤脚或穿拖鞋。

4. 桩机作业或桩机移位时，要有专人统一指挥。

5. 空旷场地上施工的桩机要有防雷装置。

6. 桩机机架上必须配有 1211 灭火器。

7. 桩机行走的场地要填平夯实，大方木铺设要平稳，每条大方木不宜短于 4m。

8. 不得坐在或靠在卷扬机或电气设备上休息，严禁跨越工作中的牵引钢丝绳，严禁用手抓住或清理滑轮上正在运动的钢丝绳，严禁用手或脚拨弄卷筒上正在运行的钢丝绳。

9. 不准使用断股、断丝的钢丝绳，卷筒排绳不得混乱，绳端固定必须符合要求，传动部分的钢丝绳不准接长使用。

10. 在桩架顶等地方进行高空作业时，必须系好安全带或安全绳，桩机应停止运转，等高空作业人员下来后，方可重新开机。

11. 卷扬机卷筒应有防脱绳保护装置。

12. 吊钩必须选用专用吊钩并有钢丝绳防脱保护装置。

13. 强夯作业中，夯锤下落后在吊钩还没有降到夯锤吊环附近前，操作人员不得提前下到坑里去挂钩，从坑中提起夯锤时，严禁挂钩人员站在锤上随锤提升。

14. 遇有雷雨、大雾和六级及以上大风等恶劣气候时,应停止一切作业。

(五) 施工机具基本安全防护要求

1. 钢筋加工机械

(1) 机械的安装应坚实稳固,保持水平位置。固定式机械应有可靠的基础;移动式机械作业时应揳紧行走轮。

(2) 室外作业应设置机棚,机旁应有堆放原料、半成品的场地。

(3) 切断机应有上料架,应在机械运转正常后方可送料切断。

(4) 弯曲钢筋时扶料人员应站在弯曲方向反侧。

(5) 加工较长的钢筋时,应有专人帮扶,并听从操作人员指挥,不得任意推拉。

(6) 作业后,应堆放好成品,清理场地,切断电源,锁好开关箱,做好润滑工作。

2. 木工机械

(1) 安装平稳、固定,场地条件满足锯、刨料安全操作要求。

(2) 圆盘锯有防护罩、分料器,传动部位有罩、盖防护。

(3) 平刨刨口有防护装置,且灵敏可靠。

(4) 木工机械禁止安装倒顺开关。

3. 混凝土、砂浆搅拌机

(1) 搅拌机安装必须坚实、稳固,机械工有安全操作条件。

(2) 离合器、制动器、钢丝绳、上料斗安全挂钩良好。

(3) 进入滚筒清凿,必须切断控制电源,外面有专人监护。

4. 蛙式打夯机

(1) 电源电缆应选用橡胶套软电缆,长度不超过50m。电源开关至电机段的缆线应沿扶把穿软管敷设固定。操作开关应选用单相开关;

(2) 蛙夯扶把手握部位应绝缘保护,蛙夯操作人员及理线人员必须戴绝缘手套,穿绝缘鞋;

(3) 蛙夯大皮带轮及固定套不得轴向窜动,偏心块应连接牢固;

(4) 松土打夯时不得强行牵拉;

(5) 多台夯土机并列工作时,其间距不得小于5m;串列工作时,不小于10m。

5. 电焊机

(1) 电焊机摆放应平稳,不得靠近边坡或被土埋。

(2) 电焊机一次侧首端必须使用漏电保护开关控制,一次电源线不得超过5m,焊机机壳做可靠接零保护。

(3) 电焊机一次、二次侧接线应使用铜材质鼻夹压紧,接线点有防护罩。

(4) 电焊机二次侧必须安装同长度焊把线和回路零线,长度不宜超过30m。

(5) 严禁利用建筑物钢筋或管道作电焊机二次回路零线。

(6) 焊钳必须完好绝缘。

(7) 电焊机二次侧应装防触电装置。

6. 空气压缩机

(1) 输风管应避免急弯,出风口不得有人工作。

(2) 压力表、安全阀和调节器等应有专人定期校验,保持灵敏有效。储气罐严禁日光曝晒或高温烘烤。

7. 气焊用氧气瓶、乙炔瓶

(1) 气瓶储量应按有关规定加以限制，储存需有专用储存室，由专人管理。

(2) 吊运气瓶到高处作业时应专门制作笼具。

(3) 现场使用压缩气瓶严禁曝晒或油渍污染。

(4) 气焊操作人员应保证瓶距、火源之间距离在10m以上。

(5) 应为气焊人员提供乙炔瓶防止回火装置，防振胶圈应完整无缺。

(6) 应为冬季气焊作业提供预防气带子受冻设施，受冻气带子严禁用火烤。

8. 砂轮切割机

(1) 砂轮切割机开关应装设点动开关装置，禁止装设倒顺开关。

(2) 砂轮、传动皮带、传动轴头罩盖齐全，安装牢固，切料点灵活完好。

(3) 砂轮切割机切屑前方应设遮板挡护，防止切屑灼烫伤人或引起火灾。

(4) 砂轮片严禁侧向磨削。轮片外径边缘残损或剩余直径小于250mm时应更换。

(5) 砂轮切割机严禁做打磨机使用。

第三节 施工现场平面布置

施工现场运输道路、临时供电供水线路、各种管道、工地仓库、构件加工车间、主要机械设备位置及办公、生活设施、防火设施等平面布置，均应符合安全要求。

城镇施工的工地四周应设置与外界隔离的围护栏，并在入口处设置施工现场平面布置图及施工现场安全管理规定。

一、塔式起重机的布置

1. 塔轨路基必须坚实可靠，两旁应设排水沟。
2. 采用两台塔吊或一台塔吊另配一台井架施工时，每台塔吊的回转半径及服务范围应能保证交叉作业的安全。
3. 塔吊临近高压线，应搭设防护架，并限制旋转角度。
4. 塔吊一侧必须按规定挂安全网。

二、运输道路的布置

1. 道路的最小宽度和转弯半径见表8-8及表8-9。架空线及管道下面的道路，其通行空间宽度应比道路宽度大0.5m，空间高度应大于4.5m。

施工现场道路最小宽度　　　　　表8-8

序号	车辆类别及要求	道路宽度(m)
1	汽车单行道	≮3.0(考虑防火，应≮3.5m)
2	汽车双行道	≮6.0
3	平板拖车单行道	≮4.0
4	平板拖车双行道	≮8.0

施工现场道路最小转弯半径   表 8-9

车辆类型	路面内侧的最小曲线半径(m)		
	无拖车	有一辆拖车	有二辆拖车
小客车、三轮汽车	6		
一般二轴载重汽车	单车道 9	12	15
	双车道 7	12	15
三轴载重汽车	12	15	18
重型载重汽车	12	15	18
起重型载重汽车	15	18	21

2. 路面应压实平整，并高出自然地面 0.1～0.2m。雨季雨量较大的，一般沟深和底宽应不小于 0.4m。

3. 道路应靠近建筑物、木料场等易发生火灾的地方，以便车辆能直接开到消火栓处。消防车道宽度不小于 3.5m。

4. 尽量将道路布置成环路，否则应设置倒车场地。

三、施工供电设施的布置

1. 在建工程不得在外电架空线路正下方施工、搭设作业棚、建造生活设施或堆放构件、架具、材料及其他杂物等。

2. 在建工程(含脚手架)的周边与外电架空线路的边线，最小安全操作距离应符合 JGJ 46—2005 的规定。

3. 架空线路与路面的垂直距离应符合 JGJ 46—2005 的规定。

4. 施工现场开挖非热管道沟槽的边缘与埋地外电缆沟槽边缘的距离不得小于 0.5m。

5. 变压器应布置在现场边缘高压线接入处，四周设有高度大于 1.7m 的铁丝网防护栏，并设有明显的标志。不应把变压器布置在交通道口处。

6. 线路应架设在道路一侧，距建筑物应大于 1.5m，垂直距离应在 2m 以上，木杆间距一般为 25～40m，分支线及引入线均应由杆上横担处连接。

7. 线路应布置在起重机械的回转半径之外。否则必须搭设防护栏，其高度要超过线路 2m，机械运转时还应采取相应的措施，以确保安全。

8. 供电线路跨过材料、构件堆场时，应有足够的安全架空距离。

四、临时设施的布置

1. 施工现场要明确划分用火作业区，易燃易爆、可燃材料堆放场，易燃废品集中点和生活区等。各区域之间间距要符合表 8-10 的防火规定。

2. 临时宿舍尽可能建在离建筑物 20m 以外，并不得建在高压架空线路下方，应和高压架空线路保持安全距离。工棚净空不低于 2.5m。

第三节 施工现场平面布置

各类建筑设施、材料的防火间距表　　　　　表 8-10

防火间距(m)　类别 / 类别	建筑物	临建设施	非易燃库站	易燃库站	固定明火处	木料堆	废料、易燃杂料
建筑物	—	20	15	20	25	20	30
临建设施	20	5	6	20	15	15	30
非易燃库站	15	6	6	15	15	10	20
易燃库站	20	20	15	20	25	20	30
固定明火处	25	15	15	20	—	25	30
木料堆	20	15	10	20	25	—	30
废料、易燃杂料	30	30	20	30	30	30	—

五、消防设施的布置

1. 施工现场要有足够的消防水源，消防干管管径不小于100mm，高层建筑应安装高压水泵，竖管随施工层延伸。

2. 消火栓应布置在明显并便于使用的位置，间距不大于100m，距拟建房屋不大于5m，距路边不大于2m。周围3m之内，禁止堆物。

3. 临时设施，应配置足够的灭火器，总面积超过1200m² 的，应备有专供消防用的器材设施，设施周围不得堆放物品。临时木工间、油漆间等，每25m² 应配置一个种类合适的灭火器，油库、危险品仓库应配备足够数量、种类的灭火器。仓库或堆料场内，应分组布置不同种类的灭火器，每组灭火器不应少于4个，每组灭火器之间的距离不大于30m。

4. 应注意消防水源设备的防冻工作。

六、现场料具存放安全要求

1. 严格按有关安全规程进行操作，所有材料码放都要整齐稳固。

2. 大模板存放应将地脚螺栓提上去。下部碰垫通长木方，使自稳角成70°～80°对脸堆放。长期存放的大模板应用拉杆连续绑牢。没有支撑或自稳角不足的大模板，存放在专用的堆放架内。

3. 外墙板、内墙板应堆放在型钢制作或钢管搭设的专用堆放架内。

4. 小钢模码放高度不超过1m，加气块码放高度不超过1.8m。脚手架上放砖的高度不准超过三层侧砖。

5. 存放水泥、砂石料等严禁靠墙堆放，易燃、易爆材料，必须存放在专用库房内，不得与其他材料混存。

6. 化学危险物品必须储存在专用仓库、专用场地或专用储存室(柜)内，并由专人管理。

7. 各种气瓶在存放和使用时，应距离明火10m以上，并避免曝晒和碰撞。

第四节 施工现场安全色标管理

安全色标是特定的表达安全信息含义的颜色和标志。它以形象而醒目的信息语言向人们提供表达禁止、警告、指令、提示等安全信息。

安全色与安全标志是以防止灾害为指导思想而逐渐形成的。对于它的研究，大约始于第二次世界大战期间，盟国的部队来自语言和文字都各不相通的国家，因此，对于那些在军事上和交通上必须注意的安全要求或指示，如"这里有危险""禁止入内""当心车辆"等无法用文字或标语来表达，这就出现了安全色标的最初概念。1942 年美国有名的颜料公司的菲巴比林氏统一制定了一种安全色的规则，虽未被美国国家标准协会（ASA）所采用，但广泛地为海军、杜邦公司和其他单位所应用。随着工业、交通业的发展，特别是第二次世界大战之后，一些工业发达的国家相继公布了本国的"安全色"和"安全标志"的国家标准。国际标准化组织（ISO）也在 1952 年设立了安全色标技术委员会（TC80），专门研究安全色与安全标志，力图使安全色与安全标志在国际上统一。这个组织在 1964 年和 1967 年先后公布了《安全色标准》（ISO R408—64）和《安全标志的符号、尺寸和图形标准》（ISO R577—67）。以后又经过多次会议，讨论修改了所公布的两个标准，1978 年海牙会议上通过了修改稿，就是现在国际标准草案 3864·3 文件。

国际上安全色标保持一致是十分必要的。这样做可使各国人们具有共同的信息语言，以便在交往中注意安全，也能给对外贸易工作带来方便。

自从 ISO 公布了安全色标的国际标准草案之后，许多国家纷纷修改了本国的安全色标标准，以力求与国际标准统一。现在越来越多的国家采纳了国际标准草案中的三个基本内容，即：(1)都用红、蓝、黄、绿作为安全色；(2)基本上采用了国际标准草案规定的四种基本安全标志图形；(3)采纳了国际标准草案中制定的 19 个安全标志中的大部分。总之，各国的安全色标与国际标准正逐步取得一致。

我国也在 1982 年颁布了《安全色》（GB 2893—1982）（已废止，现为 GB 2893—2001）和《安全标志》（GB 2894—1982）（已废止，现为 GB 2894—1996）的国家标准，又在 1986 年公布了《安全色卡》（GB 6527·1—1986）以及《安全色使用导则》（GB 6527·2—1986）（已废止，现为 GB 16179—1996）的国家标准。中国规定的安全色的颜色及其含义与国际标准草案中所规定的基本一致，安全标志的图形种类及其含义与国际标准草案中所规定的也基本一致。现把安全色与安全标志分述如下。

一、安全色

各种颜色具有各自的特性，它给人们的视觉和心理以刺激，从而给人们以不同的感受，如冷暖、进退、轻重、宁静与刺激、活泼与忧郁等各种心理效应。

安全色就是根据颜色给予人们不同的感受而确定的。由于安全色是表达"禁止""警告""指令"和"提示"等安全信息含义的颜色，所以要求容易辨认和引人注目。

（一）含义及用途

国家标准《安全色》（GB 2893—2001）中规定了红、蓝、黄、绿四种颜色为安全色，其含义和用途如表 8-11 所示。

第四节 施工现场安全色标管理

安全色的含义及用途 表 8-11

颜 色	含 义	用 途 举 例
红 色	禁止、停止 危险、消防	禁止标志；交通禁令标志；消防设备标志；危险信号旗 停止信号：机器、车辆上的紧急停止手柄或按钮，以及禁止人们触动的部位
蓝 色	指令 必须遵守的规定	指令标志：如必须佩带个人防护用具道路指引车辆和行人行走方向的指令
黄 色	警告 注意	警告标志；警告信号旗；道路交通标志和标线 警戒标志：如厂内危险机器和坑池边周围的警戒线 机械上齿轮箱的内部 安全帽
绿 色	提示 安全状态 通行	提示标志 车间内的安全通道 行人和车辆通行标志 消防设备和其他安全防护装置的位置

注：1. 蓝色只有与几何图形同时使用时，才表示指令；
  2. 为了不与道路两旁绿色行道树相混淆，道路上的提示标志用蓝色。

这四种颜色有如下的特性：

1. 红色 红色很醒目，使人们在心理上会产生兴奋感和刺激性。红色光波较长，不易被尘雾所散射，在较远的地方也容易辨认，即红色的注目性非常高，视认性也很好，所以用其表示危险、禁止和紧急停止的信号。

2. 蓝色 蓝色的注目性和视认性虽然都不太好，但与白色相配合使用效果不错，特别是在太阳光直射的情况下较明显。因而被选用为指令标志的颜色。

3. 黄色 黄色对人眼能产生比红色为高的明度，黄色与黑色组成的条纹是视认性最高的色彩，特别能引起人们的注意，所以被选用为警告色。

4. 绿色 绿色的视认性和注目性虽然都不高，但绿色是新鲜、年轻、青春的象征，具有和平、久远、生长、安全等心理效应，所以用绿色提示安全信息。

（二）对比色规定

为使安全色更加醒目，使用对比色为其反衬色。对比色为黑白两种颜色。对于安全色来说，什么颜色的对比色用白色，什么颜色的对比色用黑色决定于该色的明度。两色明度差别越大越好。所以黑白互为对比色；红、蓝、绿色的对比色定为白色；黄色的对比色定为黑色。

在运用对比色时，黑色用于安全标志的文字、图形符号和警告标志的几何边框。白色既可以用于红、蓝、绿的背景色，也可以用作安全标志的文字和图形符号。

（三）间隔条纹标示

用安全色和其对比色制成的间隔条纹标示，能显得更加清晰醒目。间隔的条纹标示有红色与白色相间隔的，黄色与黑色相间隔的，以及蓝色与白色相间隔的条纹。安全色与对比色相间的条纹宽度应相等，即各占 50%。这些间隔条纹标示的含义和用途见表 8-12。

间隔条纹标志的含义与用途　　　　　　　　表 8-12

间隔条纹	含　义	用　途　举　例
红、白色相间	禁止进入、禁止超过	道路上用的防护栏杆和隔离墩
黑、黄色相间	提示特别注意	轮胎式起重机的外伸腿 吊车吊钩的滑轮架 铁路和通道交叉口上的防护栏杆
蓝、白色相间	必须遵守规定的信息	交通指示性导向标志
绿、白色相间	与提示标志牌同时使用，更为醒目的提示	固定提示标志杆上的色带

（四）使用范围

安全色的使用范围和作用，按照《安全色》（GB 2893—2001）的规定，适用于工业企业、交通运输、建筑、消防、仓库、医院及剧场等公共场所使用的信号和标志的表面色。不适用于灯光信号、航海、内河航运以及其他目的而使用的颜色。

（五）注意事项

为了使人们对周围存在的不安全因素环境、设备引起注意，需要涂以醒目的安全色以提高人们对不安全因素的警惕是十分必要的。另外，统一使用安全色，能使人们在紧急情况下，借助于所熟悉的安全色含义，尽快识别危险部位，及时采取措施，提高自控能力，有助于防止事故的发生。但必须注意，安全色本身与安全标志一样，不能消除任何危险，也不能代替防范事故的其他措施。

1. 安全色和对比色的颜色范围

在使用安全色时，一定要严格执行《安全色》（GB 2893—2001）中规定的安全色和对比色的颜色范围和亮度因数。因为只有合乎要求，才能便于人们能准确而迅速的辨认。在使用安全色的场所，照明光源应接近于天然昼光，其照度应不低于《工业企业照明设计标准》（GB 50034—1992）的规定。

2. 安全色涂料

必须符合《安全色卡》（GB 6527·1—1986）所规定的颜色。安全色卡具有最佳的颜色辨认率，即使在傍晚或普通的人造光源下也比较容易识别，所以能更好地提高人们对不安全因素的警惕。

3. 凡涂有安全色的部位，最少半年至一年检查一次，应经常保持整洁、明亮，如有变色、褪色等不符合安全色范围和逆反射系数低于 70% 的要求时，需要及时重涂或更换，以保证安全色的正确、醒目，以达到安全的目的。

二、安全标志

安全标志是指在操作人员容易产生错误而造成事故的场所，为了确保安全，提醒操作人员注意所采用的一种特殊标识。

制定安全标志的目的是引起人们对不安全因素的注意，预防事故的发生。因此要求安全标志含义简明、清晰易辨、引人注目。安全标志应尽量避免过多的文字说明，甚至不用文字说明，也能使人们一看就知道它所表达的信息含义。安全标志不能代替安全操作规程和保护措施。

第四节 施工现场安全色标管理

根据国家有关标准，安全标志应由安全色、几何图形和图形符号构成。必要时，还需要补充一些文字说明与安全标志一起使用。

国家标准《安全标志》(GB 2894—1996)对安全标志的尺寸、衬底色、制作、设置位置、检查、维修以及各类安全标志的几何图形、标志数目、图形颜色及其辅助标志等都作了具体规定。安全标志的文字说明必须与安全标志同时使用。辅助标志应位于安全标志几何图形的下方，文字有横写、竖写两种形式。

（一）标志类型

1. 安全标志根据其使用目的的不同，可以分为以下9种：

（1）防火标识(有发生火灾危险的场所，有易燃易爆危险的物质及位置，防火、灭火设备位置)；

（2）禁止标识(所禁止的危险行动)；

（3）危险标识(有直接危险性的物体和场所并对危险状态作警告)；

（4）注意标识(用于不安全行为或不注意就有危险的场所)；

（5）救护标识；

（6）小心标识；

（7）放射性标识；

（8）方向标识；

（9）指示标识。

2. 安全标志按其用途可分为禁止标志、警告标志、指令标志和提示标志四大类型。这四类标志用四个不同的几何图形来表示。

（1）禁止标志

禁止标志的含义是不准或制止人们的不安全行动的图形标志。

禁止标志的基本形式是带斜杠的圆边框。如图 8-2 所示，外径 $d_1=0.025L$，内径 $d_2=0.800d_1$，斜杠宽 $c=0.080d_1$，斜杠与水平线的夹角 $\alpha=45°$，L 为观察距离。带斜杠的圆环的几何图形，图形背景为白色，圆环和斜杠为红色，图形符号为黑色。

人们习惯用符号"×"表示禁止或不允许。但是，如果在圆环内画上"×"会使图像不清晰，影响视认效果。因此改用"\"即"×"的一半来表示"禁止"。这样做也与国际标准化组织的规定是一致的。

禁止标志有禁止吸烟、禁止烟火、禁止带火种、禁止用水灭火、禁止放易燃物、禁止启动、禁止合闸、禁止转动、禁止触摸、禁止跨越、禁止攀登、禁止跳下、禁止入内、禁止停留、禁止通行、禁止靠近、禁止乘人、禁止堆放、禁止抛物、禁止戴手套、禁止穿化纤服装、禁止穿带钉鞋、禁止饮用等23个。

（2）警告标志

警告标志的含义是提醒人们对周围环境引起注意，以避免可能发生危险的图形标志。

警告标志的基本形式是正三角形边框，如图 8-3 所示，外边 $a_1=0.034L$，内边 $a_2=0.700a_1$，边框外角圆弧半径 $r=0.080a_2$，L 为观察距离。三角形几何图形，图形背景是黄色，三角形边框及图形符号均为黑色。

三角形引人注目，即使光线不佳时也比圆形清楚。国际标准草案 3864·3 文件中也把三角形作为"警告标志"的几何图形。

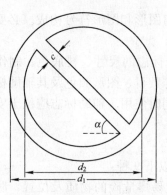
图 8-2 禁止标志的基本形式

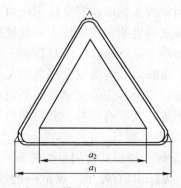
图 8-3 警告标志的基本形式

警告标志有：注意安全、当心火灾、当心爆炸、当心腐蚀、当心中毒、当心感染、当心触电、当心电缆、当心机械伤人、当心伤手、当心扎脚、当心吊物、当心坠落、当心落物、当心坑洞、当心烫伤、当心弧光、当心塌方、当心冒顶、当心瓦斯、当心电离辐射、当心裂变物质、当心激光、当心微波、当心车辆、当心火车、当心滑跌、当心绊倒等 28 个。

(3) 指令标志

指令标志的含义是强制人们必须做出某种动作或采用防范措施的图形标志。

指令标志是提醒人们必须要遵守某项规定的一种标志。基本形式是圆形边框。如图 8-4 所示，直径 $d=0.025L$，L 为观察距离。圆形几何图形，背景为蓝色，图形符号为白色。

标有"指令标志"的地方，就是要求人们到达这个地方，必须遵守"指令标志"的规定。例如进入施工工地，工地附近有"必须戴安全帽"的指令标志，则必须将安全帽戴上，否则就是违反了施工工地的安全规定。

指令标志有：必须戴防护眼镜、必须戴防毒面具、必须戴防尘口罩、必须戴护耳器、必须戴安全帽、必须戴防护帽、必须戴防护手套、必须穿防护鞋、必须系安全带、必须穿救生衣、必须穿防护服、必须加锁等 12 个。

(4) 提示标志

提示标志的含义是向人们提供某种信息(如标明安全设施或场所等)的图形标志。

提示标志是指示目标方向的安全标志。基本形式是正方形边框，如图 8-5 所示，边长 $a=0.025L$，L 为观察距离。长方形几何图形，图形背景为绿色，图形符号及文字为白色。

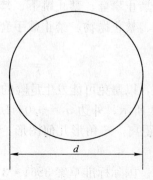
图 8-4 指令标志的基本形式

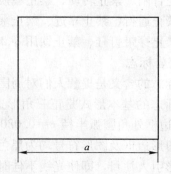
图 8-5 提示标志的基本形式

长方形给人以安定感，另外提示标志也需要有足够的地方书写文字和画出箭头以提示必要的信息，所以用长方形是适宜的。

提示标志有紧急出口、可动火区、避险处等 3 个。

提示标志提示目标的位置时要加方向辅助标志。按实际需要指示左向或下向时，辅助标志应放在图形标志的左方，如指示右向时，则应放在图形标志的右方。

（二）辅助标志

有时候，为了对某一种标志加以强调而增设辅助标志。提示标志的辅助标志为方向辅助标志，其余三种采用文字辅助标志。

文字辅助标志就是在安全标志的下方标有文字补充说明安全标志的含义。文字辅助标志的基本形式是矩形边框，辅助标志的文字可以横写，也可以竖写。文字字体均为黑体字。一般来说，挂牌的辅助标志用横写，用杆竖立在特定地方的辅助标志，文字竖写在标志的立杆上。

各种辅助标志的背景颜色、文字颜色、字体，辅助标志放置的部位、形状与尺寸的规定等见表 8-13。

辅助标志的有关规定　　　　　　表 8-13

辅助标志写法	横　写	竖　写
背景颜色	禁止标志—红色 警告标志—白色 指令标志—蓝色 提示标志—绿色	白　色
文字颜色	禁止标志—白色 警告标志—黑色 指令标志—白色 提示标志—白色	黑　色
字　体	黑体字	黑体字
放置部位	在标志的下方，可以和标志连在一起，也可以分开	在标志杆的上方（标志杆下部色带的颜色应和标志的颜色相一致）
形　状	矩　形	矩　形
尺　寸	长 500mm	

文字辅助标志横写和竖写的示例分别见图 8-6 和图 8-7。

安全标志在使用场所和视距上必须保证人们可以清楚地识别。为此，安全标志应当设置在它所指示的目标物附近，使人们一眼就能识别出它所提供的信息是属于哪一对象物。另外，安全标志应有充分的照明，为了保证能在黑暗地点或电源切断时也能看清标志，有些标志应带有应急照明电池或荧光。

安全标志所用的颜色应符合《安全色》(GB 2893—2001)规定的颜色。

（三）安全标志使用范围

安全标志的使用范围，按照《安全标志》(GB 2894—1996)的规定，适用于工矿企业、建筑工地、厂内运输和其他有必要提醒人们注意安全的场所。

第八章 施工现场安全管理

图 8-6 横写的文字辅助标志

图 8-7 竖写在标志杆上部的文字辅助标志

（四）安全标志牌

安全标志牌要有衬边。除警告标志边框用黄色勾边外，其余全部用白色将边框勾一窄边，即为安全标志的衬边，衬边宽度为标志边长或直径的 0.025 倍。

安全标志牌应采用坚固耐用的材料制作，一般不宜使用遇水变形、变质或易燃的材料。有触电危险的作业场所应使用绝缘材料。标志牌图形应清楚，无毛刺、孔洞和影响使用的任何疵病。

安全标志牌的使用按《安全色使用导则》（GB 16179—1996）的规定执行。

第五节 施工现场消防安全管理

一、施工现场防火基本安全措施

1. 施工现场的消防工作，应遵照国家有关法律、法规开展消防安全工作。
2. 施工单位的负责人应全面负责施工现场的防火安全工作，履行《中华人民共和国消防条例实施细则》第十九条规定的九项主要职责。
3. 施工现场都要建立、健全防火检查制度，发现火险隐患，必须立即消除；一时难以消除的隐患，要定人员、定项目、定措施限期整改。
4. 施工现场严禁吸烟，要有明显的防火宣传标志。施工现场的义务消防人员，要定期组织教育培训，并将培训资料存入内业档案中。
5. 施工现场发生火警或火灾，应立即报告公安消防部门，并组织力量扑救。
6. 施工单位在承建工程项目签订的"工程合同"中，必须有防火安全的内容，会同建设单位搞好防火工作。
7. 各单位在编制施工组织设计时，施工总平面图，施工方法和施工技术均要符合消防安全要求。
8. 施工现场必须配备足够的消防器材，做到布局合理。要害部位应配备不少于 4 具的灭火器，要有明显的防火标志，指定专人经常检查、维护、保养、定期更新，保证灭火器材灵敏有效。
9. 施工现场夜间应有照明设备，并要安排力量加强值班巡逻。
10. 施工现场必须设置临时消防车道。其宽度不得小于 3.5m，并保证临时消防车道的畅通，禁止在临时消防车道上堆物、堆料或挤占临时消防车道。
11. 开工前应先将消防器材和设施配备好，有条件的，应敷设好室外消防水管、消防栓砂箱等。
12. 电焊工、气焊工从事电气设备安装和电、气焊切割作业，要有操作证和用火证。用火前，要对易燃、可燃物清除，采取隔离等措施，配备看火人员和灭火器具，作业后必须确认无火源隐患后方可离去。用火证当日有效，用火地点变换，要重新办理用火证手续。
13. 氧气瓶、乙炔瓶工作间距不小于 5m，两瓶与明火作业距离不小于 10m。建筑工程内禁止氧气瓶、乙炔瓶存放，禁止使用液化石油气"钢瓶"。
14. 施工现场用电，应严格执行有关"施工现场电气安全管理规定"，加强电源管理，防止发生电气火灾。施工现场存放易燃、可燃材料的库房、木工加工场所、油漆配料房及防水作业场所不得使用明露高热强光源灯具。

15. 施工材料的存放、使用应符合防火要求。库房应采用非燃材料支搭。易燃易爆物品必须有严格的防火措施，应专库储存，分类单独存放，保持通风，配备灭火器材，指定防火负责人，确保施工安全。不准在工程内、库房内调配油漆、稀料。

16. 不准在高压架空线下面搭设临时性建筑物或堆放可燃物品。

17. 不得在建设工程内设置宿舍。工程内不准作为仓库使用，不准存放易燃、可燃材料，因施工需要进入工程内的可燃材料，要根据工程计划限量进入并采取可靠的防火措施。废弃材料应及时清除。

18. 施工现场和生活区，未经保卫部门批准不得使用电热器具。严禁工程中明火保温施工及宿舍内明火取暖。

19. 从事油漆粉刷或防水等危险作业时，要有具体的防火要求，必要时派专人看护。

20. 生活区的设置必须符合消防管理规定。严禁使用可燃材料搭设，宿舍内不得卧床吸烟，房间内住20人以上必须设置不少于两处的安全门；居住100人以上时，要有消防安全通道及人员疏散预案。生活区的用电要符合防火规定。用火要经保卫部门审批，食堂使用的燃料必须符合使用规定，用火点和燃料不能在同一房间内，使用时要有专人管理，停火时要将总开关关闭，经常检查有无泄漏。

二、动火审批制度

施工现场应明确划分用火作业，如易燃可燃材料堆场、仓库、易燃废品集中站和生活区等区域。施工现场的动火作业，必须根据不同等级执行审批制度。

1. 一级动火是指在动火危险区域内的施工现场。

凡属下列情况之一的属一级动火作业：

（1）禁火区域内；

（2）油罐、油箱、油槽车和贮存过可燃气体、易燃气体的容器以及连接在一起的辅助设备；

（3）各种受压设备；

（4）危险性较大的登高焊、割作业；

（5）比较密封的室内、容器内、地下室等场所；

（6）堆有大量可燃和易燃物质的场所。

2. 一级动火申请人应在一周前提出，批准最长期限为1天。期满后应重新办证。

3. 一级动火作业应由所在单位主管防火工作的负责人提出申请，填写"一级动火许可证"，并编制安全技术措施方案，报公司安全部门审查批准后，方可动火。

4. 二级动火是指在施工现场内的危险环境动火。

凡属下列情况之一的属二级动火作业：

（1）在具有一定危险因素的非禁火区域内进行临时焊、割等作业；

（2）小型油箱等容器；

（3）登高焊、割作业。

5. 二级动火申请人应在4天前提出，批准最长期限为3天。期满后应重新办证。

6. 二级动火作业由所在工地项目负责人提出申请,填写"二级动火许可证",并编制安全技术措施方案,报本单位主管部门审查批准后,方可动火。

7. 三级动火是指在一般施工现场动火。

在非固定的、无明显危险因素的场所进行用火作业,均属三级动火作业。

8. 三级动火申请人应在3天前提出,批准最长期限为7天。期满后应重新办证。

9. 三级动火作业由所在班组提出申请,填写"三级动火许可证",经项目经理审查批准后,方可动火。

10. 古建筑和重要文物单位等场所作业,按一级动火手续上报审批。

三、施工现场消防设施布置要求

(一) 消防给水的设置条件

高度超过24m的工程,层数超过10层的工程,重要的及施工面积较大(超过施工现场内临时消火栓保护范围)的工程,均应在工程内设置临时消防给水(可与施工用水合用)。

(二) 消防给水管网

1. 工程临时竖管不应少于两条,成环状布置,每根竖管的直径应根据要求的水柱股数,按最上层消火栓出水计算,但不小于100mm。

2. 高度小于50m,每层面积不超过500m^2的普通塔式住宅及公共建筑,可设一条临时竖管。

3. 仓库的室外消防用水量,应按照《建筑设计防火规范》的有关规定执行。

4. 应有足够的消防水源,其进水口一般不应少于两处。

5. 采用低压给水系统,管道内的压力在消防用水量达到最大时,不低于0.1MPa;采用高压给水系统,管道内的压力应保证两支水枪同时布置在堆场内最远和最高处的要求,水枪充实水柱不小于13m,每支水枪的流量不应小于5L/s。

(三) 临时消火栓布置

1. 工程内临时消火栓应分设于各层明显且便于使用的地点,并保证消火栓的充实水柱能到达工程内任何部位。使用时栓口离地面1.2m,出水方向宜与墙壁成90°角。

2. 消火栓口径应为65mm,配备的水带每节长度不宜超过20m,水枪喷嘴口径不小于19mm。每个消火栓处宜设启动消防水泵的按钮。

3. 室外消火栓应沿消防车道或堆料场内交通道路的边缘设置,消火栓之间的距离不应大于50m。

(四) 施工现场灭火器材的配备

1. 一般临时设施区,每100m^2配备两个10L灭火器,大型临时设施总面积超过1200m^2的,应备有专供消防用的太平桶、积水桶(池)、黄沙池等器材设施。上述设施周围不得堆放物品。

2. 临时木工间,油漆间,木、机具间等,每25m^2应配置一个种类合适的灭火器;油库、危险品仓库应配备足够数量、种类的灭火器。

3. 仓库或堆料场内,应根据灭火对象的特性,分组布置酸碱、泡沫、二氧化碳等灭火器,每组灭火器不应少于4个,每组灭火器之间的距离不应大于30m。

(五) 灭火器的设置

1. 灭火器应设置在明显的地点，如房间出入口、通道、走廊、门厅及楼梯等部位。
2. 灭火器的铭牌必须朝外，以方便人们直接看到灭火器的主要性能指标。
3. 手提式灭火器设置在挂钩、托架上或灭火器箱内，其顶部离地面高度应小于1.5m，底部离地面高度不宜小于0.15m。

这一要求的目的是：便于人们对灭火器进行保管和维护；让扑救人能安全方便取用；防止潮湿的地面对灭火器的影响和便于平时打扫卫生。

（1）设置在挂钩、托架上或灭火器箱内的手提式灭火器要竖直向上设置。

（2）对于那些环境条件较好的场所，手提式灭火器可直接放在地面上。

（3）对于设置在灭火器箱内的手提式灭火器，可直接放在灭火器箱的底面上，但灭火器箱离地面高度不宜小于0.15m。

四、高层建筑施工的防火措施

高层建筑施工有其人员多而复杂、建筑材料多、电气设备多且用电量大、交叉作业动火点多，以及通讯设备差、不易及时救火等特点，一旦发生火灾，其造成的经济损失和社会影响都非常大。因此施工中必须从实际出发，始终贯彻"预防为主，防消结合"的消防工作方针，因地制宜地进行科学的管理。

（1）施工单位各级领导要重视施工防火安全，始终将防火工作放在重要位置。项目部要将防火工作列入项目经理的议事日程，做到同计划、同布置、同检查、同总结、同评比，交施工任务同时交防火要求，使防火工作做到经常化，制度化，群众化。

（2）按照"谁主管，谁负责"的原则，从上到下建立多层次的防火管理网络，实行分工负责制，明确高层建筑工程施工防火的目标和任务，使高层施工现场防火安全得到组织保证。建立防火领导小组，成立业主、施工单位、安装单位等参加的综合治理防火办公室，协调工地防火管理。领导小组或联合办公室要坚持每月召开防火会议和每月进行一次防火安全检查制度，找出施工过程中的薄弱环节，针对存在问题的原因制订落实整改措施。

（3）成立义务消防队，每个班组部要有一名义务消防员为班组防火员，负责班组施工的防火。同时要根据工程建筑面积、楼层的层数和防火重要程度，配专职防火干部、专职消防员、专职动火监护员，对整个工程进行防火管理，检查督促，配置器材和巡逻监护。

（4）高层建筑工程施工要建立严格的《消防管理制度》、《施工材料和化学危险品仓库管理制度》等一系列防火安全制度和各工种的安全操作责任制，狠抓措施落实，进行强化管理，是防止火灾事故发生的根本保证。

（5）与各个分包队伍签订防火安全协议书，详细进行防火安全技术措施的交底。对木工操作场所的木屑刨花要明确人员做到日做日清，油漆等易燃物品要妥善保管，不准在更衣室等场所乱堆乱放，力求减少火险隐患。

（6）施工材料中，有不少属高分子合成的易燃物品，防火管理部门应责成有关部门加强对这些原材料的管理，要做到专人、专库、专管，施工前向施工班组做好安全技术交底。并实行限额领料、余料回收制度。施工中要将这些易燃材料的施工区域划为禁火区域，安置醒目的警戒标识并加强专人巡逻监护。施工完毕，负责施工的班组要对易燃的包装材料、装饰材料进行清理，要求做到随时做，随时清，现场不留火险。

(7) 按照动火级别进行动火申请和审批。一般高层建筑动火划为二、三级，在外墙、电梯井、洞孔等部位，垂直穿到底及登高焊割，均划为二级动火，其余所有场所均为三级动火。焊割工要持操作证、动火证进行操作，并接受监护人的监护和配合。监护人要持动火证，在配有灭火器材情况下进行监护，监护时严格履行监护人的职责。焊割工动火操作中要严格执行焊割操作规程，执行"十不烧"规定，瓶与瓶之间保持5m以上间距，瓶与明火保持10m以上间距，瓶的出口和割具进口的四个口要用轧头轧牢。

(8) 20层（含20层）以上的高层建筑施工，应安装临时消防竖管，管径不得小于75mm，消防干管直径不小于100mm；设置灭火专用的足够扬程的高压水泵。高压水泵、消防水管只限消防专用，消防泵的专用配电线路，应引自施工现场总断路器的上端，要保证连续不间断供电。消防泵房应使用非燃材料建造，位置设置合理，便于操作，并设专人管理、使用和维修、保养，以保证水泵完好，正常运转。为保证水源，大楼底层应设蓄水池（不小于20m³）。当高层建筑层次高而水压不足的，在楼层中间应设接力泵。

(9) 每个楼层应安装消火栓，配置消防水龙带，周围3m内不准存放物品。配置数量应视接面大小而定。地下消火栓必须符合防火规范。

(10) 高层建筑工程施工，应按楼层面积，一般每100m²设2个灭火器，同时备有通讯报警装置，便于及时报告险情。施工现场灭火器材的配置，要根据工程开工后工程进度和施工实际及时配好，不能只按固定模式，而应灵活机动，易燃物品、动用明火多的场所和部位相对多配一些。灭火器材配置要有针对性，如配电间不应配酸式泡沫灭火机，仪器仪表室要配干粉灭火机等。一切灭火器材性能要安全良好。

(11) 通讯联络工具要有效、齐全，联得上、传得准。特别是消防用水泵房等应予重点关注。凡是安装高压水泵的要有值班管理制度，未安装高压水泵的工程，也应保证水源供应。

(12) 所有高层建筑设置消防泵、消火栓和其他消防器材的部位，要有醒目的防火标识。要弄清工程四周消火栓的分布情况，不仅要在现场平面布置图上标明，而且要让施工管理人员、义务消防队员、工地门卫都知道，一旦施工中发生火险，能及时利用水源。

五、防火检查

(一) 防火检查的内容

1. 检查用火、用电和易燃易爆物品及其他重点部位生产储存、运输过程中的防火安全情况和建筑结构、平面布置、水源、道路是否符合防火要求。
2. 火险隐患整改情况。
3. 检查义务和专职消防队组织及活动情况。
4. 检查各级防火责任制、岗位责任制、八大工种责任书和各项防火安全制度执行情况。
5. 检查三级动火审批及动火证、操作证、消防设施、器材管理及使用情况。
6. 检查防火安全宣传教育，外包工管理等情况。
7. 检查十项标准是否落实，基础管理是否健全，防火档案资料是否齐全，发生事故是否按"四不放过"原则进行处理。

(二)火险隐患整改的要求

1. **领导重视**　火险隐患能不能及时进行整改,关键在于领导。有些重大火险隐患,之所以成了"老检查、老问题、老不改"的"老大难"问题,是与有的领导不够重视防火安全分不开的。事实证明:光检查不整改,势必养患成灾,届时想改也来不及了。一旦发生了火灾事故,与整改隐患比较起来,在人力、物力、财力等各个方面所付出的代价不知要高出多少倍。因此,迟改不如早改。

2. **边查边改**　对检查出来的火险隐患,要求施工单位能立即纠正的,就立即纠正,不要拖延。

3. 对不能立即解决的火险隐患,检查人员逐件登记,定项、定人、定措施,限期整改,并建立立案、销案制度。

4. 对重大火险隐患,经施工单位自身的努力仍得不到解决的,公安消防监督机关应该督促他们及时向上级主管机关报告,求得解决,同时采取可靠的临时性措施。对能够整改而又不认真整改的部门、单位,公安消防监督机关要发出重大火险隐患通知书。

5. 对遗留下来的建筑规划布局、消防通道、水源等方面的问题,一时确实无法解决的,公安消防监督机关应提请有关部门纳入建设规划,逐步加以解决。在没有解决前,要采取临时性的补救措施,以保证安全。

第六节　施工现场文明施工与环境保护

一、文明施工

(一)文明施工的重要意义

文明施工主要是指工程建设实施过程中,保持施工现场良好的作业环境、卫生环境和工作秩序,规范、标准、整洁、有序、科学的建设施工生产活动。文明施工主要包括以下几个方面的工作:规范施工现场的场容,保持作业环境的整洁卫生;科学组织施工,使生产有序进行;减少施工对周围居民和环境的影响;保证职工的安全和身体健康。其重要意义在于:

1. 它是改善人的劳动条件,适应新的环境,提高施工效益,消除施工给城市环境带来的污染,提高人的文明程度和自身素质,确保安全生产、工程质量的有效途径。

2. 它是施工企业落实社会主义精神、物质两个文明建设的最佳结合点,是广大建设者几十年心血的结晶。

3. 它是文明城市建设的一个必不可少的重要组成部分,文明城市的大环境客观上要求建筑工地必须成为现代化城市的新景观。

4. 文明施工对施工现场贯彻"安全第一、预防为主"的指导方针,坚持"管生产必须管安全"的原则起到保证作用。

5. 文明施工以各项工作标准规范施工现场行为,是建筑业施工方式的重大转变。文明施工以文明工地建设为切入点,通过管理出效益,改变了建筑业过去靠延长劳动时间增加效益的做法,是经济增长方式的一个重大转变。

6. 文明施工是企业无形资产原始积累的需要,是在市场经济条件下企业参与市场竞争的需要。创建文明工地投入了必要的人力物力,这种投入不是浪费,而是为了确保在施工过程中的安全与卫生所采取的必要措施。这种投入与产出是成正比的,是为了在产出的过程中体现出企业的信誉、质量、进度,其本身就能带来直接的经济效益,提高了建筑业在社会上的知名度,为促进生产发展,增强市场竞争能力起到积极的推动作用。文明施工已经成为企业的一个有效的无形资产,已被广大建设者认可,对建筑业的发展发挥了应有的作用。

7. 为了更好地同国际接轨,文明施工也参照国际劳工组织第167号《施工安全与卫生公约》,以保障劳动者的安全与健康为前提,文明施工创建了一个安全、有序的作业场所以及卫生、舒适的休息环境,从而带动了其他工作,是"以人为本"思想的具体体现。

(二) 文明施工在建设工程施工中的重要地位

实践证明,文明施工在建设工程施工中的重要地位,得到了建设系统各级管理机关的充分肯定。《建筑施工安全检查标准》(JGJ 59—1999)对上海建筑业文明施工的经验,进行了总结归纳,按照第167号国际劳工公约《施工安全与卫生公约》的要求,制定了文明施工标准,包括现场围挡、封闭管理、施工场地、材料堆放、现场宿舍、现场防火、治安综合治理、现场标牌、生活设施、保健急救、社区服务等11项内容,把文明施工作为考核安全目标的重要内容之一。施工现场不但应该做到安全生产不发生事故,同时还应做到文明施工,整洁有序,把过去建筑施工以"脏、乱、差"为主要特征的工地,改变成为城市文明新的"窗口"。

针对建筑工地存在的管理问题,诸如工地围挡不规范,现场布局不执行总平面布置、垃圾混堆乱倒、污水横流、施工人员住宿在施工的建筑物内既混乱又不安全以及高层建筑施工中的消防问题等。文明施工检查评分表中将现场围挡、封闭管理、施工场地、材料堆放、现场住宿、现场防火列入保证项目作为检查重点。同时对必要的生活卫生设施如食堂、厕所、饮水、保健急救和施工现场标牌、治安综合治理、社区服务等项也列为文明施工的重要工作,作为检查表的一般项目。说明国家对建设单位的文明施工非常重视,其在建设工程施工现场中占据重要的地位。

(三) 文明施工对各单位的管理要求

建设工程文明施工实行建设单位监督检查下的总包单位负责制。总包单位贯彻文明施工规定的有关要求,定期组织对施工现场文明施工工作的检查,落实措施。

文明施工对建设单位的要求:在施工方案确定前,应会同设计、施工单位和市政、防汛、公用、房管、邮电、电力及其他有关部门,对可能造成周围建筑物、构筑物、防汛设施、地下管线损坏或堵塞的建设工程工地,进行现场检查,并制定相应的技术措施,在施工组织设计中必须要有文明施工的内容要求,以保证施工的安全进行。

文明施工对总包单位的要求:应该将文明施工、环境卫生和安全防护设施要求纳入施工组织设计中,制定工地环境卫生制度及文明施工制度,并由项目经理组织实施。

文明施工对施工单位的要求:施工单位要积极采取措施,降低施工中产生的噪声。要加强对建筑材料、土方、混凝土、石灰膏、砂浆等在生产和运输中造成扬尘、滴漏的管理。施工单位在对操作人员明确任务、抓施工进度、质量、安全生产的同时,必须向操作人员明确提出文明施工的要求,严禁野蛮施工。对施工区域或危险区域,施工单位必须设立醒目的警示标志并采取警戒措施；还要运用各种其他有效方式，减少施工对市容、绿化和周边环境的不良影响。

文明施工对施工作业人员要求：每道工序都应按文明施工规定进行作业，对施工中产生的泥浆和其他浑浊废弃物，未经沉淀不得排放；对施工中产生的各类垃圾应堆置在规定的地点，不得倒入河道和居民生活垃圾容器内；不得随意抛掷建筑材料、残土、废料和其他杂物。

文明施工对集团总公司一级的企业要求：负责督促、检查本单位所属施工企业在建项目的工地，贯彻执行文明施工的规定，做好文明施工的各项工作。各施工工地均应接受所在区、县建设主管部门对文明施工的监督检查。

（四）施工现场文明施工的总体要求

1. 一般要求

（1）有整套的施工组织设计或施工方案。

（2）有健全的施工指挥系统和岗位责任制度，工序衔接交叉合理，交接责任明确。

（3）有严格的成品保护措施和制度，大小临时设施和各种材料、构件、半成品按平面布置堆放整齐。

（4）施工场地平整，道路畅通，排水设施得当，水电线路整齐，机具设备状况良好，使用合理，施工作业符合消防和安全要求。

（5）实现文明施工，不仅要抓好现场的场容管理工作，而且还要做好现场材料、机械、安全、技术、保卫、消防和生活卫生等各方面的工作。一个工地的文明施工水平是该工地乃至所在企业各项管理工作水平的综合体现。

2. 现场场容管理

（1）工地主要入口要设置简朴规整的大门，门边设立明显的标牌，标明工程名称，施工单位和工程负责人姓名等内容。

（2）建立文明施工责任制，划分区域，明确管理负责人，实行挂牌作业，做到现场清洁整齐。

（3）施工现场场地平整，道路畅通，有排水措施，基础、地下管道施工完后要及时回填平整，清除积土。

（4）现场施工临水、临电要有专人管理，不得有长流水、长明灯。

（5）施工现场的临时设施，包括生产、办公、生活用房、仓库、料场、临时上下水管道以及照明、动力线路，要严格按施工组织设计确定的施工平面图布置、搭设或埋设整齐。

（6）施工现场清洁整齐，做到活完料清，工完场地清，及时消除在楼梯、楼板上的砂浆、混凝土。

（7）砂浆、混凝土在搅拌、运输、使用过程中，要做到不洒、不漏、不剩。盛放砂浆、混凝土应有容器或垫板。

（8）要有严格的成品保护措施，严禁损坏污染成品，堵塞管道。高层建筑要设置临时便桶，严禁随地大小便。

（9）建筑物内清除的垃圾渣土，要通过临时搭设的竖井或利用电梯等措施稳妥下卸，严禁从门窗口向外抛掷。

（10）施工现场不准乱堆垃圾及余物。应在适当地点设置临时堆放点，并定期外运。清运渣土垃圾及流体物品，要采取遮盖防漏措施，运送途中不得遗撒。

（11）根据工程性质和所在地区的不同情况，采取必要的围护和遮挡措施，保持外观整洁。

（12）针对施工现场情况设置宣传标语和黑板报，并适时更换内容，切实起到表扬先进、促进后进的作用。

（13）施工现场严禁居住家属，严禁居民、家属、小孩在施工现场穿行、玩耍。

3. 现场机械管理

（1）现场使用的机械设备，要按平面布置规划固定点存放，遵守机械安全规程，经常保持机身及周围环境的清洁，机械的标识、编号明显，安全装置可靠。

（2）清洗机械排出的污水要有排放措施，不得随地流淌。

（3）在使用的搅拌机、砂浆机旁应设沉淀池，不得将浆水直接排放入下水道及河流等处。

（4）塔吊轨道基础按规定铺设整齐稳固，塔边要封闭，道碴不外溢，路基内外排水畅通。

二、环境保护

（一）现场环境保护的意义

环境保护是按照法律法规、各级主管部门和企业的要求，保护和改善作业现场的环境，控制现场的各种粉尘、废水、废气、固体废弃物、噪声、振动等对环境的污染和危害。环境保护也是文明施工的重要内容之一。

1. 保护和改善施工环境是保证人们身体健康和社会文明的需要。采取专项措施防止粉尘、噪声和水源污染，保护好作业现场及其周围的环境，是保证职工和相关人员身体健康、体现社会总体文明的一项利国利民的重要工作。

2. 保护和改善施工现场环境是消除对外部干扰保证施工顺利进行的需要。随着人们的法制观念和自我保护意识的增强，尤其在城市中，施工扰民问题反映突出，应及时采取防治措施，减少对环境的污染和对市民的干扰，也是施工生产顺利进行的基本条件。

3. 保护和改善施工环境是现代化大生产的客观要求。现代化施工广泛应用新设备、新技术、新的生产工艺，对环境质量要求很高，如果粉尘、振动超标就可能损坏设备、影响功能发挥，使设备难以发挥作用。

4. 节约能源、保护人类生存环境、保证社会和企业可持续发展的需要。人类社会即将面临环境污染和能源危机的挑战。为了保护子孙后代赖以生存的环境条件，每个公民和企业都有责任和义务来保护环境。良好的环境和生存条件，也是企业发展的基础和动力。

（二）基本规定

1. 工程的施工组织设计中应有防治扬尘、噪声、固体废物和废水等污染环境的有效措施，并在施工作业中认真组织实施。

2. 施工现场应建立环境保护管理体系，责任落实到人，并保证有效运行。

3. 对施工现场防治扬尘、噪声、水污染及环境保护管理工作进行检查。

4. 定期对职工进行环保法规知识培训考核。

(三) 防治大气污染基本要求

1. 施工现场主要道路必须进行硬化处理。施工现场应采取覆盖、固化、绿化、洒水等有效措施，做到不泥泞、不扬尘。施工现场的材料存放区、大模板存放区等场地必须平整夯实。

2. 遇有四级风以上天气不得进行土方回填、转运以及其他可能产生扬尘污染的施工。

3. 施工现场应有专人负责环保工作，配备相应的洒水设备，及时洒水，减少扬尘污染。

4. 建筑物内的施工垃圾清运必须采用封闭式专用垃圾道或封闭式容器吊运，严禁凌空抛撒。施工现场应设密闭式垃圾站，施工垃圾、生活垃圾分类存放。施工垃圾清运时应提前适量洒水，并按规定及时清运消纳。

5. 水泥和其他易飞扬的细颗粒建筑材料应密闭存放，使用过程中应采取有效措施防止扬尘。施工现场土方应集中堆放，采取覆盖或固化等措施。

6. 从事土方、渣土和施工垃圾的运输，必须使用密闭式运输车辆。施工现场出入口处设置冲洗车辆的设施，出场时必须将车辆清理干净，不得将泥沙带出现场。

7. 市政道路施工铣刨作业时，应采用冲洗等措施，控制扬尘污染。

灰土和无机料拌合，应采用预拌进场，碾压过程中要洒水降尘。

8. 规划市区内的施工现场，混凝土浇注量超过 $10m^3$ 以上的工程，应当使用预拌混凝土，施工现场设置搅拌机的机棚必须封闭，并配备有效的降尘防尘装置。

9. 施工现场使用的热水锅炉、炊事炉灶及冬施取暖锅炉等必须使用清洁燃料。施工机械、车辆尾气排放应符合环保要求。

10. 拆除旧有建筑时，应随时洒水，减少扬尘污染。渣土要在拆除施工完成之日起三日内清运完毕，并应遵守拆除工程的有关规定。

(四) 防治水污染基本要求

施工现场废水和固体废物随水流流入水体部分，包括泥浆、水泥、油漆、各种油类，混凝土外加剂、重金属、酸碱盐、非金属无机毒物等。施工过程防治水污染的措施有：

1. 禁止将有毒有害废弃物作土方回填。

2. 施工现场搅拌机前台、混凝土输送泵及运输车辆清洗处应当设置沉淀池，搅拌站废水，现制水磨石的污水，电石（碳化钙）的污水不得直接排入市政污水管网，必须经二次沉淀后合格后再排放，最好将沉淀水用于洒水降尘或采取措施回收循环使用。

3. 现场存放油料，必须对库房进行防渗漏处理，如采用防渗混凝土地面、铺油毡等措施。储存和使用都要采取措施，防止油料泄跑、冒、滴、漏，污染土壤水体。

4. 施工现场设置的临时食堂，用餐人数在100人以上的，污水排放时应设置简易有效的隔油池，加强管理，专人负责定期清理，防止污染。

5. 工地临时厕所，化粪池应采取防渗漏措施。中心城市施工现场的临时厕所可采用水冲式厕所，并有防蝇、灭蛆措施，防止污染水体和环境。

6. 化学用品，外加剂等要妥善保管，库内存放，防止污染环境。

(五) 防治施工噪声污染

噪声是影响与危害非常广泛的环境污染问题。噪声环境可以干扰人的睡眠与工作、影响人的心理状态与情绪，造成人的听力损失，甚至引起许多疾病。此外噪声对人们的对话干扰也是相当大的。施工现场环境污染问题首推噪声污染。

第六节 施工现场文明施工与环境保护

1. 施工现场应遵照《中华人民共和国建筑施工场界噪声限值》制定降噪措施。在城市市区范围内，建筑施工过程中使用的设备，可能产生噪声污染的，施工单位应按有关规定向工程所在地的环保部门申报。

2. 施工现场的电锯、电刨、搅拌机、固定式混凝土输送泵、大型空气压缩机等强噪声设备应搭设封闭式机棚，并尽可能设置在远离居民区的一侧，以减少噪声污染。

3. 因生产工艺上要求必须连续作业或者特殊需要，确需在2时至次日6时期间进行施工的，建设单位和施工单位应当在施工前到工程所在地的区、县建设行政主管部门提出申请，经批准后方可进行夜间施工。

建设单位应当会同施工单位做好周边居民的安抚工作。并公布施工期限。

4. 进行夜间施工作业的，应采取措施，最大限度减少施工噪声，可采用隔音布、低噪声振捣棒等方法。

5. 对人为的施工噪声应有管理制度和降噪措施，并进行严格控制。承担夜间材料运输的车辆，进入施工现场严禁鸣笛，装卸材料应做到轻拿轻放，最大限度地减少噪声扰民。

6. 施工现场应进行噪声值监测，监测方法执行《建筑施工场界噪声测量方法》，噪声值不应超过国家或地方噪声排放标准。

三、环境卫生和防疫基本要求

（一）施工区环境卫生管理措施

1. 施工现场要勤打扫，保持整洁卫生，场地平整，各类物资堆放整齐，道路畅通，无堆放物，无散落物，做到无积水、无黑臭、无垃圾，排水顺畅。生活垃圾与建筑垃圾分别定点堆放，严禁混放，并及时清运。

2. 施工现场严禁大小便，发现有随地大小便现象要对责任区负责人进行处罚。施工区、生活区有明确划分的标识牌，标牌上注明责任人姓名和管理范围。

3. 施工现场办公区、生活区卫生工作应由专人负责，明确责任。按比例绘制卫生区的平面图，并注明责任区编号和负责人姓名。

4. 施工现场零散材料和垃圾，要及时清理。垃圾应存放在密闭式容器中，定期灭蝇，及时清运。垃圾临时堆放不得超过一天。

5. 保持办公室整洁卫生，做到窗明地净，文具摆放整齐，达不到要求的，对当天卫生值班员进行处罚。

6. 冬季办公室和职工宿舍取暖炉，应有验收手续，合格后方可使用。

7. 楼内清理出的垃圾，要用容器或小推车，用塔吊或提升设备运下，严禁高空抛撒。

8. 施工现场的厕所，坚持天天打扫，每周撒白灰或打药一二次，消灭蝇蛆，便坑须加盖。

9. 施工现场应保证供应卫生饮水，有固定的盛水容器和有专人管理，并定期清洗消毒。

10. 施工现场应制定暑期防暑降温措施。夏季要确保施工现场的凉开水或清凉饮料供应，暑伏天可增加绿豆汤，防止中暑脱水现象发生。

11. 施工现场应制定卫生急救措施，配备保健药箱、一般常用药品及急救器材。为有毒有害作业人员配备有效的防护用品。

12. 施工现场发生法定传染病和食物中毒、急性职业中毒时立即向上级主管部门及有关部门报告，同时要积极配合卫生防疫部门进行调查处理。

13. 现场工人患有法定传染病或是病源携带者，应予以及时必要的隔离治疗，直至卫生防疫部门证明不具有传染性时方可恢复工作。

14. 对从事有毒有害作业人员应按照《职业病防治法》做职业健康检查。

施工现场的卫生要定期进行检查，发现问题，限期改正，并保存检查评分记录。

(二) 生活区环境卫生管理措施

生活区内应设置醒目的环境卫生宣传标牌和责任区包干图。按照卫生标准和环境卫生作业要求，生活"五有"设施，即食堂、宿舍(更衣室)、厕所、医务室(医药急救箱)、茶水供应点(茶水桶)，冬季应注意防寒保暖，夏季应有防暑降温措施。生活"五有"设施须制定管理制度和责任制、落实责任人。

1. 宿舍卫生管理规定

(1) 宿舍要有卫生管理制度，规定一周内每天卫生值日名单并张贴上墙，做到天天有人打扫，保持室内窗明地净，通风良好。

(2) 宿舍内应有必要的生活设施及保证必要的生活空间，内高度不得低于 2.5m，通道的宽度不得小于 1m，应有高于地面 30cm 的床铺，每人床铺占有面积不小于 $2m^2$。

(3) 宿舍内床铺被褥干净整洁，各类物品应整齐划一，不到处乱放，做到整齐美观。

(4) 宿舍内保持清洁卫生，清扫出的垃圾倒在指定的垃圾站，并及时清理。

(5) 生活区场地应保持清洁无积水并有灭四害设施，控制四害孳生。自行落实除四害措施有困难的，可委托有关服务单位代为处理。

(6) 生活区内必须有盥洗设施和洗浴间。生活废水应有污水池，二楼以上也要有水源及水池，做到卫生区内无污水、无污物，废水不得乱倒乱流。

(7) 生活区宿舍内夏季应采取消暑和灭蚊蝇措施；冬季取暖炉的防煤气中毒设施齐全有效，建立验收合格证制度，经验收合格后，方可使用。

(8) 未经许可禁止使用电炉及其他用电加热器具。

(9) 应设阅览室、娱乐场所。

2. 办公室卫生管理规定

(1) 办公室卫生由办公室全体人员轮流值班负责打扫并排出值班表。做到窗明地净，无蝇、无鼠。

(2) 值班人员要做好来访记录。

(3) 冬季负责取暖炉的看火，落地炉灰及时清扫，炉灰按指定地点堆放，定期清理外运，防止发生火灾。

(4) 未经许可禁止使用电炉及其他电加热器具。

(三) 食堂卫生管理

1. 食堂卫生管理规定

(1) 食品卫生采购运输

1) 采购外地食品应向供货单位索取县以上食品卫生监督机构开具的检验合格证或检验单。必要时可请当地食品卫生监督机构进行复验。严禁购买无证、无照商贩食品。

2) 采购食品使用的车辆、容器要清洁卫生，做到生熟分开，防尘、防蝇、防雨、防晒。

3) 不得采购腐败变质、霉变、生虫、有异味或《食品卫生法》规定禁止生产经营的食品。

(2) 食品贮存保管卫生

1) 根据《食品卫生法》的规定，食品不得接触有毒物、不洁物。

2) 贮存食品要隔墙、离地，注意做到通风、防潮、防虫、防鼠。主副食品、原料、半成品、成品要分开存放。

3) 盛放酱油、盐等副食调料要做到容器物见本色，加盖存放，清洁卫生。

4) 禁止使用再生塑料或非食用塑料桶、盆及铝制桶、盆盛装熟菜。

(3) 制售过程的卫生

1) 制作食品的原料要新鲜卫生，做到不用、不卖腐败变质的食品，各种食品要烧熟煮透，以免发生食物中毒。

2) 制售过程及刀、墩、案板、盆、碗及其他盛器、筐、水池、抹布和冰箱等工具要严格做到生熟分开，售饭时要用工具销售直接入口食品。

3) 每年5月至10月底，中、夜两餐加工的食品都要留样，数量不少于50克/样，留样菜应保持24小时并做好记录。

4) 非经过卫生监督管理部门批准，工地食堂禁止供应生吃凉拌菜，以防止肠道传染疾病。剩饭、菜要回锅彻底加热再食用。

5) 共用食具要洗净消毒，应有上下水洗手和餐具洗涤设备。

6) 使用的代价券必须每天消毒，防止交叉污染。

7) 盛放丢弃食物的泔水桶(缸)必须有盖，并及时清运。

(4) 个人卫生

1) 炊管人员操作时必须穿戴好洁净的工作服、发帽，做到"三白"（白衣、白帽、白口罩），并保持清洁整齐，做到文明操作，不赤背、不光脚，禁止随地吐痰。

2) 炊管人员应做好个人卫生，要坚持做到四勤（勤洗手（澡）、勤理发、勤换衣、勤剪指甲）。

2. 炊事人员健康管理规定

(1) 凡在岗位上的炊管人员，必须持有所在地区卫生防疫部门办理的健康证和岗位培训合格证，并且每年进行一次体检，凡体检不合格者不得上岗作业。

(2) 凡患有痢疾、肝炎、伤寒、活动性肺结核、渗出性皮肤病以及其他有碍食品卫生的疾病，不得参加接触直接入口食品的制售及食品洗涤工作。

(3) 民工炊管人员无健康证的不准上岗，否则予以经济处罚，责令关闭食堂，并追究有关领导的责任。

3. 施工现场集体食堂管理规定

(1) 施工现场设置的临时食堂必须具备食堂卫生许可证、炊事人员身体健康证、卫生知识培训证。落实卫生责任制以及各项卫生管理制度，严格执行食品卫生法和有关管理规定。

(2) 施工现场设置的临时食堂在选址和设计时应符合卫生要求，远离有毒有害场所，

30m 内不得有污水沟、露天坑式厕所、暴露垃圾堆(站)和粪堆、畜圈等污染源。距垃圾箱应大于 15m。

(3) 施工现场的食堂和操作间相对固定、封闭,并且具备清洗消毒的条件和杜绝传染疾病的措施。

(4) 食堂和操作间内墙应抹灰,屋顶不得吸附灰尘,应有水泥抹面锅台、地面,必须设排风设施。

操作间必须有生熟分开的刀、盆、案板等炊具及存放柜橱。

库房内应有存放各种佐料和副食的密闭器皿,有距墙距地面大于 20cm 的粮食存放台。

不得使用石棉制品的建筑材料装修食堂。

(5) 餐具严格执行消毒制度,定时定期进行消毒,预防食物中毒和传染疾病。

(6) 食堂应有相应的更衣、消毒、盥洗、采光、照明、通风和防蝇、防尘设备,以及通畅的上下水管道。

(7) 食堂内外整洁卫生,炊具干净,无腐烂变质食品,生熟食品分开加工保管,食品有遮盖。

(8) 设置灭四害设施,投放灭鼠药饵要有记录并有防止人员误食措施。

(9) 食堂操作间和仓库不得兼作宿舍使用。

(10) 食堂炊管人员(包括合同工、临时工)应按有关规定进行健康检查和卫生知识培训并取得健康合格证和培训证。

(11) 集体食堂的经常性食品卫生检查工作,各单位要根据《食品卫生法》有关规定和《饮食行业食品卫生管理标准和要求》及《建筑工地食堂卫生管理标准和要求》进行管理检查。

(12) 食堂要保持干净、整洁、通风,冬季要有保暖措施。

(四) 厕所卫生管理

1. 施工现场要按规定设置厕所,厕所的设置要距食堂至少 30m 以外。

2. 厕所屋顶墙壁要严密,门窗齐全有效。

3. 应有化粪池,严禁将粪便直接排入下水道或河流沟渠中,露天粪池必须加盖。

4. 厕所应设专人负责定期保洁,天天冲洗打扫,做到无积垢、垃圾及明显臭味,并应有洗手水源,市区工地厕所要有水冲设施保持厕所清洁卫生。

5. 按规定采取冲水或加盖措施,定期打药或撒白灰粉,消灭蝇蛆。

6. 高层作业区每隔二至三层设置便桶,杜绝随地大小便等不文明、不卫生现象。

7. 卫生保洁制度和责任人上墙公布。

第九章 施工安全强制性规定

第一节 临 时 用 电

《施工现场临时用电安全技术规范》JGJ 46—2005

1.0.3 建筑施工现场临时用电工程专用的电源中性点直接接地的220/380V三相四线制低压电力系统,必须符合下列规定:
1 采用三级配电系统;
2 采用TN-S接零保护系统;
3 采用二级漏电保护系统。

3.1.4 临时用电组织设计及变更时,必须履行"编制、审核、批准"程序,由电气工程技术人员组织编制,经相关部门审核及具有法人资格企业的技术负责人批准后实施。变更用电组织设计时应补充有关图纸资料。

3.1.5 临时用电工程必须经编制、审核、批准部门和使用单位共同验收,合格后方可投入使用。

3.3.4 临时用电工程定期检查应按分部、分项工程进行,对安全隐患必须及时处理,并应履行复查验收手续。

5.1.1 在施工现场专用变压器的供电的TN-S接零保护系统中,电气设备的金属外壳必须与保护零线连接。保护零线应由工作接地线、配电室(总配电箱)电源侧零线或总漏电保护器侧零线处引出(图9-1)。

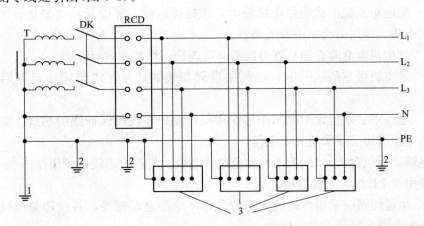

图 9-1 专用变压器供电时 TN-S 接零保护系统示意图
1—工作接地;2—PE线重复接地;3—电气设备金属外壳(正常不带电的外露可导电部分);T—变压器;
DK—总电源隔离开关;RCD—总漏电保护器(兼有断路、过载、漏电保护功能的漏电断路器)

5.1.2 当施工现场与外电线路公用同一供电系统时，电气设备的接地、接零保护应与原系统保持一致。不得一部分设备总保护接零，另一部分设备作保护接地。

采用 TN 系统作保护零线时，工作零线(N 线)必须通过总漏电保护器，保护零线(PE 线)必须由电源进线零线重复接地处或总漏电保护器电源侧零线处，引出形成局部 TN-S 接零保护系统(图 9-2)。

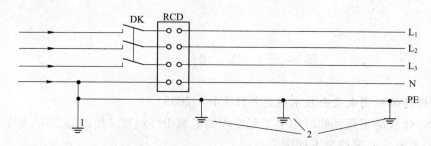

图 9-2 三相四线供电时局部 TN-S 接零保护系统保护零线引出示意
1—NPE 线重复接地；2—PE 线重复接地；L_1、L_2、L_3—相线；N—工作零线；PE—保护零线；
DK—总电源隔离开关；RCD—总漏电保护器(兼有断路、过载、漏电保护功能的漏电断路器)

5.1.10 PE 线上严禁装设开关或熔断器，严禁通过工作电流，且严禁断线。

5.3.2 TN 系统中的保护零线除必须在配电室或总配电箱处做重复接地外，还必须在配电系统的中间处和末端处做重复接地。

在 TN 系统中，保护零线每一处重复接地装置的接地电阻值不应大于 10Ω。在工作接地电阻值允许达到 10Ω 的电力系统中，所用重复接地的等效电阻值不应大于 10Ω。

5.4.7 做防雷接地机械上的电气设备，所连接的 PE 线必须同时作重复接地，同一台机械电气设备的重复接地和机械的防雷接地可公用同一接地体，但接地电阻应符合重复接地电阻值的要求。

6.1.6 配电柜应装设电源隔离开关及短路、过载、漏电保护电器。电源隔离开关分断时应有明显可见分断点。

6.1.8 配电柜或配电线路停电维修时，应挂接地线，并应悬挂"禁止合闸、有人工作"停电标志牌。停送电必须由专人负责。

6.2.3 发电机组电源必须与外电线路电源连锁，严禁并列运行。

6.2.7 发电机组并列运行时，必须装设同期装置，并在机组同步运行后再向负载供电。

7.2.1 电缆中必须包含全部工作芯线和用作保护零线或保护线的芯线。需要三相四线制配电的电缆线路必须采用五芯电缆。

五芯电缆必须包含蓝、绿/黄二种颜色绝缘芯线。淡蓝色芯线必须用作 N 线；绿/黄双色芯线必须用作 PE 线，严禁混用。

7.2.3 电缆线路应采用埋地或架空敷设，严禁沿地面明设，并应避免机械损伤和介质腐蚀。埋地电缆路径应设方位标志。

8.1.3 每台用电设备必须有各自专用的开关箱，严禁用同一个开关箱直接控制 2 台及 2 台以上用电设备(含插座)。

8.1.11 配电箱的电气安装板上必须分设 N 线端子板和 PE 线端子板。N 线端子板必须与金属电气安装绝缘；PE 线端子板必须与金属电器安装板做电器连接。

进出线中的 N 线必须通过 N 线端子板连接；PE 线必须通过 PE 线端子板连接。

8.2.10 开关箱中漏电保护器的额定漏电动作电流不应大于 30mA，额定漏电动作时间不应大于 0.1s。

使用于潮湿或有腐蚀介质场所的漏电保护器应采用防溅型产品，其额定漏电动作电流不应大于 15mA，额定漏电动作时间不应大于 0.1s。

8.2.11 总配电箱中漏电保护器的额定漏电动作电流应大于 30mA，额定漏电动作时间应大于 0.1s，但其额定漏电动作电流与额定漏电动作时间的乘积不应大于 30mA·s。

8.2.15 配电箱、开关箱的电源进线端严禁采用插头和插座作活动连接。

8.3.4 对配电箱、开关箱进行定期维修、检查时，必须将其前一级相应的电源隔离开关分闸断电，并悬挂"禁止合闸、有人工作"停电标志牌，严禁带电作业。

9.7.3 对混凝土搅拌机、钢筋加工机械、木工机械、盾构机械等设备进行清理、检查、维修时，必须首先将其开关箱分闸断电，呈现可见电源分断点，并关门上锁。

10.2.2 下列特殊场所应使用安全特低电压照明：

1 隧道、人防工程、高温、有导电灰尘、比较潮湿或灯具离地面高度低于 2.5m 等场所的照明，电源电压应不大于 36V；

2 潮湿和易触及带电场所的照明，电源电压不得大于 24V；

3 特别潮湿场所、导电良好的地面、锅炉或金属容器内的照明，电源电压不得大于 12V。

10.2.5 照明变压器必须使用双绕组型安全隔离变压器，严禁使用自耦变压器。

10.3.11 对夜间影响飞机和车辆通行的在建工程及机械设备，必须设置醒目的红色信号灯，其电源应设在施工现场总电源开关的前侧，并应设置外电线路停止供电时的应急自备电源。

第二节 高 处 作 业

《建筑施工高处作业安全技术规范》JGJ 80—1991

2.0.7 雨天和雪天进行高处作业时，必须采取可靠的防滑、防寒和防冻措施。凡水、冰、霜、雪均应及时清除。

在高耸的建筑物上进行高处作业，应事先设置避雷设施，暴风雨雪及台风之后应对高处作业安全设施逐一进行检查，发现有松动、变形、损坏或脱落等现象，应立即修改完善。

2.0.9 防护棚搭设与拆除时，应设警戒区，并应派专人监护。严禁上下同时拆除。

3.1.1 临边高处作业，必须设置防护措施，并符合下列规定：

一、基坑周边尚未安装栏杆或栏板的阳台、料台与挑平台周边雨篷与挑檐边、无外脚手的屋面与楼层周边及水箱与水塔周边等处，都必须设置防护栏杆。

三、分层施工的楼梯口和梯段边，必须安装临时护栏。顶层楼梯口应随工程结构进度安装正式防护栏杆。

四、井架与施工用电梯和脚手架等与建筑物通道的两侧边，必须设防护栏杆。地面通道上部应装设安全防护棚。双笼井架通道中间，应予分隔封闭。

五、各种垂直运输接料平台，除两侧设防护栏杆外，平台口还应设置安全门或活动防护栏杆。

3.1.3 搭设临边防护栏杆时，必须符合下列要求：

一、防护栏杆应由上、下两道横杆及栏杆柱组成，上杆离地高度为1.0～1.2m，下杆离地高度为0.5～0.6m。坡度大于1∶2∶2的屋面，防护栏杆应高1.5m，并加挂安全立网。除经设计计算外，横杆长度大于2m时，必须加设栏杆柱。

三、栏杆柱的固定及其与横杆的连接，其整体构造应使防护栏杆在上杆任何处，能经受任何方向的1000N外力。当栏杆所处位置有发生人群拥挤、车辆冲击或物件碰撞等可能时，应加大横杆或加密柱距。

四、防护栏杆必须自上而下用安全立网封闭，或在栏杆下边设置严密固定的高度不低于180mm的挡脚板或400mm的挡脚笆。挡脚板与挡脚笆上如有孔眼，不应大于25mm。板与笆下边距离底面的空隙不应大于10mm。

接料平台两侧的栏杆，必须自上而下加挂安全立网或满扎竹笆。

五、当临边的外侧面临街道时，除防护栏杆外，敞口立面必须采取满挂安全网或其他可靠措施作全封闭处理。

3.2.1 进行洞口作业以及在因工程和工序需要而产生的，使人与物有坠落危险或危及人身安全的其他洞口进行高处作业时，必须按下列规定设置防护设施：

一、板与墙的洞口，必须设置牢固的盖板、防护栏杆、安全网或其他防坠落的防护设施。

二、电梯井口必须设防护栏杆或固定栅门；电梯井内应每隔两层并最多隔10m设一道安全网。

三、钢管桩、钻孔桩等桩孔上口，杯形、条形基础上口，未填土的坑槽，以及人孔、天窗、地板门等处，均应按洞口防护设置稳固的盖件。

四、施工现场通道附近的各类洞口与坑槽等处，除设置防护设施与安全标志外，夜间还应设红灯示警。

3.2.2 洞口根据具体情况采取设防护栏杆、加盖件、张挂安全网与装栅门等措施时，必须符合下列要求：

四、边长在1500mm以上的洞口，四周设防护栏杆，洞口下张设安全平网。

六、位于车辆行驶道旁的洞口、深沟与管道坑、槽，所加盖板应能承受不小于当地额定卡车后轮有效承载力2倍的荷载。

八、下边沿至楼板或底面低于800mm的窗台等竖向洞口，如侧边落差大于2m时，应加设1.2m高的临时护栏。

九、对邻近的人与物有坠落危险性的其他竖向的孔、洞口，均应予以盖设或加以防护，并有固定其位置的措施。

4.1.5 梯脚底部应坚实，不得垫高使用。梯子的上端应有固定措施。立梯不得有缺档。

4.1.6 梯子如需接长使用，必须有可靠的连接措施，且接头不得超过1处。连接后

第二节 高处作业

梯梁的强度，不应低于单梯梁的强度。

4.1.8 固定式直爬梯应用金属材料制成。梯宽不应大于500mm，支撑应采用不小于L70×6的角钢，埋设与焊接均必须牢固。梯子顶端的踏棍应与攀登的顶面齐平，并加设1～1.5m高的扶手。

使用直爬梯进行攀登作业时，攀登高度超过8m，必须设置梯间平台。

4.1.9 作业人员应从规定的通道上下，不得在阳台之间等非规定通道进行攀登，也不得任意利用吊车臂架等施工设备进行攀登。

上下梯子时，必须面向梯子，且不得手持器物。

4.2.1 悬空作业处应有牢靠的立足处，并必须视具体情况，配置防护栏网、栏杆或其他安全设施。

4.2.3 构件吊装和管道安装时的悬空作业，必须遵守下列规定：

二、悬空安装大模板、吊装第一块预制构件、吊装单独的大中型预制构件时，必须站在平台上操作。吊装中的大模板和预制构件以及石棉水泥板等屋面板上，严禁站人和行走。

三、安装管道时必须有已完结构或操作平台为立足点，严禁在管道上站立和行走。

4.2.4 模板支撑和拆卸时的悬空作业，必须遵守下列规定：

一、支模应按规定的作业程序进行，模板未固定前不得进行下一道工序。严禁在连接件和支撑件上攀登上下，并严禁在上下同一垂直面上装、拆模板。结构复杂的模板，装、拆应严格按照施工组织设计的措施进行。

三、支设悬挑形式的模板时，应有稳固的立足点。支设临空构筑物模板时，应搭设支架或脚手架。模板上有预留洞时，应在安装后将洞盖没。混凝土板上拆模后形成的临边洞口，应进行防护。

拆模高处作业，应配置登高用具或搭设支架。

4.2.5 钢筋绑扎时的悬空作业，必须遵守下列规定：

一、绑扎钢筋和安装钢筋骨架时，必须搭设脚手架和马道。

二、绑扎圈梁、挑梁、挑檐、外墙和边柱等钢筋时，应搭设操作台架和张挂安全网。悬空大梁钢筋的绑扎，必须在铺满脚手板的支架或操作平台上操作。

4.2.6 混凝土浇筑时的悬空作业，必须遵守下列规定：

一、浇筑离地2m以上框架、过梁、雨篷和小平台时，应设操作平台，不得直接站在模板或支撑件上操作。

二、浇筑拱形结构，应两边拱脚对称地相向进行。浇筑储仓，下口应先行封闭，并搭设脚手架以防人员坠落。

三、特殊情况下如无可靠的安全设施，必须系好安全带并扣好保险钩，并架设安全网。

4.2.8 悬空进行门窗作业时，必须遵守下列规定：

一、安装门、窗，油漆及安装玻璃时，严禁操作人员站在橙子、阳台栏板上操作。门、窗临时固定，封填材料未达到强度，以及电焊时，严禁手拉门、窗进行攀登。

二、在高处外墙安装门、窗，无外脚手时，应张挂安全网。无安全网时，操作人员应系好安全带，其保险钩应挂在操作人员上方的可靠物件上。

三、进行各项窗口作业时，操作人员的重心应位于室内，不得在窗台上站立，必要时应系好安全带进行操作。

5.1.1 移动式操作平台，必须符合下列规定：

三、装设轮子的移动式操作平台，轮子与平台的接合处应牢固可靠，立柱底端离地面不得超过 80mm。

五、操作平台四周必须按临边作业要求设置防护栏杆，并应布置登高扶梯。

5.1.2 悬挑式钢平台，必须符合下列规定：

一、悬挑式钢平台应按现行的相应规范进行设计，其结构构造应能防止左右晃动，计算书及图纸应编入施工组织设计。

二、悬挑式钢平台的搁支点与上部拉结点，必须位于建筑物上，不得设置在脚手架等施工设备上。

四、应设置 4 个经过验算的吊环。吊运平台时应使用卡环，不得使直接钩挂吊环。吊环应用甲类 3 号沸腾钢制作。

五、钢平台安装时，钢丝绳应采用专用的挂钩挂牢，采取其他方式时卡头的卡子不得少于 3 个。建筑物锐角利口围系钢丝绳处应加衬软垫物，钢平台外口应略高于内口。

六、钢平台左右两侧必须装置固定的防护栏杆。

七、钢平台吊装，需待横梁支撑点电焊固定，接好钢丝绳，调整完毕，经过检查验收，方可松卸起重吊钩，上下操作。

八、钢平台使用时，应有专人进行检查，发现钢丝绳有锈蚀损坏应及时调换，焊缝脱焊应及时修复。

5.1.3 操作平台上应显著地标明容许荷载值。操作平台上人员和物料的总重量，严禁超过设计的容许荷载。应配备专人加以监督。

5.2.1 支模、粉刷、砌墙等各工种进行上下立体交叉作业时，不得在同一垂直方向上操作。下层作业的位置，必须处于依上层高度确定的可能坠落范围半径之外。不符合以上条件时，应设置安全防护层。

5.2.3 钢模板部件拆除后，临时堆放处离楼层边沿不应小于 1m，堆放高度不得超过 1m。楼层边口、通道口、脚手架边缘等处，严禁堆放任何拆下物件。

5.2.5 由于上方施工可能坠落物件或处于起重机把杆回转范围之内的通道，在其受影响的范围内，必须搭设顶部能防止穿透的双层防护廊。

第三节 机 械 使 用

《建筑机械使用安全技术规程》JGJ 33—2001

2.0.1 操作人员应体检合格，无防碍作业的疾病和胜利缺陷，并经过专业培训、考核合格取得建设行政主管部门颁发的操作或公安部门颁发的机动车驾驶执照后，方可持证上岗。学员应在专人指导下进行工作。

2.0.5 在工作中操作人员和配合作业人员必须按规定穿戴劳动保护用品，长发应束紧不得外露，高处作业时必须系安全带。

2.0.8 机械必须按照出厂使用说明书规定的技术性能、承载能力和使用条件，正确

第三节 机 械 使 用

操作，合理使用，严禁超载作业或任意扩大使用范围。

2.0.9 机械上的各种安全防护装置及监测、指示、仪表、报警等自动报警、信号装置应完好齐全，有缺损时应及时修复。安全防护装置不完整或已失效的机械不得使用。

2.0.15 变配电所、乙炔站、氧气站、空气压缩机房、发电机房、锅炉房等易于发生危险的场所，应在危险区域界限处，设置围栏和警告标志，非工作人员未经批准不得入内。挖掘机、起重机、打桩机等重要作业区域，应设立警告标志及采取现场安全措施。

2.0.16 在机械产生对人体有害的气体、液体、尘埃、渣滓、放射性射线、振动、噪声等场所，必须配置相应的安全保护设备和三废处理装置；在隧道、沉井基础施工中，应采取措施，使有害物限制在规定的限度内。

3.1.7 严禁利用大地作工作零线，不得借用机械本身金属结构作工作零线。

3.1.8 电气设备的每个保护接地或保护接零点必须用单独的接地（零）线与接地干线（或保护零线）相连接。严禁在一个接地（零）线中串接几个接地（零）点。

3.1.11 严禁带电作业或采用预约停送电时间的方式进行电气检修。检修前必须先切断电源并在电源开关上挂"禁止合闸，有人工作"的警告牌。警告牌的挂、取应有专人负责。

3.1.14 发生人身触电时，应立即切断电源，然后方可对触电者作紧急救护。严禁在未切断电源之前与触电者直接接触。

3.6.17 各种电源导线严禁直接绑扎在金属架上。

3.6.19 配电箱电力容量在 15kW 以上的电源开关严禁采用瓷底胶木刀型开关。4.5kW 以上电动机不得用刀型开关直接启动。各种刀型开关采用静触头接电源，动触头接载荷，严禁倒接线。

3.7.14 使用射钉枪时应符合下列要求：

1 严禁用手掌推压钉管和将枪口对准人；

2 击发时，应将射钉枪垂直压紧在工作面上，当两次扣动扳机，子弹均不击发时，应保持原射击位置数秒钟后，再退出射钉弹；

3 在更换零件或断开射钉枪之前，射枪内均不得装有射钉弹。

4.1.5 起重吊装的指挥人员必须持证上岗，作业时应与操作人员密切配合，执行规定的指挥信号。操作人员应按照指挥人员的信号进行作业，当信号不清或错误时，操作人员可拒绝执行。

4.1.8 起重机的变幅指示器、力矩限制器、起重量限制器以及各种行程限位开关等安全保护装置，应完好齐全、灵敏可靠，不得随意调整或拆除。严禁利用限制器和限位装置代替操纵机构。

4.1.10 起重机作业时，起重臂和重物下方严禁有人停留、工作或通过。重物吊运时，严禁从人上方通过。严禁用起重机载运人员。

4.1.12 严禁使用起重机进行斜拉、斜吊和起吊地下埋设或凝固在地面上的重物以及其他不明重量的物体。现场浇注的混凝土构件或模板，必须全部松动后方可起吊。

4.1.16 严禁起吊重物长时间悬挂在空中，作业中遇突发故障，应采取措施将重物降落到安全地方，并关闭发动机或切断电源后进行检修。在突然停电时，应立即把所有控制器按到零位，断开电源总开关，并采取措施使重物降到地面。

4.2.6 起重机变幅应缓慢平稳，严禁在起重臂未停稳前变换挡位；起重机载荷达到额定起重量的90%及以上时，严禁下降起重臂。

4.2.10 当起重机如需带载行走时，载荷不得超过允许起重量的70%，行走道路应坚实平整，重物应在起重机正前方向，重物离地面不得大于500mm，并应拴好拉绳，缓慢行驶。严禁长距离带载行驶。

4.2.12 起重机上下坡道时应无载行走，上坡时应将起重臂仰角适当放小，下坡时应将起重臂仰角适当放大。严禁下坡空挡滑行。

4.3.21 行驶时，严禁人员在底盘走台上站立或蹲坐，并不得堆放物件。

4.4.6 起重机的拆装必须由取得建设行政主管部门颁发的拆装资质证书的专业队进行，并应有技术和安全人员在场监护。

4.4.42 起重机载人专用电梯严禁超员，其断绳保护装置必须可靠。当起重机作业时，严禁开动电梯。电梯停用时，应降至塔身底部位置，不得长时间悬在空中。

4.4.47 动臂式和尚未附着的自升式塔式起重机，塔身上不得悬挂标语牌。

4.7.8 卷筒上的钢丝绳应排列整齐，当重叠或斜绕时，应停机重新排列，严禁在转动中用手拉脚踩钢丝绳。

5.1.3 作业前，应查明施工场地明、暗设置物（电线、地下电缆、管道、坑道等）的地点及走向，并采用明显记号表示。严禁在离电缆1m距离以内作业。

5.1.5 机械运行中，严禁接触转动部位和进行检修。在修理（焊、铆等）工作装置时，应使其降到最低位置，并应在悬空部位垫上垫木。

5.1.9 在施工中遇下列情况之一时应立即停工，待符合作业安全条件时，方可继续施工：

1 填挖区土体不稳定，有发生坍塌危险时；
2 气候突变，发生暴雨、水位暴涨或山洪暴发时；
3 在爆破警戒区内发出爆破信号时；
4 地面涌水冒泥，出现陷车或因雨发生坡道打滑时；
5 工作面净空不足以保证安全作业时；
6 施工标志、防护设施损毁失效时。

5.1.10 配合机械作业的清底、平地、修坡等人员，应在机械回转半径以外工作。当必须在回转半径以内工作时，应停止机械回转并制动好后，方可作业。

5.3.12 在行驶或作业中，除驾驶室外，挖掘装载机任何地方均严禁乘坐或站立人员。

5.4.8 推土机行驶前，严禁有人站在履带或刀片的支架上，机械四周应无障碍物，确认安全后，方可开动。

5.5.6 作业中，严禁任何人上下机械，传递补物件，以及在铲斗内、拖把或机架上坐立。

5.5.17 非作业行驶时，铲斗必须用锁紧链条挂牢在运输行驶位置上，机上任何部位均不得载人或装载易燃、易爆物品。

5.10.21 装载机转向架未锁闭时，严禁站在前后车架之间进行检修保养。

5.11.4 夯实机作业时，应一人扶夯，一人传递电缆线，且必须戴绝缘手套和穿绝缘

第三节 机械使用

鞋。递线人员应跟随夯机后或两侧调顺电缆线，电缆线不得扭结或缠绕，且不得张拉过紧，应保持有 3~4m 的余量。

5.12.10 电动冲击夯应装有漏电保护装置，操作人员必须戴绝缘手套，穿绝缘鞋。作业时，电缆线不应拉得过紧，应经常检查线头安装，不得松动及引起漏电。严禁冒雨作业。

5.13.7 严禁在废炮眼上钻孔和骑马式操作，钻孔时，钻杆与钻孔中心线应保持一致。

5.13.16 在装完炸药的炮眼 5m 以内，严禁钻孔。

5.14.3 电缆线不得敷设在水中或金属管道上通过。施工现场应设标志，严禁机械、车辆等在电缆上通过。

6.1.15 在坡道上停放时，下坡停放应挂上倒挡，上坡停放应挂上一挡，并应使用三角木楔等塞紧轮胎。

6.2.2 不得人货混装。因工作需要搭人时，人不得在货物之间或货物与前车厢板间隙内。严禁攀爬或坐卧在货物上面。

6.2.4 运载易燃、有毒、强腐蚀等危险品时，其装载、包装、遮盖必须符合有关的安全规定，并应备有性能良好、有效期内的灭火器。途中停放应避开火源、火种、居民区、建筑群等，炎热季节应选择阴凉处停放。装卸时严禁火种。除必要的行车人员外，不得搭乘其他人员。严禁混装备用燃油。

6.3.3 配合挖装机械装料时，自卸汽车就位后拉紧手制动器，在铲斗需越过驾驶室时，驾驶室内严禁有人。

6.3.6 卸料后，应及时使车厢复位，方可起步，不得在倾斜情况下行驶。严禁在车厢内载人。

6.5.4 油罐车工作人员不得穿有铁钉的鞋。严禁在油罐附近吸烟，并严禁火种。

6.5.6 在检修过程中，操作人员如需要进入油罐时，严禁携带火种，并必须有可靠的安全防护措施，罐外必须有专人监护。

6.5.7 车上所有电气装置，必须绝缘良好，严禁有火花产生。车用工作照明应为36V 以下的安全灯。

6.7.9 严禁料斗内载人。料斗不得在卸料工况下行驶或进行平地作业。

6.7.10 内燃机运转或料斗内载荷时，严禁在车底下进行任何作业。

6.9.9 以内燃机为动力的叉车，进入仓库作业时，应有良好的通风设施。严禁在易燃、易爆的仓库内作业。

6.12.1 施工升降机应为人货两用电梯，其安装和拆卸工作必须由取得建设行政主管部门颁发的拆装资质证书的专业队负责，并必须由经过专业培训，取得操作证的专业人员进行操作和维修。

6.12.9 升降机安装后，应经企业技术负责人会同有关部门对基础和附壁支架以及升降机架设安装的质量、精度等进行全面检查，并应按规定程序进行技术试验(包括坠落试验)，经试验合格签证后，方可投入运行。

7.1.4 打桩机作业区内应无高压线路。作业区应有明显标志或围栏，非工作人员不得进入。桩锤在施打过程中，操作人员必须在距离桩锤中心 5m 以外监视。

第九章　施工安全强制性规定

7.1.8　严禁吊桩、吊锤、回转或行走等动作同时进行。打桩机在吊有桩和锤的情况下，操作人员不得离开岗位。

7.3.11　悬挂振动桩锤的起重机，其吊钩上必须有防松脱的保护装置。振动桩锤悬挂钢架的耳环上应加装保险钢丝绳。

7.5.18　压桩时，非工作人员应离机10m以外。起重机的起重臂下，严禁站人。

7.6.7　夯锤下落后，在吊钩尚未降至夯锤吊环附近前，操作人员不得提前下坑挂钩。从坑中提锤时，严禁挂钩人员站在锤上随锤提升。

7.11.2　潜水泵放入水中或提出水面时，应先切断电源，严禁接拽电缆或出水管。

8.2.13　搅拌机作业中，当料斗升起时，严禁任何人在料斗下停留或通过；当需要在料斗下检修或清理料坑时，应将料斗提升后用铁链或插入销锁住。

8.8.3　电缆线应满足操作所需的长度。电缆线上不得堆压物品或让车辆挤压，严禁用电缆线拖拉或吊挂振动器。

9.5.2　冷拉场地应在两端地锚外侧设置警戒区，并应安装防护栏及警告标志。无关人员不得在此停留。操作人员在作业时必须离开钢筋2m以外。

10.6.2　喷涂燃点在21℃以下的易燃涂料时，必须接好地线，地线的一端接电动机零线位置，另一端应接涂料桶或被喷的金属物体。喷涂机不得和被喷物放在同一房间里，周围严禁有明火。

12.1.2　焊接操作及配合人员必须按规定穿戴劳动防护用品。并必须采取防止触电、高空坠落、瓦斯中毒和火灾等事故的安全措施。

12.1.9　对承压状态的压力容器及管道、带电设备、承载结构的受力部位和装有易燃、易爆物品的容器严禁进行焊接和切割。

12.1.11　当需施焊受压容器、密封容器、油桶、管道、沾有可燃气体和溶液的工件时，应先清除容器及管道内压力，消除可燃气体和溶液，然后冲洗有毒、有害、易燃物质；对存有残余油脂的容器，应先用蒸汽、碱水冲洗，并打开盖口，确认容器清洗干净后，再灌满清水方可进行焊接。在容器内焊接应采取防止触电、中毒和窒息的措施。焊、割密封容器应留出气孔，必要时在进、出气口处装设通风设备；容器内照明电压不得超过12V，焊工与焊件间应绝缘；容器外应设专人监护。严禁在已喷涂过油漆和塑料的容器内焊接。

12.1.13　高空焊接或切割时，必须系好安全带，焊接周围和下方应采取防火措施，并应有专人监护。

12.14.6　电石起火时必须用干砂或二氧化碳灭火器，严禁用泡沫、四氯化碳灭火器或水灭火。电石粒末应在露天销毁。

12.14.16　未安装减压器的氧气瓶严禁使用。

第四节　脚　手　架

《建筑施工扣件式钢管脚手架安全技术规范》JGJ 130—2001(2002年局部修订)

3.1.3　钢管的尺寸和表面质量应符合下列规定：

　　2　钢管上严禁打孔。

5.3.5 立杆稳定性计算部位的确定应符合下列规定：

2 当脚手架搭设尺寸中的步距、立杆纵距、立杆横距和连墙件间距有变化时，除计算底层产杆段外，还必须对出现最大步距或最大立杆纵距、立杆横距、连墙件间距等部位的立杆段进行验算。

6.2.2 横向水平杆的构造应符合下列规定：

1 主节点处必须设置一根横向水平杆，用直角扣件扣接且严禁拆除。

6.3.2 脚手架必须设置纵、横向扫地杆。纵向扫地杆应采用直角扣件固定在距底座上皮不大于200mm处的立杆上。横向扫地杆亦应采用直角扣件固定在紧靠纵向扫地杆下方的立杆上。当产杆基础不在同一高度上时，必须将高处的纵向扫地杆向低处延长两跨与立杆固定，高低差不应大于1m。靠边坡上方的立杆轴线到边坡的距离不应小于500mm（图9-3）。

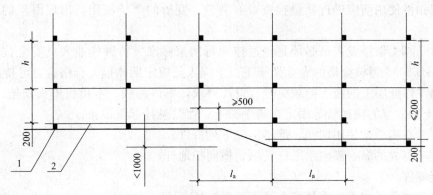

图9-3 纵、横向扫地杆构造
1—横向扫地杆；2—纵向扫地杆

6.3.5 立杆接长除顶层顶步可采用搭接处，其余各层各步接头必须采用对接扣件连接。

6.4.2 连墙件的布置应符合下列规定：

4 一字型、开口型脚手架的两端必须设置连墙件，连墙件的垂直间距不应大于建筑物的层高，并不应大于4m(2步)。

6.4.4 对高度24m以上的双排脚手架，必须采用刚性连墙件与建筑物可靠连接。

6.4.5 连墙件的构造应符合下列规定：

2 连墙件必须采用可承受拉力和压力的构造。

6.6.2 剪刀撑的设置应符合下列规定：

2 高度在24m以下的单、双排脚手架，均必须在外侧立面的两端各设置一道剪刀撑，并应由底至顶连续设置。

6.6.3 横向斜撑的设置应符合下列规定：

2 一字型、开口型双排脚手架的两端均必须设置横向斜撑。

7.1.5 当脚手架基础下有设备基础、管沟时，在脚手架使用过程中不应开挖，否则必须采取加固措施。

7.3.1 脚手架必须配合施工进度搭设，一次搭设高度不应超过相邻连墙件以上二步。

7.3.4 立杆搭设应符合下列规定：
1 严禁将外径48mm与51mm的钢管混合使用。
7.3.8 连墙件、剪刀撑、横向斜撑等的搭设应符合下列规定：
2 剪刀撑、横向斜撑搭设应随立杆、纵向和横向水平杆等同步搭设。
7.4.2 拆除脚手架时，应符合下列规定：
1 拆除作业必须由上而下逐层进行，严禁上下同时作业；
2 连墙件必须随脚手架逐层拆除，严禁先将连墙件整层或数层拆除后再拆脚手架；分段拆除高差不应大于2步，如高差大于2步，应增设连墙件加固。
7.4.3 卸料时应符合下列规定：
1 各构配件严禁抛掷至地面。
8.1.3 扣件的验收应符合下列规定：
2 旧扣件使用前应进行质量检查，有裂缝、变形的严禁使用，出现滑丝的螺栓必须更换。
9.0.1 脚手架搭设人员必须是经过按现行国家标准《特种作业人员安全技术考核管理规则》GB 5036考核合格的专业架子工。上岗人员应定期体检，合格者方可持证上岗。
9.0.4 作业层上的施工荷载应符合设计要求，不得超载。不得将模板支架、缆风绳、泵送混凝土和砂浆的输送管等固定在脚手架上；严禁悬挂起重设备。
9.0.7 在脚手架使用期间，严禁拆除下列杆件：
1 主节点处的纵、横向水平杆，纵、横向扫地杆；
2 连墙件。

《建筑施工门式钢管脚手架安全技术规范》JGJ 128—2000

3.0.4 钢管应平直，平直度允许偏差为管长的1/500；两端面应平整，不得有斜口、毛口；严禁使用有硬伤（硬弯、砸扁等）及严重锈蚀的钢管。
6.2.2 上、下榀门架的组装必须设置连接棒及锁臂，连接棒直径应小于立杆内径的1～2mm。
6.2.4 水平架设置应符合下列规定：
1 在脚手架的顶层门架上部、连墙件设置层、防护棚设置处必须设置。
6.5.4 连墙件应能承受拉力与压力，其承载力标准值不应小于10kN；连墙件与门架、建筑物的连接也应具有相应的连接强度。
6.8.1 搭设脚手架的场地必须平整坚实，并作好排水，回填土地面必须分层回填，逐层夯实。
7.3.1 搭设门架及配件应符合下列规定：
4 交叉支撑、水平架或脚手板应紧随门架的安装及时设置；
5 连接门架与配件的锁臂、搭钩必须处于锁住状态。
7.3.2 加固杆，剪刀撑等加固件的搭设应符合下列规定：
1 加固杆、剪刀撑必须与脚手架同步搭设。
7.3.3 连墙件的搭设应符合下列规定：
1 连墙件的搭设必须随脚手架搭设同步进行，严禁滞后设置或搭设完毕后补做。
7.5.4 脚手架的拆除应在统一指挥下，按后装先拆、先装后拆的顺序及下列安全作业的要求进行：

  4 连墙杆、通长水平杆和剪刀撑等，必须在脚手架拆卸到相关的门架时方可拆除；

  5 工人必须站在临时设置的脚手板上进行拆卸作业，并按规定使用安全防护用品；

  6 拆除工作中，严禁使用榔头等硬物击打、撬挖，拆下方的连接棒应放入袋内，锁臂应先传递至地面并放室内堆存。

  8.0.1 搭拆脚手架必须由专业架子工担任，并按现行国家标准《特种作业人员安全技术考核管理规则》GB 5036 考核合格，持证上岗。上岗人员应定期进行体检，凡不适于高处作业者，不得上脚手架操作。

  8.0.2 搭拆脚手架时工人必须戴安全帽，系安全带，穿防滑鞋。

  8.0.3 操作层上施工荷载应符合设计要求，不得超载；不得在脚手架上集中堆放模板、钢筋等物件。严禁在脚手架上拉缆风绳或固定、架设混凝土泵、泵管及起重设备等。

  8.0.5 施工期间不得拆除下列杆件：

  1 交叉支撑，水平架；

  2 连墙件；

  3 加固杆件：如剪刀撑、水平加固杆、扫地杆、封口杆等等；

  4 栏杆。

  8.0.7 在脚手架基础或邻近严禁进行挖掘作业。

  8.0.10 沿脚手架外侧严禁任意攀登。

  9.4.3 施工应符合下列规定：

  6 拆除模板支撑及满堂脚手架时应采用可靠安全措施，严禁高空抛掷。

第五节 提 升 机

《龙门架及井架物料提升机安全技术规范》JGJ 88—92

  2.0.6 提升机在安装完毕后，必须正式验收，符合要求后方可投入使用。

  3.1.9 提升机架体顶部的自由高度不得大于 6m。

  4.0.11 提升钢丝绳不得接长使用。端头与卷筒应用压紧装置卡牢，在卷筒上应能按顺序整齐排列。当吊篮处于工作最低位置时，卷筒上的钢丝绳应不少于 3 圈。

  5.0.1 提升机应具有下列安全防护装置并满足其要求：

  一、安全停靠装置或断绳保护装置。

  1 安全停靠装置。吊篮运行到位时，停靠装置将吊篮定位。该装置应能可靠地承担吊篮自重、额定荷载及运料人员和装卸物料时的工作荷载。

  二、楼层口停靠栏杆（门）。各楼层的通道口处，应设置常闭的停靠栏杆（门），其强度应能承受 $1kN/m^2$ 水平荷载。

  五、上限限位器。该装置应安装在吊篮允许提升的最高工作位置。吊篮的越程（指从吊篮的最高位置与天梁最低处的距离），应不小于 3m。当吊篮上升达到限定高度时，限位器即行动作，切断电源（指可逆式卷扬机）或自动报警（指摩擦式卷扬机）。

  六、紧急断电开关。紧急断电开关应设在便于司机操作的位置，在紧急情况下，应能及时切断提升机的总控制电源。

7.2.2 附墙架与架体及建筑之间，均应采用刚性件连接，并形成稳定结构，不得连接在脚手架上。严紧使用铅丝绑扎。

7.2.3 附墙架的材质应与架体的材质相同，不得使用木杆、竹竿等做附墙架与金属架体连接。

7.3.2 提升机的缆风绳应经计算确定(缆风绳的安全系数 n 取 3.5)。缆风绳应选用圆股钢丝绳，直径不得小于 9.3mm。提升机高度在 20m 以下(含 20m)时，缆风绳不少于 1 组(4～8 根)；提升机高度在 21～30m 时，不少于 2 组。

7.3.3 缆风绳应在架体四角有横向缀件的同一水平面上对称设置，使其在结构上引起的水平分力，处于平衡状态。缆风绳与架体的连接处应采取措施，防止架体钢材对缆风绳的剪切破坏。对连接处的架体焊缝及附件必须进行计算。

7.3.8 在安装、拆除以及使用提升机的过程中设置的临时缆风绳，其材料也必须使用钢丝绳，严紧使用铅丝、钢筋、麻绳等代替。

8.3.1 卷扬机应安装在平整坚实的位置上，应远离危险作业区，且视线应良好。

10.1.2 使用提升机时应符合下列规定：

一、物料在吊篮内应均匀分布，不得超出吊篮。当长料在吊篮中立放时，应采取防滚落措施；散料应装箱或装笼。严禁超载使用；

二、严禁人员攀登、穿越提升机架体和乘吊篮上下；

三、高架提升机作业时，应使用通讯装置联系。低架提升机在多工种、多楼层同时使用时、应专设指挥人员，信号不清不得开机。作业中不论任何人发出紧急停车信号，应立即执行。

第六节 地 基 基 础

《建筑桩基技术规范》JGJ 94—1994

6.2.13 人工挖孔施工应采取下列安全措施。

6.2.13.1 孔内必须设置应急软爬梯；供人员上下井，使用的电葫芦、吊笼等应安全可靠并配有自动卡紧保险装置，不得使用麻绳和尼龙绳吊挂或脚踏井壁凸缘上下。电葫芦使用前必须检验其安全起吊能力。

6.2.13.2 每日开工前必须检测井下的有毒有害气体，并应有足够的安全防护措施。桩孔开挖深度超过 10m 时，应有专门向井下送风的设备。

6.2.13.3 孔口四周必须设置护拦，一般加 0.8m 高围栏围护。

6.2.13.4 挖出的土石方应及时运离孔口，不得堆放在孔口四周 1m 范围内，机动车辆的通行不得对井壁的安全造成影响。

6.2.13.5 施工现场的一切电源、电路的安装和拆除必须由持证电工操作；电器必须严格接地、接零和使用漏电保护器。各孔用电必须分闸，严禁一闸多用。孔上电缆必须架空 2.0m 以上，严禁拖地和埋压土中，孔内电缆、电线必须有防磨损、防潮、防断等保护措施。照明应采用安全矿灯或 12V 以下的安全灯。

《建筑地基处理技术规范》JGJ 79—2002

13.3.9 石灰桩施工时应采取防止冲孔伤人的有效措施，确保施工人员的安全。

第十章 建设工程典型安全事故案例

第一节 土方坍塌事故

一、上海某地铁车站工程土方坍塌事故

(一) 事故概况

2001年8月20日,上海某建筑公司土建主承包、某土方公司分包的上海某地铁车站工程工地上(监理单位为某工程咨询公司),正在进行深基坑土方挖掘施工作业。下午18点30分,土方分包项目经理陈某将11名普工交予领班稽某,19点左右,稽某向11名工人交代了生产任务。11人就下基坑开始在四轴至15轴处平台上施工(稽某未下去,电工贺某后上基坑未下去)。大约20点左右,16轴处土方突然开始发生滑坡,当即有2人被土方所掩埋,另有2人埋至腰部以上,其他6人迅速逃离至基坑上。现场项目部接到报告后,立即准备组织抢险营救。20时10分,16轴至18轴处,发生第二次大面积土方滑坡。滑坡土方由18轴开始冲至12轴,将另外2人也掩没,并冲断了基坑内钢支撑16根。事故发生后,虽经项目部极力抢救,但被土方掩埋的4人终因窒息时间过长而死亡。

(二) 事故原因分析

1. 直接原因

该工程所处地基软弱,开挖范围内基本上均为淤泥质土,其中淤泥质黏土平均厚度达9.65m。土体抗剪强度低,灵敏度高达5.9,这种饱和软土受扰动后,极易发生触变现象。且施工期间遭百年一遇特大暴雨影响,造成长达171m基坑纵向留坡困难。而在执行小坡处置方案时未严格执行有关规定,造成小坡坡度过陡,是造成本次事故的直接原因。

2. 间接原因

目前,在狭长形地铁车站深基坑施工中,对纵向挖土和边坡留置的动态控制过程,尚无比较成熟的量化控制标准。设计、施工单位对复杂地质地层情况和类似基坑情况估计不足,对地铁施工的风险意识不强和施工经验不足,尤其对采用纵向开挖横向支撑的施工方法,纵向留坡与支撑安装到位之间合理匹配的重要性认识不足。该工程分包土方施工的项目部技术管理力量薄弱,在基坑施工中,采取分层开挖横向支撑及时安装到位的同时,对处置纵向小坡的留设方法和措施不力。监理单位、土建施工单位对基坑施工中的动态管理不严,是造成本次事故的重要原因,也是造成本次事故的间接原因。

3. 主要原因

地基软弱,开挖范围内淤泥质黏土平均厚度厚,土体抗剪强度低,灵敏度高,受扰动后极易发生触变。施工期间遭百年一遇特大暴雨,造成长达171m基坑纵向留坡困难。未严格执行有关规定,造成小坡坡度过陡,是造成本次事故的主要原因。

(三) 事故预防及控制措施

1. 土方施工单位

(1) 在公司范围内,进一步健全完善各部门安全生产管理制度,开展一次安全生产制度执行情况的大检查,在内容上重点突出各生产安全责任制到人、权限和奖惩分明,在范围上重点为工程一部、工程二部和各项目部。

(2) 建立完善纵向到底、横向到边的安全生产网络。公司安全设备部要增设施工安全主管岗位,选配懂建筑施工的,具有工程师职称和项目经理资质的专业技术人员担任。

(3) 加强技术和施工管理人员的培训。通过规范的培训和进修,获取施工员、项目经理等各种施工管理上岗资格。并加大引进专业技术人才的力度。

(4) 严格每月一次的安全生产领导小组例会制度,部门和员工的考核、评优、续约、奖励等均严格实行安全生产一票否决制。

(5) 由公司施工安全负责人负责,细化项目安全生产管理制度,重点弥补过去制度中在安全交底、民工安全教育、与甲方及各施工单位协调配合等方面存在的不足。

(6) 结合公司 ISO 9000 贯标工作,严格规范公司项目管理、工艺技术管理、安全生产管理、用工管理等工作。

(7) 在全公司上下,特别是公司领导班子和中层以上干部中,开展一次安全生产的大教育,重点解决如下认识问题:安全生产与企业生存的关系;安全投入与经济效益的关系;安全生产的原则与实际施工中和甲方可能发生的碰撞等,做到把思想统一到三个代表的高度上来,把认识统一到企业的生死存亡的实际上来,以利于举一反三,将整改措施真正落实到位,警钟长鸣。

2. 监理单位

(1) 吸取此次基坑塌方事故的深刻教训,"安全第一、预防为主"的方针必须贯穿在监理工作的全过程中。切实加强对施工方的监控力度,尤其要强化安全生产监控,发现问题,及时签发书面监理通知,责令施工方整改,做到防微杜渐,确保安全生产。

(2) 强化各项管理制度的落实,一切按规章制度办事,监理内业资料与施工同步进行,包括做好书面安全技术交底,确保每一项工作均处于可控和可追溯状态,确保每位监理人员的工作均有效可靠。

(3) 进一步加强对工地安全监理工作的检查,定期和不定期对监理人员进行安全监理工作教育。组织进行安全监理工作的心得交流,不断提高每位监理人员的技术和监控水平及早发现存在的不安全因素,防止各类事故发生。

3. 土建主承包单位

(1) 积极配合各方查找分析事故原因,并开展全面安全检查,对公司在安全生产中的薄弱环节进行整改。进一步加强安全防范措施。

(2) 全面建立安保体系,落实各级安全生产责任制;通过对各施工现场全面进行安全保证体系贯标,进一步落实安全生产责任制,促进施工现场文明施工;进一步突出了以项目经理为安全生产第一责任人的新的安全管理模式;明确安全生产人人有责,各岗位管理人员真正知道自己在安全管理上应该做什么,怎么做的要求;建立起安全生产的各个环节事事有人管。处处有人抓,促使安全生产真正有保证;改变安全管理靠突击应付的短期行为,做到持之以恒;通过 11 个要素,实现了对安全目标实施过程的有效控制;扭转施工组织设计中安全措施无实质性内容的弊病,强调安全策划的针对性和可操作性,特别是规范和完善专业性较强、施工危险性较大项目的施工组织设计中安全措施的编制。

(3) 加强深基坑施工的管理。为确保深基坑施工安全,公司就地铁车站基坑事故后的状况,技术部门在现场修改西部基坑的施工方案,且通过有关专家委员会的技术方案评审,并严格按照评审后的方案执行施工,同时对公司目前施工的深基坑工程,安全部门及技术部门从方案到具体施工都加强了审查力度,建立深基坑工程跟踪监控制度,加强了现场的监控频率。基坑支护设计方案严格执行上海市建设委员会关于《上海市深基础工程管理暂行规定》的通知。

(4) 强化方案审批与执行的管理力度,强调无施工方案不施工,施工方案审批手续不全不施工,有方案没交底不施工。当实际施工情况与施工方案有变化时,应及时做好对原施工方案的变更手续,待手续完善后方可开工。

(5) 突出安全交底的必要性和技术性。技术部门必须将编制的质量计划(施工方案)向施工负责人进行书面安全技术交底;分包队伍进场,施工负责人必须根据本工程特点,向分包单位进场进行书面安全总交底。对每个职工进行工种安全技术操作规程交底及企业安全规章制度交底,并进行书面确认签字手续;分包单位在上岗前必须对施工人员进行安全交底,并在上岗记录上填写清楚,使安全交底纵向到底横向到边;同时,加强我们总包对分包队伍的施工安全、施工技术交底的监督。

(6) 加强对分包队伍的管理,把好分包单位资质关,使分包资质与所分包的项目匹配。施工人员须经安全教育培训后持有效证件方可上岗。特别加强对专业分包队伍的安全管理。

(7) 加强管理人员对安全技术标准的学习,加强安全教育培训工作,对在岗人员通过自办、外送形式来提高管理岗位人员的安全技术知识,突出对项目经理、施工员及技术员的安全培训教育。提高全员安全防范意识,摆正安全生产与经济效益的关系。

4. 设计单位

地铁车站基坑发生纵向滑坡事故后,该院院长、总工等行政、技术领导亲自带领、组织有关设计人员主动配合抢险工作,并对围护结构设计进行了复核和事故原因的分析研讨。通过事故,设计人员深切感到基坑工程安全责任重大,设计单位在配合施工过程中,除技术交底、施组审查等技术性会议中对基坑工程技术要求进行认真交底、对基坑安全进行强调外,可利用工程例会、下现场等场合,对安全问题进行反复强调,提高施工等有关方对深基坑工程风险的认识。必要时采取书面形式发联系单给建设、施工、监理、监测等有关单位,以期引起重视,避免灾害事故的发生。设计单位应利用事故案例反复、持续地在广大设计人员中开展剖析与教育,提高对深基坑工程安全问题的认识,从设计与施工配合方面把设计单位的工作至做得更好。

5. 建设单位

(1) 实行专项整治检查,加强监控力度。公司组织力量,由三位副总经理带队分成三组对在建的地铁车站工程、高架工程、轻轨工程的施工现场进行为期4天的安全专项整治检查。通过检查初步扭转了部分施工单位现场管理不力、有章不循的不良倾向,严格了总包对分包队伍的管理,消除了不少安全隐患。公司并且对在检查中发现的个别监理单位的实际工作与投标时及合同承诺不符,监理人员对现场监控严重不到位的监理单位终止其监理任务，清退出场。

(2) 进行专业技术培训，认识工程风险。地铁工程建设的安全风险很大，如何正确地认识，才能行之有效地避免风险杜绝事故。为此公司利用两个双休日，举办深基坑业务培训班。由技术权威刘院士、公司总经理、副总经理总工程师、同济大学刘教授，为公司的项目负责人、主任工程师、相关的技术管理人员以及监理单位的现场监理工程师，专题讲解地下车站的安全风险、职责要求；深基坑开挖、支撑、放基坡、垫层、围护、加固、降水、险情征兆、抢险措施等内容。通过专业学习使各级管理人员正确地认识工程的安全风险，掌握有关的知识，为杜绝类似事故的发生打下了扎实的基础。

(3) 落实整改措施，消除安全隐患。公司职能部门对安全专项检查中暴露出的不足，进行销项回访验证。在安全检查中共查出各类问题 438 个。针对这些不足，我们逐条进行销项验证，消除了这些不安全因素，确保了施工现场的安全。

(4) 充实管理力量，完善监控机制。为加强对施工现场的管理力度，公司充实了各项目管理部的管理力量，各项目管理部都设立了专职安全管理人员。地铁车站项目管理部还专门成立了总监组，加强对施工现场的日常巡查，还对施工单位和监理单位提出相应的安全管理要求。双管齐下，完善工程建设的监控机制，为工程建设的顺利进展提供有力的保证。

(5) 运用激励机制，开展百日竞赛。为更好地推动工程建设的安全生产，公司分别在三个项目管理部所属工地开展"安全生产百日无事故竞赛"活动，对在"安全生产百日无事故竞赛"活动中的优秀单位进行物质奖励，运用激励机制来调动施工单位的安全生产积极性，取得了较好的效果。

(四) 事故处理结果

1. 本起事故直接经济损失约为 140 万元。

2. 事故发生后，总、分包单位根据事故调查小组的意见，对本次事故负有一定责任者进行了相应的处理：

(1) 土方单位现场项目部领班稽某，在小坡施工中未能严格执行施工方案，造成小坡坡度过陡引发事故，对本次事故负有直接责任，决定对其作留厂察看一年处分。

(2) 土方单位现场项目经理陈某，未能根据工况实际对领班和操作人员作针对性的安全技术交底，同时也未能认真执行放坡规定，对本次事故负有直接管理责任，决定撤销其三级项目经理资质，并给予行政记大过处分。

(3) 土方单位总经理周某，对职工的日常安全教育和培训不够，对项目部及管理人员监管不力，对本次事故负有领导责任，决定给予行政警告处分。上海市建设和建筑管理委员会决定对土方单位暂扣资质证书六个月。

(4) 监理单位现场总监张某、监理马某对施工单位施工过程中的关键点、危险点未能以书面形式下达，对施工动态监控、管理不严，对本次事故均负有一定责任，决定撤销张某担任的地铁车站监理组总监职务，决定给予马某行政记过处分并调离地铁车站工作。上海市建设和建筑管理委员会决定对监理单位暂扣资质证书六个月。

(5) 总承包项目部副经理朱某，对分包队伍日常施工过程中的动态管理与安全技术交底的执行情况检查、督促不力，对本次事故负有管理责任，决定对其给予行政记大过处分。

(6) 总承包项目经理部经理鲁某,对项目部及管理人员的日常监管不严,对本次事故负有领导责任,决定给予行政记过处分。上海市建设和管理委员会决定对总包单位暂扣企业资质证书六个月。

二、某办公楼工程土方坍塌事故

(一) 事故简介

2000年6月22日2时30分,×省某办公楼工程在人工配合挖掘机进行基坑作业过程中,基坑壁土突然坍塌,将5名作业人员埋入土中,造成3人死亡,2人受伤。

(二) 事故发生经过

某建筑公司承建的×省某办公楼工程,于2000年6月19日开工,6月20日进行基础土方机械挖掘作业,并派11名作业人员配合挖土作业。6月22日凌晨2时30分,当基坑已挖至长27.3m、宽6~8m、深4.7m时,挖掘机在基坑西侧北端挖完土退出,工地技术员王××在基坑西侧南端用水平仪测量基坑标高,这时11名作业人员进入基坑准备清槽作业。当11人走到基坑西侧北端时,基坑边坡长6.7m、厚0.73m、高4.7m,近20m³的土方突然坍塌,将其中5人埋入土中。现场工人奋力将被埋人员全部救出,立即送往该市第二医院进行抢救,其中3人经抢救无效死亡,另外2人受伤。

(三) 事故原因分析

1. 技术方面

没有认真按照施工组织设计的要求施工。基坑挖掘时放坡不足,没有及时发现并处理基坑西侧80cm厚的陈旧性回填土,导致基坑西侧北端边坡土方坍塌,是此次事故的技术原因。

挖掘机在挖土作业中的行走道路距基坑西侧约4m,行驶过程中挠动了基坑西侧的土方,使基坑西侧北端的土方突然坍塌,是此次事故的间接技术原因。

2. 管理方面

施工现场的监护人员,没有对基坑挖掘的放坡和基坑坍塌部位进行有效的监护,是此次事故的管理原因。

对施工作业人员的安全教育缺乏针对性,使作业人员安全意识不强,自我防护能力低,冒险进入危险施工作业现场,也是此次事故的管理原因。

(四) 事故的结论与教训

在此次事故中,技术管理存在严重缺陷。建筑施工无论工程大小,应预先编制施工方案,且认真执行。施工生产缺少了施工技术的指导,就是盲目施工,就是冒险蛮干。

基础施工应根据地质勘查资料、基坑周边环境和基坑土质状况,对边坡的稳定性进行计算,制定土方工程的放坡或者支护的方案和措施,按照分层开挖的原则进行施工。在该项土方工程施工中,没有按照规范要求制定分层开挖的步骤,也没有按照规范和施工组织设计的要求进行放坡或者进行支护。因此,当土质密度较低,且受基坑周边环境严重影响时,基坑边坡的稳定性就必然降低,由于缺少机械开挖基坑的放坡或者支护方案和措施,从而导致事故发生。

在土方施工过程中,施工技术人员本应在施工现场放线定位,根据施工组织设计确定放坡比例,控制机械开挖位置,监测边坡稳定性。在此次事故中,施工技术人员没有对基坑放坡比例和基坑边坡稳定状况进行观测，因此未能有效预防事故。

（五）事故的预防对策

土方工程必须结合地质勘查结果和基坑周边环境，根据基坑支护技术规范制定施工方案和技术措施，以确保土方施工的安全生产。

在土方工程施工过程中，施工现场的专职安全管理人员和技术人员必须在现场检查监测，对施工中违反施工规范、施工组织设计和技术措施的现象，及时纠正。

生产经营单位应该严格按照，《安全生产法》建立安全管理体系，实施安全监督和检查。

（六）专家点评

土方的稳定平衡与调配是土方工程施工的一项重要工作，施工单位应根据实际情况进行稳定性计算。在计算中，应综合考虑土的松散率、压缩率、沉降量等影响土方量变化的各种因素。

基坑支护与开挖方案，各地均有严格的规定，土方开挖的顺序、方法必须与设计工况相一致，并遵循"开槽支撑，先撑后挖，分层开挖，严禁超挖"的原则。基坑分层开挖的厚度，应根据工程具体情况(包括土质、环境等)决定。开挖本身是一种卸荷过程，要防止卸荷过程中引起土体失稳，降低土体抗剪性能。

同时，在土方工程施工测量中，除开工前的复测放线外，还应配合施工对平面位置(包括控制边界线、分界线、边坡的上口线和底口线等)、边坡坡度(包括放坡线、变坡等)和标高等经常进行测量，校核是否符合设计要求。

在此次事故中，施工技术存在缺陷，导致事故在发展和发生的过程中缺少了有效的控制。因此，强化施工技术管理，是保证施工质量和实现安全生产的基本要素。

第二节　高处坠落事故

一、北京市某工地高处坠落事故的调查报告书

（一）企业详细名称：某集团第三建筑公司

通讯地址：北京市××路×号

企业法定代表人姓名：×××　　职务：总经理

联系电话：××××××××

（二）企业经济类型：全民所有制

国民经济行业：建筑业

隶属关系：××总公司

直接主管部门：××(集团)有限公司

（三）事故发生时间：1999年8月16日上午8：30分

（四）事故发生地点：北京市××花园工地5号楼、6号外挂架西外侧离地10.70m处

（五）事故类别：高空坠落

（六）事故的全部原因：个人违章

（七）事故严重级别：死亡

第二节 高处坠落事故

（八）伤亡人员情况：死亡1人（表10-1）

伤亡人员情况　　　　　　　　　表10-1

姓名	性别	年龄	工种	本工种工龄	伤害部位	伤害程度	用工形式	安全教育情况
吴××	男	24	架子工	半年	头部胸部	死亡	农民工	已教育

（九）本次事故损失工作日：6000日

事故直接经济损失：6万元

（十）事故经过

8月16日，吴××所在架子工小组从事三层升至四层的外挂架子提升工作，该小组共6人：曹××、吴××、张××、张×、曾××、韩××，曹为组长。指挥塔吊的信号工是姚×。约8:20分前，架子工小组6人分工及位置见图10-1。

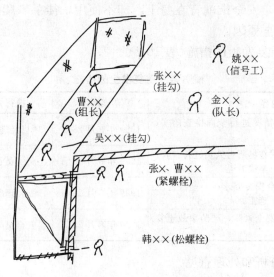

图10-1　架子工小组6人分工及位置

8:20左右，该外挂架提升紧固完毕，这时金××队长告诉组长曹××，因钢筋工等钢筋用，需将塔吊调走去吊钢筋，提升外挂架工作暂停，让曹去再找二个架子工来，等塔吊吊完钢筋后，一起配合提升外挂架。这时，信号工已随塔吊到该楼西北角位置去吊运钢筋，曹即顺楼梯去三楼找人。曹走后，金队长转身去察看四层顶板的支模情况。此时，因提升外挂架工作已停止作业，张××即离开外挂架到四层顶板南侧休息并向西南方面看外面的景物。约几分钟后，看见未提升的6号架西外侧小立面中部有一身影坠下。此时，金队长在四层顶板楼梯口位置，曹××在三楼架子工处，张×、曾××、韩××在三楼建筑物内休息。听到喊声后，从不同位置跑到楼南侧向外张望，发现吴××已坠地。此时，约8:30。

事故发生前约几秒钟，分包单位安全员周×，正在楼西侧位置（距坠落地点约30m），抬头看见吴××正在未提升的6号外挂外侧中部往下爬，他急忙跑过去想制止，还未跑在跟前，人已坠地，周是第一个赶到现场的人。分包单位木工黄××、薛××，此时正在楼西侧整理脚手管，一抬头，正好看见一人（此为吴××）在6号外挂架外侧中部，随即坠落，二人立即跑往出事地点，黄、薛是继周之后第二到现场的人。

事发后，经理部立即派车将人送往朝阳区万杰医院抢救，到医院时是 8：45 时，经抢救无效，于 11：15 时死亡。

(十一) 事故原因分析

1. 事故的直接原因

事故发生时，是外挂架停止作业期间，该作业小组处于休息等待状态。在其他作业人员相继离开作业地点的情况下，吴××从未提升的两个外挂架连接缝隙（该缝隙原先是用密目网封闭的，因提升需要，已解开）处钻出，违章沿 6 号外挂架西外侧爬下，不慎坠地，是造成这起事故的直接原因。

2. 事故的主要原因

吴××虽经过三级安全教育，但安全意识差，封安全网的架子外侧不能攀爬和系安全带是架子工起码的常识，安全带就背在身上，却不使用，徒手攀爬外架子，有侥幸心理。这是发生这起事故的主要原因。

(十二) 预防事故重复发生的措施（表 10-2）

预防事故重复发生的措施　　　　　　　　　　表 10-2

措施内容	落实时间	执行人员	检查人员
对各级安全责任制的执行情况进行全面检查落实，与经济挂钩。奖罚分明	1999 年 8 月 28 日	项目经理陈××	公司安全部王××
加强对外协队伍的管理，对在场所有人员进行普查，对手续不全等不符合要求的，坚决清退	1999 年 8 月 28 日	劳资员石××	公司安全部王××
加强现场安全管理，不符合安全要求的，坚决停工整改，经复查合格，方可准予施工	1999 年 8 月 28 日	副经理殷××	公司安全部王××
切实作好安全教育，提高安全素质，严防事故重复发生	1999 年 8 月 28 日	安全员马××	公司安全部王××

(十三) 事故责任分析和处理意见

1. 吴××入场时，已受过三级安全教育，也受过架子工专业培训，但吴对教育内容没有从思想上重视，把学习和培训只是当做取证的手段，而没有认真遵守执行，致使该事故发生。但责任人已死亡，总包和分包单位协同作好善后工作。

2. 事故发生后，工地停工整顿，进一步落实各项安全生产责任制，彻底清查各种隐患，并限期整改，经公司验收整改合格后方准复工。

3. 加强对全体施工人员的安全教育，凡进入施工现场的人员，都要遵守安全规定，发现违章，坚决制止并处罚，严防事故重复发生。

(十四) 事故调查组成员（表 10-3）

事故调查组成员　　　　　　　　　　表 10-3

调查组职务	姓名	单位及职务	调查组职务	姓名	单位及职务
组　长	孙××	公司副经理	组　员	王××	公司安全部人员
副组长	刘××	总经理助理	组　员	王××	公司安全部人员
组　员	于××	公司保卫部经理	组　员	乔××	公司安全部人员
组　员	牛××	工地办公室主任			

(十五) 事故有关附件

1. 事故现场照片(略)
2. 事故现场平面图(略)
3. 人员死亡证明(略)

二、某工地高处坠落事故

(一) 事故发生的经过

2006年3月21日下午14时40分左右,公司木工班职工×××在施工某工程十一层外柱模板时,突然踩断一根横木方,不慎从十一层摔到二层,摔成重伤,经送医院紧急抢救无效而死亡。

事故发生后,我项目部立即启动《环境与职业健康安全应急预案》,对伤员及时进行了救护,通知120急救中心(后因伤势过重,经120急救中心某医院抢救无效而死亡),做好了现场保护工作,并及时上报了某派出所和某镇安全监督组。

(二) 事故原因分析:

1. 直接原因

(1) 该职工违规作业,高空临边作业时未系安全带,且使用未经选料的木方作为脚手板,木方受力后从中断裂,导致事故发生。

(2) 外架搭设不符合安全要求,与楼层间距超过规范规定,导致人从间隙中堕落。

2. 间接原因

(1) 主要是专业工长和安全员安全检查力度不强,虽在施工前做过质量、安全技术交底,但未能及时发现工人违规作业,导致事故发生。

(2) 管理不到位,平时安全知识教育和学习不够深入细致,个别员工缺乏自我保护和安全意识,因而造成本起死亡事故。

(三) 事故责任划分及处理意见

1. 该职工本人:因其本人作业时未按照专业工长和安全员的技术交底要求施工,高空临边作业未系安全带,又擅自使用未经选料的木方作为脚手板使用,属严重安全违规作业,应负主要责任。但鉴于其本人已死亡,故不追究其责任。

2. 外架班组:由于外架班组没有按照安全规范规定和工长要求搭设外架,使外架根本没有起到安全防护的作用,是本起"3.21"死亡事故的罪魁祸首,因此,决定给予外架班组罚款20000元,并且以后不得再承接我司任何工程。

3. 安全员:作为项目安全员和外架专业工长,对现场施工安全有很重要作用,但却工作不细致,管理不严格,导致本次"3.21"事故发生,因此,对本起高空堕落事故应负直接管理责任和主要责任,决定给予其行政记大过一次,罚款2000元。

4. 施工员:作为负责现场的施工员,工人违规作业未能及时发现,安全责任心不强,应负主要管理责任,决定给予其行政记大过一次,罚款1000元。

5. 项目经理:作为本工程的项目经理,由于平时对员工安全教育不够深入细致,管理不严,对本次伤亡事故应负主要领导责任,决定给予项目经理×××行政警告处分,罚款2000元。

6. 项目副经理:作为本工程的项目副经理,主管现场生产,对本次伤亡事故应负一定的领导责任，决定给予其行政警告处分，罚款1000元。

7. 其他管理人员：作为项目管理人员，没有起到兼职安全员的作用，平时对工地检查、监督、指导不够，负有一定的管理责任，决定给予行政警告处分并罚款100元。

（四）预防事故重复发生的主要技术措施和组织措施

"3.21"高空堕落死亡事故反映了我项目在安全管理和安全生产上存在不能忽视的漏洞，必须引起项目领导、安全管理人员和项目全体员工的高度重视。针对本起高空堕落死亡事故，结合本项目的实际情况，我们将在安全生产和文明施工中采取以下整改措施：

1. 项目按照"三不放过"的原则查出事故原因，找出事故责任人，使全体员工真正受到教育，吸取血的教训，采取切实可行的安全措施，杜绝同类事故的发生。

2. 领导带头，立即在项目部掀起"安全生产和文明施工"的教育和学习热潮。各部门和各班组要针对各自的实际情况，认真学习安全生产法规和某市建筑企业安全生产等文件，真正使项目领导、项目管理人员和广大员工普遍接受一次安全法律法规的再教育，真正从思想上认识到安全生产的重要性和必要性，同时提高广大员工的安全生产自我保护意识和能力。

3. 项目立即组织一次安全生产和文明施工的大检查，检查的重点是安全管理、三宝四口五临边防护、高空作业、脚手架工程等。由项目经理牵头，严格按照安全生产规范和公司安全生产管理规定的要求进行检查，对查出的重大安全隐患按"三定"原则进行整改，绝不拖泥带水，绝不留尾巴，从技术措施上保证项目部真正做到安全生产和文明施工。

4. 认真落实安全生产责任制，严格定时考核各级管理人员，坚决制止各种违章指挥和违章作业，对多次教育和帮助仍知错不改者必须严肃处理绝不手软，以免留下安全隐患，最终酿成安全事故。

（五）估计事故经济损失：

医疗抢救费、丧葬抚恤费等共计20万元。

第三节 物体打击事故

一、北京市某工地物体打击事故调查报告

（一）企业名称　四川省×县建筑安装工程公司

住京地址　朝阳区大山子

联系电话　××××××××

委托法人代表　邹×

职务　四川省×县建筑安装工程公司副经理

（二）企业类型　全民所有制

国民经济行业　建筑业

隶属关系：四川省×县建筑安装工程公司

直接主管部门　沪县建管局

（三）发生事故时间　1999年9月20日上午10点50分

(四) 发生事故地点　鑫雅苑 8 号 F10

(五) 事故类别　物体打击

(六) 事故全部原因　大模板存放角度偏小，安全意识差

(七) 死亡人员情况 (表 10-4)

死亡人员情况　　　　　　　　　　　　　　　　表 10-4

姓名	性别	年龄	用工形式	工种	本工种工龄	安全教育情况	伤害程度	伤害部位
曾××	男	35	临时工	普工	12 天	一般教育	死亡	胸部骨折

(八) 本次事故损失工作日　6000 个工作日

本次事故经济损失　10 万元

(九) 事故详细经过

1999 年 9 月 20 日在鑫雅苑工地的 8 号楼，钢筋班长张××安排丁××、刘××、曾××三人在 8 号楼 10 层 4 段工作面清理钢筋，并将清理的钢筋吊至楼下。10 点 20 分左右，清理基本完毕时，曾××继续在 4 段 B 型户 (⑯—⑲轴) 整理准备捆扎吊运的钢筋，丁××、刘××去附近房间修墙体钢筋。为准备把清理出来的钢筋吊下楼去，曾××整理时，发现有被大模板压住的钢筋，为把被压住的钢筋拉出来，曾就去撬动大模板，致使 5100 号大模板倾覆。曾××躲避不及，被仰面砸倒在清理出来的钢筋堆上。信号工李×此时正在附近指挥塔吊吊相邻部位的门窗框模板，被突如其来的大模板倾倒声音吓了一跳，隔着钢筋墙看清是 B 型户房间，他马上赶过去，见曾××被大模板压着，胸部以上露在外面，他就喊"救人"，很快有 4～5 人跑过来，想把大模板掀起救人，但抬不动。李×就去指挥塔吊，在众人帮助下将大模板吊开，救起曾××。见曾已休克，立即抬进料斗用塔吊将曾吊到楼下，立即送往中国人民解放军 262 医院进行抢救，经半小时抢救无效死亡。

(十) 事故原因分析

1. 直接原因

曾××清理钢筋时撬动大模板，造成模板倾覆，被砸在大模板下而受致命伤害，是造成事故的直接原因。

2. 主要原因

(1) 施工到 10 层，8 号楼木工工长谢××为抢进度，擅自决定大模板在作业层水平周转，而没有相应采取有针对性的安全技术措施。

(2) 信号工李×在楼层单块放置大模板时，没有将板面面向墙体钢筋靠近放置，也没有认真检查大模板自稳角是否符合规定角度。事实上，大模板一端背楞靠住了阳台角部位墙体钢筋。自稳角度不够。

3. 重要原因

(1) 钢筋副班长罗××在安排工作时，安全交底针对性不强。

(2) 栋号长庞××对零星进场人员，没有安排足够时间进行安全教育，允许其上岗操作。对下属人员擅自改变施工方法没有及时加以控制。

(十一) 预防同类事故重复发生的措施 (表 10-5)

预防同类事故重复发生的措施 表 10-5

序	预 防 措 施	时间	责任人	检查人
1	立即停工，进行全员安全教育从中吸取教训	9.20	邹××	邹×
2	制定在楼层存放大模板的安全技术措施	9.24	文××	邹××
3	对起重信号工、木工、钢筋工进行大模板在楼层停放的安全技术交底	9.25	庞××	邹××

（十二）事故责任分析和对责任者的处理意见

1. 曾××违反有关规定，用钢管撬动大模板，致使大模板倾覆，致重伤死亡，对本次事故负直接责任，鉴于已死亡，不予追究责任。

2. 木工工长谢××为抢工期，擅自决定在楼层存放大模板，而没有采取具体有效的安全技术措施，对此次事故应负主要责任，给予其行政记大过处分和经济处罚。

3. 起重信号工李×指挥在楼面吊运存放大模板时，自稳角不足，板面朝向不对，以致发生此事故，应对此次事故负主要责任，给予经济处罚。

4. 副班长罗××安排工作不当，指派进场不久、施工经验不足的曾××独自从事清理钢筋准备捆扎吊运的工作，对本次事故负有一定责任，决定给予其经济处罚。

5. 四川省×县建筑安装工程公司的鑫雅苑项目经理部 8 号楼栋号长庞××未严格执行施工现场安全管理规定，管理不严，对此次事故负有管理责任，决定给予其行政警告处分并罚款。

6. 项目施工生产没有严格履行安全生产责任制，生产经理邹××没有严格执行公司用工管理制度和规定，对该次事故负有领导责任，决定给予其行政警告处分。

（十三）事故调查组成员名单（表 10-6）

事故调查组成员名单 表 10-6

姓 名	单 位	职 务	调查组职务	签 名
邹×	×县建安公司	副总经理	组 长	邹×
刘××	×县建安公司	劳务部长	副组长	刘××
迟××	×县建安公司	副经理	副组长	迟××
曾×	×县建安公司	副经理	副组长	曾×
邹××	鑫雅苑项目部	生产经理	组 员	邹××
文××	鑫雅苑项目部	技术股长	组 员	文××
孔××	鑫雅苑项目部	劳资股长	组 员	孔××
侯××	鑫雅苑项目部	安全股长	组 员	侯××

二、关于程××重伤事故的调查报告

（一）企业详细名称：某土木工程有限公司

法人代表：高××

地址：北京市××区××路××号

电话：××××××××

（二）经济类型：全民所有制

国民经济行业：建筑业

隶属关系：中央直属企业

直接主管部门：某建筑集团有限公司

（三）事故发生时间：一九九九年八月二十四日下午 4：30

（四）事故发生地点：山西国贸大厦新建工程

（五）事故类别：物体打击

（六）事故主要原因

某土木工程有限公司山西分公司山西国贸大厦项目经理部分包单位南通六建工人蔡××在清理外爬架（38 层）施工垃圾时，不慎将重约 1 公斤、体积为 150mm×100mm×40mm 的混凝土块碰落，混凝土块坠落至下方搭设水平安全挑网的脚手杆后弹出，击中在地面行走中的程文浩头部。

（七）受伤人员情况（表 10-7）

受 伤 人 员 情 况　　　　　　　　　　　表 10-7

姓名	性别	年龄	文化程度	用工形式	工种及级别	本工种工龄	安全教育情况	伤害部位	伤害程度	损失工作日
程××	男	23	大学	正式工	安全员	1	三级	头部	重伤	105

（八）本次事故损失工作日总数：1250 日

（九）本次事故经济损失：10.3 万元

其中直接经济损失 7.1 万元

（十）伤亡者及有关人员的用工形式和证件完备情况：齐全

（十一）事故详细经过

1999 年 8 月 24 日下午 4：30，中建某局土木工程有限公司山西分公司所属山西国贸大厦项目经理部安全员程××与张守成（实习）对现场拍照，整理用于安全宣传的图片资料，在工作完成后返回办公室的途中，行走至西塔楼西北角距西塔楼西侧 9.4m 处，被西塔楼 38 层坠落的重约 1kg、体积为 150mm×100mm×40mm 的混凝土块击中头部，安全帽被砸破直径约 15cm 的洞，造成头部左侧直径约 5cm 范围内的颅骨开放型粉碎性骨折。经过对现场负责清理西塔楼外爬架的分包单位南通×建的工人进行调查发现，由于工人蔡××在清理西塔楼西北角爬架过程中不慎将混凝土块碰落，坠落至下方搭设水平安全挑网的脚手杆后弹出网外，击中在下方行走的程××头部。

伤害位置示意图：略。

（十二）事故原因分析

1. 直接原因

西塔楼 38 层西北角爬架坠落的混凝土块击中程××头部是造成本次事故的直接原因。

2. 间接原因

南通×建在结构施工过程中未按照文明施工要求做到"工完场清"，集中进行垃圾清理是造成本次事故的间接原因。

3. 主要原因

清理爬架的工人蔡××不慎将混凝土块碰落，坠落至爬架下方搭设水平安全挑网的脚手杆后弹出网外,是造成本次事故的主要原因。

(十三) 预防事故再发生的措施

1. 对东、西两栋塔楼按规范搭设的每四层一道的水平安全挑网进行彻底检查,确保挑网外高里低、松紧适宜。

2. 在进行清理爬架和拆除爬架作业时,要在地面设立警戒区,并安排专门人员负责看护,禁止人员通行。

3. 现场内安全通道上方必须搭设护头棚(或其他安全可靠的安全防护设施),形成环行安全通道。

4. 进行拆除爬架作业和玻璃幕墙工程施工前,必须制定详细、可行的安全施工方案。

(十四) 事故责任分析

1. 主要责任

分包单位南通×建未对进行爬架清理的工人进行全面详细的安全技术交底,工人在工作过程中将混凝土块碰落,造成对在下方行走的程××的伤害,应负主要责任。

2. 管理责任

分包单位南通×建未履行文明施工约有关规定,未能做到"工完场清",集中清理垃圾,造成这起物体打击事故,应负管理责任。

3. 领导责任

总包单位山西分公司国贸大厦项目经理部对分包单位安全生产、文明施工的管理力度不够,应负领导责任。

(十五) 对事故责任者的处理意见

1. 原则上同意山西分公司上报的《关于程××重伤事故的调查报告》中对事故责任者的以下处理意见,即:

(1) 分包单位南通×建工人蔡××由于在清理过程中不慎将混凝土块碰掉,导致程××重伤事故,是事故的主要责任者,给予1000元罚款,并开除出国贸工地。南通×建是事故责任单位,给予10000元经济处罚。

(2) 给予项目总负责人孙××1000元经济处罚。

(3) 给予项目安全总监高××600元经济处罚。

(4) 给予项目总工程师席××600元经济处罚。

(5) 给予项目安保部负责人田××300元经济处罚。

(6) 给予项目技术质量部负责人刘××300元经济处罚;

(7) 给予项目西塔楼栋号长陈××300元经济处罚。

(8) 给予西塔楼值班工长张×200元经济处罚。

2. 公司根据年初总经理与山西分公司经理签订的安全责任状中第一项条款中第一条规定的"因工重伤事故为零"给予考核,免除山西分公司经理年终安全责任状兑现奖10000元。

3. 公司给予山西分公司20000元罚款处理。

(十六) 事故调查的有关资料

1. 事故现场照片。

2. 山西分公司上报的《关于程××重伤事故的调查报告》。

(十七) 事故调查组成员名单：
组长：王××
副组长：沈×
组员：刘×、钟××、陶×、仝××、常××

第四节 触 电 事 故

一、上海某厂房改造项目触电事故

(一) 事故经过

1999年7月8日某建筑集团公司与上海广电VDO汽车电子有限公司就其厂房改造签订了工程承包合同，成为VDO厂房改造工程的总包方。由于该集团公司与泰兴一建进行过工程协作，彼此较了解，为此，总包方选用了泰兴一建安装工程公司做工程分包方并在8月3日与其签订了分包合同，承包方式为扩大劳务分包（结算方式及承包范围见分包合同）。

在分包合同签订的同时，泰兴一建安装工程公司四处积极组织施工人员进场施工，在施工中，由于业主对泵房、配电室等项目工期要求紧迫，为满足业主和总包方的施工进度要求，分包现场负责人钟××在未请示其公司领导也未通知总包方的情况下，通过私人关系，在未办理任何手续的情况下，使用了由秦×带来的包括牛××、王××和死者张××等在内的19个临时佣工，这些工人未进行正规的三级教育，进场后就投入了施工。

因为8月16日要浇筑配电房的基础，所以必须提前将基坑内的积水抽出去，分包方买来的小水泵不能满足排水量要求，15日下午秦×的瓦工组组长牛××向分包方的负责人要水泵，晚饭后，分包方从其银发工地调来一台大水泵，泰兴一建瓦工组领班陈××同牛等三人将泵放入基坑并由陈××进行安装、调试。晚9：30左右，陈××通知牛××水泵已修好，要求牛派人去看泵抽水。牛就派工人张××和王××去抽水。张××和王××到工作地点，见水泵工作正常，二人就到工作地点边的水泥地聊天，在附近洗澡的陈××对两工人强调看好水泵。张××让王××给他拿一凉席、把香烟留下，然后先去睡觉。

深夜两点左右，陈不放心到现场巡查，发现发生了事故，马上拔下水泵电源插头，赶到住在现场的牛××处喊："出事了"。牛××、王××等工人赶到现场时见到张××趴在水中，左肘、脚底有电击点，左手紧握水泵把儿，右手握绳，水泵电缆距水面60cm左右处有接头且有破漏，水泵电源直接接到二级箱上（后经试跳试验，二级箱内漏电保护器失灵）。

代班组长牛××先派了两个人下到基坑，但未能将张××移动，现场工人怕动了现场说不清，不敢再进行抢救，用照相机对现场拍照，牛××才又带两人下到基坑，将张××抬上来，放到厂房边上。

通过现场勘察分析：事故的过程是由于抽水不畅，在未断掉电源的情况下，张××想移动水泵，由于水泵电缆有漏电接头，张不甚左肘触电，又由于现场临电系统配置不符合部颁标准（JGJ 59—99），仅有的一级漏电保护器失灵，现场看护人员王××离岗，又未能起到及时断电拉闸的监护作用，致使张××触电死亡。

总、分包领导在接到报告后立即赶到了事故现场，组织抢救、保护现场，进行事故处理并上报有关部门。上级有关单位于16日早8点左右先后赶到事故现场进行调查，嘉定区公安局法医于9：30左右在现场对张××进行了检查，判断张××已死亡。死亡原因为触电。

（二）事故原因分析

1. 直接原因　死者张××违章带电操作。

2. 间接原因　工人王××脱离工作岗位，在事故发生后不能及时发现情况，断电抢救。

3. 主要原因

（1）泰兴一建瓦工组领班陈××接的水泵电缆有接头且破漏，绝缘不良，水泵安装未按三级配电两极保护要求配置（不符合部颁JCJ 59—99标准），且陈××未检查二级箱内漏电保护器工作状态。

（2）代班牛××未进行现场检查，也未进行安全交底，在未对水泵进行验收，现场临电设备隐患严重的情况下，派工人进行夜间工作。

（3）分包方现场管理人员未请示公司领导，为满足总包方工程进度要求，利用私人关系在未办理有关手续的情况下，临时借用工人，在未进行全面安全教育和安全交底的情况下，派工人进行施工。

（4）总、分包方公司对此项工程安全生产重视不够，安全生产管理制度不严密，认为该项目工期短、工作量小，现场管理人员忽视安全生产，对现场管理不严，检查、监督力度不够，对现场隐患不能及时督促整改，负不可推卸的管理责任。

（三）预防事故重复发生的措施

1. 立即组成事故调查组、现场整改小组、事故善后小组，本着"四不放过"的原则，对事故进行全面调查，举一反三，对现场进行整改及事故的善后工作。

2. 施工现场全面停工，集中施工人员进行安全生产教育，进一步完善各项安全管理制度，加强现场安全管理。

3. 对施工现场进行全面检查，对查出的隐患逐项进行整改消项。

4. 对施工现场临电进行全面检查，按标准对临电系统进行整改。

5. 对现场施工人员进行全面清理，不符合用工制度的，全部清除出现场并严格用工制度。

6. 整改落实表（表10-8）

整改落实表　　　　　　　　　　　　　　　表10-8

预防措施	执行负责人	完成时限	检查人	完成情况
立即组成事故调查组进行全面调查	中建×局集团联络处总经理	8月20日	事故调查组	已完成
立即组成事故善后小组，进行事故善后工作	中建×局集团（沪）工会主席付×× 泰兴一建（沪）副书记钱××	8月20日	事故善后小组	已完成，死者家属已离沪
施工现场全面停工，集中施工人员进行安全生产教育，完善现场安全管理	中建×局集团（沪）安全责任工程师祝××	8月20日	事故现场整改小组	已完成并经区安监站验收合格

第四节 触电事故

续表

预防措施	执行负责人	完成时限	检查人	完成情况
对施工现场进行全面检查，对查出的隐患逐项整改消项	中建×局集团（沪）上广电VDO项目经理张××	8月20日	事故现场整改小组	已完成并经区安监站验收合格
对施工现场临电进行全面检查，按标准改造	中建×局集团（沪）上广电VDO项目副经理于××	8月20日	事故现场整改小组	已完成并经区安监站验收合格
对现场施工人员进行全面清查，不符合用工制度的，全部清除出现场并严格用工制度	泰建一建（沪）第四工程处主任陆××	8月20日	事故现场整改小组	已完成并经区安监站验收合格

（四）事故责任分析和对责任者的处理意见

（1）死者张××是事故直接责任者，因其已经死亡，不再对其追究责任。

（2）工人王××违章离开施工现场，未能起到监护责任，是事故的间接责任者，由分包方对其进行经济处罚并在事故处理后清除出场。

（3）代班牛××未进行现场安全检查，也未进行安全交底，在未对水泵进行验收，现场设备隐患严重的情况下，让工人进行夜间工作对事故负有重要责任，由分包方进行经济处罚并在事故处理后清除出场。

（4）泰兴一建瓦工组领班陈××违章接电、试泵，使现场留下极大的事故隐患，由分包方进行经济处罚并撤销代班资格。

（5）钟××作为分包方现场负责人，未请示公司领导，私自联系借用工人，现场安全管理不力，严重违反公司的用工管理制度，对事故负有管理责任，由分包方根据其企业管理制度，作出书面检查并进行行政处理和经济处罚。

（6）总包方项目经理部对分包方现场管理力度不够，安全管理制度不严，对隐患整改督促不及时，对事故负有不可推卸的管理责任。责令其现场项目经理作出书面检查并给予行政处分和经济处罚。

二、某触电死亡事故

（一）事故经过

2006年7月18日某施工单位水电班长王某安排赵某和吕某在工程二楼206房间的卫生间施工，利用水钻开孔作业，当时地面存有积水，赵某脚穿拖鞋作业，手上没带绝缘手套。作业时将楼板内预先敷设的照明电源线钻破，芯线外露，导致水钻外壳带电，赵某触电倒地死亡。

（二）事故原因

1. 作业时楼板内预先敷设的照明电源线路没有及时断电，给作业施工留下了安全隐患。

2. 漏电保护器失灵，当设备外皮带电时，没有起到保护作用。

3. 手持电动工具的金属外壳未做可靠的接零保护。

4. 未给工人配发劳动防护用品。

5. 操作工人脚穿拖鞋，违章作业。

（三）防范措施

1. 与建设单位联系，取得与施工活动有关的图纸资料，对原建筑物内的电路做出详细调查，并采取可靠措施。

2. 按照《施工现场临时用电规范》对现场配电箱进行全面检查，确保所有器件灵敏有效。

3. 对手持电动工具进行全面检查，确保用电设备的金属外壳有可靠的接零保护。

4. 加大施工现场管理力度，落实安全生产规章制度，保证施工现场安全、有序。切实做好施工人员的安全教育和施工前的安全技术交底工作落实到各施工班组及每一个施工人员，深化安全意识。

5. 加强对临时用电、机械设备管理人员的安全教育，做到尽职尽责。

6. 加强对用电人员的安全教育，在潮湿的环境下施工，要正确使用、佩戴劳动防护用品。

第五节 机械伤害事故

一、北京市某工地机械伤害事故调查报告

（一）企业详细名称 江苏省某建筑集团北京公司第九工程处

通讯地址 江苏省启东市大同镇

企业法定代表人姓名 秦×× 职务 公司经理

联系电话 ××××××

（二）企业经济类型 其他所有制

国民经济行业 建筑业

隶属关系 其他企业

直接主管部门 启东市建工局

（三）事故发生时间 1999年4月10日上午8:20左右

（四）事故地点 肿瘤医院住宅楼

（五）事故类别 机械伤害

（六）事故全部原因

1. 架子工杨××未按规程规定程序工作，在未通知电梯双笼两个司机同时停运的情况下，就进行电梯检修。

2. 架子班长孙××得知安全员所派工作内容后，未到现场了解情况，未亲自对电梯司机布置停运、警戒交底，也未给杨××派警戒副手，更未下文字交底。

3. 安全员姚×未按正常程序工作，在未通知电梯主管人员和架子班主管人员的情况下，就派人检修电梯，且派活时应该注意的事项交代不明确，针对性不强。

4. 电梯司机周×知道杨××在检修电梯，未为杨进行现场观察、警戒；电梯司机李××在电梯开启前和过程中，未认真进行环境观察。

5. 施工单位人员安全教育不到位，安全管理制度执行混乱，安全管理工作随意性大。

其中直接原因：违反操作规程。

（七）事故严重级别 死亡

(八) 伤亡人员情况(表 10-9)

伤亡人员情况　　　　　　　　　　　　　　　　　　表 10-9

姓名	性别	年龄	工种	本工种工龄	伤害部位	伤害程度	用工形式	安全教育情况
杨文昌	男	44	架子工	3 年	头部	死亡	农民合同工	培训取证

(九) 本次事故损失工作日　6000 日

事故直接经济损失　13 万元

(十) 事故经过

　　1999 年 4 月 10 日上午 7 点半左右,工地安全员姚×在等电梯时发现 13～14 层电梯附着架螺丝松动,于是姚×就派 5 个正在堆放扣件的工人中的杨××去紧固附着螺丝并要他注意电梯上下、戴好安全帽、系上安全带。这时架子班长孙××来到近前,姚×把情况和派人的事向孙××进行了交代,孙××表示同意并进一步交代杨××对电梯司机说一下。

　　杨××借来扳手,来到电梯前,乘电梯南笼(司机李××)到 13 层检修了南边和靠墙的螺丝,准备检修北侧螺丝时,电梯北笼上来,为检修方便,杨文昌与北笼司机周×约定,将北笼停在 13～14 层间,杨××站在北笼顶检修。此前,南笼司机李××已送三人下到地面,因钢筋工汤××要到 13 层,李未观察就启动电梯上升,电梯上升过程中,李听到物体撞击声并感到电梯明显晃动,上面掉下一扳手,随后有许多血淋下,李停下电梯,马上向下开。北笼司机周×听到撞击声后,连喊几声笼顶的杨××,未见回应后,周×叫 9 层的电焊工黄×上去看看到底发生了什么事,黄×到 14 层顶一看,说:"杨××头上都是血,倒到那儿了"。周×马上将电梯顶开到与楼层平,架子工张××、陆××、安全员姚×把杨××抱到又开上来的电梯南笼里。杨××因头部开放性骨折,大脑严重受损,失血过多,当场死亡。

(十一) 事故原因分析

　　杨××违反操作规程,未通知电梯停运,就进行电梯检修,是事故的直接原因;施工单位人员安全教育不到位,安全管理制度执行混乱,安全管理工作随意性大,安全员姚×未按正常程序工作,在未通知电梯班主管人员和架子班主管人员的情况下,就派人检修电梯,且派活时应该注意的事项交代不明确,针对性不强,同时未亲自对电梯司机布置停运、警戒交底,更未给杨××派警戒副手,是事故发生的主要原因;架子班长孙××得知安全员所派工作内容后,未到现场了解情况,只作了一般性交底,未当着二个工种的面交底,也未给杨××派警戒副手,更未下文字交底,是事故发生的原因之一;电梯司机周×知道杨××在检修电梯,未为杨进行现场观察、警戒,电梯司机李××在电梯开启前和过程中,未认真进行环境观察,是事故发生的重要原因。

(十二) 预防事故重复发生的措施

1. 施工现场全面停工整改。

2. 对所有施工人员进行全面安全教育,特种作业人员进行作业规程学习和必要的取证培训。

3. 重新规范机械管理制度和责任制。

4. 重新制定其他现场管理制度并分工落实,重申安全员的监督职责和工长的任务下达、交底职责。

5. 重新落实安全生产责任制,做到层层把关,处处落实。

6. 整改落实表(表10-10)

整 改 落 实 表　　　　　　表10-10

存在问题	落实人员	整改时限	完成时间	验收人员
对安全防护、机械设备、电气线路、外挂架、文明施工等进行全面检查与整改	张× 顾×× 姚× 各工种安全员	99.4.14	99.4.14	戴×× 秦××
职工队伍中,新成分比例比较多,尽管进行了三级教育安全考试,但缺少安全知识,必须再系统地进行安全教育	张× 顾×× 姚×	99.4.20	99.4.25	秦××
各工种普遍存在安全交底不到位,针对性不强的问题,指出不足,重新明确规定	顾×× 姚× 郁×	99.4.15	99.4.15	秦××
对机械设备管理制度与操作人员责任制重新明确规定,并对特殊工种作业人员进行学习和必要的取证培训	张× 顾×× 姚×	99.4.30	99.4.30	戴×× 秦××
少数管理人员有搞好本职工作的良好愿望,但缺乏一定的专业知识和管理经验,重申安全员的监督职责和工长的任务下达交底职责	顾×× 郁×	99.4.20	99.4.20	秦××
在几个工种协调作业的条件下,缺乏系统的安全措施	顾×× 邱×× 姚×	99.4.15	99.4.12	秦××

(十三)事故责任分析和对责任者的处理意见

1. 事故直接责任者杨××(死者)违反操作规程造成事故,因其已死亡,不再追究其责任。

2. 事故主要责任者,安全员姚×不按正常工作顺序工作,安全交底不明确,未亲自对电梯司机布置停运、警戒交底,也未给杨××派警戒副手,更未下文字交底,是事故的主要责任者,对其给予行政记过处分并给予经济处罚。

3. 电梯司机周×知道杨××在检修电梯,未为杨进行现场观察、警戒;电梯司机李××在电梯开启前和过程中,未认真进行环境观察,是事故的重要责任者,责令二人在大会上作出深刻检查,并给予经济处罚,同时,把李××调离岗位。

4. 架子班长孙××得知安全员所派工作内容后未到现场了解情况,尽管也进行了安全交底,但交底不明确,针对性不强,也未给杨××派警戒副手,是事故的责任者之一,令其在全场检查并给予经济处罚。

5. 施工现场人员安全教育不到位,人员安全意识淡薄,安全管理制度执行混乱,安全管理工作随意性大,管理不力,事故单位经理秦××应负领导责任,现场经理顾××负直接领导责任,在向上级领导上交检查报告的同时,分别给予一定的经济处罚。

(十四) 调查组成员(表10-11)

调查组成员　　　　　　　　　表10-11

姓　名	职　务	单　位	签　字
秦××	项目经理	某建筑集团北京公司第九工程处	秦××
顾××	生产经理	某建筑集团北京公司第九工程处	顾××
郁××	技　术	某建筑集团北京公司第九工程处	郁××
邱××	后勤经理	某建筑集团北京公司第九工程处	邱××

事故有关附件：

1. 事故现场及死者照片(略)；
2. 事故现场示意图(略)；
3. 死者死亡证明(略)。

二、"2·27"起重伤害事故

（一）事故经过

2006年2月27日，由某施工单位承建的北京地铁某标段正在进行暗挖施工，某分包单位的作业人员梅某、陆某、徐某、马某、潘某等五人进入导洞施工，其中陆某、徐某、马某在一竖井底部从事向井外清运土方作业，牟某操作起重机。2：45左右，施工现场使用的电动单梁起重机在提升过程中发生冲顶，吊钩滑轮组与电动葫芦的护板发生严重撞击，电动葫芦钢丝绳断裂，料斗从井口处坠落至井底，将在井底清土作业的人员陆某、徐某、马某三人当场砸死。

（二）事故原因

1. 该工程在起重设备的使用上，严重违反了《特种设备安全监察条例》在电动单梁起重机没有安装导绳器、上升限位器并且起重滑轮边缘局部破损的情况下，继续使用起重设备，以致在吊斗提升过程中发生冲顶，受力的钢丝绳滑出滑轮轨道，被破损的滑轮边缘剪断，吊斗随之落下。

2. 作业人员牟某严重违反了《特种设备安全监察条例》未经专业培训，持假操作证违章操作电动单梁起重机，并在操作时不能及时发现机械异常。

3. 作业人员陆某、徐某、马某安全意识淡薄，不了解施工现场存在的安全隐患，违反"不得随意进入施工现场起吊作业区域"的规定，在起重机吊运过程中盲目进入起重机垂直运输区域清土作业。

4. 施工现场管理人员监管不力，对起重机运行安全状况及操作人员的持证情况检查不到位，也未及时发现电动单梁起重机存在的隐患和缺陷。

（三）防范措施

1. 施工现场严格按照《特种设备安全监察条例》的规定，对所使用的特种设备进行全面检查，保存检查记录，保证各项安全装置灵敏有效。

2. 现场作业人员必须严格按照《特种设备安全监察条例》的规定，凡特种设备作业人员，应当按照国家有关规定经特种设备安全监督管理部门考核合格，取得国家统一格式的特种作业人员证书，方可从事相应的作业或管理工作。

3. 加强对作业人员的安全操作规程和安全生产意识的教育，同时进行有针对性的安全技术交底，保证对作业人员了解工作区域内存在的安全隐患。

4. 加大对施工现场安全检查力度，以及各项安全管理措施落实情况的检查，以确保发现隐患并能及时采取有效的整改措施。

第六节　塔吊倾覆事故

一、某体育馆工程塔式起重机整机倾覆事故

（一）事故概况

2001 年 3 月 8 日晚，某体育馆工程使用的 QTZ60 型塔式起重机在起吊混凝土料斗时发生整机倾覆事故，致使司机受伤、塔式起重机报废、项目部临时活动房局部被砸塌，经济损失达 30 余万元。

（二）事故经过

2001 年 3 月 8 日晚 8 时 35 分，某体育馆工程中的 QTZ60 型塔式起重机在起吊混凝土料斗时，塔身根部朝平衡臂方向的两根地脚螺栓断裂，塔式起重机朝起重臂方向发生倾覆，司机未及逃生而受伤，塔式起重机大部分钢结构变形，运行机构破损，整机几乎报废；起重臂在坠落过程中砸塌二层项目部临时活动房局部，并插入楼下车库中，所幸夜间值班人员不在该房间内，而原停放在车库内的红旗轿车出车在外，未造成更大的伤亡与经济损失，但该事故是一起人为的严重的机械设备事故。

（三）事故原因

1. 事故原因

据现场勘察计算，塔式起重机起吊时，料斗与混凝土的重量已超过该起重机在最大工作幅度下的起重量，发生事故时实际起重力矩超过该起重机的最大起重力矩 26.3%，严重超载。为最大程度地覆盖施工场地，施工单位将塔式起重机布置在圆形体育馆建筑物的圆心上，现场的混凝土搅拌站位于体育馆建筑物基坑边缘，塔式起重机的最大工作幅度距离搅拌站出料口尚差 2m 左右，在当料斗在搅拌站出料口处装载混凝土时，起重机吊钩只能斜拉起吊，因此加大了起升载荷，加剧了超载现象，导致塔式起重机发生倾覆。

2. 事故间接原因

（1）起重机作业人员无上岗证

按施工现场安全管理规定，塔式起重机的安装、操作、指挥人员均应经专门培训、考核合格，持有劳动管理部门颁发的起重作业特殊工种上岗操作证，并在规定年限内复核。本案例中塔式起重机司机与指挥人员均无操作证，均属违章上岗作业。

（2）安全保护装置无效

现场勘察结果表明，因塔式起重机操作人员维护、管理不力，该塔式起重机的起重力矩限制器未按《使用说明书》的要求调试到位，该装置内的推杆与行程开关触点距离太远，且有数因而当塔式起重机起重力矩超载时，推杆未能顶触行程开关的触点而报警、断电，不起安全保护作用。

(3) 地脚螺栓材质不正确

经技术监督部门检测化验，现场断裂的地脚螺栓未达到《使用说明书》规定的8.8级强度，安全系数小于设计要求的1.34倍，强度储备不足。

(4) 施工现场安全管理不力

因本工程项目位于郊区，并从社会租赁塔式起重机使用，工程项目部放松了对塔式起重机及其操作人员的安全管理，对无证上岗、照明不良、起重机斜拉与超载、安全保护装置失灵等违章现象与安全隐患不闻不问，且未按施工现场常规安全管理规定对塔式起重机的主要安全保护装置进行安装检测与定期检测。

(四) 事故教训

(1) 塔式起重机选位应适当

塔式起重机是建设工程中最常用的起重机械设备，在施工现场平面内选择位置时应考虑以下条件：1)起重机进场、安装、拆除、退场方便；2)起重机能最大程度地覆盖施工工作区域；3)起重机定位后在各种工作幅度下均能满足施工中需要的起吊重量；4)起重机距离高压线5~10m，回转无障碍。

(2) 塔式起重机安全保护装置的状况应保持良好

塔式起重机的安全保护装置分载荷安全保护装置、运动安全保护装置两类。载荷安全保护装置含起重力矩限制器、起重量限制器，前者对塔式起重机在任何幅度工作时幅度与起重量乘积作出定量限位，以保证整机抗倾翻稳定性与钢结构强度，后者对起重机的最大起重量作出定量限位，以保证起重机的起升机构与钢结构强度。运动安全保护装置含起升高度限制器、工作幅度限制器、回转限制器，分别对塔式起重机的起升高度、工作幅度、回转圈数作出定量限位，以保证工作机构在预定的范围内运行而不至脱轨或损坏构件。《塔式起重机安全规程》要求塔式起重机在使用期间，以上各种安全保护装置在塔式起重机均应调试到位、使用正常。当起重机某种载荷参数或运动参数超出预设范围时，以上对应的安全保护装置内部的推杆可顶触行程开关触点，并能报警、断电，待故障排除后功能方可恢复工作。在上述5种安全保护装置中，起重力矩限制器位居首要，被列为整机合格与否的否决项。

(3) 塔式起重机操作人员应经专门培训、考核合格，持有劳动管理部门颁发的起重作业特殊工种上岗操作证，并在规定年限内复核。

(4) 塔式起重机进场前，用户与安装人员应检查其生产许可证、出厂检验合格证、主要部件检测合格证等随机文件，并检查部件数量是否完整、外形是否完好，并办理检查验收记录。

(5) 塔式起重机安装过程中，操作人员应按《使用说明书》的要求调试起重力矩限制器等安全保护装置，使各装置内的推杆在规定位置上均能顶推行程开关触点，发出报警、断电信号，起安全保护作用。

(6) 塔式起重机安装完毕，土建施工单位与安装单位应向当地建筑施工安全管理部门申报检测。当地法定检测机构根据塔式起重机国标及《塔式起重机使用说明书》的要求检测，并进行110%动超载、125%静超载试验，检测合格并获得合格证后方可投入使用。

(7) 塔式起重机在使用期间应按照重要性大小对各部件进行日检、周检、月检及日常维护并作记录。安全装置应保持良好。发现设备问题应及时修理，不得带病运行。

(8) 塔式起重机在使用期间应严格遵守"十不吊"（指挥信号不明、超载及重量不明、吊物与地下连接、捆扎不牢、斜拉、吊物不明、视线不明、大于六级风不吊等）规定，禁止违章操作。

(9) 施工用户在生产中应对塔式起重机操作人员进行严格监督管理。

二、某宿舍楼工程塔式起重机拆除平衡臂倾翻事故

（一）事故概况

2002年4月18日13时30分，某宿舍楼工程塔式起重机在拆除中平衡臂失控倾翻并猛烈撞击塔身，正在24m的塔身顶上进行拆除作业的一名操作人员在塔身剧烈摆动中坠落地面，送医院急救不治身亡，造成塔机塔身结构局部报废、一名工人死亡的事故，直接经济损失达40多万元。

（二）事故经过

2002年4月18日8时，某塔机拆装队开始拆除某宿舍楼工程的QT20型塔式起重机。该塔机为固定式，未配备液压顶升装置，不能依靠自备设备降落，但可利用安装在塔机平衡臂后部的起升卷扬机及专用工具安装或拆卸，拆除单位预计5人2天可完成拆除工作。至当日13时30分，已拆除起重臂、配重，并按既定拆除程序开始拆除平衡臂。当时有4人登上塔机，在塔帽顶部与平衡臂尾部之间穿绕钢丝绳，1人在地面操纵塔机起升卷扬机承力，在拆除平衡臂拉杆后，开动起升卷扬机，试图带动平衡臂从水平状态缓慢地绕根部销轴向下转动至垂直状态。当起升卷扬机带动平衡臂向下转动150°时，平衡臂失控向下转动并猛烈撞击塔身，引起塔身产生剧烈摆动，正在24m高的塔身顶部进行拆除作业的一名操作人员被甩出坠落，坠落过程中撞击塔身构件后反弹坠地，速送医院急救不治身亡，塔身局部钢结构报废，直接经济损失达10多万元。

（三）事故原因

1. 事故直接原因

为将塔式起重机的平衡臂从水平状态转动到垂直状态并予以拆除，作业人员在塔帽顶部与平衡臂尾部之间穿绕钢丝绳时，未按照《QT20A型塔式起重机使用说明书》的要求穿绕为5倍率，以通过钢丝绳多倍率降低钢丝绳承受的拉力，而是错误地穿绕为1倍率，当起升卷扬机带动平衡臂从水平位置绕臂根销轴向下转动150°时，平衡臂绕臂根的自重力矩超过卷扬机卷筒的驱动力矩30%，而且越向下转动该自重力矩越大，超出了卷扬机的驱动力矩及制动器的制动力矩，平衡臂失控快速向下转动并猛烈撞击在塔身上，致使塔身剧烈摆动，一名站在塔身顶部的工人先猝不及防被甩出坠地身亡。

2. 事故间接原因

（1）无证上岗

安装、拆除塔式起重机的单位应持有拆装资质证书，操作人员也应持有拆装人员上岗证。本案例中不但拆装单位无拆装资质证书，而且5名拆装人员中仅有1名持有塔机司机证，其余人员均为无证上岗。

（2）无施工方案

在塔机拆装施工前，应根据本塔机及本工程的特点编制专项拆除方案，指定拆除工作的人员组织体系，该方案应经建设监理单位、土建施工单位审批。本案例拆装单位无施工方案，监理与土建工单位也未要求拆装单位提供施工方案，现场技术管理混乱。

（3）无技术交底

在塔机开始拆除前，施工队负责人未对操作工人进行安全技术交底，也未说明本次拆除的特点与注意事项，各名工人之间对拆除工作缺少沟通、交流与默契。

（4）登高作业未带安全带

本案例中4名登上24米高的塔机进行拆除作业的操作人员均未戴安全带，缺少最基本的安全防护，不能防范突发事故。

（四）事故教训

1. 安装、顶升、拆除塔式起重机应由专业人员承担

塔式起重机是建筑施工工程中的主要起重设备，起重臂的工作面基本覆盖整个建筑工地，对安全度的要求极高，其安装、顶升、拆除工作应由经专门培训合格人员担任。

2. 应编制专项施工方案

塔式起重机的安装、顶升、拆除应编制专项施工方案，并经过监理、土建施工项目部审批，安装、拆卸过程应由现场安全管理人员监督。

3. 应进行技术交底

各类塔式起重机的安装、顶升、拆除操作前应对作业人员进行技术交底，并强调本塔机的特点与注意事项。交底书应有交底人与被交底人签字。

4. 应佩带安全防护用品

塔式起重机的安装、顶升、拆除作业人员在进入工地时应佩带安全帽、安全带、胶鞋等安全防护用品。

第七节 模板支撑架坍塌事故

一、上海某工地模板支撑架坍塌事故

（一）事故概况

2002年11月15日晚，在上海某建设发展有限公司承建的某锅炉房工程的工地上，正在进行锅炉房屋面柱、梁、板混凝土浇捣施工作业。11月15日24时之前，整个作业面操作人员有30余人。随着施工进展至11月16日凌晨2时左右有17人离开作业现场。出事前5分钟又有3人离开，最终剩下14人继续进行作业。到凌晨4时左右，当浇捣到西南角还剩下最后二泵车混凝土时，由于模板支撑系统搭设极不合理，再加上泵车混凝土输出时的冲击和振动器的振动，整个屋面由西向东突然坍塌，14名作业人员顷刻间随二层楼面一同坠落并被混凝土掩埋，坠落高度为16.5m。事故发生后，市委、市府以及各级领导迅速赶往现场，并以最快速度调集各方力量全力抢救，但终因事故非常严重，造成11人经抢救无效死亡、二人重伤、一人轻伤。

（二）事故原因分析

1. 直接原因

模板支撑系统搭设极不合理，导致混凝土屋面顶板大面积坍塌，是造成本次事故的直接原因。具体如下：

(1) 该工程屋面设计标高较高,支撑系统没有设置连续的竖向和水平斜撑,支撑系统整体性极差,支撑系统没有可靠的空间受力结构。

(2) 根据对该工程支撑的受力分析,在不考虑其他因素外,此时的单根支撑已不稳定,支撑系统已不能满足安全要求。

2. 间接原因

施工单位:

(1) 无施工组织设计,盲目施工。

(2) 无施工许可证和开工报告。

(3) 模板支撑无搭设方案,搭设后又不组织检查、验收。

(4) 公司及施工现场质量、安全管理严重失控。

(5) 施工负责人、管理人员、特种作业人员均无证上岗。

(6) 擅自招用工人未经教育培训就安排上岗。

(7) 将如此之大的模板支撑搭设工作,承包给普工班长。

建设单位:

为加快扩大生产规模,在无土地批文、无设计合同、无施工许可;无报建、报监、无"三同时"审查的情况下,强令施工单位匆忙开工。

设计单位:

在无委托设计依据,对设计图纸无审定批准的情况下,就匆忙把不完整的图纸交于施工单位,严重违反有关规定。

3. 主要原因

无施工组织设计,盲目施工,管理失控,是造成本次事故的主要原因。

(三) 事故预防及控制措施

1. 施工单位

(1) 清理整顿公司内部安全管理制度,修定完善公司内部各级安全生产责任制。

(2) 全面清理整顿公司目前正在施工的各个项目,完善各项安全技术措施,办理完成各项手续,杜绝不安全行为和不安全状态,确保工程施工安全。

(3) 建立健全安全生产保证体系,加强施工人员的施工技能的培训,尤其是特种作业人员的教育培训,做到所有施工人员持证上岗,加强施工人员的安全教育,加强施工现场的安全管理。

2. 建设单位

(1) 加强对工程建设的领导管理工作,加强对工程管理人员的法制教育。

(2) 严格执行《集体建设项目土地、计划、立项、用地及请照手续的操作程序》,补齐所有工程建设所需手续。

(3) 严格执行《建筑法》、《上海市建筑市场管理条例》等法律、法规,强化合同意识,选择有相应资质的设计、勘探、监理、施工等单位并与之签订合同。

(四) 事故处理结果

1. 本起事故直接经济损失约为 257.5 万元。

2. 事故企业通过对事故的调查和分析,对事故责任者作出以下处理:

(1) 施工单位公司总经理李某,犯重大责任事故罪,被闵行区人民法院判处有期徒刑二年，缓刑二年。

(2) 施工单位工程队长杨某，犯重大责任事故罪，被闵行区人民法院判处有期徒刑三年，缓刑二年。

(3) 施工单位现场负责人周某，犯重大责任事故罪，被闵行区人民法院判处有期徒刑二年，缓刑三年。

(4) 施工单位现场模板支撑搭设负责人刘某，犯重大责任事故罪，被闵行区人民法院判处有期徒刑三年，缓刑三年。

(5) 建设单位董事长、总经理潘某，在无土地批文、无设计合同、无施工许可；无报建、报监、无"三同时"审查的情况下，强行施工单位匆忙开工，对本次事故负有重要责任，决定给予行政记过的处分。

3. 建立健全安全教育、安全技术交底制度，狠抓对施工作业人安全教育、安全技术交底工作的落实，在施工全过程做到教育在前、交底在先，把安全管理工作落到实处。

4. 对危险作业部位和过程编制专项施工方案，严格审批程序，并在施工过程中予以严格执行。

5. 加大施工现场的安全检查监督力度，加强对危险源和不安全因素的监控，对安全缺陷和事故隐患进行及时、彻底地整改，并予以复查验证。

6. 加强对职工的自我保护意识和安全防范意识的教育培训，做到"不伤害自己，不伤害他人，不被他人伤害"，确保安全生产。

二、某工地模板支撑架坍塌事故

(一) 事故概况

2006年6月2日，某施工现场正在进行模板施工作业。施工单位模板吊装班组的作业任务是将施工段9层南侧外墙双面26块高达4.1m的模板吊装就位。凌晨4：30分作业人员将已就位的模板上的吊钩与墙体竖向钢筋用14号铁丝进行了简单固定后就下班了。约5：50分左右，木工班组长王某等人开始对南侧外墙大模板进行校正安装。班长王某分配吕某、宋某负责模板的就位固定，赵某负责看线找直。

作业时吕某发现模板局部已经向内侧操作架倾斜，但没有采取必要的加固措施，仍然自东往西用撬棍对外墙内侧的大模板根部进行校正。约6：25分，当宋某用一根长4m的钢管对已校正的第一块大模板进行斜向支撑时，吕某从模板上爬向模板顶准备协助宋某做斜向支撑，还没有爬到模板顶部，模板就迅速向内侧歪倒，吕某来不及撤离，随同模板一起倒下，被压在模板下死亡。

(二) 事故原因分析

1. 施工单位在大模板工程施工前没有编制切实可行的安全专项施工方案，致使施工现场作业人员未按规定使用索具，而是盲目使用不符合抗拉要求的铁丝进行模板固定，导致模板倾倒。

2. 作业人员吕某等在模板校正时，发现模板局部已经向内侧倾斜后，没有及时采取措施，对模板进行可靠的加固，而是冒险作业，使处于不稳定状态的大模板整体倾倒。

3. 施工单位对作业人员进行的安全教育、安全交底缺乏针对性，不能使作业人员掌握所从事作业的安全隐患，缺乏自我保护能力。

4. 总包单位没有能很好地履行安全管理和检查的职责，对分包单位的安全管理工作监管不力，造成模板施工作业失控。

（三）防范措施

1. 总包单位在大模板工程施工前应编制切实可行的安全专项施工方案，保证方案中各项安全防护措施齐全有效。

2. 作业人员在发现安全隐患时，应及时上报有关部门，并迅速消除隐患，严禁冒险作业。

3. 加大对作业人员安全教育的力度，同时提高安全教育及安全交底的针对性，在大力提高作业人员安全意识的同时，让作业人员充分了解到作业中存在的安全隐患，防止冒险作业的发生。

4. 总包单位认真履行安全管理职责，加强安全监管力度，对危险性较大的模板工程应进行旁站，保证隐患的及时发现，及时整改。

第八节 其他事故

一、北京市某中毒事故

（一）事故概况

2006年8月5日10时50分左右，某路段改扩建及雨水、绿化等工程，施工单位作业人员杨某在该路中段新建地下污水管道检查井内进行抹灰作业。此时井内北侧一根直径50 cm的旧铸铁污水管道因锈蚀老化，加之雨水聚积过多，导致管道内压力过大突然发生爆裂。管道内的污水与硫化氢气体同时涌出，正在井内作业的杨某瞬间被硫化氢气体熏倒掉进污水井中。一同作业的孙某、王某、马某等3人先后下到井内救人，均被熏倒。后经众人及时营救和999急救中心的救护，孙、王、马等3人全部脱离危险。杨某被污水冲入新建下水管道，3个小时后在下游第4个污水检查井内找到已死亡的杨某。

（二）事故原因分析

1. 井内原有铁质污水管道年久锈蚀。封堵后聚积雨水过多，水压增大，致使管道薄弱处突然爆裂。管内污水及产生的硫化氢气体涌出，将井内作业人员熏倒。是造成本次事故的直接原因。

2. 项目部急于抢工，未按技术交底中规定在井内搭设人员操作平台；作业人员缺乏安全意识未按交底使用安全带，至人员被毒气熏倒后直接坠入井底，被污水冲入管道。是造成本次事故的间接原因。

3. 现场作业人员缺乏对人员发生硫化氢气体中毒后的紧急救护知识，盲目下井救人致3名抢救人员中毒。是造成本次事故的重要原因。

（三）防范措施

1. 人员下井作业前，应对井内管道进行检查，对可能发生的危险进行预测，采取通风等有效的安全防护措施。

2. 执行安全交底，落实安全技术措施，为作业人员提供安全的作业条件，按规定配备安全防护用品。

3. 加强对项目管理人员、作业人员的培训。针对危险因素制定应急救援预案，提高作业人员安全意识和应对突发事件的紧急处置能力。

二、某工地拆除事故

（一）事故概况

5月10日，在某市场旧建筑物拆除工地，由施工单位现场负责人赵某安排胡某作业队在没有对拟拆墙体进行支架保护的情况下开始实施拆除施工。胡某作业队的员工周某站在墙上开挖倒墙口，约8：30分，东西两侧均已开口的独立墙体突然倾倒，周某下跳到地面时，与正在旁边捡砖的董某一起被倒下的墙体砸中，导致二人当场死亡。

（二）事故原因分析

1. 工程开工前没有依据拆除工程安全规范编制周密的施工组织方案，明显违反《建筑拆除工程安全技术规范》中人工拆除建筑墙体时，严禁采用掏掘或推倒的方法的规定，以及在没有供作业人员站立的稳定结构的情况下未事先搭设脚手架供操作人员使用。

2. 施工队没有按规定对施工作业人员进行必要的施工安全技术交底。

3. 单位主要领导以及安全管理人员未能按照《建设工程安全生产管理条例》中有关危险性较大工程由专职安全生产管理人员进行现场监督的要求对拆除作业进行旁站监督。

4. 员工自我保护意识，自我保护能力不强，对规避危险以及逃生自救的知识欠缺。

（三）防范措施

1. 企业必须建立严格的施工方案编制审批制度，施工过程中必须严格遵照执行，且施工方案必须符合相关规范的标准要求。

2. 作业前依据施工方案由工程技术人员对全体作业员工进行有针对性的安全技术交底。

3. 加强员工安全生产教育，严格岗前培训考核制度，尤其是涉及到拆除等高危险作业人员必须严格把关。

4. 对符合危险性较大工程由专职安全生产管理人员进行现场监督项目的安全人员必须旁站监督，及时制止违章行为。

附录一　常用建设工程安全生产法律、法规、文件一览

一、法律、法规及国家部位文件

（一）国家法律

中华人民共和国安全生产法(国家主席令　第70号)
中华人民共和国建筑法(国家主席令　第91号)
中华人民共和国劳动法(国家主席令　第28号)
中华人民共和国消防法(国家主席令　第4号)
中华人民共和国职业病防治法(国家主席令　第60号)
中华人民共和国环境保护法(国家主席令　第22号)
中华人民共和国未成年人保护法(国家主席令　第50号)
中华人民共和国妇女权益保障法(国家主席令　第56号)
中华人民共和国行政处罚法(国家主席令　第63号)
中华人民共和国行政诉讼法(1996年3月17日第八届全国人大第四次会议修正)
中华人民共和国行政复议法(国家主席令　第16号)
中华人民共和国刑法(国家主席令　第83号)
建筑业安全生产公约(167公约)

（二）国家法规

建设工程安全生产管理条例(国务院令　第393号)
安全生产许可证条例(国务院令　第397号)
生产安全事故报告和调查处理条例(国务院令　第493号)
工伤保险条例(国务院令　第375号)
女职工劳动保护规定(国务院令　第9号)
国务院关于特大安全事故行政责任追究的规定(国务院令　第302号)
危险化学品安全管理条例(国务院令　第344号)
使用有毒物品作业场所劳动保护条例(国务院令　第352号)
禁止使用童工规定(国务院令　第364号)
特种设备安全监察条例(国务院令　第373号)
建设项目环境保护管理条例(国务院令　第253号)

（三）国家部委规章

建设行政处罚程序暂行规定(建设部令　第66号)
实施工程建设强制性标准监督规定(建设部令　第81号)
建筑工程施工许可管理办法(建设部令　第91号)
建筑施工企业安全生产许可证管理规定(建设部令　第128号)

城市建筑垃圾管理规定(建设部令　第139号)
建筑业企业资质管理规定(建设部令　第159号)
建筑起重机械安全监督管理规定(建设部令　第166号)
安全生产违法行为行政处罚办法(国家安全生产监督管理局令　第1号劳动防护用品监督管理规定)
特种作业人员安全技术培训考核管理办法(国家经济贸易委员会令　第13号)
安全生产行政复议暂行办法(国家经济贸易委员会令　第49号)
特种设备质量监督与安全监察规定(国家质量技术监督局令　第13号)

(四)规范性文件

关于认真落实安全生产责任制意见的通知——国务院办公厅(国办发〔1997〕第36号)
国务院关于进一步加强安全生产工作的决定——国务院(国发〔2004〕2号)
建筑施工特种作业人员管理规定——建设部(建质〔2008〕75号)
关于进一步开展建筑安全生产隐患排查治理工作的实施意见——建设部(建质〔2008〕47号)
关于印发《关于进一步规范房屋建筑和市政工程生产安全事故报告和调查处理工作的若干意见》的通知——建设部(建质〔2007〕257号)
关于印发《建筑施工人员个人劳动保护用品使用管理暂行规定》的通知——建设部(建质〔2007〕255号)
关于加强地铁建设和运营安全管理工作的紧急通知——建设部(建质电〔2007〕21号)
关于进一步建立健全工作机制落实建设系统安全生产工作责任制的通知——建设部(建质〔2006〕132号)
关于进一步加强建设系统安全事故快报工作的通知——建设部(建质〔2006〕110号)
关于严格实施建筑施工企业安全生产许可证制度的若干补充规定——建设部(建质〔2006〕18号)
关于加强建筑施工现场临建宿舍及办公用房管理的通知——建设部(建安办函〔2006〕23号)
关于印发《高危行业企业安全生产费用财务管理暂行办法》的通知——财政部　国家安全生产监督管理总局(财企〔2006〕478号)
关于开展建筑施工安全质量标准化工作的指导意见——建设部(建质〔2005〕232号)
建筑工程安全生产监督管理工作导则——建设部(建质〔2005〕184号)
关于加强建设工程安全生产工作的紧急通知——建设部、国家安全监管总局(建质〔2005〕135号)
关于加强隧道施工安全管理工作的紧急通知——国家安全生产监督管理总局、建设部、铁道部、交通部、国务院国有资产监督管理委员会(安监总管二字〔2005〕206号)
关于进一步加强建筑工地食堂卫生管理工作的通知——卫生部、建设部(卫监督发〔2005〕94号)
关于遏制市政工程、人工挖孔桩施工(维护)中毒事故的通知——建设部(建安办〔2005〕10号)

关于印发《工程建设重大安全事故快报表单》及填写说明的通知——建设部（建办质［2005］24号）

工程建设重大安全事故统计分析说明——建设部（建办质［2005］24号）

建筑工程安全防护、文明施工措施费用及使用管理规定——建设部（建办［2005］89号）

关于印发《各省、直辖市、自治区建设主管部门安全事故与自然灾害职责分工》的通知——建设部（建安办函［2005］10号）

关于印发建设部及各省（自治区、直辖市）建设主管部门安全生产委员会及安委会办公室负责人名单的通知——建设部（建安办函［2005］04号）

建筑施工企业安全生产管理机构设置及专职安全生产管理人员配备办法——建设部（建质［2004］213号）

危险性较大工程安全专项施工方案编制及专家论证审查办法——建设部（建质［2004］213号）

建筑施工企业安全生产许可证管理规定实施意见——建设部（建质［2004］148号）

建筑施工企业主要负责人、项目负责人和专职安全生产管理人员安全生产考核管理暂行规定——建设部（建质［2004］59号）

中央管理的建筑施工企业（集团公司、总公司）主要负责人、项目负责人和专职安全生产管理人员安全生产考核管理实施细则——建设部（建质函［2004］189号）

关于加强建设系统安全生产工作的紧急通知——建设部（建质电［2004］6号）

关于预防施工工棚倒塌事故的通知——建设部（建质［2003］186号）

建设部关于加强建筑意外伤害保险工作的指导意见——建设部（建质［2003］107号）

建筑工程预防高处坠落事故若干规定——建设部（建质［2003］82号）

建筑工程预防坍塌事故若干规定——建设部（建质［2003］82号）

关于开展起重机械安全专项整治的通知——国家质量监督检验检疫总局、建设部（国质检锅［2003］第17号）

关于建设行业生产操作人员实行职业资格证书制度有关问题的通知——建设部、劳动和社会保障部（建人教［2002］73号）

关于发布2002年版《工程建设标准强制性条文》（房屋建筑部分）的通知——建设部（建标［2002］219号）

关于印发《建设领域安全生产行政责任规定》的通知——建设部（建法［2002］223号）

关于加强国有大中型企业安全生产工作的意见——国家安全生产监督管理局　国家煤矿安全监察局（安监管办字［2002］第106号）

关于有效控制城市扬尘污染的通知——国家环境保护总局、建设部（环发［2001］56号）

关于加强施工现场围墙安全深入开展安全生产专项治理的紧急通知——建设部（建建［2001］141号）

建筑施工附着式升降脚手架管理暂行规定——建设部（建建［2000］230号）

关于加强《工程建设标准强制性条文》实施工作的通知——建设部（建标［2000］248号）

关于进一步加强塔式起重机管理预防重大事故的通知——建设部（建标［2000］237号）

附录一　常用建设工程安全生产法律、法规、文件一览

劳动防护用品配备标准(试行)(国经贸安全[2000]189号)
关于防止施工坍塌事故的紧急通知——建设部(建建[1999]173号)
关于防止发生施工火灾事故的紧急通知——建设部(建监安[1998]12号)
关于进一步加强建筑安全生产管理工作遏制重大伤亡事故发生的紧急通知——建设部(建建[1998]176号)
施工现场安全防护用具及机械设备使用监督管理规定——建设部、国家工商局、国家质量技术监督局(建建[1998]164号)
建筑业企业职工安全培训教育暂行规定——建设部(建教[1997]83号)
塔式起重机拆装管理暂行规定——建设部(建建[1997]86号)
加强建筑幕墙工程管理的暂行规定——建设部(建建[1997]167号)
关于防止施工中毒事故发生的紧急通知——建设部(建监[1997]206号)
关于在建设工作中进一步加强防火管理的通知——建设部(建设[1995]334号)
关于开展施工多发性伤亡事故专项治理工作的通知——建设部(建监[1995]525号)
建设职工伤亡事故报告统计问题解答——建设部(建建安[1994]04号)
关于防止拆除工程中发生伤亡事故的通知——建设部(建监安[1994]15号)
建设职工伤亡事故统计办法——建设部(建监[1994]96号)
关于确保玻璃幕墙质量与安全的通知——建设部(建设[1994]776号)
关于防止建筑施工模板倒塌事故的通知——建设部(建建安[1993]41号)

二、北京市法规、规章及有关文件

北京市安全生产条例
北京市建设工程施工现场管理基本标准(2001年市政府令第72号)
北京市关于重大安全事故行政责任追究的规定(2001年市政府令第76号)
北京市建筑施工企业安全生产责任制([94]京建施字第225号)
北京市企业职工因工伤亡事故调查处理程序(试行)(京建安监字[2000]987号)
北京市生产安全事故责任划分试行办法(京安监政法[2003]49号)
关于转发《建筑工程安全防护、文明施工措施费用及使用管理规定》的通知(京建施字[2005]802号)
北京市建设工程施工现场安全监督工作规定(京建施[2006]651号)
北京市建设工程安全生产重大事故及重大隐患处理规定(京建施[2006]663号)
北京市建设工程生产安全事故责任认定若干规定(京建施[2006]669号)

三、其他省市法规、规章及有关文件

关于建立建设工程重大安全事故、重大安全隐患约谈制度的通知——天津市建设管理委员会(建质安[2005]1046号)

附录二 常用建设工程安全生产标准及规范一览

一、国家标准及行业规范

（一）综合类

建筑安装工程安全技术规程 国务院 ［56］国议周字第 40 号
建筑安装工人安全技术操作规程 国家建工总局 建工劳字(80)第 24 号
特种作业人员安全技术考核管理规则(GB 5306—1985)
液压滑动模板施工安全技术规程(JGJ 65—1989)
建筑基坑支护技术规程(JGJ 120—1999)
建筑施工安全检查标准(JGJ 59—1999)
施工企业安全生产评价标准(JGJ/T 77—2003)
建筑施工现场环境与卫生标准(JGJ 146—2004)
建筑拆除工程安全技术规范(JGJ 147—2004)
企业职工伤亡事故分类标准(GB 6441—1986)
企业职工伤亡事故调查分析规则(GB 6442—1986)
企业职工伤亡事故经济损失统计标准(GB 6721—1986)

（二）施工用电

特低电压(ELV)限值(GB/T 3805—2008)
剩余电流动作保护器的一般要求(GB 6829—1995)
漏电保护器安装和运行(GB 1395—1992)
手持式电动工具的管理、使用、检查和维修安全技术规程(GB 3787—1993)
建设工程施工现场供用电安全规范(GB 50194—1993)
施工现场临时用电安全技术规范(JGJ 46—2005)

（三）高处作业

高处作业分级(GB/T 3608—1993)
建筑施工高处作业安全技术规范(JGJ 80—1991)
高处作业吊篮安全规则(JGJ 5027—1992)
高处作业吊篮(JG/T 5032—1993)

（四）脚手架

建筑施工附着升降脚手架管理暂行规定(建建［2000］230 号)
建筑施工门式钢管脚手架安全技术规范(JGJ 128—2000)
建筑施工扣件式钢管脚手架安全技术规范(JGJ 130—2001)

（五）建筑机械

建筑机械技术试验规程(JGJ 34—1988)

建筑机械使用安全技术规程(JGJ 33—2001)
起重机械安全规程(GB 6067—1985)
起重吊运指挥信号(GB 5082—1985)
起重机械超载保护装置安全技术规范(GB 12602—1990)
塔式起重机安全规程(GB 5144—2006)
塔式起重机操作使用规程(JG/T 100—1999)
龙门架及井架物料提升机安全技术规范(JGJ 88—1992)
施工升降机分类(GB/T 10052—1996)
施工升降机检验规则(GB 10053—1996)
施工升降机技术条件(GB/T 10054—1996)
施工升降机安全规则(GB 10055—1996)
建筑卷扬机安全规程(GB 13329—1991)

(六) 安全防护

安全帽(GB 2811—2007)
安全帽试验方法(GB 2812—2006)
安全带(GB 6095—1985)
安全带检验方法(GB 6096—1985)
安全网(GB 5725—1997)
安全网力学性能试验方法(GB 5726—1985)
密目式安全立网(GB 16909—1997)
安全标志使用导则(GB 16179—1996)
安全色(GB 2893—2001)
安全标志(GB 2894—1996)
建筑施工场界噪声限值(GB 12523—1990)

二、北京市地方标准

北京市建设工程施工现场安全防护基本标准(DBJ 01—83—2003)
北京市建设工程施工现场场容卫生标准(DBJ 01—83—2003)
北京市建设工程施工现场环境保护标准(DBJ 01—83—2003)
北京市建设工程施工现场保卫消防工作标准(DBJ 01—83—2003)
北京市建设工程施工现场生活区设置和管理标准(DBJ 01—72—2003)
北京市建设工程施工现场临建房屋技术规程(轻型钢结构部分)(DBJ 01—72—2003)

附录三 国内外有关安全与健康信息网站

我国大陆
国家安全生产监督管理总局网站：http://www.Chinasafety.gov.cn
中华人民共和国建设部网站：http://www.cin.gov.cn
建筑安全生产监督管理信息系统：http://www.Jzaq.net
国家安全生产监督管理局安全科学技术研究中心：http://www.Chinasafety.ac.cn

我国港、澳，台地区
香港特别行政区劳工处：http://www.labour.gov.hk
香港职业安全健康局：http://www.oshc.org.hk
香港职业安全卫生协会：http://www.hkosha.org.hk
澳门劳工暨就业局：http://www.dste.gov.mo
台湾劳工安全卫生研究所：http://www.iosh.gov.tw
台湾工业安全卫生协会：http://www.isha.org.tw

美国
职业安全与健康监察局：http://www.osha.gov
美国劳工处：http://www.dol.gov
职业安全与健康复查委员会：http://www.oshrc.gov
美国疾病控制预防中心：http://www.cdc.gov

英国
英国健康与安全执行局：http://www.hse.gov.uk
英国皇家事故预防学会：http://www.rospa.org.uk
英国职业安全健康学院：http://www.iosh.co.uk

德国
职业安全健康联邦学院：http://www.baua.de
职业安全健康联邦协会：http://www.basi.de
职业安全与健康及标准化委员会：http://www.kan.de
德国联邦经济和劳动部：http://www.bmwa.bund.de
德国联邦工伤保险联合会：http://www.hvbg.de

日本
厚生劳动省：http://www.mhlw.go.jp
日本劳动安全与健康协会：http://www.jisha.or.jp
建筑业安全健康协会：http://www.kensaibou.or.jp

国际性机构
国际劳工组织：http://www.ilo.org
世界卫生组织：http://www.who.int
欧洲职业安全健康局：http://www.europe.osha.eu.int
亚太地区职业安全健康组织：http://www.aposho.org

附录四 安全总监职业标准

一、理论知识基本要求

1. 识图基础知识
(1) 施工图的分类、内容
(2) 常用图例
(3) 读图要点
2. 房屋构造
(1) 建筑构造组成
(2) 房屋结构的分类
3. 建筑力学与建筑结构基础知识
(1) 力的基本性质
(2) 建筑结构荷载
(3) 约束和约束反力
(4) 物体受力分析
(5) 平面汇交力系
(6) 平面力偶系
(7) 平面任意力系
(8) 力与变形
(9) 结构几何稳定分析
(10) 建筑结构体系
4. 建筑材料
(1) 建筑材料的分类
(2) 建筑材料的技术标准
(3) 常用无机非金属材料、无机金属材料、有机材料的特性。
(4) 常用建材、设备的规格型号表示法
5. 安全生产管理概论
(1) 安全生产管理主要内容
(2) 安全生产责任制度
(3) 施工现场安全生产基本要求
(4) 安全技术措施
(5) 安全技术交底
(6) 有关安全的法律法规
6. 施工现场安全色标管理

(1) 安全色
(2) 安全标志
7. 劳动防护用品
8. 脚手架工程安全技术
(1) 脚手架工程安全施工基本要求
(2) 扣件式钢管脚手架安全要求
(3) 门式钢管脚手架(也称门型脚手架)安全要求
(4) 落地碗扣式钢管脚手架安全要求
(5) 吊篮式脚手架安全要求
(6) 坡道安全要求
(7) 满堂红架子搭设要求
(8) 安全网
9. 施工现场临时用电安全管理知识
(1) 临时用电安全管理基本要求
(2) 电气设备接零或接地与防雷
(3) 配电室
(4) 配电箱及开关箱
(5) 电器装置
(6) 施工用电线路
(7) 施工照明
(8) 电动建筑机械和手持电动工具
10. 现场施工机械安全使用常识
(1) 施工机械基本安全管理要求
(2) 起重吊装机械安全使用
(3) 土方施工机械安全使用
(4) 水平和垂直运输机械安全使用
(5) 混凝土机械安全使用
(6) 钢筋加工机械安全使用
(7) 装修机械安全使用
(8) 铆焊设备安全使用
(9) 桩工机械安全使用
(10) 木工机械安全使用
(11) 其他机械安全使用
11. 高处作业安全防护要求
(1) 洞口作业安全防护
(2) 临边作业安全防护
(3) 攀登作业防护
(4) 悬空作业防护
(5) 交叉作业防护

12. 建筑分部分项工程安全技术
(1) 地基基础工程施工安全技术
(2) 模板安装拆除安全技术
(3) 钢筋工程安全要求
(4) 混凝土工程安全技术
(5) 砌筑工程安全技术
(6) 防水工程安全技术
(7) 装饰装修工程安全技术
(8) 给水排水及采暖工程安全技术
(9) 电气工程安全技术
(10) 通风与空调工程安全技术
(11) 电梯工程安全技术
13. 拆除工程安全技术措施
(1) 拆除工程施工准备
(2) 拆除工程施工组织设计
(3) 人工拆除、机械拆除和爆破拆除的安全技术措施
14. 施工现场消防管理知识
(1) 施工现场消防管理基本要求
(2) 施工现场重点部位防火要求
(3) 施工现场重点工种防水要求
(4) 特殊施工场所的防火要求
(5) 高层建筑工程施工防火要求
15. 施工现场文明施工与环境保护
(1) 文明施工基本要求
(2) 施工现场环境保护基本要求
(3) 环境卫生和防疫基本要求
16. 伤亡事故处理
(1) 伤亡事故的定义和分类
(2) 伤亡事故的处理程序
(3) 事故的预防
(4) 安全事故应急救援预案的制定
(5) 施工现场安全急救、应急处理和应急设施
17. 工伤认定及赔偿
18. 安全检查和验收制度
(1) 建筑施工安全检查
(2) 安全检查评分标准
(3) 建筑施工安全验收
19. 安全教育与培训
20. 安全生产资料管理

二、技能要求

1. 读图能力
(1) 能识别建筑制图符号和常用图例
(2) 能读懂建筑施工图
(3) 能读懂脚手架布置图和搭设图
2. 熟悉国家有关安全生产的法律、法规
(1)《中华人民共和国建筑法》
(2)《中华人民共和国安全生产法》
(3)《建设工程安全生产管理条例》
(4)《北京市安全生产条例》
3. 掌握并运用安全生产标准规范
(1)《建筑施工安全检查评分标准》
(2)《施工企业安全评价标准》
(3)《建筑施工扣件式钢管脚手架安全技术规范》
(4)《建筑机械使用安全技术规程》
(5)《施工现场临时用电安全技术规范》
(6)《建筑施工高处作业安全技术规范》
(7)《企业职工伤亡事故调查分析规则》
(8)《北京市建设工程施工现场安全防护基本标准》
4. 编制安全生产文件
(1) 能够编制项目安全生产计划
(2) 能够根据工程特点识别重点危险源和编制预控管理方案
(3) 能够编制安全生产事故处理预案
(4) 根据分包队伍的不同特点编制安全生产协议书
(5) 编制项目安全生产管理制度
(6) 参与编制专项安全施工方案
5. 组织安全生产活动
(1) 组织对新工人的进场教育，考核并颁发证书
(2) 组织项目管理人员参加有关安全教育的活动
(3) 组织安全生产检查，填写相关资料，对检查出的问题监督定期整改
(4) 按文明安全工地要求，组织落实达到相应标准
(5) 按有关文件要求，督促、健全项目管理层及分包施工层安全管理人员的配置
(6) 组织专项安全施工方案的验收
(7) 组织其他安全活动（如"安全月"活动）
6. 懂得安全技术管理，能够依据国家有关规定对施工方案进行审核并提出修改意见。
7. 对工程项目的安全管理进行策划，编制项目安全管理规章制度，制定管理目标。
8. 熟悉职业健康安全管理体系并能组织运行实施。
9. 熟悉文明施工管理工作要求。

10. 具有对存在的问题进行分析，采取有效的预防控制措施的能力。
11. 懂得现场安全防护、临时用电、机械安全和内业资料管理。
12. 具备熟练运用计算机的能力。

参 考 文 献

1. 《安全网》(GB 5725—1997)
2. 《安全标志》(GB 2894—1996)
3. 《安全色》(GB 2893—2001)
4. 《企业职工伤亡事故分类标准》(GB 6441—1986)
5. 《企业职工伤亡事故调查分析规则》(GB 6442—1986)
6. 《高处作业分级》(GB 3608—1993)
7. 中华人民共和国行业标准《施工现场临时用电安全技术规范》(JGJ 46—2005)
8. 中华人民共和国行业标准《建筑机械使用安全技术规程》(JGJ 33—2001)
9. 中华人民共和国行业标准《建筑施工现场环境与卫生标准》(JGJ 146—2004)
10. 中华人民共和国行业标准《施工企业安全生产评价标准》(JGJ/T 77—2003)
11. 建设部建筑管理司. 建筑施工安全检查标准(JGJ 59—1999)实施指南. 北京：中国建筑工业出版社，2001
12. 北京市建设委员会. 建筑企业专业管理人员岗位培训教材. 安全员，2004
13. 北京市建设委员会. 建筑施工企业管理人员继续教育培训教材. 施工企业管理人员安全教育，2004
14. 吴孝仁、吴鹤鹤. 工程建设行业《职业健康安全管理体系规范》理解与实施. 北京：中国水利水电出版社，2004
15. 上海市建筑业联合会、工程建设监督委员会、刘军. 安全员必读. 北京：中国建筑工业出版社，2001
16. 毛鹤琴、罗大林. 施工项目质量与安全管理. 北京：中国建筑工业出版社，2002
17. 芮静康. 电工技术百问. 北京：中国建筑工业出版社，2000
18. 刘嘉福、姜敏、刘诚. 建筑施工安全生产百问. 北京：中国建筑工业出版社，2004
19. 姜敏. 电工操作技巧. 北京：中国建筑工业出版社，2004
20. 孙建平. 建筑施工安全事故警世录. 北京：中国建筑工业出版社，2003